조선해양소재공학

김종도 · 김영식 공저

다솜출판사

머리말

최근 전세계적인 경기침체를 벗어나지 못하고 있는 가운데 해양플랜트 산업에 관심이 높아지고 있다. 그동안 우리나라는 조선 산업에서 부동의 위치를 점유해 왔으나 이 역시 경기침체의 그늘을 벗어나지 못하고 주변 개발도상국의 저임금 저가 공세로 말미암아 예전의 영예를 회복하기에는 많은 노력과 시간이 요구되는 것 같다.

이러한 어려움을 극복하기 위해 현재 국내의 조선 관련 회사들은 고부가가치의 LNG특수선과 북극항로 개항대비 상업성을 적극 반영한 경제성있는 쇄빙선의 설계·건조기술과 고정밀 선박기자재의 완전한 국산화에 더하여, 새로운 지평으로 열려 있는 해양플랜트 산업분야에 관심을 집중하고 있다. 앞으로 해양플랜트산업은 글로벌 조선 산업을 리드해 왔던 우리나라에 새로운 가능성과 새로운 활력을 불러 올 것으로 기대된다.

그러나 해양플랜트 산업을 육성하기 위한 인재양성 인프라 구축이 미흡한 실정이며 관련 지식과 기술에 관한 저서는 매우 희박한 실정에 있어 이를 개선해 나갈 시급한 시점에 있다.

이 책은 이러한 시점에 부응하여 조선, 선박기자재 및 해양플랜트 구조물의 이해와 관련소재에 관한 가장 기본이 되는 내용을 서술한 것이다. 근래에 이르러 매우 탁월한 특성을 지닌 각종 기계·구조물용 재료들이 다수 개발되어 있고, 앞으로도 이들 소재 또는 재료기술은 빠른 속도로 발전되어가고 갈 것으로 사료된다. 그러나 기계나 각종 구조물을 설계·제작하는 경우 무엇보다 중요한 것은 사용재료의 선정이며, 설계기술자는 물론 생산기술자도 재료의 특성을 잘 파악하여 가장 적합한 재료의 선택과 가공이 이루어질 수 있도록 노력해야 할 것이다.

이 책은 조선과 선박기자재 및 해양플랜트 관련산업과 연계한 대학교육과정의 소재 또는 재료공학을 처음 공부하는 학생들에게는 주된 교재로, 현장의 생산·설계 분야의 기술자에게는 종합적 지식을 제공하는 참고서로 활용되도록 집필한 것이다. 이 책의 각종 단위는 SI단위를 채택하였으며 재료규격은 KS규격에 따랐다. 또한 용어의 정의는 최근의 대한기계학회편 기계용어집과 한국과학기술단체총연합회편 과학기술대사전에 의거하였다.

이 책에서 다루는 내용은 선박과 해양산업에 대한 이해를 돕기 위하여 상선과 크루즈선, 군함과 기타 특수선박의 종류에서부터 조선·선박기자재 및 21세기 해양관련 신산업인 해양플랜트 구조물의 사용강재와 제조공정 및 용접기술 등에 대하여 설명하였다. 소재공학적인 측면에서는 각종 소재의 미시적인 구조에서부터 결합특성, 소재의 변형 및 강화메커니즘, 소재의 파괴원인과 각종 시험법, 강의 열처리 기술과 표면강화 및 표면개질법에 대하여 알기 쉽도록 기술하였다. 또한, 산업계에 널리 사용되고 있는 구조재료에 대하여 소개하고, 강과 스테인리스강의 부식메커니즘 이해와 방식대책을 정리하였다. 주철과 내열재료, 동과 알루미늄, 마그네슘 및 그 합금의 물성과 적용사례, 공구와 베어링 등에 사용되는 특수목적용 공구재료에 대해서도 설명하였다. 최근의 신소재에 대한 기대와 관심에 부응하여 금속계의 대표적인 신소재인 아모퍼스합금, 형상기억합금 그리고 비금속계인 파인세라믹스, 엔지니어링 플라스틱, 복합재료 등의 신소재에 대한 제법, 특성, 용도 등에 대한 사항을 기술하여 이 방면의 기본적인 소양을 갖추도록 하였다.

이 책의 표지사진은 국내조선소에서 발표한 자료에서 인용하였으며, 선박과 해양산업의 이해를 돕고 조선 및 해양플랜트의 설계와 제작공정에 대하여 서술하고 있는 제1장과 제2장의 내용은 DOKMAR MARITIME PUBLISHERS B.V.발간의 SHIP KNOWLEDGE 책과 대우조선해양(주)의 제공자료를 인용하였음을 밝혀 둔다.

끝으로, 이 자그마한 결실이 선박 및 해양플랜트 소재 또는 재료공학을 공부하는 학생들이나 현장의 생산설계 기술자들에게 교재 또는 참고서로 활용되어 국내의 소재공학 전반의 발전에 조금이라도 기여할 수 있기를 기대한다. 이 책을 발간함에 있어서 부족한 부분은 지속적으로 업그레이드해 나가고자 하며, 2024년 9월에 수정 보완된 3쇄본을 내놓게 되었으며, 출판이 되기까지 많은 노고를 아끼지 않은 다솜출판사 관계자 여러분께 깊은 감사를 드린다.

대표저자 **김종도**

목차 Contents

머리말

제1장 선박과 해양 산업의 이해 / 1

1.1 선박의 종류와 특징 / 1
    1.1.1 상선의 종류와 특징 / 1
    1.1.2 크루즈선(cruise ship) / 8
    1.1.3 군함 (warship) / 9
    1.1.4 기타특수선 / 12

1.2 21세기 해양관련 신산업 / 12
    1.2.1 해양석유개발용 해양플랜트 / 12
    1.2.2 해저광물자원 개발용구조물 / 19
    1.2.3 해양공간 활용 해양구조물 / 20

제2장 조선 및 해양플랜트 설계와 제작공정 / 23

2.1 일반사항 / 23
2.2 조선 및 해양구조용 강재의 요구특성 / 29
2.3 해양구조용 강재의 종류 / 37
2.4 제조공정 및 용접기술 / 39
    2.4.1 조선공정 / 39
    2.4.2 용접기술 / 41

제3장 소재공학의 기본사항 / 47

3.1 소재공학의 중요성 / 47
3.2 기계재료의 분류와 선택 / 48
3.3 기계재료의 결합구조 / 49
3.4 금속의 결정구조 / 52

3.4.1 순금속의 결정구조 / 52

3.4.2 합금의 결정구조 / 55

3.5 평형상태도 / 56

3.5.1 전율고용형 평형상태도 / 56

3.5.2 공정형 평형상태도 / 57

3.5.3 포정형 평형상태도 / 58

3.5.4 편정형 평형상태도 / 59

3.5.5 실제의 평형상태도 / 60

제4장 기계소재의 변형 및 강화기구 / 63

4.1 응력-변형률 곡선 / 63

4.2 소성변형 / 67

4.2.1 탄성변형 / 67

4.2.2 항복현상 / 67

4.2.3 슬립 변형 / 68

4.2.4 쌍정 변형 / 70

4.3 금속의 강화기구 / 71

4.3.1 금속의 소성변형기구 / 71

4.3.2 금속강화의 기본 / 75

4.3.3 고용강화(solution strengthening) / 76

4.3.4 가공경화(work hardening) / 76

4.3.5 결정립 미세화에 의한 강화 / 78

4.3.6 마르텐사이트 변태에 의한 강화 / 79

4.3.7 석출경화 / 79

4.3.8 오스포밍강과 마르에이징강 / 81

제5장 기계소재의 파괴와 시험 / 83

5.1 금속의 파괴 / 83
5.2 연성금속의 취성파괴 / 86
    5.2.1 인성과 취성 / 86
    5.2.2 저온취성 / 87
    5.2.3 노치취성 / 89
    5.2.4 충격에 의한 취성파괴 / 91
5.3 재료시험 / 91
    5.3.1 기계적 성질 / 91
    5.3.2 인장시험 / 92
    5.3.3 경도시험 / 94
    5.3.4 충격시험 / 96
    5.3.5 파괴인성시험 / 98
    5.3.6 비파괴검사 / 105
5.4 금속의 피로 및 피로시험 / 106
    5.4.1 금속의 피로 / 106
    5.4.2 피로파괴의 양상 / 107
    5.4.3 피로균열의 발생과 진행과정 / 110
    5.4.4 피로강도에 영향을 미치는 요인 / 112
    5.4.5 피로파괴의 기구 / 120
    5.4.6 피로시험 / 121
5.5 금속의 마멸 및 마멸시험 / 123
    5.5.1 마찰 / 123
    5.5.2 마멸 / 125
    5.5.3 금속의 마멸에 영향을 미치는 요인 / 127
    5.5.4 마멸시험 / 130
5.6 고온에서의 금속의 거동 및 그 시험 / 131

5.6.1 고온강도 / 131

5.6.2 재결정 / 133

5.6.3 금속의 크리프(creep) / 137

5.6.4 크리프 시험 / 140

제6장 철강의 기초 / 143

6.1 철강재료의 분류 / 143

6.2 철강의 제조법 / 146

6.2.1 제선과 제강 / 146

6.2.2 진공 탈가스 / 147

6.2.3 연속주조법 / 149

6.2.4 단강품, 주강품, 소결품 / 150

6.3 탄소강의 평형상태도와 조직 / 152

제7장 강의 열처리 / 157

7.1 강의 열처리 조직과 기계적 성질 / 157

7.1.1 강의 변태와 조직 / 157

7.1.2 노멀라이징 / 159

7.1.3 어닐링 / 160

7.1.4 담금질 / 162

7.1.5 템퍼링 / 162

7.2 오스테나이트의 등온변태 / 164

7.3 오스테나이트의 연속냉각 변태 / 167

7.4 마르텐사이트 변태 / 170

7.5 등온 열처리와 가공 열처리 / 171

제8장 강의 표면강화 및 표면개질법 / 177

8.1 강의 표면경화 / 177
- 8.1.1 표면경화의 목적 / 177
- 8.1.2 침탄법(carburizing) / 178
- 8.1.3 질화법(nitriding) / 178
- 8.1.4 고주파 담금질과 화염 담금질 / 180
- 8.1.5 표면경화처리의 특징과 선택법 / 182

8.2 표면개질법 / 183
- 8.2.1 표면개질의 목적 / 183
- 8.2.2 CVD법 / 184
- 8.2.3 PVD법 / 186
- 8.2.4 용사법(metal spraying) / 188

제9장 구조용강 / 191

9.1 구조용 압연강재 / 191
- 9.1.1 일반구조용 압연강재 / 191
- 9.1.2 용접구조용 압연강재(SWS재) / 192

9.2 고장력강 / 194
- 9.2.1 개요 / 194
- 9.2.2 강도와 열처리 / 195
- 9.2.3 특성과 설계기준 / 199

9.3 기계구조용 강 / 209
- 9.3.1 기계구조용 탄소강 / 209
- 9.3.2 기계구조용 합금강 / 214

9.4 쾌삭강 / 218
- 9.4.1 절삭성과 기계적 성질 / 218

9.4.2 쾌삭강의 종류와 성질 / 221

제10장 철강의 부식·방식과 스테인리스강 / 225

10.1 철강의 부식·방식 / 225
10.1.1 철강부식 기구 / 225
10.1.2 철강의 합금원소에 의한 방식법 / 228
10.1.3 철강의 방식법 / 230

10.2 부동태화와 스테인리스강의 내식성 / 231
10.2.1 부동태화 / 231
10.2.2 스테인리스강의 내식성 / 232

10.3 스테인리스강의 종류 / 233
10.3.1 페라이트계 및 마르텐사이트계(크롬계) 스테인리스강 / 233
10.3.2 오스테나이트계(크롬·니켈계) 스테인리스강 / 235
10.3.3 석출경화형(precipitated hardening) 스테인리스강 / 238
10.3.4 2상 스테인리스강 / 239

10.4 스테인리스강의 부식 / 239
10.4.1 전면부식 / 239
10.4.2 국부부식 / 239

제11장 주 철 / 243

11.1 주철의 조직 / 243
11.1.1 화학조성과 냉각속도의 영향 / 243
11.1.2 평형상태도와 조직 / 245

11.2 회주철의 성질 / 248
11.2.1 회주철의 역학적 및 기계적 성질 / 248
11.2.2 회주철의 여러 가지 특성 / 251

11.3 각종 주철의 특성과 용도 / 253

11.3.1 회주철 / 253

11.3.2 구상흑연주철 / 255

11.3.3 구상흑연주철의 개량 / 256

11.3.4 가단주철 / 258

11.3.5 칠드(chilled) 주물 / 259

제12장 내열재료 / 261

12.1 내열재료에 요구되는 성질 / 261

12.1.1 고온 내식성 / 261

12.1.2 고온강도 / 263

12.1.3 물리적 성질과 제조성 / 266

12.2 페라이트계 및 마르텐사이트계 내열강 / 266

12.2.1 보일러용 및 증기 터빈용 내열강 / 268

12.2.2 자동차 및 화학공업용 내열강 / 270

12.3 오스테나이트계 내열강 / 271

12.3.1 보일러용 내열강 / 271

12.3.2 자동차용 및 화학공업용 내열강 / 271

12.4 초내열 합금(초합금 : super alloy) / 272

12.4.1 Fe기 초내열 합금 / 273

12.4.2 Ni기 초내열 합금 / 273

12.4.3 Co기 초내열 합금 / 275

12.4.4 분말야금과 고온내식 코팅 / 276

제13장 동과 그 합금 / 279

13.1 동(copper)의 제조법과 종류 / 279

13.1.1 동의 제조공정 / 279

13.1.2 동의 성질과 용도 / 280

13.2 동합금의 평형상태도와 기계적 성질 / 282

13.3 황동 및 특수황동 / 284

13.3.1 황동의 성질 / 284

13.3.2 황동의 종류와 용도 / 287

13.3.3 특수황동 / 288

13.4 청동 및 특수청동 / 289

13.4.1 청동 / 289

13.4.2 특수청동 / 290

13.5 고감쇄능 및 내열 동합금 / 292

13.5.1 고감쇄능 동합금 / 292

13.5.2 내열 동합금 / 292

제14장 알루미늄과 마그네슘 및 그 합금 / 295

14.1 알루미늄의 제조법 및 그 성질 / 295

14.2 알루미늄합금의 분류 / 296

14.3 알루미늄합금의 시효경화 / 297

14.4 전신용 알루미늄합금 / 299

14.4.1 고력알루미늄합금 / 300

14.4.2 내식알루미늄합금 / 302

14.5 주물용 알루미늄합금 / 303

14.5.1 주조성에 영향을 미치는 요인 / 303

14.5.2 Al-Cu계의 합금주물 / 304

14.5.3 Al-Si계 합금주물 / 305

14.5.4 Al-Mg계 합금주물 / 307

14.6 마그네슘 합금주물 / 308

14.7 다이캐스트 / 309

- 14.7.1 다이캐스트의 개요 / 309
- 14.7.2 아연합금 다이캐스트 / 310
- 14.7.3 알루미늄합금 다이캐스트 / 311

제15장 특수목적용 재료 / 313

15.1 공구용 재료 / 313

- 15.1.1 탄소공구강 / 313
- 15.1.2 합금공구강 / 315
- 15.1.3 공구강의 열처리 / 316
- 15.1.4 고속도 공구강 / 318
- 15.1.5 고속도강의 열처리 / 319
- 15.1.6 초경합금 및 서멧 공구재료 / 321
- 15.1.7 세라믹형 공구재료 / 324

15.2 베어링 재료 / 324

- 15.2.1 베어링 재료의 조건 / 324
- 15.2.2 화이트메탈 / 325
- 15.2.3 연청동과 동·연합금 / 326
- 15.2.4 베어링용 알루미늄합금 / 326
- 15.2.5 함유 베어링 / 327

제16장 신소재 / 329

16.1 복합재료 / 329

- 16.1.1 개요 / 329
- 16.1.2 섬유강화 플라스틱(FRP) / 330
- 16.1.3 섬유강화 금속(FRM) / 337

16.2 세라믹 / 340

16.2.1 개요 / 340
16.2.2 세라믹의 종류 / 342
16.2.3 세라믹의 제조법 / 343
16.2.4 세라믹의 성질과 용도 / 347

16.3 엔지니어링 플라스틱 / 356

16.3.1 개요 / 356
16.3.2 플라스틱의 미세구조 / 357
16.3.3 엔지니어링 플라스틱의 종류 / 360

16.4 아모퍼스 합금 / 362

16.4.1 개요 / 362
16.4.2 아모퍼스 합금의 제조법 / 363
16.4.3 아모퍼스 합금의 성질과 용도 / 365

16.5 형상기억합금 / 369

16.5.1 형상기억 효과 / 369
16.5.2 형상기억합금의 종류 / 371
16.5.3 형상기억합금의 응용례 / 372

색인 / 377

제 1 장

선박과 해양 산업의 이해

1.1 선박의 종류와 특징

조선 해양 산업에서 선박을 수요가 많은 순서로 그 사용목적에 따라 분류하면 다음과 같다.
 (1) 상선
 (2) 크루즈선
 (3) 군함
 (4) 기타특수선

1.1.1 상선의 종류와 특징

상선은 다시 다음과 같이 분류된다

(1) 살물선(bulk carrier)

살물선은 화물창에 여러가지 화물을 적재할 수 있도록 설계된 선박이다. 여기에는 3가지 타입이 있다.

a. 핸디사이즈(handy size) : 대략 총톤수 30,000톤 정도이며 자체의 하역설비를 갖추고 있다. 화물은 조밀한 광석, 모래, 스크랩, 점토, 곡물, 임산물 등

b. 파나막스(Panamax) : 대략 80,000정도로 파나마 운하의 통과 가능한 선박으로 자체의 하역설비를 거의 갖추지 않는다. 화물은 곡물, 광석이다.

c. 케이프사이즈(cape size) 대략160,000톤으로 하역설비를 갖지 않는다. 화물은 석탄이나 광석이다.

그림 1.1 24만톤급 산적화물선

(2) 컨테이너선(container ship)

컨테이너선은 1960년대 이후 지속적으로 발전되어 오고 있다. 컨테이너의 이용은 항구에서 항구로 뿐만 아니고 공장에서 공장으로 직접 운송이 가능하다는 장점이 있다. 해상에서의 운송은 운송의 한 체인일 뿐이다. 컨테이너 선은 1966년에 1500TEU (컨테이너 1500개)에서 2008년 현재 약 13300TEU의 컨테이너선이 출현하고 있다. 컨테이너의 크기는 ISO규격으로 TEU와 FEU로 구분한다. TEU= twenty feet equivalent unit의 약자로 미터로 환산하면 6.10meter이다. FEU= forty feet equivalent unit로서 미터로 환산하면 12.20meter 이다.

컨테이너선은 크게 두 가지 형태로 구분할 수 있다.

  a. 12000 (2006년)TEU 까지로 대륙간의 컨테이너선

  b. 200TEU에서 시작하는 컨테이너 피더선으로 작은 항구에서 컨테이너항으로 컨테이너를 운반하는 선박이다.

이전에는 컨테이너선에 해치 카바가 없어서 빗물이 화물창에 고이기 때문에 이를 배출하는 빌지 펌프시스템을 갖추고 있었으나 최신의 컨테이너 선에는 해치카바가 비치되어 있다.

대륙간 컨테이너선은 다음과 같이 구분되어 설계되어 있다.

- Panamax ship : 선폭이 32.3m이하로 파나마운하를 통과할 수 있는 크기이다.
- Post panamax ship : 1988년 이후에 파나마운하를 통과할 수 없는 선폭이 32.3m를 초과하는 선박이 건조되었다.
- Suezmax : 최대 draft가 19m로 수에즈 운하를 통과할 수 있는 크기이다.

그림 1.2 컨테이너선

(3) 로-로선(ro-ro carriers)

자체 이동기능이 있는 화물 (트럭, 승용차, 화물을 적재한 화물차 등)을 운반하는 선박으로 선박의 전 길이에 걸친 넓은 갑판을 가진 것이 특징이다. 이처럼 갑판이 넓기 때문에 갑판상으로 물이 넘치면 배의 안전성을 위협하는 사례가 있어 특히 안전규정이 엄격히 규정되어 있다. 화물의 적하(loading)는 선박의 양현이나 후미에 설치된 수밀 개패구를 통한 램프를 통해 이루어지며, 적하시 선박의 경사를 방지하기 위해 밸러스트 워터(ballast water)를 이용한 자동 평형 유지 장치를 가지고 있다.

그림 1.3 승객과 자동차를 함께 운반하는 로-로선

(4) 유조선(crude oil tankers)

오늘날 원유를 운반하는 유조선은 500,000톤짜리 까지 출현하고 있다. 원유란 땅에서 파낸 상태 그대로의 생산물로 물과 모래를 제거한 상태이다. 유조선은 이중 격벽을 갖고 있어 만일의 사태에서 유류가 해양오염을 최대한 일으키지 않도록 설계되어 있다. 대형 유조선은 다시 다음과 같이 세분할 수 있다.

- Ultra large crude carrier (ULCC) > 300,000 톤
- Very large crude carrier (VLCC) 200,000~300,000톤
- Suez max (old max Suez draft) 대략 150,000~160,000톤
- Aframax (경제성을 고려한 표준형) 대략 105,000톤

유조선은 파이프라인이나, 호스 또는 해안에 있는 하역설비를 통하여 적하가 이루어진다. 이 선박에는 빈 탱크를 채우는 inert gas system, tank-wash system, ballast system을 갖추고 있다.

그림 1.4 45만톤 급 ULCC선

(5) LNG/LPG선

기체운반선은 기본적으로 대기온도, 대기압 하에서 기체상태의 화물을 운반하는 케미컬(chemical) 선박이다. 이 화물들은 압력을 높이거나 저온 상태로 가져오면 액상으로 된다. 액체 상태가 되면 대기상태의 기체는 그 체적을 1/600로 줄일 수 있다. 그래서 기체는 액체상태로 운반 저장된다. 이 선박들은 다음과 같은 3가지

부류로 구분 할 수 있다.
- Pressurized ship : 대기온도 상태에서 화물을 가압상태로 운반하는 선박
- Fully insulated/Fully refrigerated ship : 저온상태에서 대기압상태로 화물을 운반하는 선박
- Semi-pressurized ship : 저온에서 저압상태로 화물을 운반하는 선박

여기서 Pressurized ship은 비교적 작은 선박인 500~6000m^3 탱크 규모이며, 두번째 부류인 완전 절연/완전 냉각 선박 (Fully insulated/ Fully refrigerated ship)은 190,0000m^3 의 규모이다. 완전가압(Fully pressurized, FP)선박은 대부분 작은 거리를 운항하는 Liquefied petroleum gas (LPG)선이다. 가장 큰 선박이 10,000m^3이다. FP선박은 대기온도에서 액상이 되는 온도로 가압된 원통형 밀폐 탱크를 적재하고 있다. LPG 선은 온대(temperate zone)환경에서 8 바(bar)의 압력으로, 열대 환경에서는 15 바의 압력까지 높여서 가압된 상태로 운반한다. 완전 냉각 (fully refrigerated, FR)) 선박은 매우 낮은 온도로 대기압 상태에서 화물을 운송하는 선박이다. LPG의 경우에는 프로판 가스의 비등점인 -42℃의 온도로 운반된다. LPG는 비등점이 각각 -42℃와 +0.5℃인 프로판과 부탄 가스의 혼합체이다. LPG 선박은 80,000m^3의 용량까지 있다.

완전 냉각 선박의 특수형태로 액화천연가스(liquefied natural gas, LNG)운반선이 있다. 대기압하에서 LNG를 운반 할 때는 LNG는 메탄과 에탄의 혼합 액상이기 때문에 -162℃의 저온이 필요하다. 대기압하에서 메탄과 에탄의 비등점은 각각 -161℃와 -88℃이다.

Semi-pressurized/ semi-refrigerated (SP/SR) 선박은 FP선과 FR선의 혼합형이다. 모든 가스 탱커(gas tanker)들은 탱크 안으로 공기가 들어가는 것을 방지하기 위해 최소한 대기압보다 높은 압력상태를 유지하도록 되어 있다. 이것은 공기유입으로 인한 폭발가능성을 최대한 배제하기 위함이다.

이 선박의 탱크들은 다음과 같은 4가지 형태로 건조되어 있다.
- FR탱크로서 불활성 기체로 채워진 화물창 안에 장방형으로 축조된 형태의 탱크
- FR탱크로서 구형(spherical shape)의 강재 탱크 형태로 화물창 안에 축조된 형태
- 대기온도 상태에서 최대 18바(bar)까지 가압된 상태로 화물을 적재하는 원통 수

평형 탱크로서 압력이 높아지는 것을 방지하기 위해 단열되어 있다. 이 형태의 탱크는 semi-pressurized/ fully refrigerated 선과 에틸렌 운반선에 설치된다.
- 박스(box)형 맴브레인(membrane) 탱크로서 매우 얇은 스테인리스강판으로 1차 벽이 되어 있고 이 얇은 1차벽은 두꺼운 단열 폼(foam)층으로 지지되어 있다. 다시 단열 된 2차 벽이 둘러 싸여 있다. 이 전체의 구조는 블록 구조의 화물창 안에 위치한다. (Hold of a LNG carrier (membrane type))

화물을 냉각상태로 유지하기 위하여 작은 양만큼 액상이 기화하도록 한다. 이것을 「Boil-off」라 한다. LPG와 에칠렌 탱커의 경우에는 이 Boil-off 분은 모아서 압축하여 콘덴서에서 냉각하여 다시 액화시킨다.

과거에는 LNG 탱커들은 증기터빈선이었다. 이 경우에는 Boil-off 분은 보일러의 연료로 사용되었다. 그러나 최근에는 Disel-electric 시스템으로 바꾸어 한 두개의 엔진은 Dual-fuel 엔진으로 하여 가스의 가격에 따라 중유나 Boil-off 가스를 교체해서 사용하도록 함으로서 연료비용을 절감하는 방법을 채택하고 있다.

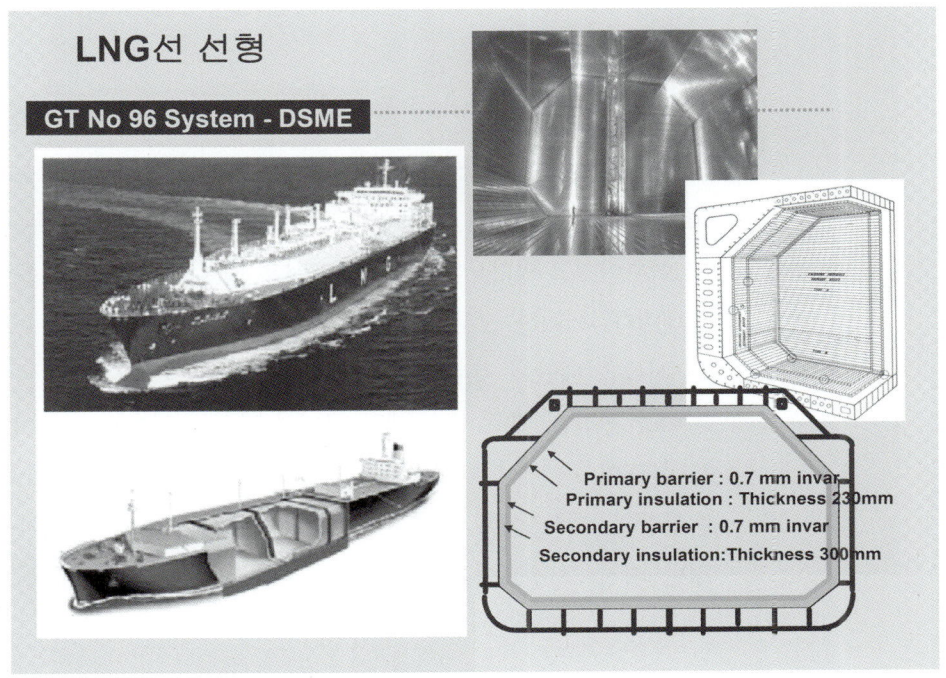

그림 1.5 LNG선 (membrane 형)

그림 1.6 LNG선 (moss 형)

1.1.2 크루즈선(cruise ship)

필리핀이나 인도네시아와 같은 섬이 많은 지역을 제외하고는 재래의 여객선은 거의 사라진 상태이다. 대륙간 또는 국제간의 여객선 수송은 현재는 비행기에 의해서 이루어지고 있다. 현대의 크루즈선은 먼 나라와 항구를 유람하는 호화 유람선의 형태이다. 이러한 크루즈선은 수영장, 영화관, 바아, 카지노, 극장, 헬스클럽 등 모든 시설을 배안에 갖추고 있다.

이들 선박은 매우 좋은 에어 콘디션 장치를 갖추고 있으며, 풍랑에 배가 흔들려도 롤링이 2°에서 최대한 4° 이내가 되도록 anti-rolling fin을 갖추고 있다. 현재 운항중인 크루즈선은 승선 인원이 4000명 정도 까지 수용 가능하며 승무원은 이의 절반 내지 2/3정도이다.

그림 1.7 크루즈선

1.1.3 군함 (warship)

(1) 항공기운반선(aircraft carriers)

특수한 항공기나 헬리콥터의 이·착륙이 가능한 중,대형 선박이다. 여기에는 재래식의 이륙과 착륙이 가능한 CTOL(conventional take off and landing)타입과 이륙하는 동안 보다 큰 상승을 일으킬 수 있도록 일종의 스키점프를 이용하고, 수직하강 착륙하는 STOL(short take off and vertical landing)타입이 있다.

(2) 순양함 (cruisers)

순양함은 10,000톤 이상의 적재 용량과 자체 작전 수행 능력을 갖는 선박이다. 주 임무는 감시, 차단, 호송의 보호, 대함대의 지원 등이다.

(3) 구축함 (destroyers)

순양함보다 작은 함선으로 독립적으로 작전을 수행하도록 되어 있다. 이 함선은 잠수함, 해상 전투함을 상대로 작전을 수행하거나 또는 호송의 보호 등 다목적용으로 설계되어 있다.

그림 1.8 항공모함

(4) 프리기트함 (frigates)

프리기트 함은 다양한 임무를 수행하도록 설계되어 있다. 이 함선은 항공방어, 대잠수함 작전, 해상작전에 적합하도록 설계되어 있다. 프리기트함은 아주 다양한 센서, 통신장치, 많은 소나(sonars)를 갖추고 있으며, 다양한 무기체계를 장착하고 있다. 이 함선은 헬리콥터의 착륙 플랫폼(platform)을 갖추고 있는 경우도 있으며, 길이 130m, 승무원 150명, 속력 30노트의 제원과 배 길이 1.5배 이내의 거리에서 완전 멈춤이 가능한 장비를 갖추고 있다.

(5) 코르배트함 (corvettes)

이 함선은 700에서 2000톤 정도의 적재능력을 갖추고 무장이 잘 되어 있어 지역작전이나 원거리 작전에 적합하게 설계된 선박이다.

그림 1.9 프리깃트함

(6) 잠수함 (submarines)

잠수함에는 여러 가지 종류가 있다.
- 탄도미사일 핵 잠수함 : 길이 120~170m로 해저에서 한 달 동안도 머무를 수 있다.
- 핵 추진 공격용 잠수함 : 70에서 150m 길이의 잠수함으로 어뢰, 잠수함 대 해상 미사일, 육상거점 공격용 순양 미사일 등을 갖추고 있다.
- 디젤-전동 추진 잠수함으로 다목적용 중 소형 잠수함

(7) 연안경비함(offshore patrol vessel, OPV)

배타적 경제 수역(exclusive economic zone, EEZ)을 감시하기 위한 선박으로 70톤 정도의 규모이다. 경 무장 선박이며, 헬리콥터 갑판을 갖추고 있다.

(8) 소해정 (mine counter measure vessels, MCMV)

기뢰를 부설하고 기뢰를 제거하는 선박

(9) 상륙함 (landing craft)

차량과 군대 및 전투장비들을 육상에 투입시키기 위한 선박

1.1.4 기타특수선

여기에는 어선, 냉동선, 해저 공사에 사용되는 준설선, 각종 케이블 또는 해저 파이프라인 부설선, 얼음분쇄선 (ice braker), 요트 등 다양한 종류의 선박들이 있다.

1.2 21세기 해양관련 신산업

21세기 해양관련 신산업을 분류하면 다음과 같다.
(1) 해양석유 개발산업
(2) 해저 광물자원 개발산업
(3) 해양공간 이용산업

1.2.1 해양석유개발용 해양플랜트

(1) 해양플랜트 산업의 개요

오늘날 석유와 가스는 아직까지 가장 중요한 에너지 자원이다. 따라서 해양플랜트 산업이란 해양에서 주로 석유나 가스를 탐사하고 생산하며, 그것을 육지로 이송하는 산업전체를 일컫는다. 표 1.1은 해양플랜트 산업에서 기능별 해양플랜트장치의 분류를 보인 것이다.

표 1.1 해양플랜트 구조물의 기능별 분류

작업활동	분 류
해저탐사	1. 해저탐사선박
석유, 가스 광 위치 확인	1. 잭업 드릴링 리그(jack-up drilling rigs) 2. 드릴링 선박 (drilling vessels) 3. 반잠수식 드릴링장치(semi-submersible drilling unit)
생산 플랫폼과 생산설비의 건축과 설치	1. 크레인선박 (crane vessels) 2. 해양 바지선 (offshore barges) 3. 대형 승강장치 운반선 (heavy lift carrier)
해저 광 생산기지의 완성과 해상 생산설비와의 연결	1. 잭업 드릴링 리그 2. 반잠수식 드릴링 장치 3. 파이프 부설 바지(barge) 또는 파이프 부설선박
해상에서 원유 생산과 석유, 가스, 물 성분들의 분리	1. 고정식 플랫폼(fixed platform) 2. 텐션 래그 플랫폼(tension leg platform) 3. FPSO (floating production storage and offloading vessel) 4. FSO (floating storage and offloading vessel) 5. 생산 잭업 또는 반잠수식 시추선
운반	1. 셔틀 탱커 2. 해저에 설치된 파이프라인

(2) 해양플랜트 장치의 종류

① 잭업 (Jack-ups)

잭업 드릴링 리그는 대략 10m에서 150m의 해역까지 탐사와 드릴링하는 데 사용된다. 잭업 바지 (jack-up barge)는 예인선에 의해 작업위치로 예인되는 3각 또는 장방형 형태의 바지이다. 예인하는 동안은 잭업 방식으로 다리를 위로 올린 상태에서 예인하여 작업위치에 도달하면 다리를 해저면까지 내리고 파도에 안전하게 수면으로부터 일정 높이로 플랫폼의 위치를 잡는다.

② 드릴 쉽 (Drill ship)

대략 수심 150m에서 3000m 깊이의 해역에서 자력 추진으로 이동하여 드릴링, 탐사, 생산활동을 하는 선박형태이다. 기동성은 좋으나, 고정성은 무어링 (mooring) 또는 동적 위치시스템 (dynamic positioning)으로 확보되기 때문에 거친 해역에서는 롤링, 피칭 등의 현상이 발생하여 조업을 어렵게 한다.

그림 1.10 잭업 구조물

Drilling ship   1. Drilling derrick   4. Supply handling crane
                2. Drill floor   5. Accommodation / helideck / lifeboat stations
                3. Riser and pipe storage

그림 1.11 드릴 쉽과 각부 명칭

③ 반 잠수식 시추장치(Semi-submersible drilling unit)

래그(leg)가 4개 또는 6개인 부유구조물이며, 수심 150m에서 2500m의 해역에서 드릴링, 탐사, 생산 활동을 하는 구조물이다. 고정은 1500m 수심까지 앵커링(anchoring)장치를 이용 가능하며, 2000년도에는 2300m의 수심까지 동적 위치 확보 시스템으로 조업이 가능하게 되었다. 동적 위치확보 시스템은 부유 상태에서 GPS와 같은 정보를 이용하여 프로펠러, 러더(rudder), 보조 추진 장치 등을 통해 구조물을 일정위치에 고정하게 만드는 장치이다.

그림 1.12 반잠수식 시추장치의 명칭

④ 크레인선박 (Crane vessels)

크레인 선박에는 하나 또는 두개의 대형 크레인을 장착한 선박 형태 또는 반잠수식 바지(semi-submersible barge)형태의 것이 있다. 크레인선박은 12000톤 이상까지도 들어 올릴 수 있으며, 고정식 해양 플랫폼을 수송바지에서 고정위치로 이동하는 데 사용된다. 이 크레인 선박은 고정식 플랫폼을 해체하는데도 이용된다.

⑤ 고정식 생산 플랫폼(Fixed production platforms)

고정식 플랫폼은 육상에서 조립된 구조로 드릴링 작업과 생산 작업을 수행하는 플랫폼을 갖추고 있다. 이 구조물은 육상에서 건조된 후 생산위치로 바지선에 의해 예인된 후 지정위치에 도달하면 수직으로 세워 해저 면에 파일로 고정시킨다. 대부분의 고정식플랫폼은 대략 20m에서 150m의 수심까지 설치한다. 지금까지 최대 412m의 수심까지 설치된 구조물이 있다.

⑥ 텐션 래그 플랫폼(Tension leg platform (TLP))

TLP는 드릴링과 생산목적에 이용된다. 이 장치는 반잠수식 드릴링 장치와 유사하며, 해저면에 장력 강재 케이블에 의해 수직으로 고정된다. 부양된 플랫폼은 강재의 케이블로 연결되며, 반잠수식 장치와 마찬가지로 다른 장소로 이동이 가능하다.

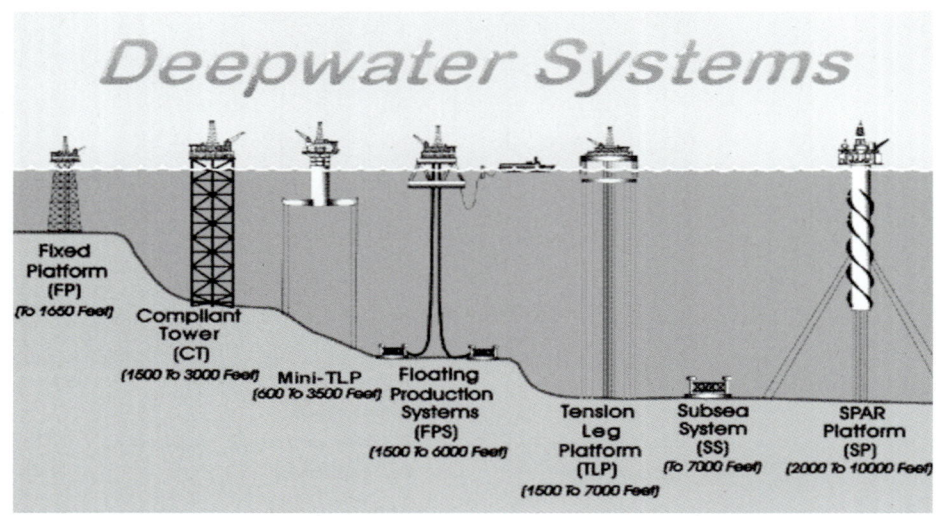

그림 1.13 여러가지 고정식 생산 플랫폼

⑦ FPSO 선박(Floating production storage and offloading vessel)

FPSO는 석유광천(oil wells)으로부터 퍼 올린 액체로부터 원유 (crude oil)를 생산하여 임시로 저장하는 선박이다. 해저의 석유광천으로부터 퍼 올린 액체는 선상에서 원유와 가스와 물과를 분리하여 원유를 생산하고 이를 셔틀 탱커 (shuttle tanker)에 옮기기 전 까지 저장한다. 재래의 FPSO는 여러 갈래의 앵커 고정시스템 (anchor mooring system)에 의해 위치 조정이 되는데 비해 최근에 개발된 DP-FPSO는 방위추진장치를 이용하는 동적위치 조정 장치를 이용하여 위치조정이 이루어진다.

3 FPSO converted from a VLCC in Singapore ready for sail to Brasil.
L.o.a x Br. x T: 343 m. x 52 x 21` meter.
Crude storage capacity: 1,6000,000 barrels
(=approx. 252,800m)

1. Internal Turret (Pivot point)
2. Flare tower (100meter hight)
3. Gas lift compression modules
4. Crude separation modules
5. Power generation modules
6. Water Injection Treatment Module

그림 1.14 FPSO와 각부 명칭

라이저(riser)라고 불리는 유연한 파이프라인을 통하여 해저 광천(oil wells)으로부터 선체내부로 액체가 빨려 들어온다. 해저에 여러 개의 석유광천이 드릴링 선박에 의해 만들어 지고 여러 개의 석유광천으로부터 생산된 액체가 해저 파이프라인을 통하여 라이저로 모아져 선체로 들어오게 된다. 최근에 이 FPSO의 수요가 증가하고 있어 과거에 VLCC선으로 사용되었던 대형 유조선이 FPSO로 개조되는 경우도 있다.

⑧ 셔틀 탱커 (Shuttle tanker)

파이프라인이 설치되어 있지 않은 해역에서는 셔틀 탱커가 FPSO나 FSO로부터 원유를 부두 터미날까지 운반한다. 이 셔틀 탱커는 FPSO와 배의 선수에서 특별한 어댑터를 통하여 연결되어 있고 위치조정은 FPSO와 연결된 무어링 장치에 의해 이루어지나 오늘날은 대부분 동적 위치 조정시스템에 의해 위치조정이 이루어진다.

⑨ 파이프부설 바지, 또는 선박 (Pipe laying barges/ vessels)

해저의 석유와 가스 파이프라인을 부설하기 위해서는 여러 형태의 바지나 선박이 사용된다. 여기에는 앵커 계류방법이나 동적위치조정 평 저면 바지, 반잠수식 선체, 선박형태의 구조물 등이 있다. 이 파이프 부설 바지나 선박들은 대개 작업을 용이하게 하기 위해 대용량의 크레인을 장착하고 있다. 바지나 선박의 주 갑판 상에는 파이프들을 용접하고 코팅하는 장치가 구비되어 있어서 파이프들이 길게 용접되고 코팅된다. 파이프의 용접부는 비파괴검사법으로 검사된 후 갑판상의 후미에 있는 스팅거 (stinger)라고 불리우는 가이드장치를 통해 바다로 잠기게 된다. 이 스팅거는 용접된 긴 파이프가 바다로 연속해서 들어 갈 때에 수평상태에서 밑으로 경사지게 되어 들어가게 되는데 이때 파이프에서 파괴가 일어나지 않도록 가이드 역할을 한다. 이 과정은 파이프 인장기에 의해 40~250톤의 하중을 걸어 파이프를 경사지게 굽힌다. 파이프를 용접하고 이 용접된 파이프를 스팅거를 통해 해저에 부설하는 작업을 S-Lay라고 하는데, S-Lay는 1000m 깊이 까지 광범위하게 이용된다. 최근에는 3000m 또는 그 이상의 깊이까지 S-Lay가 가능한 방법들이 개발되어 있다.

⑩ 플랫폼 공급선박 (Platform supply vessels (PSV))

이 선박은 다양한 기능을 하는 선박으로 연료와 식량과 파이프와 그리고 드릴링에서 나온 뻘 및 각종 장치류들을 해양 플랫폼에 공급하는 선박이다. 그래서 이들의 공급에 알맞게 특수한 형태로 설계되어 있다.

그림 1.15 FPSO와 석유시추 설비와의 연결

1.2.2 해저광물자원 개발용구조물

　해저 망간단괴를 채굴하기 위한 구조물이 개발되어 있다. 망간단괴의 C-C 광구 면적은 우리 남한 면적에 필적하는 7.5만Km^{2}로 부존량은 4억2천만톤에 이르는 것으로 평가되고 있다. 연간 300만톤을 생산할 때에 채광기간은 최소 42년간이며, 경제적 가치는 645억달러에 이른다. 따라서 300만톤 생산시 연간수익 15억불을 기대할 수 있다. 이러한 심해저자원탐사용 구조물로는 무인자율잠수정(Autonomous underwater vehicle, AUV)과 원격 작동차량(Remotely operated vehicle, ROV)이 개발되어 있으며, 광물을 채광하는 광물채광선, 채굴된 해양자원을 저장하는 광물저장 해상플랫폼 및 저장광물의 육상운반용으로 Shuttle 광석운반선이 필요하다. 우리나라 대우조선해양에서 개발된 AUV Okpo 6000은 최대수심 6000m이며, 최대 3노트 속도를 가진 구조물로 입력된 Mission Program으로 자율 항해하며, 해양자원탐사, 해저지형 및 지질탐사에 활용된다.

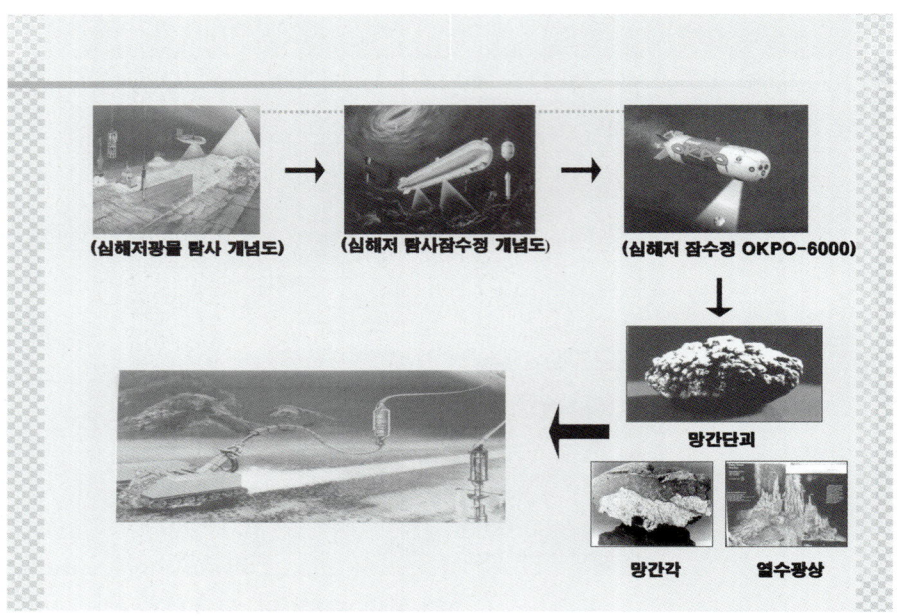

그림 1.16 심해저 탐사 잠수정과 ROV에 의한 채광 개념도

1.2.3 해양공간 활용 해양구조물

좁은 국토에 인구밀도가 높고 바다를 접하고 있는 한국과 일본은 해양공간을 보다 더 많이 활용하기위해 부단한 노력을 하고 있다. 생활공간을 포함한 어떤 특정한 시설물을 육상공간보다 해상의 공간을 활용함으로써 보다 구조물의 효율이 좋아질 수 있다고 생각되는 것들이 최근에 BMP (Barge mounted plant), VLFS (Very large floating structure)의 형태로 발전되고 있다.

① BMP (Barge mounted plant)

BMP는 바지(barge)구조물에 여러 가지 시설물을 올리는 개념이다. 여러가지 플랜트시스템을 바지에 올려서 해상에서 작업을 수행케 함으로서 이동성이 있고 육상의 주거공간으로부터 멀어 짐으로서 주민 기피시설물의 여러 가지 시설이 가능하다. 현재 국내에서는 해저오염 퇴적층 복원처리 BMP, 소각 및 담수화 BMP, 발전 플랜트 BMP 등 여러가지 시설들이 개발 중에 있다.

② 초대형 부유식 구조물

물류, 거주, 및 레저 등의 활동을 위한 구조물로서 해상공항 메가 플로트 (Mega float), MOB (Mobile offshore base), 해양박람회장 등의 시설물을 들 수 있다.

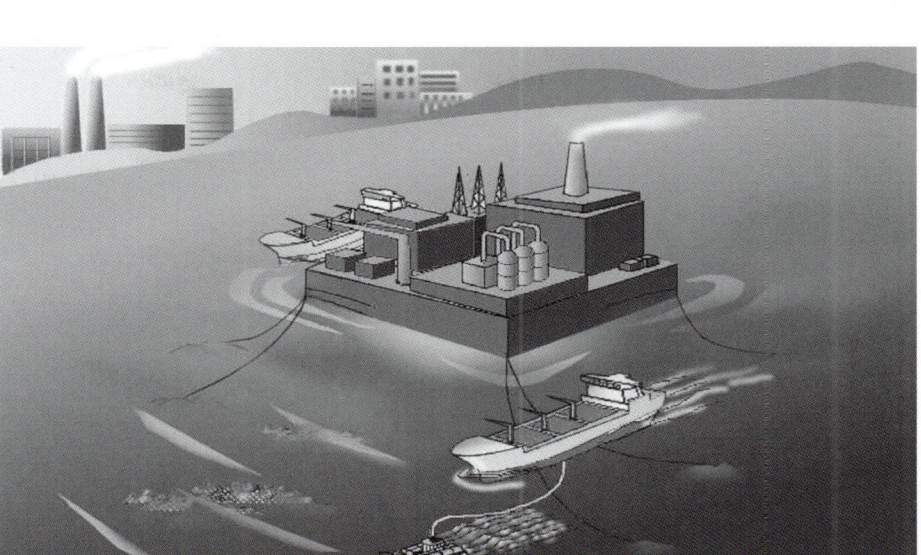

그림 1.17 BMP의 개념도

그림 1.18 메가 플로트 개념도

그림 1.19 부유식 콘밴션 센터의 개념도

제 2 장

조선 및 해양플랜트 설계와 제작공정

2.1 일반사항

(1) 설계의 순서

해양플랜트 프레임 구조는 용접 구조물로서 구조물의 취성 파괴 방지를 최우선으로 하는 설계이어야 한다. 해저유전으로부터 석유를 굴착하는 드릴링 리그(drilling rig)나 석유정제 플랜트 등은 선박과 달리 조업 중에 폭풍이나 대 파랑을 피할 수가 없는 경우가 보통이다. 유럽의 북해 지역에서는 년 중 거의 대부분이 매우 거친 풍파의 바다이기 때문에 여기에서 조업하는 해양구조물은 항상 거친 풍파에 의한 반복하중을 받고 있다. 이 때문에 설계 시공이 미숙한 시대의 구조물에서는 북해에서 많은 해양구조물이 피로파괴 등의 원인으로 대 사고를 일으켰다. 그러나 현대에 이르러 피로균열 방지를 위한 설계, 시공이 이루어짐으로 인해 대 사고는 격감하게 되었다.

피로균열은 국부적인 응력집중원이 되는 설계상의 불연속부나 용접부의 덧살 등의 외관 형상 즉 기하학적 형상에 주로 지배되기 때문에 경제성을 향상시키기 위해 경량화를 도모하기 위한 설계개선을 실시하는 경우에 이들에 대한 세심한 배려가 필요하다.

그림 2.1은 해양구조물을 포함한 일반 구조물 설계의 순서를 나타 낸 것이다.

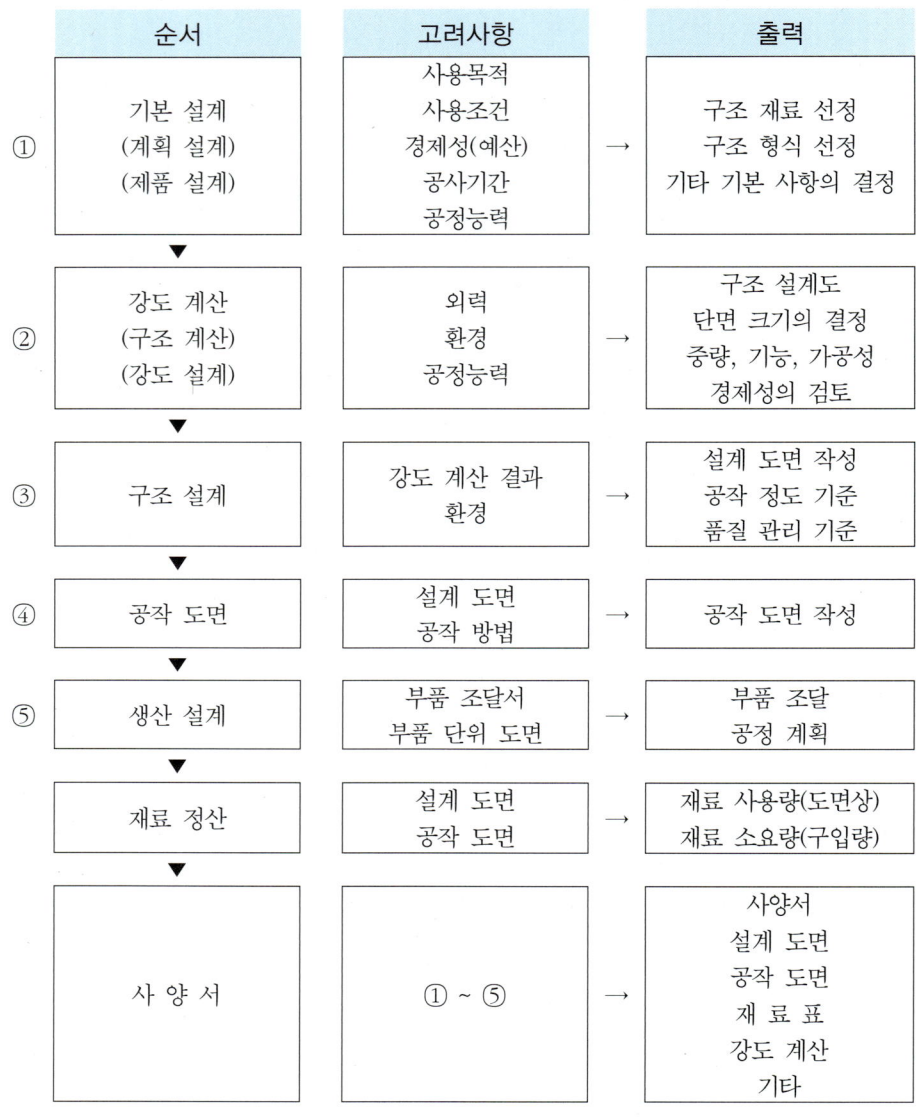

그림 2.1 설계활동의 경로

이하에서 그 개략에 대해 설명한다.
① 기본설계 (계획설계, 제품계획)

계약조건을 기본으로 발주자와 합의하에 사용목적, 사용조건, 경제성(예산) 등에서부터 적용규격, 기준을 고려하여 구조물의 기본 형상, 구조재료, 형식 등의 기본사항을 결정한다.

② 강도계산 (구조계산, 강도설계)

사용 중에 일어나는 구조물의 각 부분에 작용하는 하중의 종류와 크기를 설정하고 각 부분의 구조 및 이음부분의 강도가 충분히 안전한가 여부를 검토하며, 중량, 기능, 가공성, 경제성의 관점에서 가장 이상적인 구조와 이음부분의 형상을 결정한다. 또한 부재와 용접이음부분의 적정한 단면 칫수를 결정한다.

③ 구조설계 (도면)

강도계산의 결과 및 시공조건을 고려하여 구조물의 설계도면을 작성한다. 용접이음부분의 상세 부분을 결정하는 용접이음부분의 설계도 이 단계에서 이루어진다.

④ 공작도작성

제작자가 착오 없이 효율적으로 제작할 수 있도록 공작상세도를 나타 낸 도면을 작성한다.

⑤ 생산설계

각 부분별로 구획 단위설계, 설계외주 (設計外注)계획, 외주부품의 납품시기, 각 단위별 완성 부품의 조립계획 등을 결정한다.

⑥ 재료산정

도면상의 재료사용량이나 소요시간, 구입량 등을 계산한다.

⑦ 사양서 작성

설계, 제작, 설치 방법, 기타 지정사항의 명세서를 작성한다.

(2) 허용응력과 안전률

구조설계의 기본은 각종의 하중을 받는 구조물이나 기계가 소정의 기간 중에 그 기능을 해치는 과대한 변형이나 분리 파단과 같은 손상이 생기지 않도록 적합한 재료를 선택하고 각 부재의 크기를 결정하지 않으면 안 된다.

설계자는 구조물의 사용조건, 즉 하중의 크기와 종류, 사용 환경과 사용되는 재료의 역학적 성질을 고려해서 어떤 형식의 손상이 일어 날 수 있는 가를 예측하고, 파손의 조건 (기준강도)를 설정해서 부재에 생기는 응력과 변형이 설정값이하가 되도록 재료를 선택하고 부재의 크기를 결정하게 된다.

부재에 생기는 응력을 사용응력 또는 설계응력 σ_d 라 하고, 상정한 형식의 손상이 발생하지 않는다고 생각되는 최대의 허용응력을 σ_a 라 하며, 사용재료의 기준강도를 σ_s 라 하면, 다음과 같은 식이 되지 않으면 안 된다.

$\sigma_d \leq \sigma_a \leq \sigma_s$ (2.1)

σ_s 와 σ_a 의 비, σ_s/σ_a 를 「안전률」 또는 「안전계수」 라고 한다. 즉 허용응력 σ_a 는

σ_a = 항복강도 σ_y / n_1 또는   인장강도 σ_T / n_2

와 같이, 재료의 기준강도인 항복강도나 인장강도를 일정한 안전률 n_1, n_2 로 나눈 값으로 한다.

안전률은 1보다 큰 계수로 경제적으로는 1에 가까운 값이 바람직하나 사용응력, 기준강도의 편차, 이들 추정값의 불확실성을 보완하기 위한 계수로 근거없이 작은 값으로 하여 서는 안 된다. 지금 까지의 경험을 바탕으로 설계기준이나 규격에서는 하중의 종류나 재료별로 안전률을 정해서 n_1 으로서는 1.5~2정도, n_2 으로서는 2.5~4 정도의 값을 채용하는 경우가 많다.

용접부의 강도는 적합한 용접재료의 선정과 적정한 시공이 이루어 지면, 정적 강도의 경우는 모재와 동일하다고 보면 된다. 따라서 각 설계기준에 표시되어 있는 용접부의 허용응력 (또는 허용응력도)는 모재와 동등하다고 되어있다. 단지 규격에 따라서는 공장 용접인가 현장 용접인가, 또는 비파괴 검사 실시 유무에 따라 허용응력을 변화시키든가 이음효율을 100%이하의 소정의 값으로 설정하도록 요구하는 경우도 있다.

보통 허용응력은 건축, 선박 해양구조물 등 구조물의 종류에 따라 재료의 정적인 강도 즉 재료의 항복강도 또는 인장강도에 대해서 몇 %로 하도록 규정 되어 있다. 예를 들면, 건축의 경우에는 강재의 항복강도 (항복비가 높은 강재에서는 인장강도의 70%)를 기준강도 F로 하고 인장의 장기 허용응력은 F값을 n=1.5로 나눈 값으로 하고 있다. 전단력에 대해서는 전단의 경우의 소성항복이 인장응력의 $1/\sqrt{3}$이기 때문에 허용응력은 거기에 더하여 $\sqrt{3}$으로 나눈 값을 취하도록 되어 있다.

(3) 최근의 CAD와 시공경향

최근 범용형 컴퓨터의 발전과 더불어 데이터 베이스를 구축하여 인공지능에 의해 구조물의 최적설계를 이루려는 시도가 활발히 전개되고 있다. 또한 시공에 있어서도 용접 로봇의 도입과 공정 중의 제어에 의해 제품 품질의 안정화, 무인화 및 경제성의 제고를 추구하여 국제 경쟁력을 향상시키려는 노력이 전개되고 있다. 그리고 사용 중 파괴의 감시에 있어서도 각종 센서 기술의 발전과 더불어 전문가 시스템 (expert system)의 실용화가 추진되어, 그 성과가 축적되고 있어서 앞으로 지식공학 관련분야의 발전이 기대되고 있다.

(4) 국내의 해양구조물 설계 기술 현황

선박, 해양구조물의 경우에는 각 국가의 선급협회 규격, 미국석유협회 규격 (API) 강 구조 설계기준, 등에 준거하여 설계함이 원칙이다. 세계의 각 선급협회 규칙은 「UNIFIED REQUIREMENT」라고 하는 국제통일 기준을 기초로 하여 각 국가의 특성을 가미하여 작성되어 있으며, 기본적으로는 거의 동등하다고 보면 된다.

대표적인 선급협회로는 KR (한국선급), NK (일본해사협회), LR (로이드 선급, 영국), ABS (미국선급), NV (노르웨이선급), BV (프랑스 선급) 등이 있다. 선박이나 해양구조물은 승무원이나 적화의 안전이나 위생에 관하여 선박보험 계약의 필요조건, 선급협회의 설계 시공과 검사기준에 합격하는 것이 의무화되어 있다.

① 부유식 해양구조물의 설계 관련기술

전형적인 부유식 해양구조물로는 반잠수식 석유시추선이 있다. 이 구조물은 일반적인 선박들과는 외관 및 기능상으로 상당한 차이가 있으며, 따라서 각 구성 요소에 관련한 기술적 문제가 다르게 나타난다. 데크, 칼럼, 폰툰으로 구성되어 있는 이 반잠수식 시추선의 설계에 있어서 가장 중요한 점은 파도가 발생하는 수면 밑의 아래쪽에 부양성이 있는 구조물을 설치함으로써 이들 구조물에 영향을 미치는 파력의 영향을 효과적으로 줄이는 데 있다. 탐사시추를 목적으로 하는 반잠수식 시추선의 설계는 부유/안정성, 한정된 운동, 점진적 파괴에 대하여 견딜 수 있는 강도에 관점을 두고 이루어 진다. 한국에서 성공적으로 건조된 반잠수식 석유시추선은 지금까지 20여척 이상에 이르며, 이 기간 중에 발생되었던 기술적 문제들을 열거하면 다음과 같다.

가. 파랑 등에 대한 구조물의 동역학적 평가

나. 원주 관 용접조립부의 피로파괴 평가

다. Substructure의 국부강도 평가

라. Dynamic positioning 및 계류해석

반잠수식 시추선의 설계/해석에서 발생되는 이와 같은 문제들을 해결하기 위하여 우리 나라에서는 지난 수 십여년간 다양한 해석과 모형시험을 수행하였으며, 매우 복잡한 모형시험과 해석을 제외한 대부분의 관련기술들이 확립되어 오고 있다.

② 고정식 해양구조물 설계관련기술

과거 30여년 동안 세계적으로는 Steel jacket type, Concrete gravity type, Tension leg platform type 등 다양한 종류의 고정식 해양구조물이 개발되어 왔다. 오늘날 세계각지의 만과 대양에 있는 해양구조물은 10,000여개 이상이고 이들 중 지난 20여년간 한국에서 건조된 고정식 해양 구조물의 숫자는 수백개가 넘는다.

고정식 해양구조물의 설계, 건조에는 해양학, 기초공학, 구조공학, 조선공학, 해양토목공학 등의 다양한 연구분야를 종합적으로 필요로 한다. 현재 고정식 해양구조물의 설계/해석에서 발생하는 대부분의 기술적 문제들은 우리 자체의 기술로도 해결 가능한 단계에 이르렀다.

고정식 해양구조물을 설계하기 위해서는 몇 단계의 과정을 필요로 하며, 이러한 구조물 설계/해석 시 발생하는 기술적 문제들을 분류하면 다음과 같다.

가. 현장 작업시의 구조물 동역학적 평가

나. 이동시의 구조 안정성 평가

다. 원주 관 용접 이음부분의 피로 파괴 평가

라. 원주 관 용접이음부의 강도 평가

마. 설치안정성 평가

바. 국부강도 평가

고정식 해양구조물 관련 기술은 부유식에 비하여 상당한 부분이 정립되어 있는 상태이나 고장력강재 사용의 증대와 수명연장 등과 관련하여 필요한 철강재의 개발과 적용성 연구가 더욱 필요한 분야이다.

③ 해저 채광 탐사 기술현황

해저 채광기술 개발을 위해서는 유인 혹은 무인 잠수정의 개발이 필요 했으며, 1986년 한국해양연구소 (KRISO)에서 해양 250 개발을 필두로 하여 지난 2006년에는 대우 조선 해양에서 6000m 심해까지 탐사 가능한 탐사선이 개발 되었다.

2.2 조선 및 해양구조용 강재의 요구특성

(1) 조선용 강

일반적으로 선박건조에 사용되는 선급용 강재는 국제적으로 통일된 IACS (International association of classification society) 규칙에 따른 각국 선급협회 규칙에 준하여 각각의 선급협회에 의해 승인된 제조법으로 제조되며 규정된 기계적 특성을 갖추고 있어야 한다. 선급용강재는 크게 압연강재, 강관, 주조품 및 단조품 등으로 구분한다. 표 2.1과 표 2.2는 각각 선체 구조에 사용하는 두께 100mm이하의 선체구조용압연 강재에 대하여 한국선급협회(KR)에서 규정한 강재의 성분 규정 및 기계적 특성을 나타낸 것이다.

선급협회에서 선체구조용 강재 (hull structural steel)로 규정하는 강재들은 크게 인장강도 400~490MPa(41~50kgf/mm^2)급인 연강과 인장강도 490MPa (50kgf/mm^2)급 이상인 고장력강으로 크게 구별되며, 이중 고장력강은 항복강도에 따라 314MPa (32kgf/mm^2)급, 353MPa(36kgf/mm^2)급 및 392MPa (40kgf/mm^2)급으로 세분된다. 또한 최근에는 461MPa(47kgf/mm^2)급 강재도 일부 개발되어 적용이 확대되고 있다. 선체구조상 가장 중요한 강도는 선체의 세로 방향 휨에 대한 강도이다. 선체를 대형화하기 위해서는 선박의 상갑판 및 선저외판에 발생하는 선체 휨 응력을 항복강도 235MPA인 연강재의 허용응력이하로 억제해야 한다. 이렇게 하기 위해서는 판 두께가 증가되어 선체 중량 및 건조비가 증가하고, 화물 적재량이 감소하여 선박의 경제성이 떨어지게 된다. 따라서 1960년대 중반 이후 선박의 대형화 및 선체구조의 경량화를 위하여 고장력강에 대한 수요가 증가하였으며, 1971년에 항복강도 314Mpa 및 353Mpa급 강종이 국제통일규격으로 규정되었다. 이와 같은 고장력강의 규격화와 더불어 대형상선에 있어서 현측강판 (舷側鋼板), 상갑판강판(上甲板鋼板)

선저강판(船底鋼板), 세로방향 격벽강판(隔壁鋼板), 헤치코밍(hach coaming)재 및 세로방향 보강재 등에 널리 적용되었다.

한편 TMCP 기술이 개발되어 선급용 고강도 강재에 적용되면서, 그 때까지 갑판부와 선저로 한정되어 있던 고장력강의 사용범위가 선측외판 및 격벽등으로 확대되었다. 원유 탱커의 예에서 보면 선체의 경량화를 위해서 선체구조의 약 70~80%를 항복강도 315Mpa 및 355Mpa 급의 고장력 강재로 사용하고 있으며, 이로 인하여 선체중량은 대폭적으로 경량화 (20~25%)되었다.

표 2.1 한국선급협회(KR) 규정에 따른 선체구조용 압연강재의 분류

종류		연강				고장력강								
재료 기호	RA	RB		RD		RE	RA 32	RD 32	RE 32	RA 36	RD 36	RE 36	RA 40	RD 40	RE 40	RF 32	RF 36	RF 40
두께	t<50	t>50	t<50	t>50	t≤25	t>25	t<100	t<100		t<50		
탈산 방법	킬드 및 세미킬드	킬드	킬드 및 세미킬드	킬드	킬드	세미킬드	킬드 및 세미킬드	킬드 및 세미킬드		
화학성분 C		0.21 이하				0.18 이하	0.18 이하		0.16 이하	
Si	0.50 이하		0.35 이하				0.50 이하			
Mn	2.5×C 이상	0.8 이상		0.6 이상		0.7이상	0.90~1.60		0.90~1.60	
P		0.035 이하					0.035 이하		0.025 이하	
S		0.035 이하					0.035 이하		0.025 이하	
Cu		-					0.35 이하			
Cr		-					0.20 이하			
Ni		-					0.40 이하		0.80 이하	
Mo		-					0.08 이하			
Al	-		0.015 이상				0.015 이상			
Nb		-					0.02~0.05			
V		-					0.05~0.10			
Ti		-					0.02 이하			
N		-							0.009 이하	

표 2.2 한국선급협회(KR)규정에 따른 선체구조용 압연강재의 기계적 특성

종류				연강				고장력강											
재료 기호				RA	RB	RD	RE	RA32	RD32	RE32	RF32	RA36	RD36	RE36	RF36	RA40	RD40	RE40	RF40
인장 시험	항복강도(Mpa)			≥ 235				≥ 315				≥ 355				≥ 390			
	인장강도(Mpa)			400~520				440~590				490~620				510~650			
	연신율(%)			≥ 22				≥ 22				≥ 21				≥ 20			
충격 시험	평균 흡수 에너지	두께, t(mm)	시험온도(℃)	20	0	-20	-40	0	-20	-40	-60	0	-20	-40	-60	0	-20	-40	-60
		t<50	L	-	≥ 27			≥ 31				≥ 34				≥ 39			
			T	-	≥ 20			≥ 22				≥ 24				≥ 26			
		50<t<70	L	-	≥ 34			≥ 38				≥ 41				≥ 46			
			T	-	≥ 24			≥ 26				≥ 27				≥ 31			
		70<t<100	L	-	≥ 41			≥ 46				≥ 50				≥ 55			
			T	-	≥ 27			≥ 31				≥ 34				≥ 37			

고장력강의 사용비율은 각 선박 별로 부식 및 피로 강도에 대한 설계방침, 재료 가공원가 등을 종합적으로 판단하여 선주와 조선소의 협의에 의해 결정된다. 특히 컨테이너선과 같이 화물창고 입구가 매우 크게 개방된 경우 상갑판 및 헤치코밍부에 응력이 집중되므로 두께가 더 두꺼운 고강도 후판이 요구 되어, 8,000TEU급 이상의 대형 컨테이너선에는 395MPa급의 고장력 강재도 적용되고 있다.

선체구조상 응력이 집중되는 부위에 적용되는 강판은 균열발생에 대한 저항성 및 전파정지 특성이 우수해야 한다. 이러한 사항을 고려해서, 각국 선급협회에서는 충격인성값에 근거하여 A, B, D, E급의 연강 및 AH, DH, EH, FH급의 고장력강 등급을 설정하여 적용부위별, 판 두께별로 사용가능한 등급을 제한하고 있다. 즉 선체 중앙부 부근의 선저외판 만곡부, 선측 외판과 상갑판의 교차부재에는 D 혹은 E 등급의 강판을 사용해야 한다. 특히 E등급 강재는 다른 부재에서 균열이 발생하여 취성균열이 전파되더라도 그것을 정지시키는 성능을 가지는 크랙 어래스터 (crack arrester)로 사용된다.

표 2.3은 국내에서 시판되고 있는 조선 해양구조물용 강재의 제조 방법에 관한

것이다

표 2.3 조선용 강재의 분류 및 제조방법

구분	항복강도	규격	충격인성 보증온도	제조방법	비고
연강(인장강도 40kgf급)	24kgf/mm²	A	없음	일반압연	※규격기호의 의미 -A,B,D,E : 충격값 보증온도 -H:고장력강 -32,36:항복강도최소값
		B	0℃	일반압연	
		D	-20℃	35t초과시 노멀라이징	
		E	-40℃	노멀라이징	
고장력강 (인장강도 50kgf급)	32kgf/mm²	AH32	0℃	25t초과시 노멀라이징	
		DH32	-20℃	12.5t초과시 노멀라이징	
		EH32	-40℃	노멀라이징	
	36kgf/mm²	AH36	0℃	25t초과시 노멀라이징	
		DH36	-20℃	12.5t초과시 노멀라이징	
		EH36	-40℃	노멀라이징	

주: 1. 고장력강의 경우 제조법을 TMCP로 요구시 제조가능하며 규격뒤에 별도표기함 (-TM)
주: 2. 상기전규격에 대해 내 라멜라테어성(Z-Plate)요구시 보증가능

(2) 해양구조용 강재

초기의 해양구조물 제작에 사용된 강재는 API-5L B 파이프와 일반 구조용강재인 ASTM A7 및 ASTM A36 탄소강이었다. 1950년대에서 1960년대에 일반 탄소강으로 건설된 시추와 생산설비의 파손사고를 분석한 결과 낮은 노치인성, 강의 lamination, lamellar tearing, 및 용접성 불량이 주요 원인이었다. 그 후에 해양구조물의 발주자와 제작업체를 중심으로 새로운 강재 규격을 제정하는 한편, 해양구조물에 적합한 강재 개발을 위해서 주요 철강회사 들과의 광범위한 연구개발을 추진하였다.

우리나라는 해양개발 분야에서 후발국이라 할 수 있으나, 조선 3사를 중심으로 석유시추선 및 생산설비 등의 해양구조물을 건조 수출함으로써 국제적인 해양구조

물 생산국이 되었으며, 선박보다 부가가치가 높은 해양구조물의 수주경쟁에 노력하고 있는 실정이다. 또한 신흥 선박 생산국으로 부상하고 있는 중국에게 저가의 일반 선박분야를 잠식 당할 가능성이 커짐에 따라 해양구조물의 생산은 더욱 증대 할 것으로 전망된다. 한편 이러한 해양구조물 제조에 필수적으로 요구되는 해양구조용 강재는 그 요구특성과 제조방법이 일반강에 비해서 매우 까다로우며, 주요석유회사에서 발주하는 공사에 강재를 공급하기 위해서는 사전에 인증을 받아야 한다.

해양구조물은 490MPa급부터 784MPa(80kgf/mm^2)급 초고강도 강재에 이르기까지 다양한 강도수준의 강재가 적용되며, 해양구조물의 형태에 따라 적용되는 강재규정이 다르다. 즉 해양구조물 중 이동식 구조물은 선급협회의 규정을 주로 적용받아 선급용강재가 사용되며, 고정식 구조물의 경우에는 에너지 및 석유관련 기관의 규정을 받아 주로 API 강재가 사용된다. 선급용 강재 규격은 앞서 설명한 바와 같고, 해양구조용 강재에서 요구되는 API 규격에서 명시하고 있는 강도와 샤르피 충격흡수에너지를 표 2.4에 요약하였다.

먼저 API 2H는 노멀라이징(normalizing) 열처리에 의한 제조방법이고 2Y는 QT(quenching and tempering)열처리에 의한 방법이며, 2W는 TMCP에 의한 제조방법이다. 노멀라이징 열처리에 의해서는 42 Grade와 50grade를 제조할 수 있으며, QT와 TMCP에 의해서는 42,50,50T, 60grade를 제조할 수 있다.

현재 API에 제정되어 있는 grade는 42,50,50T,60이며, 최소 항복강도를 기준으로 각각 289,345,345,414MPa를 요구하고 있으며, G.L 50mm 기준의 최소 연신률은 24,23,23,22%를 요구하고 있다. 여기서 50T규격은 50규격에 비해서 인장강도 요구값이 448MPa에서 483MPa로 증가되었으며, 그에 따라 항복강도 상한규제가 넓어진 것을 제외하면 다른 요구사항은 동일하다. 한편 현재는 규격으로 제정되어 있지 않지만 해양구조물이 점차 대형화됨에 따라 500MPa급의 고강도 강에 대한 요구가 증대될 전망이며, 고장력강에 대해서는 차후에 기술 할 것이다.

API 규격에서 요구하고 있는 샤르피 V 노치 충격흡수에너지는 -40°C 시험온도에서 평균 34J(42grade), 41J(50,50T grade)및 48J(60 grade)이다. 또한 중요한 부재로 쓰이는 해양구조물용 강재의 경우에는 표 2.3의 충격인성값 보다 더 우수한 충격인성이 요구되고 있다.

해양구조물의 제조과정에서 냉간 및 열간가공을 실시하게 되는데 이때 시효경화에 의한 인성열화가 수반될 수 있다. 이를 보증하기 위해 시효경화 처리 시편에 대한 충격인성을 요구하고 있다. 이러한 인성열화는 강 중에 고용되어 있는 침입형 원소에 의해 야기되는 것으로 알려져 있어 강 중에 고용되는 N(질소)의 상한을 0.009%로 제한하기도 한다.

표 2.4 해양구조물용 강재의 강도, 연신률, 샤르피 충격값 (API 규격)

Spec.	Process	Properties	Grade			
			42	50	50T	60
2H	노멀라이징	YS (min. Mpa) $t \leq 2.5$ in. / $t > 2.5$ in.	289 / 289	345 / 324	- / -	- / -
		TS (Mpa)	427~565	483~620	-	-
		El.(min, %) GL:50mm / GL:200mm	24 / 20	23 / 18	- / -	- / -
		vE-40℃ (min. ave., J)	34	41	-	-
2Y	퀜칭과 템퍼링 (QT처리)	YS (Mpa) $t \leq 1.0$ in. / $t > 1.0$ in.	290~462 / 290~427	345~517 / 345~483	345~552 / 345~517	414~621 / 414~586
		Ts (Mpa)	427	448	483	517
		El.(min, %) GL:50mm / GL:200mm	24 / 20	23 / 18	23 / 18	22 / 16
		vE-40℃ (min. ave., J)	34	41	41	48
2W	TMCP	YS (Mpa) $t \leq 1.0$ in. / $t > 1.0$ in.	290~462 / 290~427	345~517 / 345~483	345~552 / 345~517	414~621 / 414~586
		TS (Mpa)	427	448	483	517
		El.(min, %) GL:50mm / GL:200mm	24 / 20	23 / 18	23 / 18	22 / 16
		vE-40℃ (min. ave., J)	34	41	41	48

한편, 대부분의 일반 구조용 강재는 두께방향의 t/4위치에서 강도와 충격인성이 요구되고 있지만 해양구조용 강재에서는 t/2 위치에서 요구되고 있다. 이와 같은 요구는 선급재 또는 일반 구조용 강재의 경우에 주응력이 판의 길이와 폭 방향이 되도록 설계되며, 두께방향 응력은 중요하지 않은 반면에 해양구조물의 경우에는

파도에 의한 두께방향응력이 매우 중요하기 때문으로 생각된다. 두꺼운 후물재의 경우에는 두께방향의 재질편차가 필연적이며 두께중심부에 편석 등의 영향으로 물성이 낮은 것이 보통이다. 따라서 이러한 해양구조용 강에서 두께 중심부의 물성보증조건은 후물재 제조의 어려움으로 작용한다.

(3) 고청정 특성

해양구조용 강에서 고려되어야 할 강재 내부의 결함으로는 내부균열, 중심부 편석, 비금속개재물 등이 있다. 내부 균열이 존재하면 취성파괴를 일으키는 초기균열로 작용하기 때문에 철저히 배재하여야 한다. 이러한 내부 균열에 대한 보증을 위해서 API 규격에서는 Supplement Requirement 로써 초음파 탐상을 요구하고 있으며, ASTM A578/578M Level II에서 75mm이상의 라미네이션(lamination)을 불허하고 있다.

중심편석에 대해서는 C, Mn, P등과 같은 합금 원소들이 늦게 응고되는 주편의 중심부에 농축되는 현상으로 현재는 중심편석 제어 기술이 크게 발전하여 70~80년대에 발생하던 dark etching특성은 거의 사라졌다. 중심편석은 성분, 용강 과열도, 연주기의 상태 및 슬라브(slab)의 가열시간과 온도 등에 의해서 영향을 받을 수 있다.

강재의 중심편석과 라멜라테어링(lamellar tearing)개선은 물론 인성 향상을 위한 주요 철강회사들의 첫번째 변화는 불순물 감소를 위한 제강공정에 있다. 적용된 주요 기술로는 용선예비처리, 진공아크 탈 가스처리(vacuum arc degassing), 진공 탈 가스처리(vacuum degassing), power injection 등을 들 수 있다

강재에 존재하는 비금속 개재물은 다양하지만 라멜라테어링과 관련해서 특히 문제가 되는 것은 MnS이다. 두께 방향 인장시험에 의한 단면적 감소율(Z-RA)은 라멜라테어링에 대한 저항성을 평가할 수 있는 유용한 방법인데 Z-RA는 MnS 개재물에 의해 감소하는 사실은 잘 알려져 있다. 일반적으로 큰 용접구속응력에서도 라멜라테어링에 대한 저항성을 충분히 확보하기 위해서는 30%이상의 Z-RA가 요구되며, 두께방향 특성을 더욱 개선하기 위해서는 S 함량을 0.006%이하로 제한하기도 한다.

(4) 용접성

구조물에서 일반적인 파괴양상은 용접접합부에 있는 용접 결함으로부터 피로균

열이 발생하여 어떤 임계크기로 전파한 후 취성파괴가 일어난다. 그 전형적인 예가 1980년 북해의 Ekofisk에서 가동 중이던 반잠수식 해양구조물 Alexander L Kielland의 전복사고 이다.

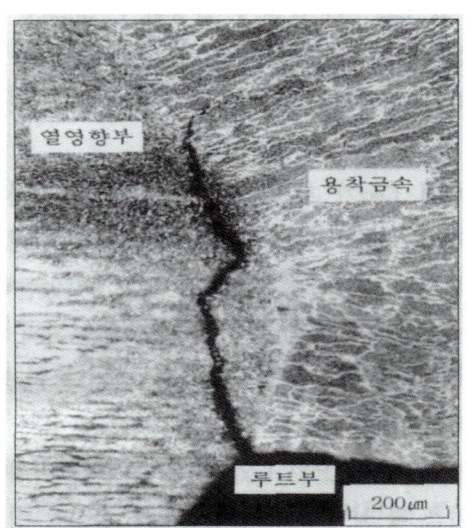

그림 2.2 용접균열 단면

용접부결함은 고온균열, 라멜라테어링 및 저온균열이 있으며, 고온균열은 용접재료에 의해서 크게 영향을 받으며 과전류를 피하고 용접속도가 빠르지 않으면 피할 수 있는 것으로 알려져 있다. 한편, 라멜라테어링은 앞에서 살펴 본 바와 같이 비금속 개재물과 중심편석에 의해서 발생되지만 현재는 탈황기술과 개재물과 편석제어 기술의 발달로 크게 문제되지 않는다. 문제는 그림 2.2에서 나타낸 바와 같은 저온균열이다.

이러한 용접 저온 균열은 용접부에 혼입되는 확산성 수소량, 용접구속응력, 및 용접열영향부의 경화조직의 3가지 조건이 충족되면 발생한다. 균열이 수소에 의해 발생하며, 용접 후 2, 3일 후에 나타나기 때문에 hydrogen cracking 또는 delayed cracking이라고도 불리우는 저온 균열은 수소 함량이 적은 용접재료의 사용, 개선각 개선에 의한 구속응력의 저감 및 용접예열 등에 의해 억제 할 수 있다. 그러나 보다 근본적인 해결방법은 강의 성분을 조절함으로서 용접 열영향부의 경화조직인 마르텐사이트를 억제하는 것이다.

　주요 합금원소의 영향을 C에 대한 상대적인 영향으로 표현하는 탄소당량식(Ceq)의 개념이 도입되어 저온균열 감수성을 나타내는 지수로 이용되어 왔다. 이러한 탄소당량식을 이용하면, 저온균열을 예방 할 수 있는 예열온도를 결정할 수 있으며, 이 값이 어느 한계값 이하이면 예열 없이도 저온균열을 방지 할 수 있으나 이 값이 높으면 예열온도를 그만큼 높게 하지 않으면 안 된다.

2.3 해양구조용 강재의 종류

(1) TMCP형 고장력강

　해양구조물, 대형빌딩 등의 경량화 추세로 고장력강의 사용비율이 확대됨에 따라 구조물의 제작비 절감을 위해 자동용접 및 후물재의 항복강도가 우수한 TMCP(thermo-mechanical controlled process) 강재가 많이 사용되고 있다.

　TMCP기술은 후판제조공정 중 압연과정을 변태온도(A1변태)까지의 낮은 온도까지 가져오고 압연직후의 강판을 온라인 (on-line)상에서 급속냉각하여 금속조직을 미세하게 제어함으로서 강의 인성과 강도를 향상시키고 기존의 오프라인(off-line) 열처리공정을 생략함으로서 제조공정을 단축시킬 수 있다.

　따라서 TMCP강은 금속조직제어로 일반강재보다 항복강도가 우수하고, 저온인성이 우수하며, 낮은 합금성분으로 동일한 기계적성질의 확보가 가능하여 예열온도 없이 저온균열방지가 가능하여 용접성이 우수하다. POSCO의 TMCP강의 품질 보증 조건을 표 2.5에 나타내었다.

표 2.5 TMCP강의 품질보증조건

규격명	적용두께 (mm)	성분(%) (Ceq)	기계적성질				
			YP (kgf/mm^2)	TS (kgf/mm^2)	항복비	충격에너지	RA(%)
PILAC-BT33	12~80	≤0.40	33이상	50~62	≤80%	2.8kg-m (0℃)	평균≥25
PILAC-BT36	12~80	≤0.40	36이상	53~65	≤80%		개개≥15

(2) 라멜라테어(lamellar tear)강

고층빌딩, 해양구조물, 대형선박, 교량 등 대형구조물에 사용되는 후판의 경우 용접작업시 발생되는 두께방향의 구속응력때문에 흔히 라멜라테어 (lamellar tear)라고 불리우는 균열이 발생되는데 이를 개선하기 위하여 두께방향의 연성을 향상시킨 강판을 라멜라테어강 (일명 Z-plate)이라 한다.

라멜라테어강은 일반강보다 저황(S)관리 및 비금속개재물 구상화처리공정이 추가로 요구되며, 두께방향 연성(단면수축율)보증 수준에 따라 ZA,ZB,ZC,ZD등의 4종류로 분류되어 있다.

일반적으로 선박, 해양 플랜트 구조물과 같은 프레임계 구조물에서는 전 중량에서 차지하는 용접금속의 중량비율이 1~3%정도로 낮은 편이다. 또한 제작 수단이 용접이기 때문에 구조물 전체의 강재를 용접성이 좋은 강재를 사용하지 않으면 안 된다.

이처럼 구조물 전체를 용접성이 좋은 재료를 선택해야 하는 이유는 다음과 같이 요약 할 수있다.

① 용접부에 용접균열과 같은 결함이 발생되지 않아야 한다. (용접균열감수성이 낮은 강재이어야 한다.)

② 용접 구조물에서 응력집중부인 노치로부터의 취성 균열이 발생되지 않고 또한 취성균열의 전파도 어려운 강재이어야 한다.(노치 인성, 저온 인성이 높은 강재이어야 한다)

여기서 ②항에 대해서는 리벳 (rivet) 구조에서는 일반적으로 취성균열이 이음부분에서 멈추지만 용접 구조의 경우에는 균열이 용접이음부분에서 멈추지 않고 괴멸적으로 파괴에 이르는 위험이 있는데 주의하지 않으면 안 된다.

조선 해양구조용 강재의 경우에는 이러한 취성파괴에 대한 대책으로서 사용 강재의 파괴인성이 엄격히 규정되어 있다. 최초로 로이드 선급규격에서 강의 화학성분 규정에 부가하여 「샤르피 충격시험값」을 규정하였다. 이것이 세계적으로 확대되어 세계 각국에서 충격인성값을 규정하고 있으며, 우리나라에서도 KS의 SWS 강재나 한국선급인 KR의 RB,RD,RE 및 RA32급이상의 강재에서 충격인성값을 엄격히 요구하고 있다.

해양구조물의 부위별 적용강재를 살펴보면, 동체(hull)는 선급용 AH~EH36 혹은 API 2W Gr.50강재가 주로 적용되며, 상부 측벽은 API 2W Gr.50/60/70 혹은 EH36

강재가 사용된다. 특히 해양 구조물의 구조역학적 측면에서 가장 취약한 부분에는 CTOD보증용 초고강도 강재가 사용된다. API 규격에서 요구하고 있는 샤르피 충격 흡수에너지는 -40℃에서 평균 34J(42급), 41J(50,50T급) 및 48J(60급)이상이다.

2.4 제조공정 및 용접기술

2.4.1 조선공정

선박의 건조는 주문에 의한 수주생산방식으로 같은 종류의 선박이라도 선주의 요구사항에 따라 혹은 적용받는 선급규정에 따라 선박의 구조, 성능 및 품질 등에 많은 차이가 있으며, 표 2.6과 같이 크게 선체설계, 강재선행가공, 블록제작, 탑제 등으로 구성된다. 최초의 작업은 가공공장에서 시작되는 강재 전처리작업, 강재 절단 및 성형작업이며, 이 단계에서는 강재를 선체 일부의 모양에 맞도록 자르고 굽혀서 도면과 같이 만든다.

표 2.6 선체제작공정

순서	제작공정	비 고
1	선체설계	중앙단면도, 강재배치도, 외판전개도 등 선체구조를 결정하는 기본도면 작성
2	강재도장 및 절단	배 외판 보호를 위한 전처리 도장 및 가스절단, 플라즈마절단, 레이저절단
3	소 조립	블록조립의 기본인 소 부재(component)의 조립 (5~10톤)
4	중 조립	완료된 소조립 구조물을 결합하여 선박의 한 평면 정도까지 조합(~50톤)
5	대 조립	중조립 구조물을 입체적인 블록으로 조립(300~500톤)
6	선행의장	탱크형태의 밀폐공간이 되기 전에 의장재를 선박내부에 설치
7	선행도장	본 도장 작업 전에 도장공장에서 블라스팅 작업 후 도장
8	선행탑재	도크회전율을 높이기 위해 대조블록 2~7개를 조립하여 수퍼블록 제작
9	탑재	도크에서 대형 크레인을 이용하여 수퍼블록을 조립하여 선체를 완성
10	도장	탑재 후 5~6회 외부도장 실시. 바닷물에 잠기는 부분은 특수도료도장
11	안벽의장	운항, 화물 상,하역에 필요한 시스템 및 핸드레일, 계단, 선원편의시설 설치
12	시운전	메인엔진, 주변기기, 전력원, 항해통신장비, 화물 상, 하역에 필요한 기기 검사
13	인도	인도인수 의정서 서명에 의해 선주사로 소유권 이전

이와 같이 만들어진 소 부재는 소 조립공정을 거쳐서 중조립, 대 조립단계를 지나면 입체적 모양의 블록으로 제작된다. 블록제작 공정인 소 조립 중 조립 대 조립 공정은 선체 건조물량의 약 60%이상을 차지할 정도로 비중이 높은 공정이며, 블록의 형상에 따라 선체의 중앙 평행부를 주로 제작하는 평 블록 제작공정과 선수미 블록 등을 주로 제작하는 곡 블록 제작공정으로 크게 나누어진다.

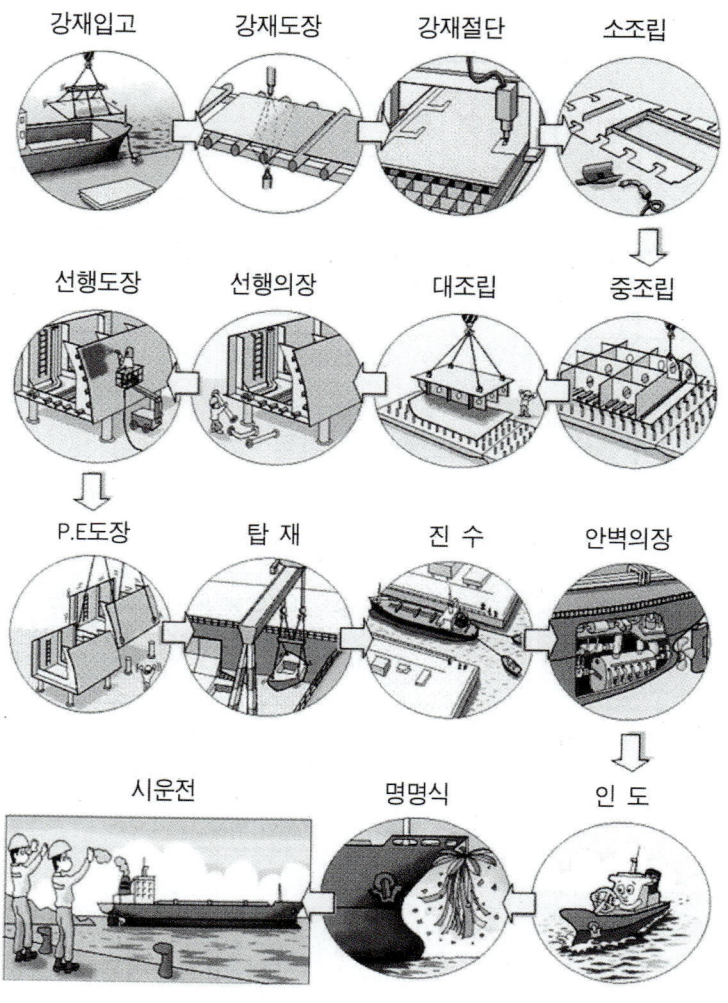

그림 2.3 선박의 건조 공정

2.4.2 용접기술

(1) 조선 용접기술

19세기 말에 선박건조에 강재를 사용하면서 리벳에 의한 조립방법이 도입되었으나 리벳에 의한 조립방법은 선박 중량 및 공수의 증가를 초래하여 생산성 측면에서 많은 단점을 가지고 있었다. 이를 극복하기 위하여 선박 건조에 용접을 사용하였으나 본격적으로 용접이 적용되기 시작한 시기는 제2차 세계대전 중이었다. 당시 전쟁에 사용하기 위하여 빠른 시간 내에 많은 선박을 건조해야 하는 시대적인 요구에 부응하여 용접프로세스가 본격적으로 도입됨으로써 선박건조 생산성에 있어서 획기적인 발전을 이룩한 것이다. 선박건조에 용접이 적용되고 60여년이 흘렀지만 아직까지도 용접은 선박 건조시 가장 중요한 기술로 자리 잡고 있으며, 선박 전체의 품질과 직결되어 있다. 따라서 점차 치열해 지고 있는 세계조선시장에서 살아남기 위해서는 앞으로 고능률, 고품질의 용접기법개발, 고급용접용 강재 및 용접재료 개발이 반드시 필요하다.

선박 건조에서 용접기술은 다른 산업분야의 용접기술과 비교하여 다음과 같은 특징이 있다. 즉 모든 선박은 주문생산으로 매척마다 선종, 선형이 다른 다품종 소량 생산 방식으로 건조되므로 용접적용방식이 그때마다 다르며, 용접길이도 대단히 길다. (VLCC: 약 80만 미터). 또한 용접부위가 다양하여 자동화가 어렵고 높은 용접품질이 요구된다. 용접부재 대부분은 대형이며, 운반 및 고소작업이 많아 작업 그 자체의 위험 요소가 많다. 이러한 작업 환경들로 인하여 조선분야의 용접에서는 아직까지 사람에 의존하는 비율이 높은 특징을 가지고 있다.

선박건조에서는 조립단계 및 용접이음부 특성에 따라 다양한 용접방법이 적용되고 있다. 조선소에서 많이 적용되고 있는 용접공정을 살펴보면 피복아크용접법(shield metal arc welding, SMAW), 그래비티 용접법, 플럭스 코어드 아크용접(flux cored arc welding, FCAW), 가스 메탈아크용접(gas metal arc welding, GMAW), 서브머지드 아크용접 (submerged arc welding, SAW), 일렉트로 가스용접 (electro gas welding, EGW), 가스텅스텐 아크용접 (gas tungsten arc welding, GTAW)등이 있으며, 이러한 용접공정들은 각각 다음과 같은 특징이 있다.

① SMAW : 1980년대 초반 까지 조선분야에서 가장 많이 적용되었던 용접방법으

로 아직 일부 소형 조선소 등에서 적용하고 있다. 용접봉 및 토치 취급이 용이하고 장비투자비가 적은 장점이 있지만 용접능률이 낮아서 FCAW 공정이 도입되면서 대형조선소에서는 사용빈도가 점차 낮아지고 있다.

② 그래비티 용접 : 조선소에서 SMAW의 생산성을 향상시키기 위하여 적용되기 시작한 용접법으로 기본 원리는 SMAW와 동일하나 SMAW의 단점인 능률을 향상시키기 위하여 용접홀더에 철분계 용접봉을 모재와 일정한 각도를 가지도록 고정시켜 슬라이드 바를 따라 하강하도록 고안된 용접기술이다. 그러나 그래비티 용접법 또한 FCAW의 사용이 확대되면서 사용이 현저히 줄어 든 상태이다.

③ FCAW : 조선용접에서 생산성을 획기적으로 향상시킨 것은 플럭스 코어드 와이어(FCW)의 개발이다. FCW는 기존의 SMAW보다 용착능률 뿐만 아니라 작업성도 우수하여 1980년대 중반이후 그 사용이 급격히 증가하였다. 특히 수직 필릿 용접부에 하진용접을 적용할 수 있어 용접생산성을 더욱 향상시킬 수 있었다. 용접법의 원리는 GMAW와 유사하지만 용접와이어 중심에 플럭스가 충진된 FCW를 사용하여 용접부 성능 및 작업성을 향상시킨 기술이다. FCAW는 보호가스를 사용하지 않은 자체보호 용접도 있으나 용접작업성이 나빠서 국내 조선소에서는 대부분 CO_2를 보호가스로 사용하며, 이 때문에 보통 CO_2 용접이라고도 한다.

이 용접법은 전체 용접선 길이를 기준으로 약 80%이상을 차지 할 정도로 조선소에서 비중이 가장 높으며, 주로 필릿 이음부에 적용되는 기술이다. 조선소에서 적용되는 FCAW는 수동, 반자동, 자동 용접 등으로 나눠지며, 반자동용접은 1990년대 중반 이후 용접사의 고령화, 노동강도 완화,및 용접생산성 향상을 목적으로 개발된 소형 캐리지를 FCAW와 결합함으로써 적은비용으로 높은 생산성 향상효과를 가져왔다. 선체 조립공정에서 필릿용접은 전체 용접 길이의 약 70%이상을 차지한다. 1990년대 중, 후반 국내조선업체의 공장 증설 과정에서 필릿 용접의 고속화를 목표로 개발 설치된 2 전극 (tandem)고속 필릿 FCAW의 경우 매우 높은 생산성 향상 및 공기단축 효과로 인하여 적용가능한 모든 개소로 확대되고 있다.

④ SAW: 조선소의 주판용접에 가장 많이 사용되는 용접법으로써, 용융지를 보호하기 위하여 분말, 입자형 플럭스를 사용하므로 적용 부위는 아래보기 자세에만 국한되지만, 선박건조에 사용되는 전체 용접 프로세스 중 약 10%내외를 차지하고 있

다. 용접생산성을 향상시키기 위하여 기존의 1~2전극에서 최근에는 최대 6전극 와이어까지 사용하고 있다. 초기에는 양면 SAW가 많이 사용되었으나, 용접 생산성 향상을 목적으로 편면 용접법을 많이 적용하고 있는 추세이다. 특히, 편면 SAW 기술은 용접 설비의 형태에 따라 다시 플럭스 백킹(refractory flux, RF) 용접, 플럭스-Cu 백킹(flux copper backing, FCB) 용접, 플럭스 석면백킹(flux asbestos backing, FAB) 용접 등으로 세분되며 이들의 특징은 다음과 같다.

즉, RF 용접은 내열성 플럭스를 모재 뒷면의 공기 호스로 가압 밀착시켜 용융금속의 용락을 방지하면서 편면용접을 실행하는 방법으로, 굴곡이 있는 모재나 이음부 형상이 평면이 아닌 경우에도 밀착불량으로 인한 결함이 발생하지 않는다는 장점이 있다. 또 FCB 용접은 Cu판 위에 백킹 플럭스를 살포한 뒤 모재 이면에 공기 호스 등을 이용하여 밀착시켜 용접하는 방법이다. FCB용접의 경우와 같이 백킹재가 자동장치에 의해 설치되는 장치형 편면 SAW법으로, 초기 투자비가 큰 단점이 있다.

FAB 용접은 앞서 설명한 RF 및 FCB 용접의 단점인 투자비 문제를 해결하기 위하여 백킹재를 전자석이나 지그를 사용하여 모재 뒷면에 간단히 부착하도록 고안된 간이형 편면 SAW 기술이다. 용접사의 건강을 위하여 석면 대신에 글래스 울을 사용하는 경우도 있다.

국내 조선소의 경우 주판 판재 용접에서 편면 또는 양면 SAW를 각 조선소의 현장 상황에 맞게 선택적으로 적용하고 있다. 특히 평블럭이 아닌 곡블럭의 경우, 라인 용접을 할 수 없으므로 곡판을 핀베드(pin bed)위에 올려놓고 간이형 편면 SAW인 FAB를 적용하고 있다. 이 경우 약 30mm 두께 이하의 곡판을 대입열 용접(최대 200kJ/cm)함으로써 용접 생산성을 높이고 있다.

⑤ EGW: 일반적으로 조선공정에서 부재 및 블록을 제작하는 내업보다는 블록을 탑재하는 외업, 특히 도크에서의 용접생산성은 전체 선박 건조기간을 좌우할 정도로 그 영향력이 매우 크다. 이러한 관점에서 선행 탑재공정 혹은 탑재공정에서 블록과 블록 사이의 수직 맞대기용접 이음부에 적용되는 EGW는 일반적으로 용접 생산성을 높이기 위하여 입열량을 높여 1패스로 시공하게 된다. 그러나 입열량 증가에 따라 일반 선급재는 용접부 물성열화가 나타나므로 용접 가능한 입열 조건도 제

한된다. 500kJ/cm이상의 대입열 용접에서 용접부 물성저하가 크지 않은 대입열 용접용 TMCP강재 및 용접재료가 개발, 적용됨에 따라 EGW의 적용가능 강재두께 범위도 확대되고 있다. 이와 같이 대입열화 된 EGW의 적용은 건조 및 탑재공수의 절감과 제작시간 단축에 의한 도크 회전율을 높이는데 일조하고 있다.

ⓖ GTAW: 텅스텐 전극을 사용하여 발생한 아크열을 이용하여 모재를 용융, 접합시키는 용접기술로서, 주로 판 두께가 얇은 강판을 사용하는 멤브레인 방식의 LNG선 탱크의 용접 이음부에 적용하고 있다.

표 2.7은 선박 건조 단계별 적용 용접법과 선박의 블록을 기본으로 각 부위별로 적용되고 있는 아크 용접공정을 나타낸 것이다.

표 2.7 선박 건조 단계별 적용 용접법의 예

건조 단계	선체 구조		적용 용접법
	항 목	이음 종류	
소조립	내구부재 조립 및 결합	맞대기 이음(주판)	SAW(양면 혹은 편면)
		필릿 이음	그래비티 용접, CO_2 용접
대조립	평판 이음	맞대기 이음	SAW(편면)
	곡판 이음	맞대기 이음	SAW(양면 혹은 편면), CO_2 용접
	내구부재 조립 및 결합	필릿 이음	그래비티 용접, CO_2 용접
탑 재	외판, 주판 이음	맞대기 이음(하향 용접)	SAW(편면)
		맞대기 이음(수직 용접)	EGW, ESW(편면), CO_2+Ar 보호 아크용접
		맞대기 이음(수평 용접)	SAW, CO_2 용접
	내구부재 조립 및 결합	맞대기 이음(수직 용접)	소모 노즐식 ESW
		맞대기 이음(하향 용접)	SAW(양면 혹은 편면), CO_2 용접

(2) 해양구조물 용접기술

해양구조물 제작에 사용되는 용접기술은 선박건조에 사용되는 용접기술과 큰 차이는 없으나, 두 구조물에 요구되는 용접부 품질수준은 상당한 차이가 있다. 해양구조물에서 요구되는 용접품질의 가장 큰 특징은 예비성능시험을 통해 해양구조물에 대한 규정 (API RP 2Z, EEMUA 158 혹은 BSEN10225)에서 요구하는 용접성 및 파괴인성을 만족하는 강재와 용접재료만이 구조물 제작에 사용될 수 있다. 실구조물 제작용접 또한 예비시험에서 검증된 입열 혹은 예열조건 범위에서만 용접제작이 가능하다. 따라서 해양구조물에서 요구되는 엄격한 품질수준을 만족하기 위해서는 용접기법 뿐만 아니라 강재, 용접재료, 입열 및 예열조건 등을 제한하고 있다.

해양구조물의 설치위치는 근해의 석유자원 고갈에 따라 극한지역으로 확대되고 있으며 구조물 크기 또한 생산성 향상을 위하여 대형화 되고 있다. 이와 같은 대형 해양구조물 제작에서 용접생산성 향상을 위하여 대입열 용접 적용이 필요하지만, 입열 증가에 따른 용접부 물성 열화는 해양구조물의 안전성을 저하시키는 문제를 유발한다. 따라서 해양구조물 제작에 있어서 입열량 증가를 통한 생산성 향상도 도모하면서 구조물의 취성파괴에 대한 안전성을 보장받기 위하여 API RP 2Z (혹은 EEMUA 158 및 BS EN10225)에 의거 15~45kJ/cm 혹은 실 구조물의 입열 범위 내에서 용접 열영향부에 대한 CTOD시험을 실시하여 취성파괴에 대한 안전성이 확인된 이후에 해양구조물을 제작하게 된다. 안전성 측면에서 부분 용입 용접도 제한되며 저온 균열 관점에서 용접시 예열온도를 감안하고 저수소계 용접봉 (확산성 수소량 : 5~10ml/100g 이하)의 사용을 요구하고 있다. 또 용접부 노치인성에 있어서도 모재와 동등한 온도에서 노치인성값을 요구하고 있어, 선박건조에 사용되는 용접기술에 비해 엄격하게 관리되고 있다.

제 3 장

소재공학의 기본사항

3.1 소재공학의 중요성

인류문명의 역사는 새로이 등장하는 소재에 의해 대별되어 석기시대, 청동기시대, 철기시대로 변모해 왔다. 그리고 제 2차 세계대전 이후로는 반도체 재료가 등장하여 인류사회를 크게 변모시켰으며, 최근에는 비금속재료인 고분자 재료나 세라믹 재료가 각광을 받기 시작하고 있다.

따라서 오늘날 고도의 기계문명은 소재기술의 혁신에 힘입은 것이며 앞으로의 보다 차원 높은 문명의 발달도 소재공학의 뒷받침이 없이는 불가능할 것이다.

기계나 구조물의 성능은 말할 것도 없이 구성재료의 성질에 의해 좌우된다. 그러므로 기계나 구조물을 설계, 제작하는 경우 무엇보다 중요한 사항은 사용재료의 선정이며, 설계 기술자는 물론, 생산기술자도 재료의 특성을 항상 잘 파악하고 있어서 가장 적합한 재료의 선택과 가공이 이루어질 수 있도록 노력해야 할 것이다.

기계나 구조물용 재료로써 활용되기 위해서는 여러 가지 특성이 요구 된다. 그 중에서도 기계나 구조물에 가해지는 부하에 견딜 수 있는 성질 즉 강도(strength)가 충분해야 한다.

그 밖에 기계구조물이 사용되는 조건이나 환경에 따라 충분히 그 기능을 발휘할 수 있는 특성을 지닐 필요가 있다.

예를 들면, 운동전달부에 사용되는 베어링부나 습동부와 같은 기계부품끼리의 마찰부분에는 내마모성이 요구되며, 열기관에 사용되는 각종 기계부품은 내열성이 필요하다. 또한 각종 환경에서 장시간 사용하여도 부식되지 않는 내식성이 요구된다. 그리고 복잡한 형상의 기계부품으로 쉽게 가공될 수 있는 가공성이 있어야 기계재료로써 유효하게 이용할 수 있다. 조선해양소재공학에서는 이상과 같은 기계재료의 각종 특성을 어떻게 개선시키며, 또한 그 특성을 어떻게 정확히 파악하여 효율적으로 이용할 것인가에 대해 다루는 내용이라 할 수 있다.

3.2 기계재료의 분류와 선택

기계재료로써 사용되는 재료는 금속재료가 대부분을 차지하며 그 중에서도 철강재료가 중요한 부분을 차지한다.

표 3.1 기계재료의 분류

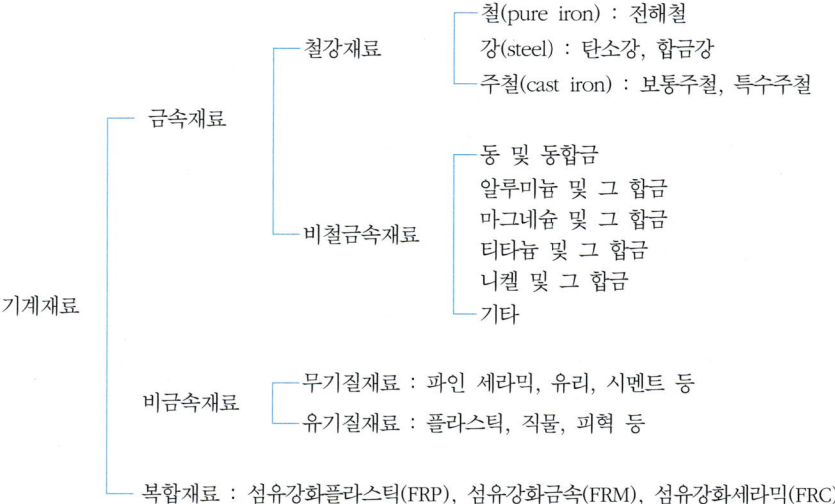

최근 들어 세라믹, 강화 플라스틱 등 비금속 재료의 사용빈도가 증가하고 있으며, 금속과 비금속을 복합시킨 형태의 복합재료(composite materials)도 등장하여 있다. 표 3.1은 기계재료의 재질에 의한 분류를 나타낸 것이다.

기계재료를 용도별로 분류하면, 기계나 구조물의 골격, 기계구성부품에 사용하는 구조용 재료와 특정용도 또는 특수조건의 용도에 이용되는 특수용도재료로 크게 나누어진다.

특수용도재료에는 절삭공구나 다이스(dies), 게이지(gauge) 등을 만들기 위한 공구용 재료, 스프링 제작에 이용되는 스프링 재료 등과 같은 특수용도 재료와 부식 환경에서 사용되는 내식재료, 고온에서의 내식성과 내산화성, 또는 고온강도가 우수한 내열재료 및 자성이 우수한 자성재료, 원자로에 사용되는 원자로용 재료 등 특수조건의 용도에 이용되는 것들이 있다.

기계재료를 선택할 때는 우선 목적하는 기계부재에 대해 요구기능을 충분히 해석하고 부하의 크기나 하중조건, 사용환경에 대한 검토가 선행되어야 한다. 그 다음 사용재료에 대한 강도, 내마모성, 내식성, 내열성 등의 특성을 고려하고, 또한 소정의 형상이나 치수로 가공하기 위해 채택되는 기계공작법에 대한 재료의 적성 즉 주조성, 소성 가공성, 용접성, 절삭성 등의 가공성에 대한 검토가 이루어져야 한다.

또한 소재의 가격 등 경제성의 조사도 병행되어야 한다. 이러한 종합적인 판단을 기초로 하여 가장 적합한 재료를 공업규격서나 기타 자료를 근거로 하여 선정하게 되는 것이다.

3.3 기계재료의 결합구조

기계재료로써 대표적인 3 종의 재료 즉 금속재료, 무기재료 및 유기 고분자 재료를 생각할 때, 이들 재료의 특성을 지배하는 가장 기초적인 요인은 이들 재료의 미시적 결합구조이다. 즉 각기 재료로서의 강도를 유지하고 외력(external force), 전장(electric field), 자장(magnetic field), 광(light) 등에 대한 응답성을 특정 짓는 화학결합 구조가 매우 중요한 의미를 갖는다.

재료를 구성하는 화학결합의 종류는 금속결합, 이온결합, 공유결합이 주요한 결합이며, 이 외에 배위결합, 수소결합, 쌍극자 상호작용 등 여러 가지의 결합력을 생각할 수 있다.

그림 3.1은 금속결합, 이온결합, 공유결합의 2차원 모델을 나타낸 것이다.

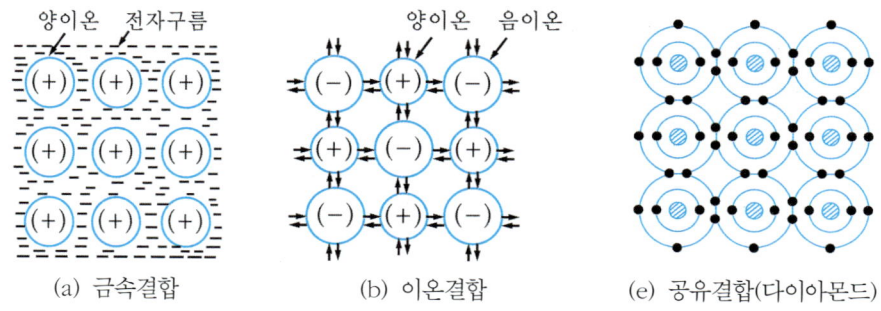

(a) 금속결합 (b) 이온결합 (e) 공유결합(다이아몬드)

그림 3.1 고체재료의 2차원 결합구조

(1) 금속결합(metallic bond)

금속의 결정(crystal)에 있어서의 구성원자는 일반적으로 외각전자(가전자 : valence electron)를 방출하여 안정한 양이온이 되어 격자점을 메우고, 방출된 전자는 자유전자로서 특정의 금속이온에 속박됨이 없이 결정격자 전체에 공유되어 이에 의해 결정의 형태를 유지한다. 이것이 금속결합이다. 이와 같은 자유전자의 공유 혹은 어느 한 곳에 국한되어 있지 않는 성질은 금속에 있어서 전기전도나 열전도가 좋은 원인이 된다.

(2) 이온결합(ionic bond)

무기질의 결정으로, 전형적인 식염(NaCl)의 예와 같이 (+), (-)의 이온이 규칙적으로 격자점을 메우는 것에 의해 결정을 이루는 것이 이온 결합으로 무기질재료의 예에서 많다. 금속의 경우는 일반적으로 한 종류의 원자만으로 구성되어 있는 것이 특징이나, 무기재료에서는 이온 결합의 경우 (+), (-)의 2종류의 이온을 필요로 하기 때문에 전기음성도(electronegativity)가 상반된 것으로 조합되어 있다. 여기서 전기음성도란 것은 원자에 있어서 전자를 끌어당기는 힘의 세기를 결정하는 원자의 성질을 말한다.

(3) 공유결합(covalent bond)

유기 고분자재료의 주된 구성분자는 C, H, O, N 등이며, 이들의 분자결합은 서로 스핀(spin)의 방향이 반대인 2개의 전자를 공유함으로써 생기는 것으로 이것이 공유결합이며, 1차 결합 혹은 주원자가(main valence) 결합이라고도 부른다. 체인(chain)형태의 고분자는 주된 체인이 탄소골격으로 된 것이 많으며, 이 해리(dissociation)에너지는 보통 100 kcal/mol 이상으로 매우 안정상태로 되어 있다. 그러나 분자간 힘은 이에 비해 훨씬 약하며, 이것이 체인상의 고분자가 열변형되기 쉬운 이유이다.

(4) 분자간력(intermolecular force)

유기 고분자 재료의 경우는 분자의 구성은 주로 공유결합에 의해 이루어지며, 분자 사이에는 Van der Waals힘, 수소결합, 쌍극자 상호작용 등이 작용한다. Van der Waals힘은 원자핵 둘레에 있는 전자구름의 진동으로 인해 분자가 순간적으로 극성을 띠기 때문에 생기는 분자 간의 인력이며, 무극성 분자(nonpolar molecule)간 힘이 여기에 해당한다. 유극성 분자(polar molecule)의 경우는 유기 쌍극자(dipole)에 의해 상호작용이 생긴다. 상이한 두 원자가 공유결합으로 결합되면 전기음성도가 큰 원자는 공유전자를 상대적으로 더 세게 끌어당긴다. 따라서 결합의 한쪽 끝은 상대적으로 음성이고, 다른 쪽 끝은 상대적으로 양성이 된다. 이러한 현상을 쌍극성이라 하고, 이러한 결과로 분자 간의 인력이 발생하게 된다.

접착력의 경우는 이들의 힘의 종류가 문제로 된다. 이들의 분자간의 힘은 수소결합(hydrogen bond)이 5~10 kcal/mol 정도이고 Van der Waals힘에 의한 2차적인 결합 에너지는 0.5~5 kcal/mol 정도이다. 여기서 수소결합이란 것은 수소원자가 F, O 또는 N과 같이 매우 작고 전기음성도가 큰 원자들과 공유결합을 형성할 때는 극성이 큰 결합이 생기는데, 이 수소원자는 매우 큰 부분 양(+)전하를 가지며 그 결과 상대원자로부터 떨어져 있는 쪽에서는 어느 정도 양성자와 같이 작용하여 이웃 분자들의 음(-)전하의 중심으로 끌리게 된다. 이와 같은 인력을 수소결합이라 한다.

3.4 금속의 결정구조

3.4.1 순금속의 결정구조

고체상태에 있는 거의 모든 금속 및 합금은 원자가 3차원적으로 규칙적으로 배열된 결정에 의해 구성되어 있다.

일반적으로 결정의 원자배열은 대칭성을 고려하여 다음과 같은 7종류의 결정계(crystal system)로 분류된다.

① 입방정계(cubic system), ② 육방정계(hexagonal system), ③ 정방정계(tetragonal system), ④ 삼방정계(rhombohedral system), ⑤ 사방정계(orthorhombic system), ⑥ 단사정계(monoclinic system), ⑦ 삼사정계(triclinic system)

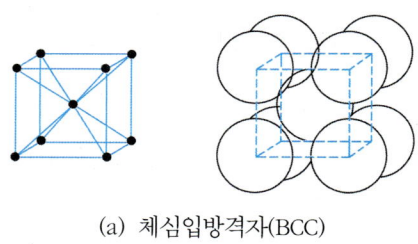

(a) 체심입방격자(BCC)

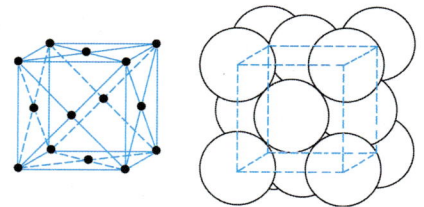

(b) 면심입방격자(FCC)

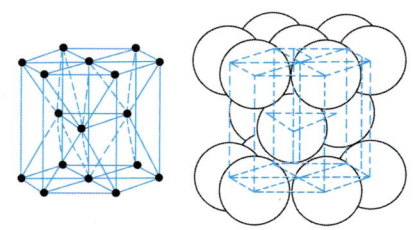

(e) 조밀6방격자(HCP)

그림 3.2 금속의 대표적인 결정격자

① 중에서 입방정 체심의 위치에 1개의 원자가 들어 있는 것을 **체심입방격자**(body centered cubic lattice, **BCC**), 면심의 위치에 하나씩 들어 있는 것을 **면심입방격자**(face centered cubic lattice, **FCC**)라 한다. 또한 ②에 속하는 **조밀육방격자**(hexagonal close packed lattice, **HCP** 또는 **CPH**)는 육방정의 격자 내에 3개의 원자가 들어 있는 것으로, 이들 세 가지 구조에 있어서 원자의 배치를 그림 3.2에 나타낸다. 실용적인 금속은 표 3.2에 나타낸 바와 같이 크게 3개의 구조의 어느 것인가에 속하지만 Bi, Mn, Sb, Sn 등은 이들 이외의 복잡한 결정형을 갖는다.

표 3.2 순금속 결정구조의 예

결정구조	금 속
BCC	Cr, α-Fe, δ-Fe, Mo, β-Ti, γ-U, W, β-Zr 등
FCC	Ag, Al, Au, β-Co, Cu, Ir, Ni, Pb, Pt 등
HCP	Be, Cd, α-Co, Mg, α-Ti, Zn, α-Zr 등

*α, β, γ, δ 등의 기호는 동소체를 나타낸다.

그런데 그림 3.2에 나타낸 바와 같은 결정의 최소단위를 **단위포**(unit cell)라고 부르며, 단위포의 한 변의 길이를 **격자정수**(lattice constant)라고 부른다. 결정구조나 격자정수는 X선 회절에 의해 알 수 있으며, 금속의 격자정수는 수 Å 정도의 것이 많다. 동일원소라도 온도에 의해 그 결정구조가 변화한다. 즉 **동소변태**(allotropic transformation)를 하는 것이 많이 있다. 다음에 그 예를 나타낸다.

$$\text{Fe}: \alpha(\text{bcc}) \xrightleftharpoons{910℃} \gamma(\text{fcc}) \xrightleftharpoons{1,400℃} \delta(\text{bcc})$$

$$\text{Ca}: \alpha(\text{fcc}) \xrightleftharpoons{250℃} \beta(\text{hcp}) \xrightleftharpoons{450℃} \gamma(\text{bcc})$$

$$\text{Mn}: \alpha(\text{bcc}) \xrightleftharpoons{727℃} \beta(\text{bcc}) \xrightleftharpoons{1,100℃} \gamma(\text{fcc}) \xrightleftharpoons{1,138℃} \delta(\text{bcc})$$

$$\text{Ti}: \alpha(\text{hcp}) \xrightleftharpoons{885℃} \beta(\text{bcc})$$

$$\text{Th}: \alpha(\text{fcc}) \xrightleftharpoons{1400℃} \beta(\text{bcc})$$

$$\text{Co}: \alpha(\text{hcp}) \underset{410℃}{\overset{467℃}{\rightleftharpoons}} \beta(\text{fcc})$$

금속결정에 외력을 가하면, 일반적으로 원자밀도가 높은 면에서 슬립(slip)이 일어나며 그 방향은 원자밀도가 높은 방향으로 일어나는 경우가 많다.

금속의 소성변형을 원자배열의 관점에서 이해하려고 하는 경우에는 결정체에 있어서 원자면이나 원자배열의 방향을 표시하는 통일적인 방법이 필요하다. 그림 3.3은 입방정과 육방정에 있어서 중요한 면과 방향을 표시한 것이다.

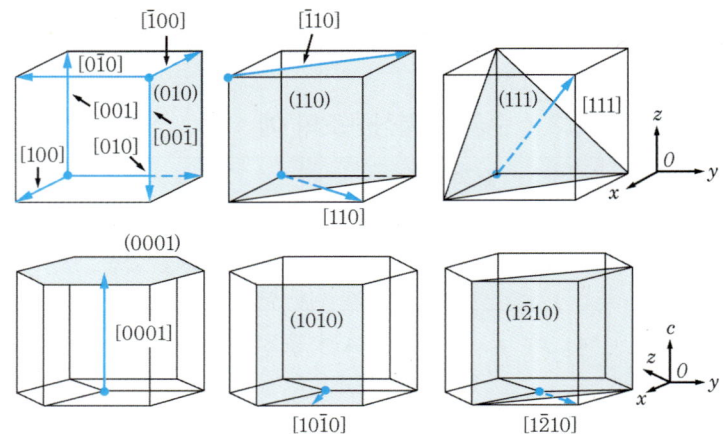

그림 3.3 입방정 및 육방정에 있어서 주요한 면과 방향

일반적으로 입방정에 있어서는 그림 3.3에 표시한 단위포의 x, y, z축을 $1/h$, $1/k$, $1/l$로 자르는 면을 (hkl)로 나타내고, 이 면에 수직한 방향을 [hkl]로 나타낸다. 또한 육방정의 경우의 (hkil)이란 x, y, z, c 축을 $1/h$, $1/k$, $1/i$, $1/l$로 자르는 면을 나타내고, [hkil]은 (hkil)에 수직 한 방향을 나타낸다.

이 경우에 h+k=-i의 관계가 있기 때문에 i를 생략하여 [hkl] 혹은 (hkl) 등으로 표시하는 경우가 있다. 또한 -h 대신에 $\bar{h}$로 나타내도록 되어 있다.

그림 3.2에 있어서 FCC결정에 있어서의 원자밀도가 높은 면은 (111)이며, 원자가 조밀하게 배열된 방향은 [110]이다. 입방정에서는 (111), (1$\bar{1}$1), (11$\bar{1}$) 등은 모두 등가(equivalence)인 면이기 때문에 이것을 대표해서 {111}로 나타내고 [110], [101], [$\bar{1}$01] 등은 모두 등가인 방향이기 때문에 이것을 대표시킬 때에는 〈110〉의 기호를 이용한다. FCC금속에 있어서는 {111} 원자면상을 〈110〉의 방향으로 미끄럼이 일어

남으로써 소성변형하는 경우가 많다.

3.4.2 합금의 결정구조

금속에 있어서 한 개 혹은 그 이상의 다른 원소를 첨가하여 만든 것을 **합금**(alloy)이라고 부르고 있으며, 합금 중에 포함된 다른 원소의 원자는 기지(base) 금속과는 다른 결정으로 혼합된 형태로 존재하는 경우도 있으나, 대부분은 고용체 또는 금속간 화합물을 형성한다.

고용체(solid solution)란 기지금속결정 중에 첨가원소가 원자상태로 용해되어 있는 상태를 말하며, 그 용해의 방법에 따라 그림 3.4에 나타낸 바와 같이 침입형과 치환형으로 분류된다. 그리고 후자에 있어서 용질 원자가 기지(용매)원자와 규칙적으로 배열되어 있을 때는 특히 **규칙격자**(ordered lattice, super lattice)라고 부른다. 고용체에서는 용질원자의 농도가 증가할수록 격자 변형률(lattice strain)이 크게 되어 강하고 단단하게 됨과 더불어 전기전도도는 작게 된다.

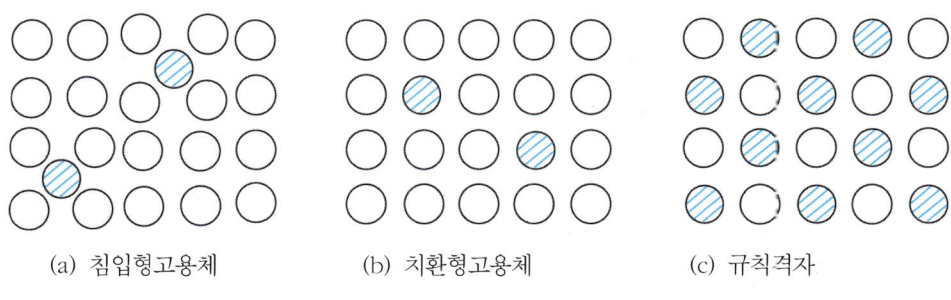

(a) 침입형고용체 (b) 치환형고용체 (c) 규칙격자

○ A원소의 원자   ◎ B원소의 원자

그림 3.4 고용체와 규칙격자의 원자배열

고용도(solid solubility) 이상으로 다른 원소를 첨가하면, 종종 금속간 화합물(intermetallic compound)이 된다. 이것은 일반적으로 원자가의 비율에 따르지 않게 구성되어, 어느 정도의 전기 전도도를 갖고 있으며, 결정구조는 복잡하며, 전체적으로 강하고 취약하여 비금속적으로 된다. 그림 3.5는 시멘타이트 (Fe_3C)의 단위포를 표시한 것이다.

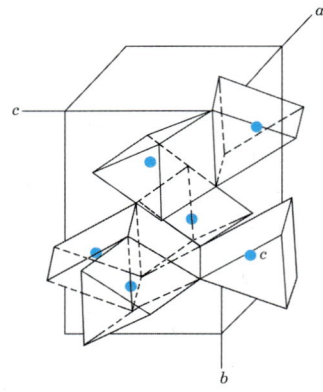

그림 3.5 시멘타이트(Fe₃C)의 원자배열
C원자는 Fe원자로 구성된 6개의 3각 프리즘의 중앙에 위치한다.

3.5 평형상태도

3.5.1 전율고용형 평형상태도

재료의 성질을 이해하기 위해서는 먼저 합금의 조성과 상(phase)의 종류 및 온도와의 관계를 나타내는 상태도(phase diagram)를 이해할 필요가 있다.

다음에 A, B의 2원소를 여러 가지 비율로 혼합하여 각각의 온도에서 장시간 동안 유지하여 열평형에 도달했을 때에 존재하는 상의 조성을 나타내는 2원소 평형상태도의 유형에 대해 설명하고자 한다.

그림 3.6은 전율고용형 2원소상태도이다. 이 그림에서 T_A, T_B는 각각 A, B금속의 융점이다. 지금 B를 $\overline{AM}$%(보통 중량 %) 즉 A를 $\overline{BM}$ % 포함한 조성 M의 용액은 온도 T_1에서 응고를 개시하여, T_3에서 응고를 완료하여 성분 A, B가 균일하게 합쳐진 고체, 즉 고용체(solid solution)로 된다. T_1에서 T_3까지의 변화는 다음과 같다. L_1에서 최초로 정출하는 고체는 조성 S_1의 고용체이다. T_2에서는 조성 L_2의 융체(그 양을 W_L로 한다)와 조성 S_2의 고용체(그 양을 W_s로 한다)가 공존하게 되고, $W_s/W_L=(L_2M_2)/(M_2S_2)$의 관계, 즉 천칭(balance)의 관계가 성립한다. 곡선 T_A, L_3, L_2, L_1, T_B를 **액상선**(liquidus), 곡선 T_A, S_3, S_2, S_1, T_B를 **고상선**(solidus)이라고 한다. Cu-Ni계 상태도는 여기에 속한다.

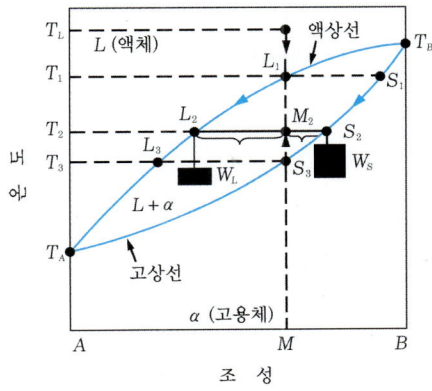

그림 3.6 전율고용형 2원소상태도

3.5.2 공정형 평형상태도

그림 3.7은 공정형 2원소 상태도이다.

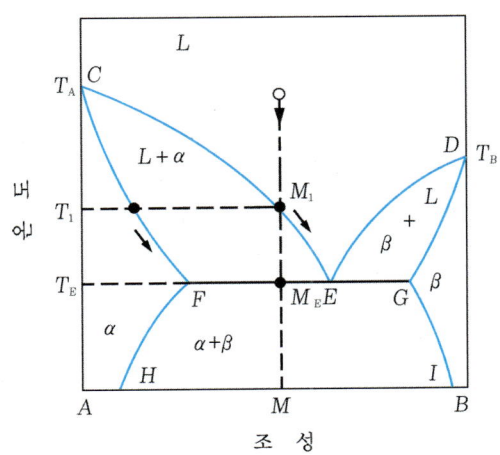

그림 3.7 공정형 2원소 상태도

CE, CF는 액상(L)으로부터 α고용체를 정출하는 경우의 액상선과 고상선이며, DE, DG는 L로부터 β고용체를 정출하는 경우의 액상선과 고상선이다. 따라서 E의 조성의 액체를 냉각하면 점 E에서 F조성의 α와 G조성의 β가 동시에 정출한다.

이와 같이 액체로부터 2종류의 고체가 동시에 정출하는 형식의 상변화를 공정반응(eutectic reaction)이라고 한다. 이와 같이 하여 응고한 합금은 고용체 α와 β가 치밀하게 혼합된 조직을 나타내어 공정(eutectic)이라고 한다.

조성 M의 액체를 냉각한 경우는 T_1에서 응고가 시작하지만, T_E 바로 위의 온도에서는 FM_E에 상당하는 양으로 조성이 E인 액체와 M_EE에 상당하는 양으로 조성이 F인 고용체 α가 존재한다. 이 α를 초정(primary crystal)이라고 한다. 더욱 열이 냉각되면 이 온도에서 잔존해 있던 조성 E의 액체는 전부 공정으로 변화한다. 이 온도에서의 모든 α와 공정 중의 β의 양의 비율은 $(M_EG)/(M_EF)$이다. 실온까지 서냉했을 때의 α와 β의 조성은 각각 H와 I로 표시된다. Ag-Cu계 상태도는 이 형에 속한다.

3.5.3 포정형 평형상태도

그림 3.8은 포정(peritectic)형이라 불리우는 상태도이다. 지금까지의 설명에서 밝혀진 바와 같이 곡선 CM_1, D는 L로부터 β가 정출하는 액상선이며, 곡선 DF는 α를 정출하는 액상선이다. 지금 M의 조성의 액체를 냉각하면 T_1에서 응고를 개시하여, T_P직상에서는 (DM_P)에 상당하는 양의 조성이 E인 β고용체와 (M_PE)에 상당하는 양의 조성이 D인 액체가 존재한다. 온도가 T_P로 되어 더욱 열이 방출되면 초정 β와 잔액의 경계면에서 액체(조성 D)+고체(조성 E의 β상)→고체(조성 P의 α상)

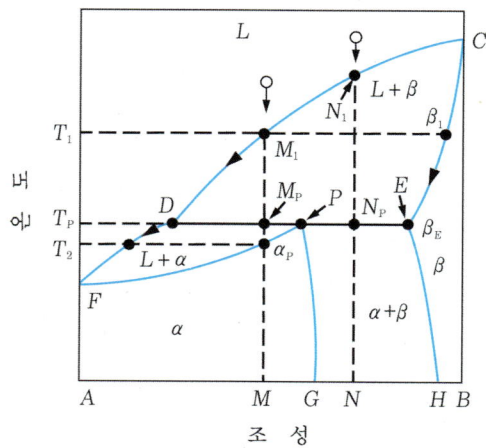

그림 3.8 포정형 2원소 상태도

의 반응에 의해 액체(L)와 β로부터 α가 합성된다. 초정 β를 액체가 둘러싸서 α를 형성시키기 때문에 이 반응을 **포정반응**이라고 한다. 따라서 결국은 (DM_P)에 상당하는 양의 조성이 P인 α고용체와 (M_PP)에 상당하는 양의 조성이 D인 액체로 되며, 이 사이에 온도는 T_P로 유지된다. 더욱 열이 방출되면 액체의 조성은 액상선을 따라 F로 향하여 변화하여 T_2에 도달하면, 모든 액체는 소멸하여 전체가 조성 M의 α고용체로 된다.

조성이 N인 액체를 냉각하는 경우는 N_1에서 응고가 개시되어, 온도 T_P에서 포정반응이 진행하고 여기서 모든 액상은 소비되어, 조성이 E인 초정 β를 조성 P인 α고용체가 둘러싼 조직으로 되어, T_P직하에서의 비율은 $\alpha/\beta = (N_PE)/(PN_P)$로 된다.

3.5.4 편정형 평형상태도

액체가 2상으로 분리되는 경우는 그림 3.9에 나타낸 바와 같이 편정 (monotectic)형 상태도로 된다. P로 나타내는 조성의 액상은 T_1이상의 온도에서 1상이지만 T_2에서는 조성이 G로 표시되는 액상 L_1과 조성이 H로 표시되는 액상 L_2로 분리된다. 만약 L_1의 비중이 L_2의 비중보다 크게 되면 L_1이 밑으로, L_2가 위로 올라오는 2층으로

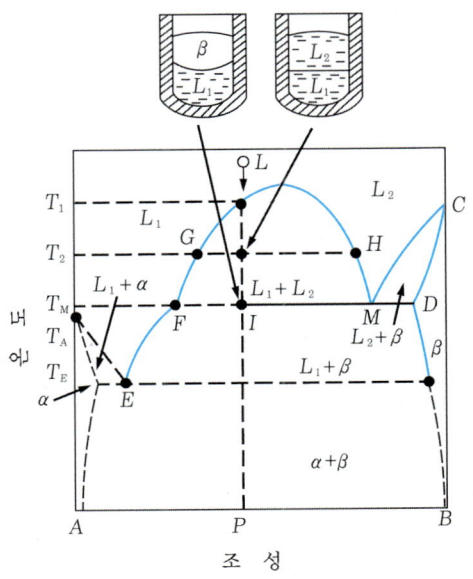

그림 3.9 편정형 2원소 상태도

된다. 온도가 T_M 직상에 달하면 조성 F의 L_1과 조성 M의 L_2로 되어 있지만, 더욱 열이 방출되면 액상 L_2의 속에서 다음과 같은 분해반응이 일어난다.

$$L_2^M \rightarrow L_1^F + \beta^D$$

즉 분리된 윗층에서만 β고용체(조성 D)가 정출하기 때문에 위의 식과 같은 반응을 편정반응이라고 한다. L_2가 소모되어 없어질 때까지 온도는 T_M으로 일정하게 유지된다. 그래서 결국 (ID)로 표시되는 양으로, 조성이 F인 L_1의 액체 윗층에 (FI)로 표시되는 양으로 조성이 D인 고용체 β가 나타난다. 따라서 더욱 열이 방출되면 잔액은 β를 정출하면서 그 조성은 FE 선상을 E로 향하여 진행하여, T_E에서 공정 반응에 의해 액상이 소멸되는 것을 이 상태도는 나타내고 있다.

3.5.5 실제의 평형상태도

그림 3.10에 Ni-Cu계, Cu-Ag계, Ag-Ni계 합금의 상태도를 나타내고 있는데, 주기율표에서 서로 근접해 있는 이들 3종의 원소에 있어서 조합에 따라서는 전혀 다른 상태도가 얻어지고 있는 데서 이들 합금의 성질도 크게 달라질 것이라는 것을 예상할 수 있을 것이다. 그림 3.11은 Cu-Au계 상태도이다. 410℃ 이상의 고온에서는 Ni-Cu 합금과 같이 전율고용체이다. 일반적으로 고용체는 용매원자와 용질원자가 아주 무질서하게 배열되어 있다.

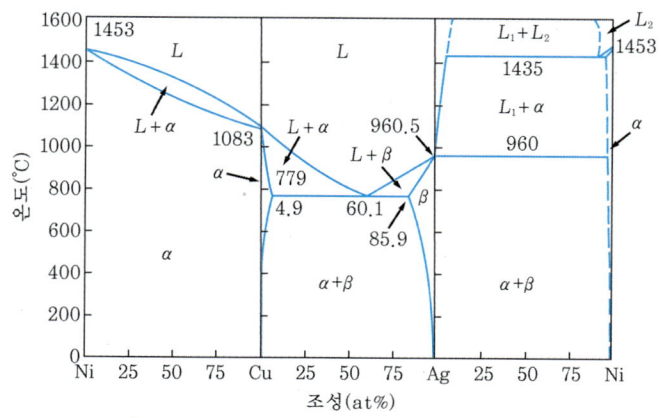

그림 3.10 Ni-Cu, Cu-Ag, Ag-Ni 상태도

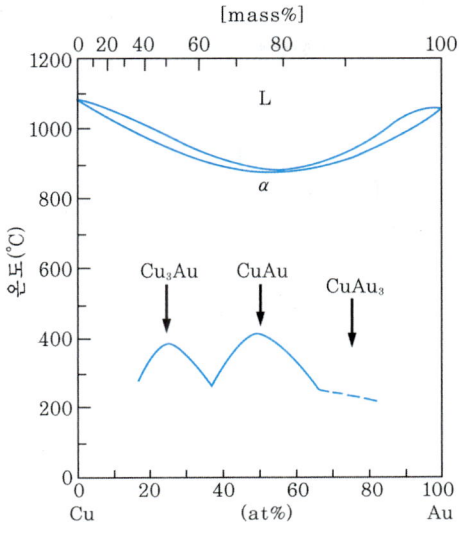

그림 3.11 Cu-Au계 상태도

그러나 Cu-Au 합금에서는 저온이 되면, 예를 들어 그림 3.12에 나타낸 바와 같이 Cu원자와 Au원자가 서로 규칙적으로 배열된다. 이와 같은 상태로 된 고용체의 구조를 규칙격자(super lattice)라고 한다.

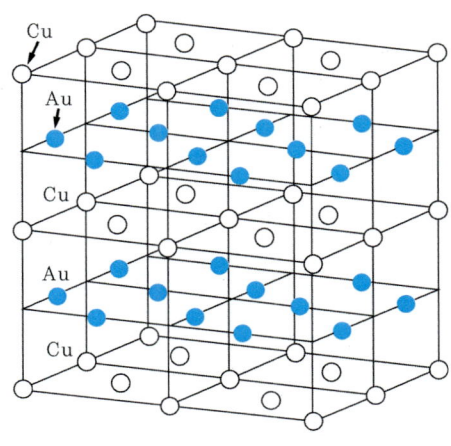

그림 3.12 Cu-Au 규칙격자

그림 3.13은 Cu-Mg계 상태도를 나타낸다.

약 16 mass% 및 43 mass% Mg의 조성에서 Cu$_2$Mg(β상) 및 CuMg$_2$(γ상)이라고 하는 금속간 화합물(intermetallic compound)이 형성된다. 합금계에 따라서는 A, B 각각을 기지(matrix)로 하는 고용체와는 별도로 중간상이 형성되는 경우가 있다. 이와 같은 화합물이나 중간상이 존재하는 상태도에서는, 그림 3.13의 예에서 설명하면 (Cu-β), (β-γ), (γ-Mg)를 각각 독립의 2원소로 간주할 수 있다. 즉 그림 3.13은 3개의 공정형 상태도의 조합으로 생각해도 된다. 또한 고체 상태에서의 3상 사이의 반응은 다음과 같이 부른다.

(고상 α) → (고상 β) + (고상 γ) : 공석(eutectoid) 반응
(고상 α) + (고상 β) → (고상 γ) : 포석(peritectoid) 반응

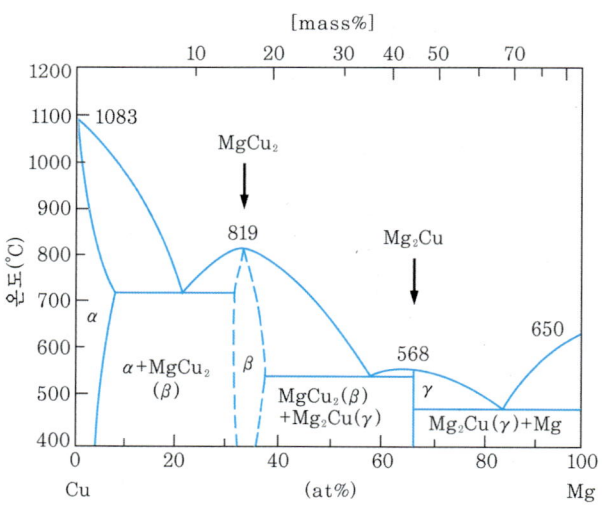

그림 3.13 Cu-Mg계 상태도

제4장

기계소재의 변형 및 강화기구

4.1 응력-변형률 곡선

금속에 외력이 작용하면, 그 정도의 차이는 있으나 반드시 변형이 생긴다. 외력을 가해서 변형을 측정하여 외력과 변형의 관계를 곡선으로써 나타낸 그림을 응력-변형률 곡선이라고 한다.

그림 4.1에 표시한 바와 같이 규정된 형상과 크기로 마무리 가공된 시험편을 축 방향으로 서서히 인장하여 외력과 변형률과의 관계를 나타내면 응력-변형률 곡선을 구할 수 있다. 그림 4.1은 연강의 경우로, 이러한 곡선을 통해 금속의 특성 및 파괴에 관한 금속의 거동을 알 수 있다.

인장 하중을 가한 최초의 단계에서는 변형은 하중에 비례하여 증가한다. 응력-변형률 곡선의 그림 4.1에 있어서 직선부분 01이 이에 상당한다. 곡선상의 점 1은 **비례한도**(proportional limit)이다. 이 범위에서는 하중이 증가하면 변형도 이에 비례하여 증가하며, 하중이 제거되면 잔류 변형은 0으로 된다. 비례한도를 넘는 응력에서는 변형과의 비례관계가 없어지나 이 때에도 잔류변형은 남지 않는다. 이와 같이 잔류변형이 남지 않는 상한을 **탄성한도**라고 한다. 탄성한도 이하의 응력과 변형률의 관계는 **탄성계수**(elastic modulus)로 주어진다.

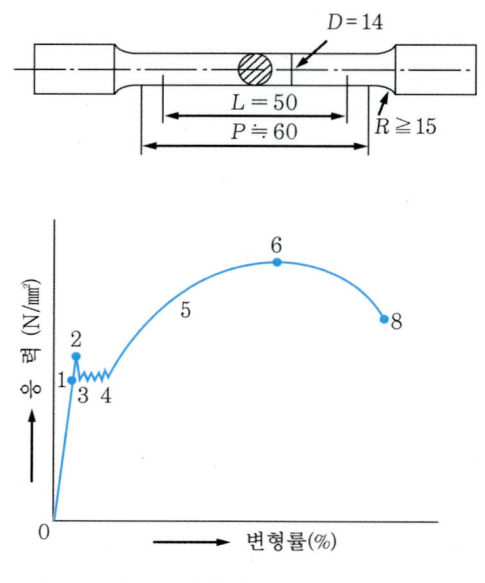

그림 4.1 인장 시험편과 응력-변형률 곡선

응력이 탄성한도를 넘으면 하중이 증가하지 않는데도 변형이 생긴다. 연강(mild steel)에서는 그림 4.1과 같이 하중의 급격한 감소가 일어나면서 변형률은 증가한다. 이와 같은 현상을 **항복**(yielding)이라 한다. 항복이 일어나는 응력을 **항복점** (yield point)이라고 한다. 항복점과 탄성한도는 실용적인 입장에서 같이 취급되는 경우가 많다. 항복현상이 일어나 응력이 저하한 후에는 낮은 응력에서 변형 발생이 계속하며, 이 사이의 곡선은 톱날 상으로 변화한다. 이와 같은 불연속 항복이 일어나기 시작하는 높은 응력의 항복점을 **상항복점**(upper yield point), 감소한 후의 낮은 항복응력을 **하항복점**(lower yield point)이라고 한다.

금속이 항복한 후에 하중을 제거하면 변형은 어느 정도 회복되지만, 원래의 치수로는 되돌아오지 않는다. 하중을 제거해도 회복되지 않는 변형을 **소성변형**(plastic deformation)이라고 한다. 소성변형은 항복에 의해 생긴 변형이기 때문에 항복점을 넘어 외력을 받은 상태의 금속의 변형은 탄성변형과 소성변형의 합이며, 외력을 제거하면 그 중 탄성변형 부분만이 회복한다. 이 경우에도 탄성변형과 응력과의 사이에는 비례관계가 성립하지만 소성변형은 비례법칙이 성립하지 않는다.

　외력을 받는 사용상태에 있는 금속이 항복하여 소성변형이 생기면, 그 금속이 파손(failure)되었다고 한다. 또 한편 소성변형은 금속의 성형가공에 응용된다. 즉 소성은 금속의 중요한 특성으로 가공 시에는 전성(malleability)·연성(ductility)이라고 한다.

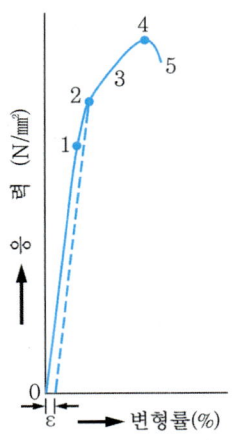

그림 4.2 연속 항복의 응력-변형률 곡선

　연강의 인장하중에 의한 응력-변형률 곡선에는 불연속 항복이 나타나지만, 다른 금속의 응력-변형률 곡선은 그림 4.2와 같이 연속적인 곡선으로 되어 항복점이 명료하게 나타나지 않는 경우가 많다. 응력-변형률 곡선은 탄성변형 범위의 직선 부분에 연속하여 약간 경사진 곡선으로 변화한다. 그러나 이 경계부에서 항복현상이 일어나기 때문에 하중을 제거한 후에 영구변형이 남는다. 따라서 이러한 경우의 항복응력은 영구 변형량을 측정하여 구할 수 있다. 항복점이 뚜렷하게 나타나지 않는 경우의 항복응력을 **내력**(proof stress)이라고 하며, 이것은 그림 4.2와 같이 가로축의 0.2 % 변형률 지점에서 응력-변형률 곡선의 직선부분에 평행한 선을 그어 이 선과 만나는 점을 취한다.

　금속이 외력에 의해 항복이 일어난 후에 외력을 제거하면 탄성변형은 회복되지만, 외력의 제거 과정에서는 그림 4.3과 같이 직선적으로 된다. 하중을 다시 부가하면 금속은 탄성적으로 변형하여 소성변형이 발생하기 시작하는 응력이 처음 외력을 부가했을 때보다 상승한다. 즉 그림 4.3의 5' 5'' 6은 이미 소성변형을 일으킨 금속의 응력-변형률 곡선으로, 5″점은 항복점에 상당한다. 따라서 이미 영구변형을 일으킨 금속의 항복점은 최초의 항복점보다 높아지게 되며, 이러한 현상을 **가공경화**(work hardening 혹은 strain hardening)라고 한다.

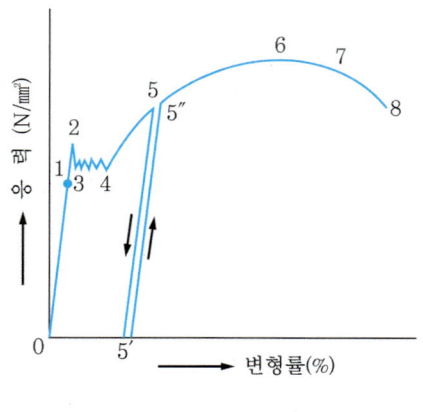

그림 4.3 가공경화

가공경화가 계속된 후에 응력-변형률선도는 최대응력점에 도달한 후는 하중이 감소하면서 변형률이 증가하여, 곡선은 7로부터 8에 도달하여 끝내는 파단한다. 이 단계에서 하중이 감소하는데도 변형률이 증가하는 것은 시험편의 일부에 국부적인 큰 변형이 생겨 단면적이 감소하기 때문이다 그림 4.4는 인장시험편의 파단현상을 나타낸 것이다.

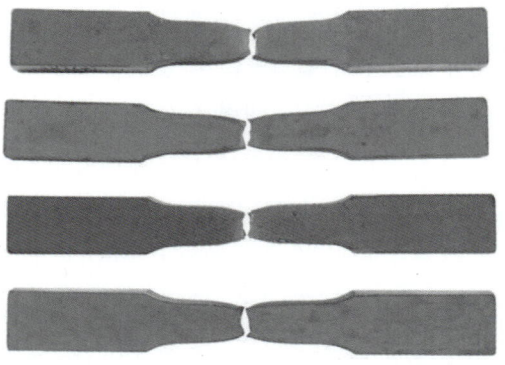

그림 4.4 인장시험편의 파단 형상

4.2 소성변형

4.2.1 탄성변형

금속은 결정으로 되어 있으며, 결정 중에는 원자가 일정한 규칙성을 가지고 주기적으로 배열되어 있다. 이 때 인접하는 원자간에는 인력(attractive force)과 반발력(repulsive force)이 작용하고 있으며, 그 합력(결합력)은 원자간 거리에 대해서 그림 4.5와 같이 나타내어져 원자 사이에는 거리 r_0 만큼 떨어져 안정된 상태로 되어 있다.

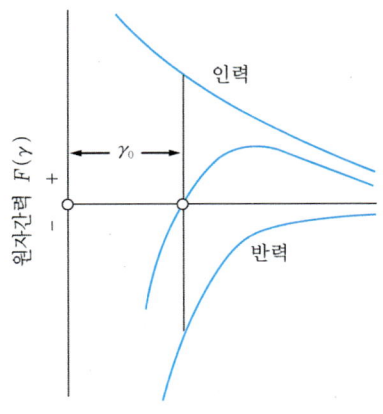

그림 4.5 원자간 결합력

즉, 금속격자의 원자간 거리 r_0 는 인력과 반발력이 평형상태를 이루는 지점이라고 할 수 있다. 이러한 상태에서 외력이 작용하면 외력과 원자간의 인력 및 반발력이 새로운 평형상태에 도달하여 원자간의 거리가 변화하게 된다. 이 경우에 일어나는 원자간 거리의 이동은 변형으로 나타난다. 외력이 제거되면 원자는 원래의 위치로 돌아오고 원래 원자간의 인력과 반발력만의 평형상태로 된다. 이와 같은 외력에 대한 변형은 금속의 탄성변형이다.

4.2.2 항복현상

금속의 원자 간에 작용하는 인력에는 한계가 있기 때문에 외력이 증가하면 외력과 원자간 힘 사이에 성립하는 평형관계가 깨어지게 된다. 이 상태가 항복에 해당한다. 만약 항복현상에 의해 원자간의 결합이 깨어진다면 분리파괴가 일어날 것이지만 항복에 의해 일어나는 것은 소성변형이다.

또한 금속은 소성변형과 더불어 가공경화에 의해 항복점 이상의 외력에도 견디게 되므로 항복은 원자 간의 분리는 아니다.

표면을 잘 연마한 금속에 외력이 작용하여 항복이 일어나게 되면 표면에 미세한 평행선이 나타난다. 이것을 **류더스선**(Lüders line)이라고 한다. 그 방향은 일반적으로 최대 전단응력의 방향과 일치한다. 인장하중의 경우에는 외력과 약 45°의 방향으로 류더스선이 생긴다. 소성 변형이 진행하면 이 선이 증가하여 연마된 표면은 점점 광택이 없어지는 상태로 된다. 류더스선은 확대해서 관찰하면, 그림 4.6과 같은 평행한 계단상의 어긋남 상태로 나타나는 것으로 두께가 약 200 Å, 어긋남이 2,000 Å 이하이다. 이들의 집합이 선상으로 되어 보이는 것이 류더스선이다.

그림 4.6 슬립 표면

4.2.3 슬립 변형

단결정의 금속봉에 소성변형이 일어나면 그림 4.7과 같이 인장응력에 대해서 일

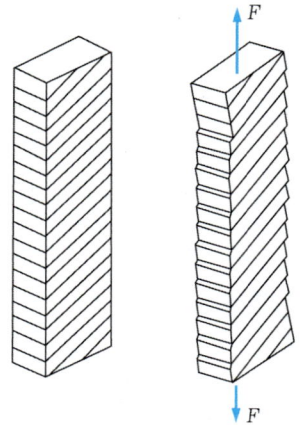

그림 4.7 슬립 변형

정한 각도를 이루는 표면에 어긋남이 생긴 상태가 보인다. 이러한 형상을 슬립(slip)이라고 하며, 슬립을 일으킨 면을 슬립면, 슬립면과 금속 외표면과의 교선이 슬립선이 된다.

원자 배열에 있어서 슬립 변형의 모델은 그림 4.8과 같이 나타난다. 외력의 작용에 의해 결정면이 슬립면으로 되어 이동이 일어나며, 1원자 거리의 슬립에 의해 다시 안정된 상태로 된다. 원자의 배열은 슬립면의 가장자리에서 어긋남이 생길 뿐이고 그 외의 부분은 원래의 상태로 남는다. 더욱 슬립이 진행하면, 1원자 거리의 이동 때마다 주기적인 원자 배열의 안정된 상태가 유지된다.

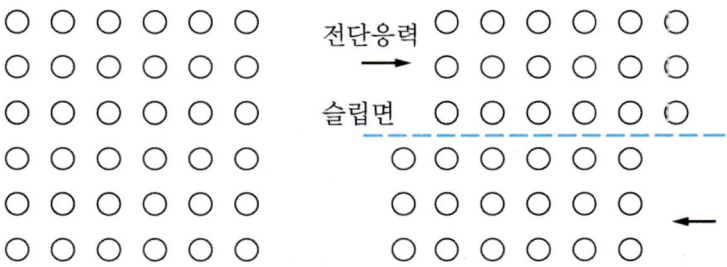

그림 4.8 원자배열의 슬립

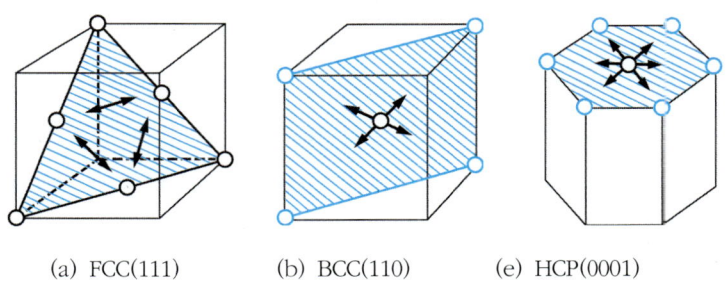

(a) FCC(111) (b) BCC(110) (e) HCP(0001)

그림 4.9 슬립면과 슬립방향

단결정 금속의 소성변형을 관찰하면, 슬립은 결정의 공간격자에서 특유의 면과 방향에서 가장 일어나기 쉽다. 일반적으로 보면 원자밀도가 가장 높은 면과 방향이 슬립면, 슬립방향이 된다. 주요한 결정계에 있어서 슬립면, 슬립방향은 그림 4.9에 표시되어 있다. 이들의 슬립 면상에 작용하는 전단응력이 일정 한계값을 넘으면 슬립이 일어난다. 이 한계 값은 **임계 전단응력**(critical shearing stress)이라고 하며 금속재료마다 거의 특유의 값이다.

표 4.1은 각종 금속의 임계전단응력의 측정치이다.

표 4.1 금속의 임계 전단응력

결 정 계	금 속	임계전단응력 N/mm^2
FCC	동(Cu)	0.98
〃	은(Ag)	0.588
〃	금(Au)	0.901
〃	니켈(Ni)	5.684
HCP	마그네슘(Mg)	0.813
〃	아연(Zn)	0.921
사방육면(rhombohedron)	수은(Hg)	0.068
FCC	72Cu-28Zn 합금	14.7
〃	85Al-15Zn 합금	78.4

4.2.4 쌍정 변형

금속에 영구변형이 생기는 기구에는 슬립변형 이외에 쌍정(twin)에 의한 변형이 있다. 쌍정 변형도 일종의 슬립을 동반하는 원자의 재배열에 의한 변형으로 그림 4.10은 그 모델이다. 어느 결정면이 슬립면이 되나 이에 평행한 일정 범위의 결정면 전부가 중첩된 슬립면이 되어 쌍정면이라고 불리우는 최초의 슬립면으로부터의 거리에 비례하는 슬립량의 변형이 생긴다. 그 결과로서 새로이 된 원자배열은 원래의 결정배열과 거울상의 관계로 된다.

쌍정에 의한 영구변형은 슬립변형과 달리 그 자체에서는 변형량이 적다. 그러나 쌍정이 생기면, 결정축의 방향이 회전하기 때문에 더욱 다음의 슬립에 의한 변형이 일어나기 쉽게 되는 등의 이유로 해서 쌍정변형은 소성변형기구의 중요한 하나의 형식이다.

다결정금속의 소성변형도 하나하나의 결정립의 변형은 단결정의 경우와 같은 거동으로서 이해할 수 있다. 그러나 다결정체에서는 결정방위(orientation)가 불규칙한 입자가 집합하여 결정입계에서 접하고 있기 때문에 소성변형은 입계에서 불연속으로 되어 입자 상호간에 간섭이 일어나 자유로운 변형이 방해를 받는다. 따라서 다결정체의 경우에는 단결정이 항복하는 외력의 작용으로는 항복이 일어나지 않는다. 즉 다결정 금속은 일반적으로 같은 성분의 단결정금속보다도 강하고 경도가 높다.

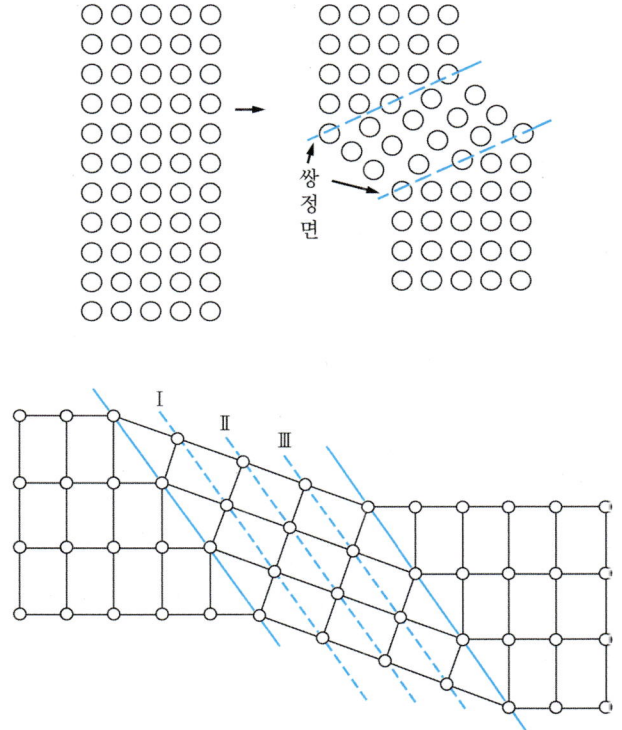

그림 4.10 쌍정에 의한 소성변형과 원자이동

4.3 금속의 강화기구

4.3.1 금속의 소성변형기구

일반적으로 금속결정은 원자면의 적층으로 생각할 수 있다. 지금 2매의 원자면은 2매의 카펫을 그 표면끼리 서로 맞대어 놓은 것으로 간주 할 수 있다. 위의 카펫을 끌어당겨 미끄러지도록 하기 위해서는 대단히 큰 힘을 필요로 한다. 그러나 그림

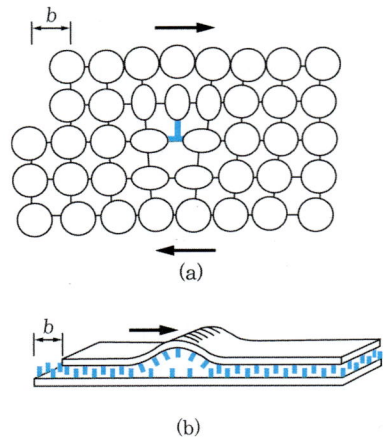

그림 4.11 카펫의 주름과 전위의 미끄럼에 대한 역할의 유사성

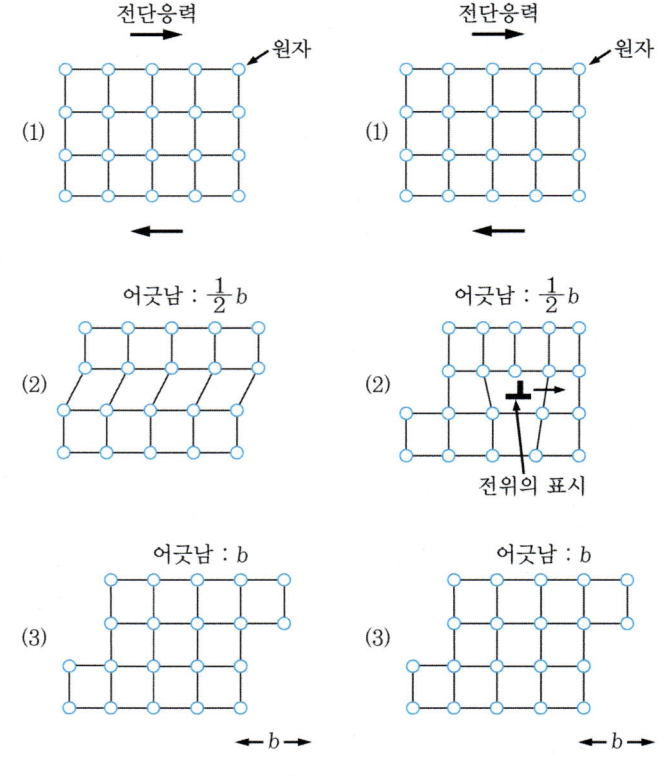

(a) 완전결정의 슬립   (b) 전위에 의한 슬립

그림 4.12 완전결정의 슬립과 전위에 의한 슬립

4.11(b)와 같이 주름을 만들어 놓고 이 주름을 밟아 나가면 용이하게 미끌리게 할 수가 있다. 원자면도 또한 원자끼리 강하게 결합되어 있기 때문에 완전한 원자면을 미끌리게 하기 위해서는 G/3(G:강성률) 정도의 매우 큰 힘을 필요로 한다. 그러나 그림 4.11(a)와 같은 결합의 불연속부가 있는 원자열(전위 : dislocation)을 만들어, 이것을 그림 4.12(b)와 같이 움직이는 방법에 의하면 4.12(a)와 같은 완전결정 이론 강도의 1/1,000 정도의 작은 응력으로 결함의 폭 b (Burgers vector) 만큼 움직일 수가 있다. 전위 운동에 의한 입체적인 소성변형기구를 설명하면 그림 4.13과 같다. 금속을 저온에서 고속변형시키면 4.2.4항에서 설명한 쌍정(twin) 형성에 의해 변형될 수가 있으나 대부분의 소성 변형은 전단(shearing)에 의한 전위의 운동에 의해 소성변형이 일어난다.

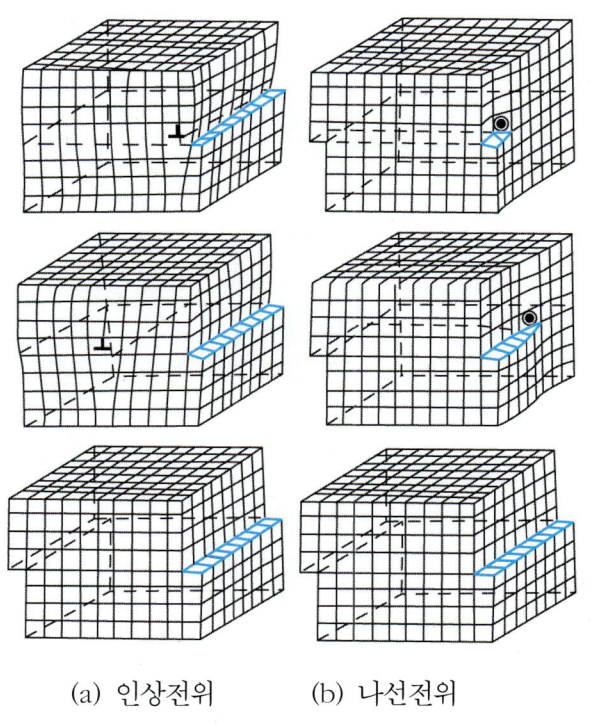

(a) 인상전위   (b) 나선전위

그림 4.13 전위운동에 의한 소성변형

단위체적 중에 전위밀도 ρ의 전위가 있어서, 이것이 x만큼 움직일 때 일어나는 소성변형률 ϵ은 다음 식으로 주어진다(정확하게는 x, b, ϵ은 벡터로 나타낸다).

$$\epsilon = \rho b x \tag{4.1}$$

여기서 b는 전위의 버거스 벡터(Burgers vector) 이다.

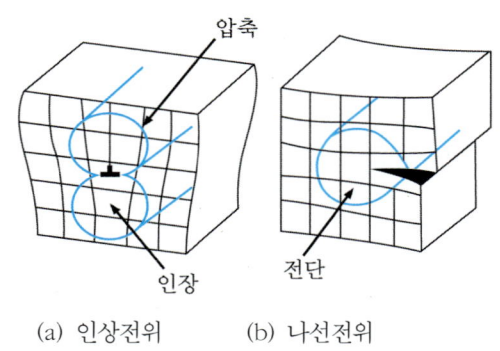

(a) 인상전위   (b) 나선전위

그림 4.14 전위 주위의 변형율장(strain field)

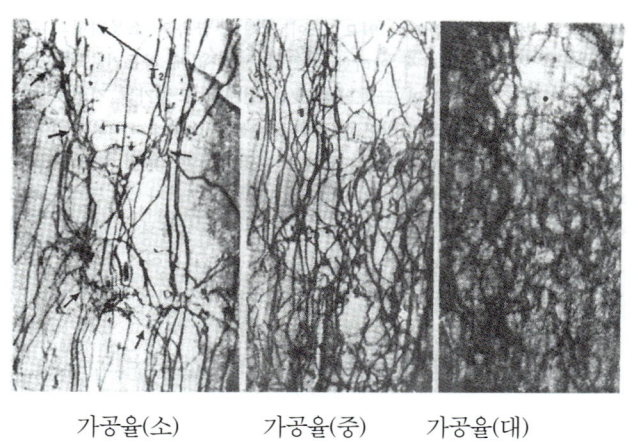

가공율(소)   가공율(중)   가공율(대)

그림 4.15 순 Al의 변형에 따른 전위밀도 증가

전위의 주위에는 그림 4.14에 나타낸 바와 같이 변형율장(strain field)이 존재한다. 이 때문에 전위끼리는 끌어당기거나 반발하거나 한다. 또한 그 탄성적인 변형률 에너지(elastic strain energy)를 작게 하기 위해서는 전위는 늘려진 고무줄과 같이 될 수 있는 한 짧게 하려는 성질이 있다. 즉 전위는 소성변형의 근원이 되기도 하지만, 서로의 작용 때문에 전위밀도가 높게 되면 전위는 오히려 움직이기 어렵게 된다. 즉 보통의 금속에서는 전위밀도 ρ의 결정을 소성변형시키는 데 필요한 응력 τ_f는 근사적으로 다음 식으로 주어진다.

$$\tau_f = \tau_o + \alpha Gb \sqrt{\rho} \tag{4.2}$$

여기서 τ_o는 다른 전위의 영향을 받지 않고 움직일 때의 마찰력이며, G는 강성률, α는 1정도의 정수이다. 금속이 소성변형하면 점점 경도가 높게(가공경화 : work hardening)되나, 이것은 변형과 더불어 전위밀도 ρ가 증가하기 때문이다.

그림 4.15에서 검은 선은 전위를 나타내고 있으며, 가공률이 높아질수록 전위가 증가하여 서로 엉켜지는 것을 알 수 있다.

4.3.2 금속강화의 기본

금속재료의 강인화는 종래 합금원소의 조정, 열처리 등에 의해 발전되어 왔지만 최근에는 열처리와 소성가공을 합쳐서 금속재료를 강화하는 **가공열처리**(thermomechanical treatment)라고 불리우는 일련의 방법도 개발되어 있다. 충분히 노멀라이징(normalizing)된 금속에서도 $10^8/cm^2$ 정도인 밀도의 전위가 포함되어 있으며, 이 전위가 금속의 소성변형의 주역을 이루는 것이다. 따라서 이러한 전위를 전혀 없게 하든가, 혹은 전위를 움직이기 어렵게 하면 금속의 강도는 현저하게 증가될 것이 기대된다. 전위를 전혀 포함하지 않은 결정은 완전결정(perfect crystal)이라고 불리우며, 금속 염화물을 수소기류 중에서 가열분해함으로써 얻을 수 있는 **위스커**(whisker)는 완전결정이라고 알려져 있다. 그러나 그 크기는 직경이 수 미크론, 길이가 수 cm에 지나지 않아 실용재료로는 가치가 없다, 그 직경을 10미크론 정도까지 두껍게 하면 전위가 들어가 버려서, 그 강도는 급격히 저하한다. 따라서 이러한 위스커 결정을 이용하여 매우 강도가 높은 실용재료를 만드는 것은 아직 성공하지 못하고 있다.

오늘날 실용 금속재료를 강하게 만들기 위해 사용하는 다른 한 가지 방법은 전위의 움직임을 어렵게 하는 것으로 그것은 다음과 같은 메커니즘(mechanism)으로 분류되어 있고 이들의 조합에 의해 실용가능한 300~3,500 Mpa의 강도를 갖는 강이 개발되어 있다.

4.3.3 고용강화(solution strengthening)

α-Fe의 인장강도에 미치는 고용원소의 영향을 그림 4.16에 나타내었다. 이 그림에서 알 수 있는 바와 같이 고용원소량의 증가와 더불어 금속의 강도는 증가하는 경우가 많다. 이것을 고용강화라고 한다.

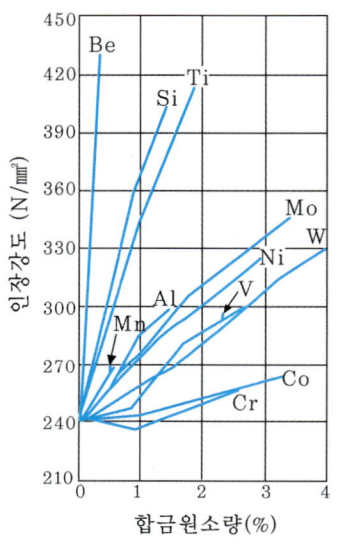

그림 4.16 α-Fe의 인장강도와 합금원소량과의 관계

이의 원인으로서는 C, N 등의 침입형 고용원자가 전위부분에 모아져 전위를 에너지적으로 안정한 상태로 만드는 소위 **코트렐 효과**(Cottrell effect), 고용원자의 원자반경의 차이 혹은 전자구조의 차이 등에 의한 내부변형에 의해 전위의 운동을 방해하는 효과, 그 밖에 FCC 금속에서는 하나의 전위가 2개의 부분전위로 나뉘어져 그 사이에 **적층결함**(stacking fault)이 생겨 주위 모상(base phase)과의 사이에 용질원자의 편석이 생기는 화학적 상호작용 등을 생각할 수 있다.

4.3.4 가공경화(work hardening)

일반적으로 금속의 소성변형은 경화를 수반하게 되어 더욱 큰 소성변형을 일으키는 데는 보다 큰 응력을 필요로 한다.

소성가공에 의한 금속의 강화는 경질의 동(Cu)재나 알루미늄재 등 비철재료의 제조, 압연에 의한 마무리 가공, 숏 피닝(shot peening)에 의한 표면경화 등에 이용된다.

금속을 소성변형시키면 전위밀도가 증가하여 전위끼리의 상호작용이 생겨 부동 전위가 만들어지고 따라서 후속 전위의 운동을 방해하여 전위의 집적(pile up)을 일으켜 보다 큰 소성변형을 어렵게 함으로써 금속이 경화된다. 또한 소성변형에 의해 이동된 전위가 결정립계에서 흡수되어, 그 후의 소성변형이 곤란하게 됨으로써 경화되기도 한다.

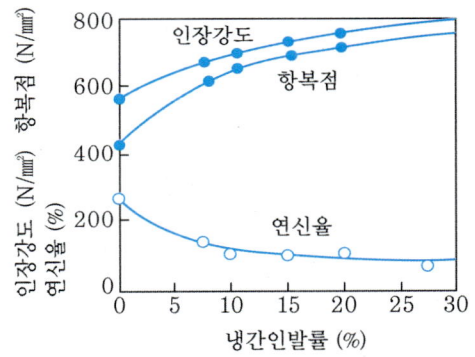

그림 4.17 연강의 냉간인발률과 기계적 성질

그림 4.17은 연강(mild steel)의 냉간인발(cold drawing)에 의한 가공경화의 예를 나타낸 것이다.

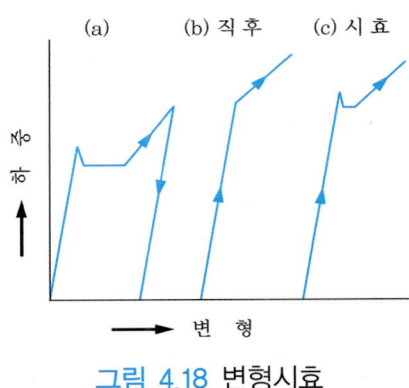

그림 4.18 변형시효

어느 정도 소성변형이 생긴 연강을 다시 인장하면 그림 4.18의 응력-변형률 선도와 같이 다시 부하하는 시간에 따라 곡선상에 항복점이 나타나는 상태가 달라진다. 즉, 가공 직후에 인장하는 경우에는 뚜렷하게 나타나지 않지만, 일정시간이 경과한 후에는 항복점이 상승하고 뚜렷한 상항복점(upper yield point)이 나타난다.

이 현상을 **변형시효**(strain aging)라 한다. 이러한 변형시효에 의해 냉간가공 후 방치한 강은 다시 경화되어 가공성이 나쁘게 된다.

변형시효의 기구는 용질원자에 의한 전위의 **고착작용**(anchoring)에 의해 설명된다. 즉 소성변형에 의해 전위밀도가 증가되면, 원자직경이 작은 탄소, 질소 등의 용질 원자들은 결정격자가 변형된 부위인 전위의 중심으로 모이게 되고, 따라서 이들 전위들을 움직이기 어렵게 한다. 따라서 이와 같이 고착된 전위들을 일시에 움직이는 데 필요한 응력은 상당히 커야 한다. 이것이 상항복점에 상당하며, 일단 전위들이 고착상태에서 풀리게 되면 작은 응력에서도 이동이 가능하기 때문에 다시 응력은 작아도 된다. 이것이 하항복점이다. 소성변형 후 하중을 제거한 후 다시 곧 바로 재부하하면 뚜렷한 항복점이 나타나지 않고, 앞의 부하에 의한 응력상태와 같은 조건에서 슬립이 시작되나, 이것은 전위가 고착되지 않기 때문이다. 그러나 시간이 경과하면 전위의 새로운 위치에 용질 원자가 확산되어 들어가서 전위를 고착하게 되고, 소성변형은 다시 상항복점을 유발하는 결과로 된다.

4.3.5 결정립 미세화에 의한 강화

다결정 금속재료는 일반적으로 결정립이 미세할수록 강도가 높아진다. 그것은 주로 결정입계가 전위의 운동에 대해 장애물의 역할을 하기 때문이다. 항복강도 σ_Y와 결정립의 평균직경 d와의 사이에는 다음 식의 관계가 있는 것이 인정되고 있으며, 이것을 Hall-Petch의 식이라고 부르고 있다.

$$\sigma_Y = \sigma_o + Kd^{-\frac{1}{2}} \tag{4.3}$$

여기서 (σ와 K는 정수이며, σ_o는 마찰응력(friction stress)이라고 부른다. 그림 4.19는 순철(pure Fe)의 하항복점과 결정입도와의 관계를 나타낸 것으로 위의 식이 잘 성립됨을 보이고 있다.

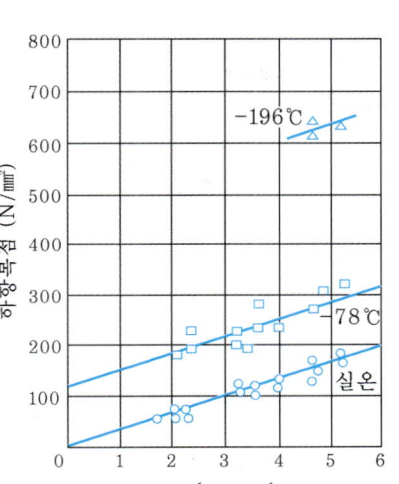

그림 4.19 순철의 하항복점의 결정립도 의존성

4.3.6 마르텐사이트 변태에 의한 강화

마르텐사이트(martensite) 변태는 C원자를 고용한 Fe의 고용체가 FCC에서부터 BCC로 변태하는 과정에서 급랭에 의해 C원자의 확산을 저지시켜, 격자 변태를 일으키는 것이다. 이 변태는 많은 수의 원자가 서로의 관련을 유지하면서 순간적으로 새로운 결정 구조의 원자배열로 바뀌는 다이나믹한 현상으로 그에 따라 많은 수의 전위나 쌍정이 새로운 결정 중에 만들어진다. 또한 마르텐사이트는 C를 상당히 많은 양만큼 과포화한 상태로 되어 있어서, 앞에서 설명한 고전위 밀도에 의한 강화에 더해서 이 과포화 C에 의한 고용강화가 중첩되어 매우 높은 강도와 경도가 얻어지는 것으로 생각된다. (7. 1. 1항 참조).

4.3.7 석출경화

그림 4.20과 같이 제2상(phase)의 고용한도가 온도강하와 더불어 감소하는 경우는, 예를 들면 α고용체의 합금을 P의 상태에서 급랭시키면 제2상의 석출이 과냉되어 과포화고용체가 얻어진다. 이것을 낮은 온도에서 시효(aging)처리하면 경우에 따라서는 매우 현저한 경화가 일어나는데 이것을 **시효경화**(age hardening)라고 부른다. 또한 이 현상은 제2상을 석출하려고 해서 일어나는 경화이기 때문에 **석출경**

화(precipitation hardening)라고도 한다. 그림 4.21은 Al-4%Cu 합금의 시효경화 곡선을 나타낸다.

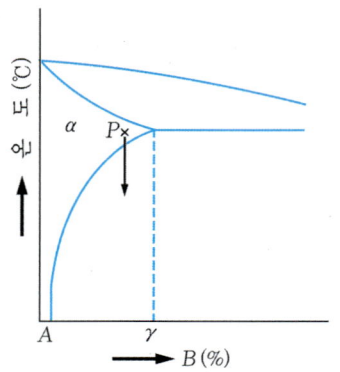

그림 4.20 석출형 합금의 상태도

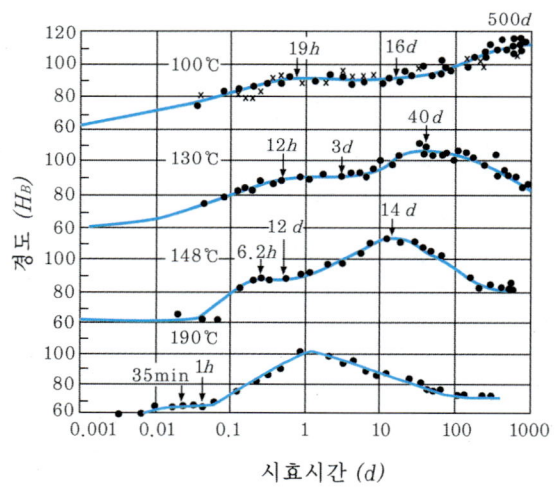

그림 4.21 Al-4%Cu 합금의 시효경화곡선

Al-Cu 합금의 경우, 시효의 초기단계에서는 과포화 고용체 결정격자 중에서 그림 4.22에서 나타낸 모양과 같이 결정의 격자점에 Cu의 원자가 집합하여 작은 집단을 만든다. 이 집단을 Guinier-Preston zone, 약해서 **GP대**라고 부른다. 시효가 진행하면, GP대는 그 크기를 증가해가서 Cu원자는 어떤 정해진 격자점을 차지하게 되어 규칙적인 분포로 되려고 한다. 초기 1원자층의 두께를 GP(1)대, 규칙적인 분포로 된 것을 GP(2)대 또는 θ''로 부른다. 온도가 조금 높고 시효가 더욱 진행하면, 중간상 θ'를 거쳐서 최종적으로 안정된 상 $\theta(CuAl_2)$로 이행한다.

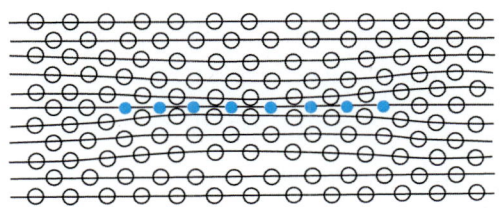

그림 4.22 Al-4%Cu 합금의 GP(1)대

그림 4.21에서 보는 바와 같이 제1단계의 경화는 GP(1), 제2단계 경화는 GP(2)에서 일어나고, 그 다음 단계인 θ'의 형성에 대응하는 단계 및 θ상이 석출하는 단계에서는 이미 과도의 시효상태로 되어 경도는 저하하기 시작한다. 이것을 **과시효**(overaging)라 한다.

석출경화는 처음에 Al합금의 두랄루민(duralumin)에서 발견되어 그 후 주로 비철합금에 응용되어 왔으나 최근에는 철합금의 분야에서도 PH스테인리스강이나 초강력강의 개발에 이용되고 있다.

4.3.8 오스포밍강과 마르에이징강

0.3~0.5 %의 C를 포함한 Cr-Mo강 등을 고온으로 가열하여 균일한 오스테나이트(austenite) 조직으로 만든 다음 300~600 °C까지 급랭시켜 오스테나이트를 과냉시켜 그 온도에서 약 90 % 정도까지의 강한 냉간가공을 실시하여, 곧 상온으로 급랭한다. 이 방법은 과냉 오스테나이트를 소성가공하기 때문에 **오스포밍**(ausforming)이라고 이름 붙여지며 가공과 열처리를 조합시켜 고강도를 얻고자하는 가공열처리법의 대표적인 방법이다. 오스포밍 후 다시 템퍼링(tempering) 처리를 함으로써 인장강도는 2,500~3,000 MPa라고 하는 현재의 금속재료 중 가장 높은 값에 도달하고, 또한 연신율(elongation)이 10 % 정도 되어 인성도 지닌 강재를 얻을 수 있다.

이러한 과정을 통해 고강도가 얻어지는 것은 오스테나이트 상태의 격심한 변형에 의해 높은 전위밀도가 도입됨과 동시에 탄소, 탄화물 생성 원소(Mo, V, W, Cr

등)의 상호작용에 의해 전위의 고착작용과 특수탄화물의 핵생성이 일어나게 되고, 이러한 핵생성 작용이 오스테나이트 모상 안에서 일어나 이것이 그 후의 마르텐사이트로의 변태 시에 강도가 높은 마르텐사이트 상을 생기게 하기 때문인 것으로 생각되고 있다. 따라서 오스포밍 과정에 의한 강화는 앞서 언급한 가공경화, 석출경화, 마르텐사이트 변태에 의한 강화, 결정립 미세화에 의한 강화가 한데 뭉쳐져서 일어나는 효과라고 생각할 수 있다.

한편 마르에이징(maraging)강은 C를 거의 포함하지 않고, 18~25%Ni과 Co, Mo, Ti, Al 등의 2~4 원소를 첨가한 강을 마르텐사이트로 변태시킨 후 템퍼링(tempering) 처리하여 금속간 화합물을 석출시켜 강화시키는 것으로 이와 같은 열처리를 **마르에이징**(maraging)이라고 부른다. 이 방법으로 2,000~2,500 MPa의 인장강도가 얻어지는데 이것은 마르텐사이트 변태와 석출경화를 조합시킨 것이라고 볼 수 있다.

그림 4.23은 오스포밍강(ausforming steel)과 마르에이징강(maraging steel)을 포함해서 각종 철강재료의 강도를 비교한 것이다.

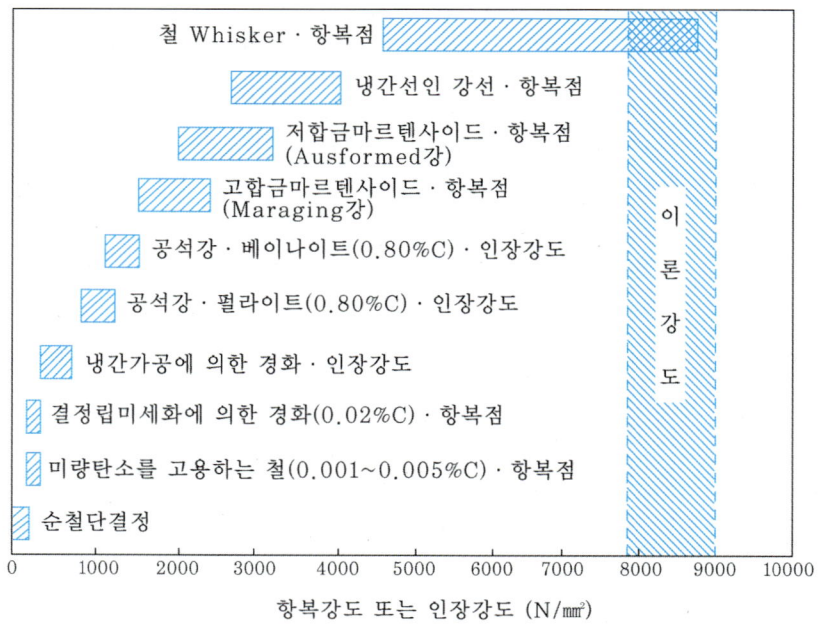

그림 4.23 각종 철강재료의 강도 비교

제5장 기계소재의 파괴와 시험

5.1 금속의 파괴

금속은 외력을 받으면 변형하며, 가공경화에 의해 변형저항은 증가하나 외력이 커지면 결국에는 파괴된다. 연성재료에서는 파괴까지에 생기는 소성변형이 크고, 파괴되기에 앞서 국부적인 단면 수축이 생겨 그 위치에서 파단이 일어난다. 그러나 파괴가 일어나기까지 생기는 소성변형이 작은 금속에서는 단면수축이 거의 일어나지 않고 돌연히 분리된다. 이와 같은 파괴를 **취성파괴** (brittleness fracture)라고 한다.

금속의 파괴가 연성적인 형식을 취할 것인가, 또는 취성적인 파괴로 될 것인가는 금속의 종류, 조직 등 금속 자체의 성질에 따라 달라지지만 그 외에 외력의 종류, 온도, 시험체의 형상 등의 주위조건에 의해서도 변화한다. 특히 중요시되는 것은 연성금속의 취성파괴이다.

그 밖에 변동 혹은 반복 하중의 작용에 의한 피로파괴도 기계용 금속재료에서 자주 보게 되는 파괴이다.

취성파괴는 균열이 순간적으로 금속 내를 전파하는 파괴이지만, 피로파괴는 균열이 금속 내를 서서히 퍼져 가는 형식의 파괴이다.

　실제적인 금속 파괴의 형식은 이와 같은 **연성파괴**(ductile fracture), **취성파괴**(brittle fracture), **피로파괴**(fatigue fracture)와 **크리프파괴**(creep fracture)로 대별된다. 크리프는 금속의 점탄성적인 거동에 의한 변형으로 그 결과 크리프 파괴가 일어난다. 크리프 및 크리프 파괴는 고온에서 문제로 되나, 여기에는 입계에서 현저한 슬립이 일어나는 점성입계(viscous grain boundry) 파괴와 입계에서 분리되는 취성 입계 파괴 등이 포함된다. **입계파괴**(inter-granular fracture)는 상온에서는 입계부식을 받은 금속 등에서 일어나며, 입계의 강도가 입내의 결합력보다도 낮은 경우의 파괴이다.

　이에 대해서 보통 상태의 금속은 결정 안에서 파괴한다. 이것을 **입내파괴**(trans-granular fracture)라고 하며, 상온의 연성, 취성 및 피로파괴는 일반적으로 이 입내 형식에 의한 파괴이다.

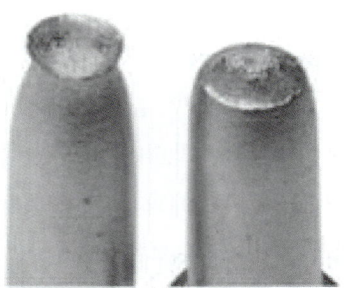

(a) Cup·Cone형 연성파괴

(b) 취성파괴

그림 5.1 취성파괴와 연성파괴(W.D.Callister, Materials Science and Engineering, WILEY, 2007)

금속의 파괴는 파면의 상태로부터 **섬유상 파괴**(fibrous fracture) 및 **입상파괴**(결정상, granular fracture)로 나누어진다. 또한 파면은 **전단**(shearing) 파면과 **벽개**(cleavage) 파면으로 구별된다. 소성변형이 생긴 후에 파단된 금속의 파면에는 내부에 凹凸이 있는 섬유상 면이 생기며, 바깥둘레부에는 비스듬한 전단면이 보이는 경우가 많다.

그림 5.1과 그림 5.2는 취성파괴와 연성파괴의 거시적 및 미시적 양상을 보인 것이다. 취성파괴의 거시적 양상은 단면 변화가 동반되지 않고, 연성파괴의 경우는 소성변형에 의한 형상변화가 동반된다. 또한 취성파괴의 미시적 양상은 결정립을 관통하거나 부분적으로 섬유상을 동반하는 결정립내 관통형의 벽개파면 양상을 보이나, 연성파괴의 경우는 미시적인 소성변형이 동반되어 전체적인 섬유상 파면을 보인다.

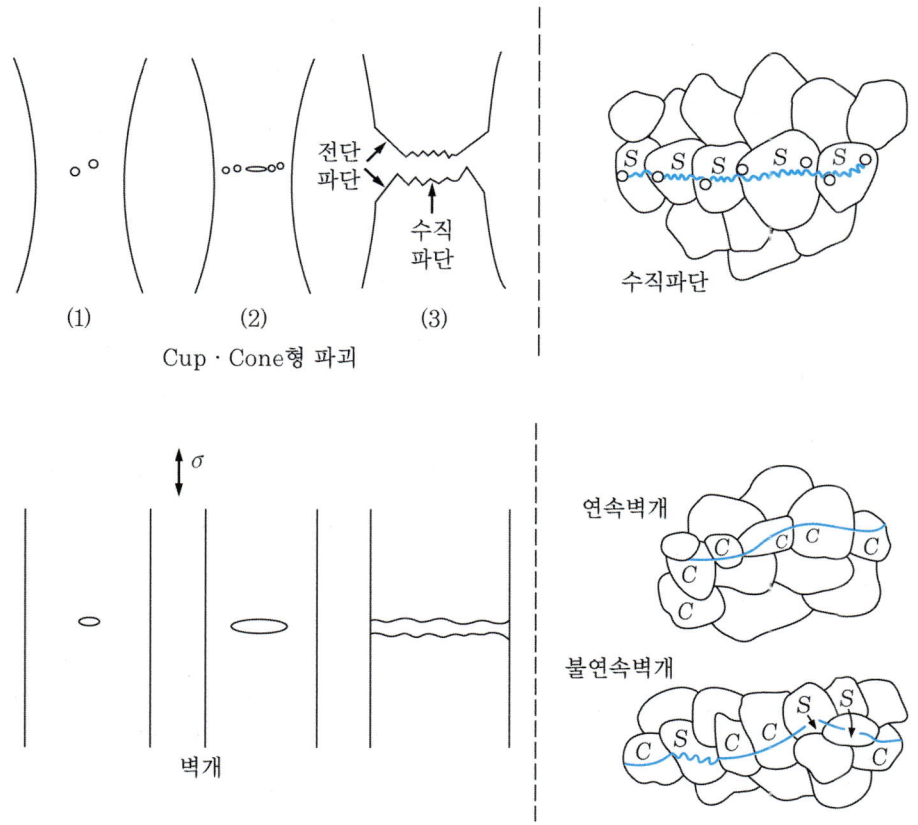

그림 5.2 연성파괴와 취성파괴의 기구

5.2 연성금속의 취성파괴

5.2.1 인성과 취성

금속의 취성은 파괴까지 생긴 소성 변형량에 의해 비교될 수 있다. 금속에는 인성이 풍부한 것과 변형능이 현저하게 적은 것이 있다. 합금은 일반적으로 순금속에 비교하면 강도는 증가하지만 변형능은 저하한다.

또한 담금질(quenching), 시효(aging) 등의 열처리에 의해 강화된 합금의 인성은 일반적으로 낮다. 강도와 변형능의 관계는 응력-변형률 곡선에 의해 나타내어지는데 강도가 높으면서도 변형능이 큰 금속은 그림 5.3과 같이 곡선의 밑 부분 면적이 크게 된다.

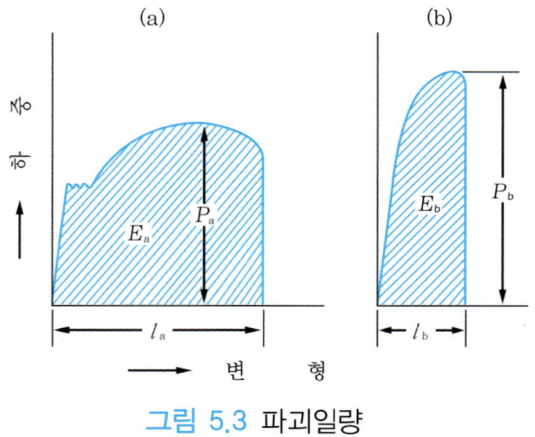

그림 5.3 파괴일량

이 면적은 파괴까지 소비되는 일량에 상당하기 때문에 이 크기가 금속의 기계적 성질을 나타내는 하나의 수치로 된다. 파괴까지 소요되는 일량은 인성(toughness)을 나타내며 이 값이 작은 금속은 취성적이다.

본질적으로 연성적인 금속이 특정한 사용조건에서는 취성적인 거동으로 파괴되는 경우가 있으며, 이것은 연성금속의 취성파괴로서 매우 위험한 결과를 초래하기 때문에 극복해야 할 문제이다. 특히 가장 많이 사용되는 강재에서 이러한 부류의 파괴가 종종 일어나 큰 문제로 되었다. 유명한 예는 제2차 세계대전 중의 미국 수

송선의 5,000척 중에 1,200여척에서 발생한 파괴사고는 이와 같은 취성파괴의 예이다. 그림 5.4는 탱커의 취성파괴 양상을 나타낸 것이다.

그림 5.4 선박의 취성파괴 양상(ASM handbook Vol. No. 19, Fatigue and Fracture, 1996)

5.2.2 저온취성

강재 구조물의 취성파괴는 온도가 낮은 경우에 보다 많이 발생하였다. 파괴된 강재시료의 기계적 성질을 저온에서 시험하면 정적 강도나 변형률에 현저한 변화가 없는 경우라도 충격적인 외력이 걸리는 경우에는 강인성이 저온에서 급격히 저하하는 현상이 나타난다. 시험편에 노치(notch)가 있는 경우에 이와 같은 경향이 특히 현저하다. 그림 5.5는 온도와 파괴에 소비되는 에너지의 관계를 나타낸다. 같은 재료라도 하중의 종류, 시험편의 형상에 의해 변화의 경향이 다르지만 일반적으로 저온이 되면 흡수 에너지가 낮게 된다. 이것을 **저온취성**(low temperature brittleness)이라고 한다. 파괴에 소요되는 에너지가 저하하면 파괴는 취성형식이 되어 파괴 발생에 앞서 생기는 소성변형량이 현저하게 감소한다. 충격 하중에 의한 파괴의 흡수 에너지는 **충격치**가 되며, 충격치에 의해 평가하면 저온 취성은 가장 현저하게 나타난다.

금속의 저온취성은 어느 온도 이하에서 파괴 흡수 에너지가 현저하게 저하하는 현상이 나타나게 되는데 이와 같이 취화를 일으키는 온도를 **천이온도**(transition temperature)라고 하며, 저온취성의 지표로 된다. 천이온도가 낮은 온도일수록 재료는 저온에서 사용할 때 안전성이 크다.

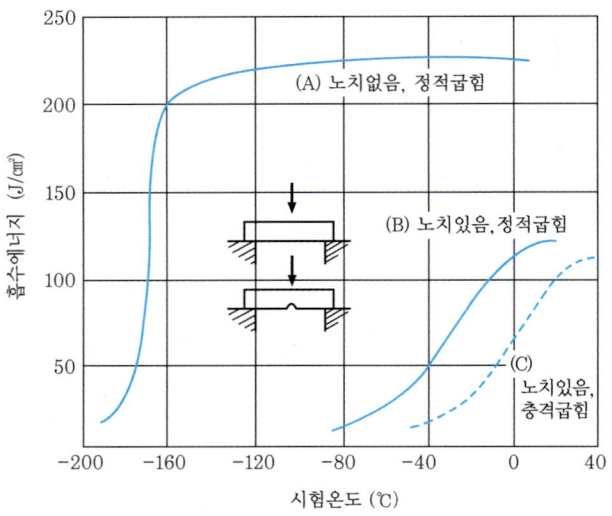

그림 5.5 저온취성

그림 5.6은 2종의 강재(a: 0.4%C, b: 0.4%C, 1%Ni)의 천이온도를 나타내는 곡선이다. 시험편에 노치가 있을 때, 충격속도가 클 때, 시험편의 크기가 클 때 고온으로 된다.

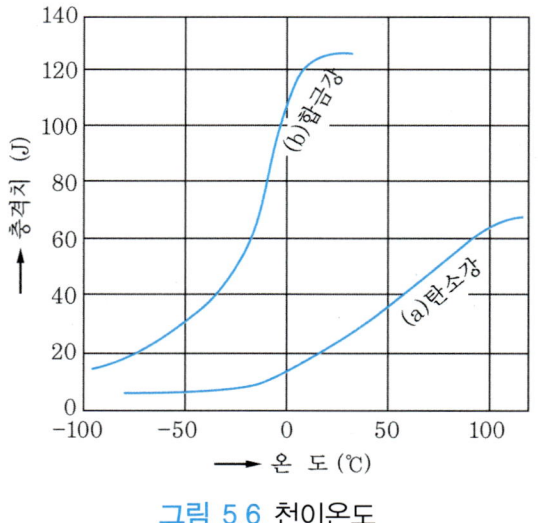

그림 5.6 천이온도

금속의 천이온도는 또한 야금학적 인자의 영향을 받는다. 즉 저온취성은 금속의 결정계, 화학조성, 결정입도 등에 의해 변화한다. 면심입방격자계의 금속인 Cu, Ni, Al, Pb 등 및 오스테나이트계 스테인리스강은 저온취성을 나타내지 않는다(그림 5.7). 이에 대해 체심입방계인 강, Mo, 조밀육방정계인 Zn, Mg에서는 일반적으로 저온취성이 나타난다. 강의 탄소 및 불순물인 P는 천이온도를 높이고 Mn, Ni은 천이온도를 낮춘다. 저온용 강은 특히 Mn/C의 비를 지표로 하여 화학성분을 조정한다. 또한 결정립이 미세할수록 천이온도는 낮게 된다. 또한 강의 천이온도는 탈산 방법에 의해서도 현저하게 영향을 받는다. 림드강(rimmed steel)은 정적인 강도가 같은 킬드강(killed steel)보다도 천이온도가 일반적으로 높아진다.

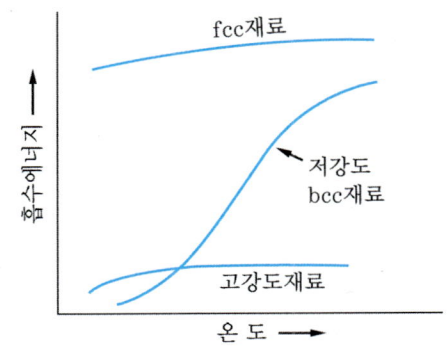

그림 5.7 FCC재료와 BCC재료의 천이온도 비교

5.2.3 노치취성

원봉의 주위에 노치홈이 있는 저탄소강의 시험편을 인장하여 그 결과를 평활시험편과 비교한 하중-변형선도를 그림 5.8에 나타내었다. 모든 시험편의 최소단면적은 그 직경이 14 mm 이며, 노치 시험편의 평행부는 그 길이가 5 mm이다. 또한 노치 시험편 중 (b)시험편은 굵은 부분의 직경이 16 mm이며, (c) 시험편은 굵은 부분의 직경이 19 mm 이다.

이 선도에서 평활시험편 (a)의 경우에 있어서는 항복점이 뚜렷이 나타나는 항복현상이 나타나지만, 노치 시험편의 경우에서는 연속부의 항복현상이 나타나고 항복하중과 인장 최대하중이 다같이 증대한 것으로 나타난다. 이와 같이 노치 시험편에서는 정하중에 의한 강도는 평활시험편의 강도보다도 크게 되고, 노치가 예리한 경우일수록 그 경향이 현저하게 된다. 그러나 곡선 밑 부분의 면적에 의해 나타나는 파괴에 요하는 에너지를 비교하면, 평활 시험편의 경우를 100으로 하면 노치시험편 (b), (c)에서는 각각 70, 50으로 저하한다. 이것은 **연신율**(elongation)의 감소에 의한 것으로 시험편 전체로 보면 취화한 결과로 나타나기 때문에 이것을 노치취성(notch brittleness)이라고 한다.

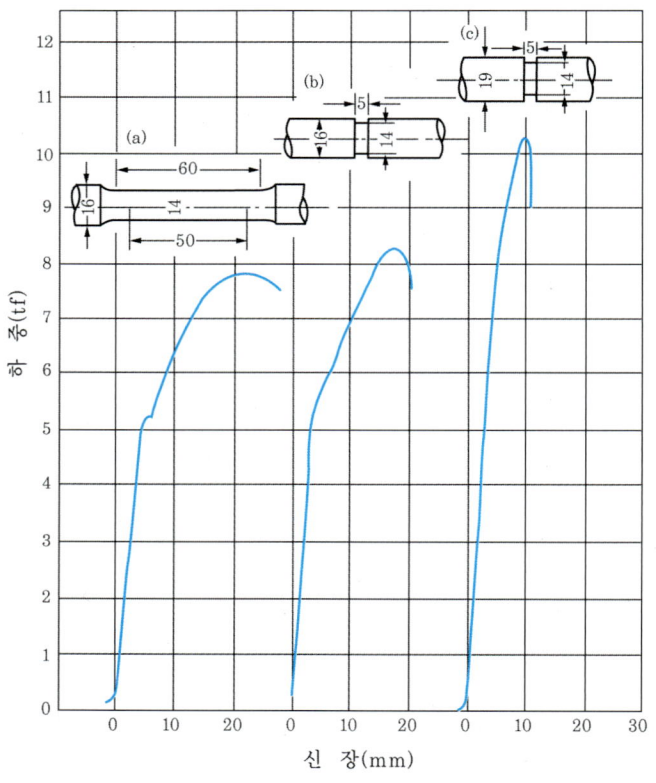

그림 5.8 노치취성

노치 시험편의 노치 부분은 그림 5.9와 같이 편평한 원판으로 생각할 수 있다. 이것을 자유로운 상태에서 잡아 늘리면, 직경 방향으로 축소가 일어나지만, 노치 밑 부분의 상태에서는 그 양측에 있는 면적이 큰 부분에 의해 직경방향의 축소가 구속되게 된다. 즉 인장력이 작용하는 평활 시험편에서는 1축 응력상태로 되나 노치 밑에서는 3축 응력상태를 생기게 한다. 이 때문에 응력이 1축 응력상태에서의 항복응력에 도달하여도 3축 응력상태에서는 슬립(slip)에 의한 항복 상태에 이르지 않고 더욱 높은 응력 값에 도달할 때까지 탄성적인 상태를 계속한다. 이 때문에 항복점의 상승이 일어난다.

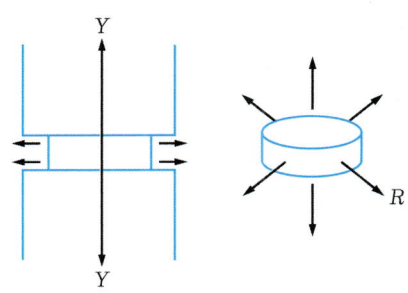

그림 5.9 노치에 있어서의 구속력

5.2.4 충격에 의한 취성파괴

소성변형을 구속함으로써 연성파괴 형태로부터 취성파괴 형태로 천이하는 현상과 똑같은 현상이 부하속도에 의해서도 일어난다. 즉 부하속도가 크게 되면 항복점이 상승하게 되고 재료는 취성적인 거동을 보인다. 특히 시험편 중에 노치가 존재하는 경우는 부하속도 즉 충격하중의 영향이 현저하게 나타난다.

항복점이 부하속도의 영향을 받는 현상을 항복점의 **변형속도 의존성**이라고 한다. 변형속도가 매우 느린 경우는 항복점은 보통의 단시간 시험의 경우에 비해 저하한다. 이것은 크리프와 관련되는 현상이다. 또한 변형속도가 극단적으로 커지면 가해진 에너지가 열량으로 변하여 온도가 상승하게 되어 오히려 취성파괴와는 다른 현상이 일어난다.

5.3 재료시험

5.3.1 기계적 성질

재료가 외부로부터 힘을 받아서 그 재료가 저항, 변형, 파괴에 이르기까지의 특성을 기계적 성질(mechanical properties)이라고 하며, 이것은 기계의 강도설계의 기초가 된다.

기계적 성질은 재료 고유의 원자구조, 결합상태, 조성 등에 따라 다르며, 또한 외력의 종류, 크기 및 부하 형식이나 온도에 따라서도 변화한다. 더욱 중요한 것은 화학적, 물리적으로 동일한 상태의 재료라도 형상, 크기가 달라지면 기계적 성질이 다른 결과로 나타나는 경우가 많다. 따라서 기계적 성질을 측정하고 표현하는 데는 항상 시험조건을 고려하지 않으면 안된다. 기계적 성질을 측정하는 시험을 일반적으로 재료시험이라고 하며, 재료시험을 공업상의 목적으로 행하는 데는 표준이 되는 시험방법을 따르는 형식이 되어야 한다. 그 때문에 각국에서는 공지된 시험방법으로서 재료시험규격을 정해 놓고 있다.

우리나라의 경우는 공업규격(KS)에 재료시험기, 시험방법 등이 정해져 있으며 그 밖에도 목적에 따라 많은 시험규격이 있다. 일본의 JIS, 미국의 ASTM, SAE, 독일의 DIN 등도 잘 알려진 시험규격이다.

재료의 기계적 성질은 일반적으로 정해져 있는 형상과 채취법에 따른 시험편에 대해서 행한 시험결과를 나타낸다. 따라서 시험편과, 형상이나 외력의 작용조건이 다른 실제 기계의 일부분인 재료는 당연히 시험편과는 다른 성질을 나타낸다. 이 때문에 실제로 사용되는 상태의 재료의 강도를 실제강도라고 말하며, 시험편 강도와 구별하는 경우가 있다. 물론 실제강도는 시험편 강도와 관계가 있기 때문에 시험편 강도로부터 실제 강도를 추정할 수가 있다. 이것은 기계설계상 매우 중요한 문제이다.

재료시험은 기계적 성질을 구하기 위해 행하여지며 외력의 종류, 작용 방식에 따라 여러 가지 시험법으로 나뉘어진다. 가장 기본적인 재료시험은 인장시험이며, 이로부터 얻어진 인장강도를 기계설계에 이용한다. 또한 경도시험의 결과는 재료의 내마모성의 기준으로 된다. 그 밖에 많은 시험이 각종의 목적에 따라 행하여 기계적 성질을 수치로 나타낸다.

5.3.2 인장시험

인장시험은 시험편을 인장 파괴하는 시험으로 인장력에 대한 저항을 인장강도 및 항복점으로 나타내고, 변형능은 **연신율**(elongation) 및 **단면 수축률**(reduction area)로 표현한다. 4.1항에서 설명한 그림 4.1의 연강의 하중-변형곡선에서 이 곡선 상의 최대하중 P_{max}과 항복하중 P_s를 측정한다.

이 시험에서 시험 전의 시험편 단면적을 F_o로 하면 인장강도, 항복점은 다음 식에 의해 구한다.

$$\sigma_B = \frac{P_{\max}}{F_o} \tag{5.1}$$

여기서 σ_B : 인장강도 (N/mm^2), $P_{\max}$: 최대인장하중(N),
F_o : 원래의 단면적 (mm^2)

$$\sigma_s = \frac{P_s}{F_o} \tag{5.2}$$

여기서 σ_s : 항복점 (N/mm^2), P_s : 항복하중(N)

항복점이 명확하게 나타나지 않는 금속에서는 그림 4.2와 같이 내력(proof stress)을 구한다. 내력 σ_ε은 규정된 영구 변형률 ε(일반적으로 0.2%)을 일으키는 하중을 원래 단면적으로 나눈 값으로 다음 식과 같이 구한다.

$$\sigma_\varepsilon = \frac{P_\varepsilon}{F_o} \quad \sigma_{0.2} = \frac{P_{0.2}}{F_o} \tag{5.3}$$

여기서 P_ε, $P_{0.2}$는 규정의 영구 변형률 ε%, 0.2%를 일으키는 하중(N)이다.

시험편에 미리 기준이 되는 길이를 표점으로 표시한 후 파단 후의 표점 간의 거리를 측정하여, 시험 전의 표점거리와 비교하여 다음 식과 같이 연신율을 구한다.

$$\delta = \frac{l - l_0}{l_0} \times 100 \tag{5.4}$$

δ : 연신율(%), l : 시험편이 절단한 후 표점 간의 길이(mm),
l_0 : 시험 전의 표점거리(mm)

일반적으로 파단된 시험편의 최소단면적은 원단면적보다 수축한다. 원봉 시험편의 경우에 이것을 측정하여 단면수축(reduction of area)이라 하며, 다음 식에 의해 구한다.

$$\varphi = \frac{F_0 - F}{F_0} \times 100 \tag{5.5}$$

φ : 단면 수축률(%), F : 절단한 시험편의 최소단면적(mm^2)
F_0 : 시험 전의 단면적

항복점과 인장강도의 비를 항복비(yield ratio)라고 하며, 연강이나 오스테나이트계 스테인리스강에서는 0.4~0.5, 고장력강이나 조질강에서는 0.6~0.9 정도이다.

5.3.3 경도시험

경도(hardness)란 재료의 변형 저항성을 나타내는 지표로 사용되는 것으로, 측정방법에 따라 경도값이 변화하기 때문에 경도값의 표시는 반드시 측정형식도 함께 표시해야 한다.

현재 다수의 경도시험법이 채용되고 있으나, 주요한 공업적인 경도와 그 시험법은 다음의 4종류가 있다.

(1) 브리넬 경도

강구 압자를 정하중으로 시료의 표면에 눌러 흔적을 만들고 하중을 흔적의 표면적으로 나눈 값을 경도 값으로 나타낸다. 압자의 직경을 D_{mm}, 압입하중을 P_{Newton}으로 하고, 압입흔적 직경의 측정치를 d_{mm}로 하면, 브리넬 경도(Brinell hardness) H_B는 다음의 식으로 계산된다.

$$H_B = \frac{2P}{\pi D(D - \sqrt{D^2 - d^2})} \tag{5.6}$$

표준 시험법에서 강구의 직경은 10 mm, 하중은 29,400 N이며 압입흔적의 직경은 0.01 mm까지 읽어낸다.

(2) 로크웰 경도

로크웰 경도(Rockwell hardness)는 보통 C스케일과 B스케일로 측정한다. C스케일은 정각(頂角) 120°의 원추형인 다이아몬드 압입자를 1,470 N의 하중으로 압입하며, B스케일의 경우에는 직경 1.588 mm의 강구 압입자를 980 N의 하중으로 압입한다.

C스케일은 비교적 경한 금속의 경도측정에, B스케일은 연질의 금속에 적용한다. 경도는 양쪽 다 압입흔적 깊이를 0.02 mm의 눈금단위로 측정하여 C스케일은 100부터, B스케일은 130부터 감(-)하여 측정한다. 이 값은 다이얼 인디케이터(dial indicator)의 눈금판에 의해 직접 나타내어진다. 압입흔적이 깊을수록 경도는 낮다.

로크웰 경도는 압입흔적이 작기 때문에 표면상태에 의한 영향을 받기 쉽다. 이것을 극복하기 위해서는 압입흔적 깊이로서, 미리 가한 기준하중에 의한 압입흔적 깊이와 최대하중에 의한 압입흔적 깊이의 차이를 구하여, 이것을 경도에 대응시킨다. 기준하중에는 980 N을 이용한다.

(3) 비커스 경도

압입자로 대면각 136°의 다이아몬드 사각추를 이용하며 압입흔적의 대각선의 길이를 정밀하게 측정하여 압입흔적의 표면적을 구한다. 브리넬 경도와 마찬가지로 하중을 압입흔적의 표면적으로 나눈 값을 비커스 경도(Vickers hardness)로 한다. 압입흔적의 정방형 대각선의 길이를 d_{mm}, 하중을 P_{Newton}이라고 하던 비커스 경도 H_v는 다음 식으로 주어진다.

$$H_v = \frac{2p\sin\frac{136°}{2}}{d^2} = 1.854\frac{p}{d^2} \tag{5.7}$$

비커스 경도는 압입흔적이 작고, 또한 정밀한 경도 측정이 가능한 장점이 있다. 그러나 표면이 매끄럽지 못한 경우에는 적용될 수 없다. 경도의 수치는 브리넬 경도의 수치와 비슷하다. 경한 재료의 경도측정에 적합하며 경도는 1,300까지에 이른다.

비커스 경도와 같은 압입자를 이용하여 소하중으로 측정하면, 매우 작은 부분의 경도를 측정할 수 있다. 압입흔적의 측정에는 400배의 현미경을 이용한다. 이것을 미소 경도(micro-Vickers hardness)라고 한다.

(4) 쇼어 경도

쇼어 경도(Shore hardness)는 반발경도라고 불리우며, 일정한 높이에서 해머압자를 시료표면에 수직으로 낙하하여, 충돌 반발되어 튀어오르는 높이의 비교치를 경도로 한다. 해머는 다이아몬드 반구(hemisphere)의 충돌부를 한 부위에 갖는 강봉으로 그 질량, 낙하 높이에 의해 C형, D형이 있다. 해머의 낙하 높이를 h_o, 튀어 올라가는 높이를 h라 하면 쇼어 경도 H_s는 다음과 같이 나타낸다

$$H_s = \frac{10,000}{65} \times \frac{h}{h_o} \tag{5.8}$$

5.3.4 충격시험

충격시험(Impact test)은 재료의 인성(toughness)을 측정하는 시험으로, 파괴까지에 소요되는 에너지로 인성을 나타낸다. 금속은 일반적으로 변형률 속도가 크게 되면 취성적인 거동으로 천이하게 되며, 또한 노치가 있는 시험편은 취성적으로 파괴한다. 따라서 인성의 측정을 위해서는 일반적으로 노치시험편에 의한 충격시험을 행한다. 이 시험에는 온도의 영향이 현저하며 저온 취성시험, 혹은 천이온도의 측

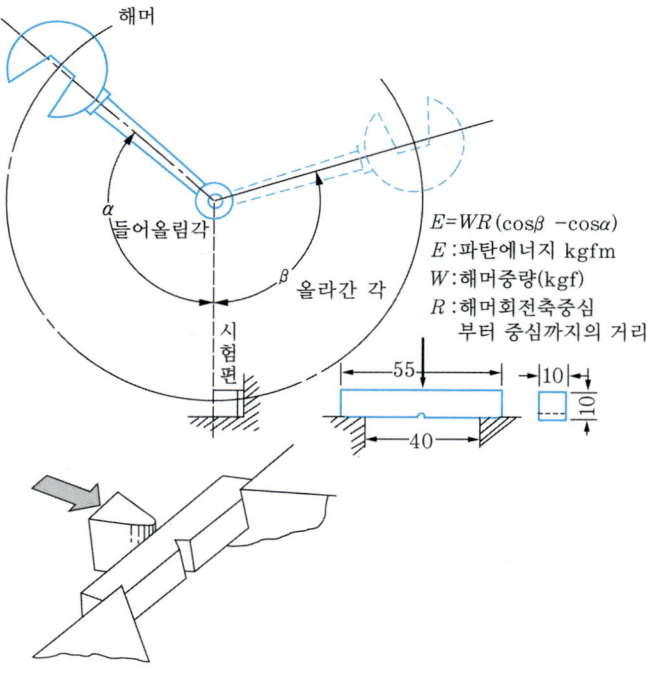

그림 5.10 샤르피 충격시험

정은 충격시험의 중요한 목적이다.

충격시험으로 널리 행하여지는 것은 충격 굽힘시험으로, 여기에는 샤르피 (Charpy) 및 아이조드(Izod)의 2가지 형식이 있다. 샤르피 충격시험은 그림 5.10에 나타낸 바와 같은 시험기를 이용하여, 수평회전축에 한 부위를 지지한 추(해머)를 들어 올린 후 내려뜨려 해머의 최하위치에서 시험편에 타격을 가해 충격적으로 파괴한다.

중량 W의 해머를 미리 들어 올린 각을 α로 하고, 해머를 떨어뜨려 시험편을 파단한 후에 올라간 각을 β로 하며, 해머의 회전축 중심선으로 부터의 해머 중심까지의 거리를 R이라고 하면, 시험편의 파단에 소요되는 에너지 E는 다음 식과 같이 산출된다.

$$E = WR(\cos \beta - \cos \alpha) \tag{5.9}$$

E는 해머가 시험편을 파단하기 전후의 위치 에너지의 차이다. 파단에 소요되는 에너지가 클수록 시험편 파단 후 올라간 각 β는 작아진다.

샤르피 충격시험의 시험편은 단면 10×10 mm, 길이 55 mm의 각봉으로, 이것을 40 mm 스팬(span)으로 자유지지하여, 스팬의 중앙에 집중 충격하중을 가한다. 일

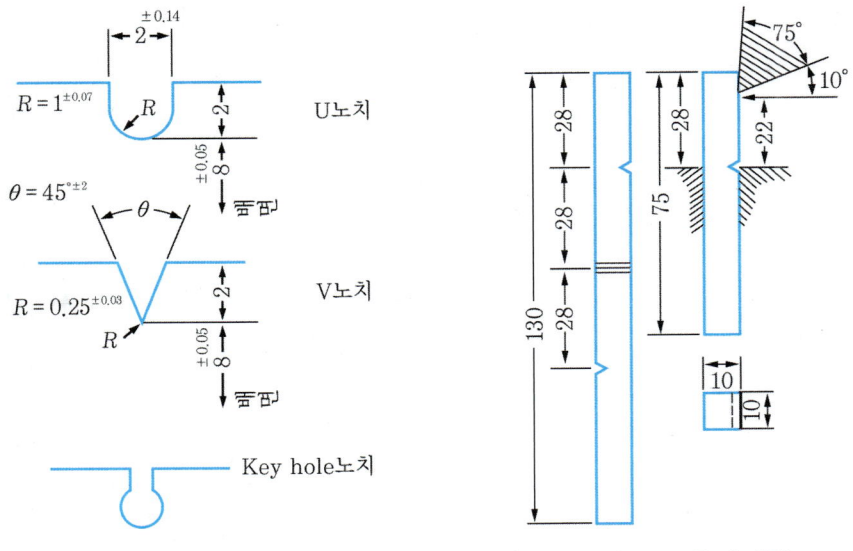

그림 5.11 충격시험편의 노치   그림 5.12 아이조드 충격시험

반적으로 시험편에는 그림 5.11에 보이는 바와 같이 U, V형의 노치가 가공되어 있다. 샤르피 충격치는 파단 에너지를 시험편의 노치밑 단면적으로 나눈 값으로 나타낸다. 따라서 그 단위는 J/cm^2 이다.

아이조드 충격시험의 측정원리는 샤르피 방식과 같으나 그림 5.12와 같이 시험편의 지지 방식이 한 부위를 고정한 기둥 상태로 자유단에 가까운 위치에 충격을 가한다. 파괴는 고정단부에서 일어나기 때문에 이 부분에 충격면과 같은 쪽에 노치가 오도록 한다. 아이조드 방식에서는 일반적으로 시험편에 V노치를 가공한다. 단위는 J(Joule)로 나타낸다.

5.3.5 파괴인성시험

(1) 파괴인성

재료 중에는 여러 가지의 결함, 이를테면 대형 개재물, 용접부에 있어서의 재질 불균일, 구조물의 형상에 의한 응력집중부, 사용 중에 생긴 균열 등 이미 균열의 핵으로서 활동할 수 있는 결함이 존재하는 경우가 많다. 이러한 결함의 존재 하에서 재료가 어느 정도의 외부하중에 견딜 수 있을까? 또한 재료의 종류나 결함의 크기, 형상이 어떠한 영향을 줄 것인가 등의 지식을 얻는 것은 그 재료의 강도와 더불어 설계상의 확고한 기준을 얻음에 있어서 대단히 중요하다. 이러한 공학적 견지로부터 제안된 것이 **파괴역학**(fracture mechanics)이다.

다시 말하면 파괴역학의 목적은 구조물을 구성하는 재료에 어떤 크기의 결함의 존재나 균열의 발생을 가정하여 안전한 사용에 있어서의 제작조건, 사용조건을 확립하는 것이며, 이 파괴역학에 있어서의 흥미대상은 균열의 전파에 대한 재료의 저항력, 즉 파괴인성(fracture toughness)의 문제에 있다고 할 수 있다.

Griffith의 취성파괴의 이론을 출발점으로 한 파괴인성의 개념은 그 후 많은 연구자들에 의해 적용이 확장되었고, 재료의 대상에 대해서 말하면 완전탄성체로 간주되는 취성재료를 비롯하여 연성재료, 최근 관심이 높아지고 있는 복합재료 등에 이르기까지 그 범위를 확장하고 있다. 탄성체 중에 있는 균열은 응력이 가하여지면 변형하고 균열의 선단에는 커다란 응력집중이 생긴다. 탄성학에 의하면 그림 5.13에 보인 바와 같이 균열선단에서 γ 거리에서의 응력분포를 구하여 보면 다음과 같

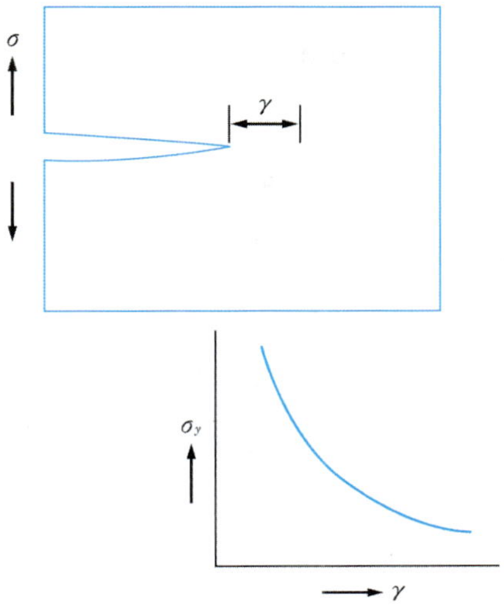

그림 5.13 균열선단에서의 응력분포: mode I

이 나타낼 수 있다.

$$\sigma_y = \frac{K_I}{\sqrt{2\pi\gamma}} \tag{5.10}$$

K_I은 하중이나 균열의 길이에 관계하지만 균열의 선단에 분포하고 있는 응력세기의 정도를 나타내는 양으로 **응력확대계수**(stress intensity factor)라고 부른다.

균열 선단에서의 응력분포의 특이성은 그림 5.14에 보인 바와 같이 균열개구형(opening mode: mode I), 면내전단형(forward sliding mode: mode II), 면외전단

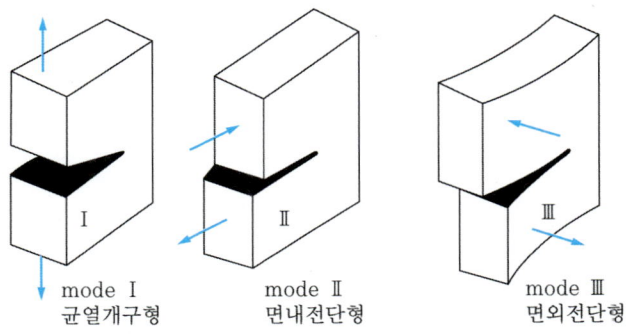

그림 5.14 세 가지의 기본적 균열면 변위 양식

형(parallel sliding mode: mode III)의 하중부하조건에 대해서도 나타내고, 이것에 각각 대응하여 K_I, K_{II} 및 K_{III}가 탄성론 해석에 의해 구해지고 있지만, 재료의 파괴조건의 표현에는 주로 K_I 이 사용되고 있다.

이 식 (5.10)에 의하면 균열 선단의 응력은 무한대이지만, 실제의 재료에서는 항복이 일어나고 따라서 균열의 선단에는 소성변형이 생긴다.

또한 균열은 소성변형을 하면서 진전하므로 재료가 이상적인 형으로 분리한다고 생각할 때의 표면에너지보다 훨씬 커다란 에너지가 소비된다.

Irwin은 1952년 Griffith이론에 있어서 $\pi c \sigma^2 / E$ 를 단위길이에 대한 균열의 확대에 따라 해방되는 에너지라고 하는 의미로부터 **에너지해방율**(elastic energy release rate) 또는 **균열의 진전력**(crack-extension force)이라고 부르고 G로 표시하였다. 여기서 G는 하중방식에 관계없는 역학량으로서, 이 값이 재료의 불안정파괴에 대한 저항치 G_c(=$2\gamma_s$, γ_s : 표면에너지)에 달하면 파괴가 일어나게 된다. 이렇게 해서 불리는 물리량 G_c는 재료가 가진 균열의 확대저항을 나타내는 것으로 이것을 **파괴인성**이라 한다. G_c가 클수록 균열을 진전시키기 위해서는 큰 에너지가 필요하다.

판의 두께가 두껍고 취성재료의 경우(평면변형율)에는 균열 선단의 소성영역은 대단히 작기 때문에 균열이 진전할 때 필요로 하는 에너지는 소성변형이 없는 탄성체의 에너지와 같다고 생각하여도 무방하다. 따라서 탄성적인 응력분포를 한 균열이 진전할 때 필요한 에너지는,

$$G_c = \frac{K_c^2}{E} \quad \text{(평면응력상태)}$$

$$= \frac{(1-v^2)K_c^2}{E} \quad \text{(평면변형률상태)} \tag{5.11}$$

로 구하여진다. 여기서 G_c에 대응하는 파괴인성치는 K_c가 된다.

(2) 파괴인성 평가

이미 설명한 바와 같이 파괴인성은 균열의 전파에 대한 재료의 저항력을 말하는 것으로, 현재 파괴인성 또는 파괴에 관한 재료정수로서는,

$$K_{Ic} \quad K_{Id} \quad G_{Ic}$$
$$CTOD_{Ic} \quad J_k$$

등이 있다. 여기에서 K는 **응력확대계수** 또는 **응력강도계수**(stress intensity factor), G는 에너지해방율(elastic energy release rate) 또는 균열의 진전력(crack extension force), $CTOD$는 균열 선단의 개구변위(crack tip opening displacement), J는 J적분(J integral), 첨자의 I은 균열이 개구형(mode I) 임과 동시에 평면변형율(plane-strain) 상태임을 표시하고 있다. 그리고 c는 정적 하중, d는 동적 하중을 나타내고 있다.

이하, 파괴 인성치로서 주로 사용되고 있는 K_{Ic}, J_{Ic}의 시험법에 대하여 간단히 설명한다.

1) K_{Ic} 시험 (plane strain fracture toughness test)

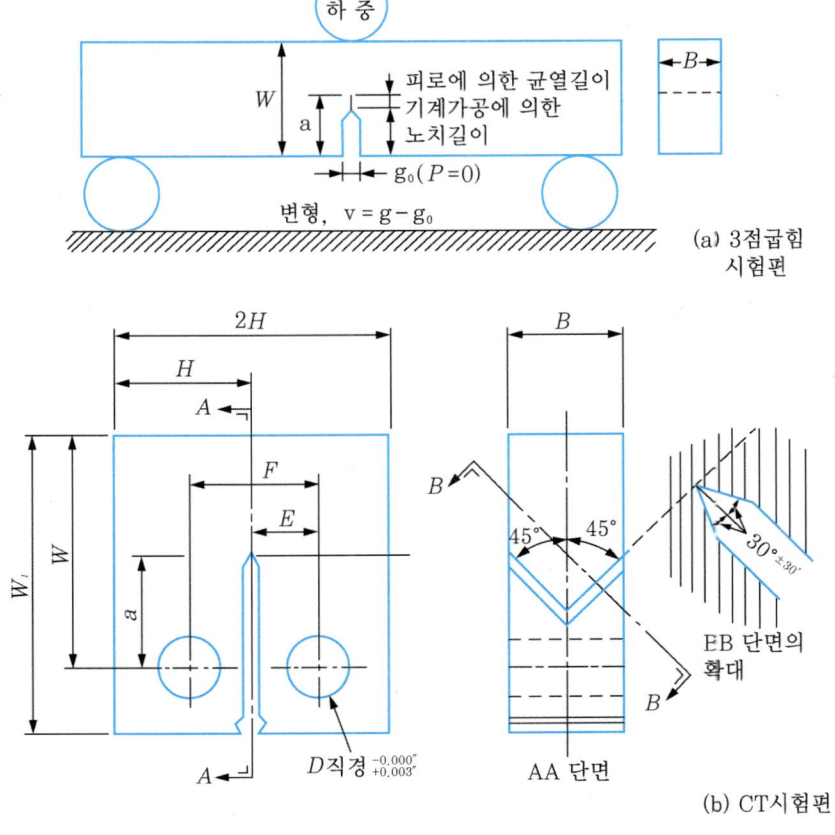

그림 5.15 표준파괴 인성 시험편

K_{Ic}시험은 현재 ASTM E 399-78[1])에 규격화되어 있다. 그림 5.15는 표준시험편의 예로서 **콤팩트 인장시험편**(compact tension specimen, CT시험편)과 3점굽힘 시험편이다. 시험편에는 예리한 노치를 넣지만 그 형상은 chevron 또는 제작하기 용이한 관통형의 어느 것이나 관계없다. 노치의 선단에는 시험에 앞서서 반드시 규정의 형상과 길이의 피로균열을 넣고, 피로균열 선단의 소성영역을 충분히 작게 하기 위하여 반복하중의 조건도 엄밀히 규정되어 있다. 다음에 인장하중에 의해 정적으로 파단시키고, 이 때 노치의 선단에 붙인 clip-gauge에 의해 하중 P와 균열개구변위 δ와의 관계를 X-Y기록계에 의하여 그린다. K_{Ic}계산에 있어서 필요한 P_Q는 파괴가 개시할 때의 하중을 말하며, 이것은 다음과 같은 방법으로 결정한다. X-Y기록계에 의한 하중 P와 변위 δ와의 곡선은 그림 5.16에 정의한 Ⅰ형, Ⅱ형, Ⅲ형의 한 가지로 된다. 먼저 초기의 직선부 OA를 정하고, OA와의 구배보다 5%의 구배감소를 가진 OP_5를 그어 OA와 OP_5 사이의 최대하중 P_Q를 정한다. 위에서 설명한 P_Q와 노치치수를 포함한 유효균열의 길이 a를 결정하여 K_Q를 계산할 수 있다.

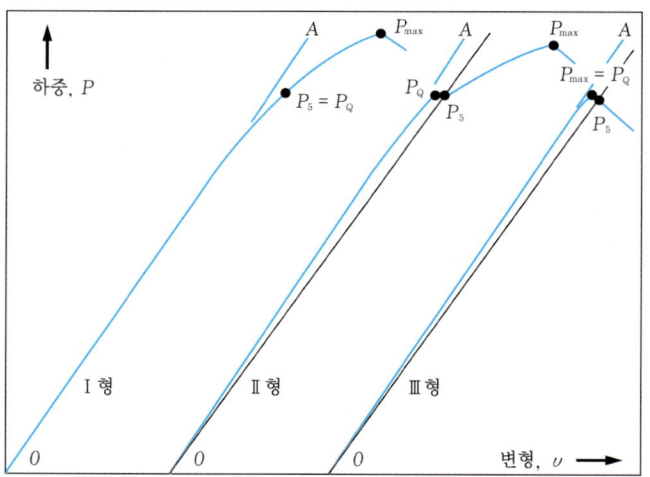

그림 5.16 하중-변위곡선의 기본적 형식

---

[4]) ASTM(American Society For Testing & Material, 미국재료시험학회)

콤팩트 인장시험편

$$K_Q = \frac{P_Q}{BW^{1/2}}[29.6(\frac{a}{W})^{1/2} - 185.5(\frac{a}{W})^{3/2} + 655.7(\frac{a}{W})^{5/2}$$
$$- 1017.0(\frac{a}{W})^{7/2} + 638.9(\frac{a}{W})^{9/2}] \tag{5.12}$$

3점굽힘시험편

$$K_Q = \frac{P_Q S}{BW^{1/2}}[2.9(\frac{a}{W})^{1/2} - 4.6(\frac{a}{W})^{3/2} + 21.8(\frac{a}{W})^{5/2}$$
$$- 37.6(\frac{a}{W})^{7/2} + 38.7(\frac{a}{W})^{9/2}] \tag{5.13}$$

위의 식에서 얻어진 K_Q가 다음 식을 만족하는 경우 K_Q는 K_{Ic}값으로 인정 된다.

$$B, \ a \geq 2.5(K_Q/\sigma_y)^2 \tag{5.14}$$

여기서 σ_y : 항복강도

2) J_{Ic} 시험

공업재료로서 널리 사용되고 있는 연성 고인성재료의 K_{Ic}를 평가하기 위해서는 커다란 치수의 시험편이 요구되어 사실상 파괴인성평가가 어려워진다. 따라서 구조물의 안전성 및 신뢰성을 확보하기 위하여 **탄소성파괴인성**(elastic-plastic fracture toughness)이 평가되어야 한다.

Rice의 J적분에 기반을 둔 탄소성파괴인성치 J_{Ic}시험은 ASTM E 813 및 JSME S 001[2])에 규격화되어 있다.

그림 5.17은 J_{Ic}시험법의 대표적인 **R곡선법**(fracture resistance curve)을 나타낸 것으로 요약하면 다음과 같다.

① 복수시험편을 준비하여 어떤 변위까지 부하한 후 부하를 제거한다(a).
② 파면으로부터 균열진전량 Δa를 측정한다(b).
③ 각각의 하중-변위곡선으로부터 J를 계산한다(c).

---

2) 일본기계 학회기준 탄소성 파괴인성치 J_{Ic} 시험방법(1981)

④ $J\text{-}\varDelta a$ 곡선으로부터 R곡선을 구하고, 이 곡선과 둔화직선(blunting line)과의 교점으로부터 J_{in}을 결정한다(d).
⑤ 시험편치수 조건의 판정에 의하여 J_{Ic}를 구한다.

$$B \geq 25(J_{in}/\overline{\sigma_{fs}}) \tag{5.15}$$

여기서 $\overline{\sigma_{fs}}$: 항복응력과 극한인장강도의 평균값

원자로의 압력용기, 강판용접구조물의 설계기준에 파괴인성치를 아는 것은 대단히 중요하다. 이 경우 소형의 시험편에 의해 J_{Ic}시험의 실용성은 대단히 높다. 평면변형율의 경우 K_{Ic}와 J_{Ic}와의 관계는 다음과 같다.

$$J_{Ic} = (1-v^2)K_{Ic}^2/E \tag{5.16}$$

여기서 v : 프와송비, E : 탄성계수

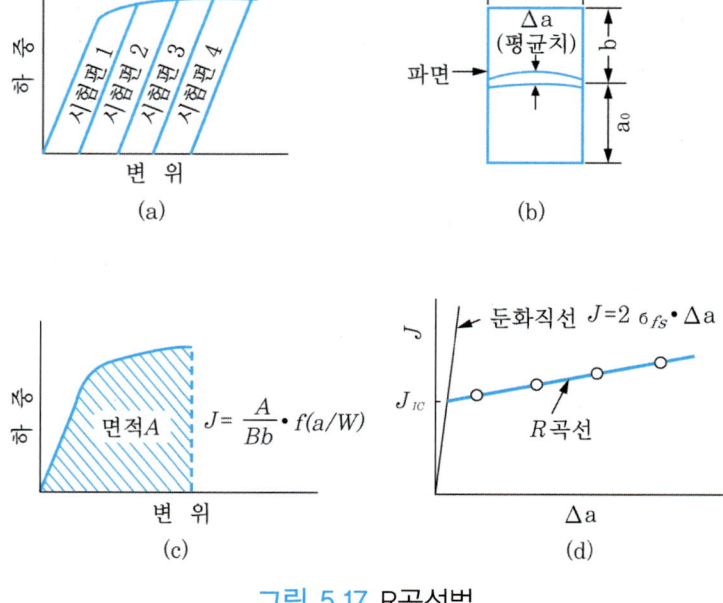

그림 5.17 R곡선법

5.3.6 비파괴검사

재료의 제조 또는 가공 중에 균열 등의 결함이 생김으로 인하여 재료의 강도를 저하시키는 경우가 많다. 따라서 기계, 구조물의 제작 또는 사용 중에 결함의 유무를 검사하고 또한 결함의 존재를 고려하여 설계응력을 정하는 것은 기계나 구조물의 신뢰성을 높임에 있어서 대단히 중요하다.

비파괴검사는 방사선, 초음파, 자력선 등을 이용하여 결함을 관찰하는 것이다. 최근 파괴역학의 방법에 의하여 결함재의 강도평가가 가능하게 됨으로써 결함의 형상, 치수 및 위치의 검출 정밀도가 대단히 중요하게 되었다. 또한 압력용기 등에서는 수압시험 시에 결함부의 소성변형이나 균열의 발생에 의하여 방사되는 음향(acoustic emission)을 검출하여 결함부의 위험성을 비파괴적으로 검사하는 방법도 채용되고 있다.

여기에서는 초음파탐상법에 관하여 설명한다.

이것은 초음파가 갖고 있는 특징을 이용하여 물체의 내부에 존재하는 결함 등을 외측에서 정량적으로 검사하는 방법이다.

초음파란 보통 인간이 귀로 들을 수 있는 음파의 주파수인 20 Hz~20 kHz보다도 높은 주파수의 음파를 말하는 것으로, 보통 1~10 MHz의 주파수가 가장 많이 사용된다. 초음파의 종류는 파동양식에 따라 여러 가지가 있지만 고체에서는 종파와 횡파가 존재하며 특히 초음파탐사법에서는 종파가 이용되고 있는 경우가 많다. 또한 초음파는 임의의 각도 범위 내에서만 강하게 전파하므로 탐상이 용이하고 음이 벽에 부딪치면 반사하는 것과 같이 초음파도 결함이나 저면에서 반사한다.

초음파를 이용하여 결함을 검사하는 방법은 펄스(pulse) 반사법, 투과법 및 공진법의 3종류로 나누어진다. 그림 5.18은 이의 원리이다. 특히 펄스반사법은 약 0.5~5 μsec 정도의 폭을 가진 대단히 짧은 초음파 펄스를 피검사체에 투입하여 그 일부가 내부의 결함에 의하여 반사되어 오는 것을 수신하여 결함의 위치, 크기를 알 수 있는 가장 일반적인 방법이다. 결함이 있는 경우의 탐상도형은 (b)와 같이 표면펄스 T와 결함에코펄스 F 및 저면에코펄스 B가 나타난다.

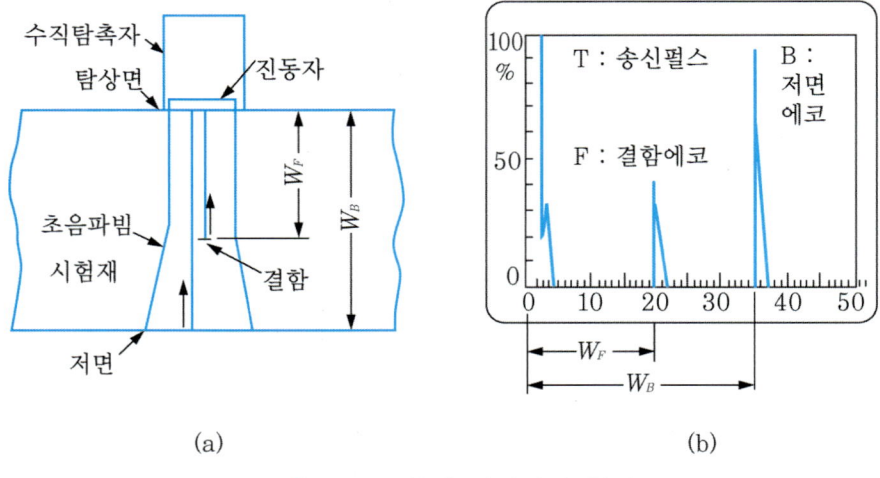

그림 5.18 초음파 탐상법의 원리

5.4 금속의 피로 및 피로시험

5.4.1 금속의 피로

 금속재료에 작은 응력이라도 반복해서 가하는 상태가 계속되면, 일정시간 또는 반복회수 후에는 금속내부에서 균열이 발생, 진행하여 파괴에 도달하는 경우가 자주 있다. 되풀이 응력 중 최대응력을 정적으로 가하는 경우에는 파괴가 일어나지 않는다. 따라서 이러한 파괴의 원인은 응력의 반복에 있다고 할 수 있다. 이러한 현상을 금속의 피로(fatigue)라고 하며, 기계재료는 일반적으로 반복응력을 받기 때문에 피로에 의한 파괴사고가 자주 발생한다.

 재료의 피로에 의한 대표적인 사고의 한 예를 들면, 일본 항공의 점보 여객기의 추락사고(1985. 8. 12. 520명 사망)의 경우인데 그 원인은 항공기 객실과 꼬리날개 사이에 있는 후부 압력차단벽에서 리벳(rivet) 구멍으로부터 발생한 피로균열의 진전에 의한 파괴, 추락사고로 분석되고 있다. 이와 같은 대형의 사고뿐만 아니고 기계의 피로파손의 사고 예는 그 수가 매우 많다.

 금속이 피로되면 일정반복회수 후에 파괴된다. 변동응력의 진폭이 작으면 파괴까지의 반복회수는 증가한다. 응력진폭을 S, 그 응력에 의한 파괴까지의 반복회수를 N이라고 하면, S와 N과의 관계는 그림 5.19와 같이 된다. 이것을 S-N곡선이라 한다.

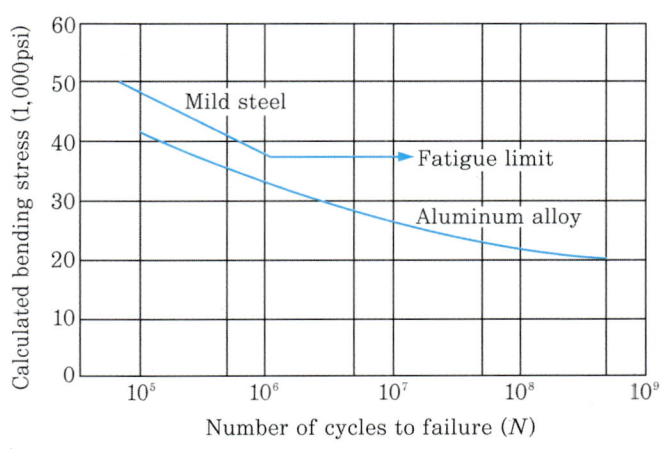

그림 5.19 철강재료와 비철재료의 S-N

S-N곡선 상에서 보통 강의 경우는 일정응력 값 S_0 이하의 응력에 대한 N은 사실상 무한대로 된다. 이와 같이 피로파괴가 일어나지 않는 응력진폭의 최대값 S_0를 **피로한도**(fatigue limit)라고 한다. 또한 일정 반복수를 지정해서 이에 견딜 수 있는 응력진폭의 상한값을 시간강도라고 한다. 피로한도와 시간강도를 총칭해서 피로강도라고 한다. 비철금속, 고탄소강에서는 피로한도는 나타나지 않아 피로강도는 시간강도로 나타낸다. 강에서는 N이 10^7회에 달하는 응력진폭에서는 반복회수를 아무리 더해도 피로파괴가 일어나지 않기 때문에 일반적으로 N이 10^7에 달하는 응력의 상한값을 피로한도로 한다.

한편 피로한도가 없는 금속에서는 10^7회의 반복수에 견딜 수 있는 응력의 상한값을 피로강도로 하는 경우가 많다. 반복회수로서는 10^5 또는 10^4을 채택하는 경우도 있다.

5.4.2 피로파괴의 양상

피로에 의한 금속의 파괴는 발생한 균열이 점진적으로 금속 중을 진행하여 나머지 부분이 부하에 견딜 수 없게 되어 일시적으로 파단하는 경로를 밟는다. 피로균열이 금속 내를 진행하여도 외견적 변형은 거의 보이지 않기 때문에 발견이 어려우며, 최종파괴는 순간적으로 일어나는 취성파괴이다. 따라서 피로파괴는 운동하는 기계부분에서 많이 발생하는 것이기도 하기 때문에 매우 위험한 파괴이다.

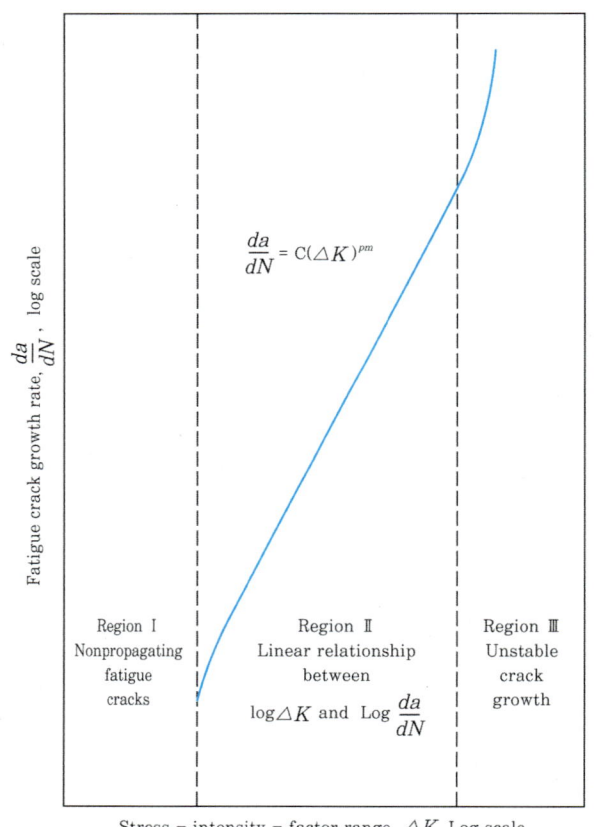

그림 5.20 균열전파속도와 응력확대계수 범위와의 관계

피로균열의 전파거동을 나타내는 방법으로는 피로균열 전파속도 da/dN (1회의 응력반복에 대해 균열이 진전한 길이)을 응력확대계수 K^*의 함수로써 나타낼 수 있다. 이것을 그림 5.20에 나타낸다.

---

* 피로에서는 반복 하중의 최대값과 최소값에 대응하는 K 즉, K_{max}과 K_{min}의 차 $\varDelta K$ ($= K_{max} - K_{min}$)를 이용하는 경우가 많으며 $\varDelta K$를 응력 확대계수 범위라고 한다.

이 관계를 나타내면 $\dfrac{da}{dN} = C(\Delta K)^m$ (5.17)

로 된다.

여기서 $\Delta K = \Delta\sigma\sqrt{\pi a} = 2\sigma_a\sqrt{\pi a}$ (σ_a는 응력진폭)이다. 또한 c는 재료 정수, 지수 m도 재료정수이나 거의 4의 값이 된다.

균열은 일정 응력 확대계수 이하에서는 전파할 수 없다. 이 값을 균열 전파 하한계값이라고 한다. da/dN은 ΔK가 크게 됨에 따라 빠르게 되어, 일정한 곳에 이르면 불안정하게 되어 급속 파단한다. 따라서 기계재료에 대해 이러한 곡선을 미리 구해 놓으면 어떤 구조물에 피로균열이 발견되었을 때 그것이 파괴하기까지 어느 정도의 반복수 또는 일수(기간)를 필요로 하는가를 추정하는 것이 가능하게 된다.

피로파면은 인장이나 충격파괴에 의한 파면과 비교하여 특징이 있으며, 그림 5.21에 나타낸 바와 같이 저배율에서는 조개껍질에서 보는 것처럼 줄 모양이 나타나는 경우가 많으며 균열의 발생점, 균열의 전파 방향, 불안정 파괴 개시점을 알 수가 있다.

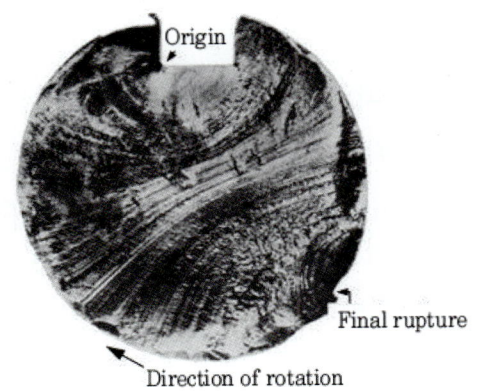

그림 5.21 피로파면의 거시적인 양상(W.D.Callister, Materials Science and Engineering, WILEY, 2007)

피로파면은 미시적으로는 파괴의 시작부터 끝까지 같은 모양을 나타내는 것이 아니라 균열의 전파속도가 커짐에 따라 그 모양을 변해 간다.

피로파면의 가장 특징적인 미시적 양상은 스트라이에이션(striation)이라고 불리우는 줄 모양의 존재이다. 이것을 그림 5.22에 보인다. 이것은 그림에서 보이는 바와 같이 균열의 전파방향에 대해 수직이다. 그래서 개개의 스트라이에이션 간격은 1사이클 중에 전파한 균열길이와 대개 비례한다. 스트라이에이션은 균열선단에서 인장과정과 압축과정이 반복됨으로 인해 형성된다. 따라서 스트라이에이션은 연강, 알루미늄 등에서는 발생하기 쉬우나 강도가 높아지면 소성변형이 생기기 어렵게 되기 때문에 나타나기 어렵게 된다.

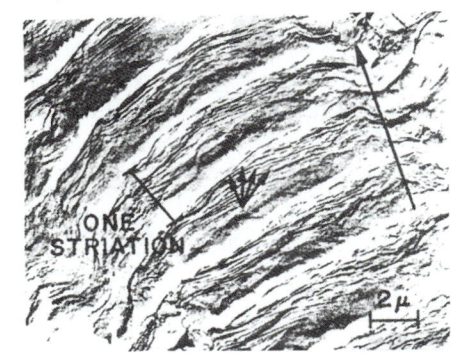

그림 5.22 피로파면의 스트라이에이션 모양

5.4.3 피로균열의 발생과 진행과정

피로균열은 시료의 표면부터 발생한다. 이것은 표면이 외측으로부터 구속이 없는 면(자유표면)이라는 것과 관계가 있다. 즉 반복하중에 의해 표면에 소성변형이 생기고 이것이 국소적으로 넓고 깊어져서 표면에 국소적인 요철이 생겨 이것이 균열 발생으로 발전한다. 반복하중조건에서는 맨처음 가장 슬립 (slip) 이 일어나기 쉬운 결정립으로부터 결정슬립이 일어나서 소성변형이 시작되기 때문에 균열의 발생은 국소적인 현상이다.

지금까지 관찰되고 있는 가장 작은 균열의 길이는 10-20 μ 전후이다. 어떤 결정립 내에서 발생한 균열이 결정립 경계를 넘을 때는 먼저 두번째의 결정립 내에 다시 소성변형을 유기하여 그 영역의 크기가 일정 한계에 도달한 후 균열은 전파를 시작한다. 이 때의 전파방향도 그 결정립의 방위(orientation)에 의해 결정된다.

이와 같이 균열 발생 직후의 전파속도가 비교적 낮은 곳에서 균열은 결정방위와

밀접한 관계를 가지면서 주로 슬립에 의해 전파한다. 이와 같은 균열전파과정을 제 I단계라고 하며, 그림 5.23에 나타낸 바와 같이 거시적인 균열전파방향은 하중방향과 직각이 아니고, 일정한 각도를 유지하는 것이 보통이다. 제I단계에서는 결정립계가 균열전파를 저지하는 역할을 한다.

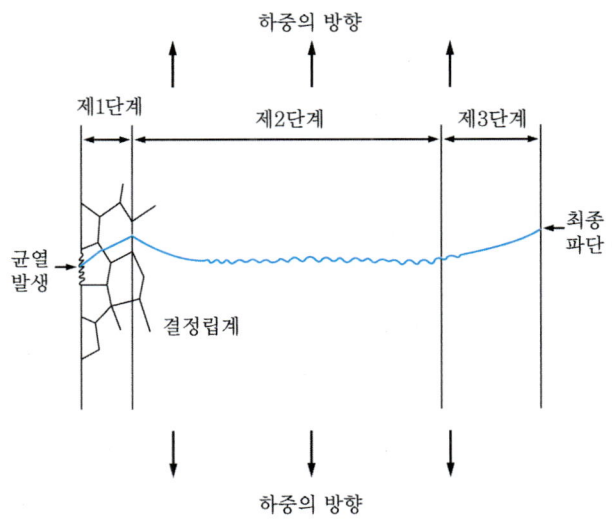

그림 5.23 피로균열의 발생과 전파의 상황

제1단계를 지나면, 균열은 하중방향과 수직으로 전파하기 시작한다. 이것을 제2단계라고 하며 그 후 불안정적으로 균열이 전파하는 단계를 제3단계라고 한다.

또한 반복하중상태에서 발생한 균열이 모두 전파하여 파괴에 도달하는 것은 아니며, 응력 구배가 있는 부분에서 발생한 균열, 예를 들면 노치 밑에서 발생한 균열의 경우는 수백 μ 이하로 성장한 후 전파가 정지되는 경우도 있다. 이것을 **정류균열**(non-propagation crack)이라고 한다.

금속의 피로는 매우 위험한 변화이지만 사용 중에 진행하기 때문에 사전에 알아내는 것이 불가능하다. 또한 피로에 의한 경도 등의 재질변화가 생기지만, 사용 중 시험하는 것은 곤란한 경우가 많다. 따라서 실제의 대책으로서는 피로균열이 발생, 전파하는 기간 내에 검출하여 파단에 의한 사고를 미리 예방하는 방법을 취할 수밖에 없다. 이러한 목적으로 **비파괴검사**(non-destructive inspection)가 이용되고 있다.

5.4.4 피로강도에 영향을 미치는 요인

(1) 피로한도비

피로한도는 일반적으로 정적 강도가 크게 될수록 크게 된다. 이 관계를 나타내는 데는 피로한도를 인장강도로 나눈 값을 이용하고, 이것을 피로한도비라고 한다.

그림 5.24는 탄소강의 정적 강도와 피로한도의 관계를 나타낸 것으로 피로한도비는 인장강도가 높은 경우에는 그 값이 작게 된다. 이 경향은 열처리 기타의 방법으로 강화시킨 금속에서도 나타난다.

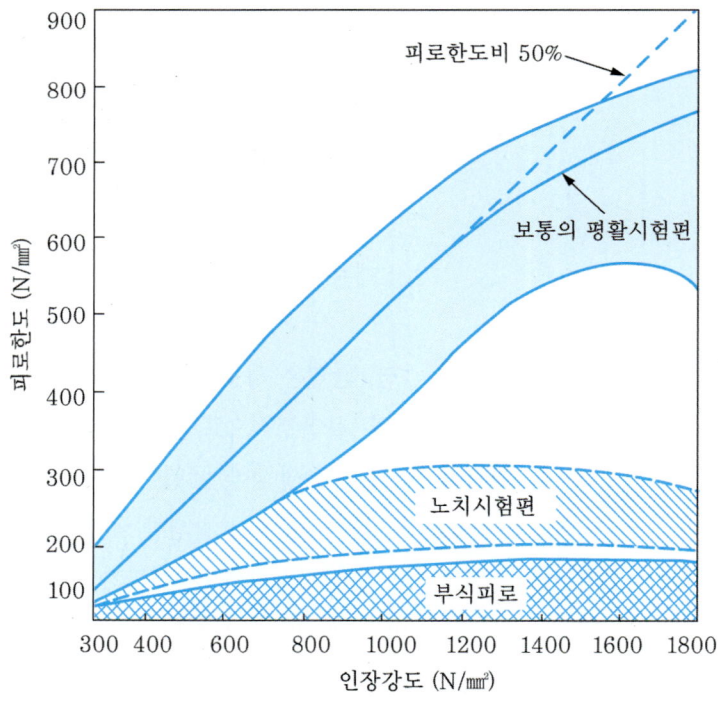

그림 5.24 강의 인장강도와 피로한도와의 관계

(2) 형상(노치효과)

피로파괴는 작용응력이 최대로 되는 위치에서 발생한다. 따라서 형상에 의해 응력이 상승 또는 집중하는 노치 부분에서 피로파괴가 생겨 강도는 응력의 분포가 균일한 부분보다 낮게 된다. 그림 5.25에 그 예를 나타낸다. 다른 형상의 시험편에서 그 최소단면은 일정하나 그 형상에 따라 피로한도가 현저하게 변화한다.

큰 직경과 작은 직경과의 비가 클수록 또한 노치가 예리할수록 피로 한도는 저하한다. 재료를 탄성체로 간주하여 계산한 응력집중 부분의 최대응력을 노치가 없는 평활재의 응력으로 나눈 값 α를 **형상계수**(shape factor) 또는 응력집중계수(stress concentration factor)라고 한다.

형 상	피 로 한 도
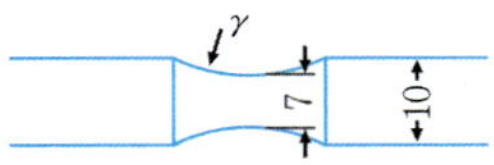 (노치, γ, 7, 10)	γ =250 mm 325.3 Mpa =25 325.3 Mpa =6 301.8 Mpa
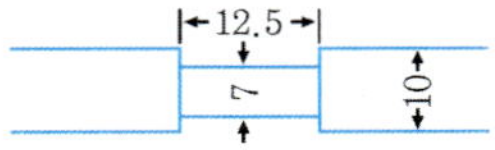 (12.5, 7, 10)	160.7 Mpa
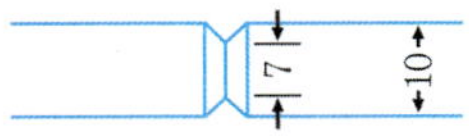 (V노치, 7, 10)	131.3 Mpa

그림 5.25 피로한도에 미치는 형상의 영향

응력집중이 있는 재료의 피로한도는 평활재의 그것보다 낮게 되나 그 정도는 형상계수에 의해 나타나는 노치 형상만에 의해 결정되지 않고 재료의 종류 등에 의해 다른 값으로 된다. 이것을 **노치계수**로 나타내며, 평활재의 피로한도를 σ_{wo}, 노치재의 피로한도를 σ_{wk}로 하면 노치계수 β는 다음의 관계로 된다.

$$\beta = \frac{\sigma_{wo}}{\sigma_{wk}} \tag{5.18}$$

형상계수 α, 노치계수 β는 다같이 1보다 큰 값이 된다. β는 항상 α보다 작지만, 재료가 노치에 둔감하면 β는 1에 가까워지고, 민감하면 α에 가까워진다. 따라서 재료의 노치 감도를 나타내는 데는 다음과 같은 계수 η값을 이용하여 이것을 **노치감도 계수**라고 한다. η값이 낮을수록 재료는 노치에 둔감하다.

$$\eta = \frac{\beta - 1}{\alpha - 1} \tag{5.19}$$

노치가 일정한 경우, 재료에 따른 피로한도 저하율의 상위를 표 5.1에 나타내었다.

표 5.1 노치 감수성(notch sensitivity)

재 료	인장강도	평활재의 피로한도	노치재의 피로한도	노치 감수성*
저탄소강	340Mpa	190Mpa	150Mpa	21
중탄소강	540	270	180	33
고탄소강	1,000	420	270	36
주 철	116	70	70	0
Ni-Cr강	1,060	540	300	45
Ni-Cr강	1,610	690	320	54

노치 : 깊이 0.2 mm, 폭 0.1 mm, 노치 반경 0.05 mm

$$*노치감수성 = \frac{(평활재피로한도) - (노치재의 피로한도)}{평활재의피로한도} \times 100$$

강도가 높은 재료일수록 노치의 영향은 크게 된다. 취약한 주철에서는 노치의 영향이 나타나지 않는다.

형 상	조 건	피로한도
	구멍없음	250 Mpa
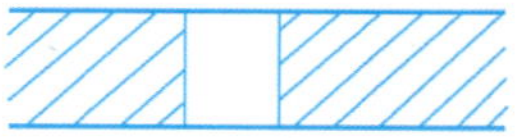	구멍뚫음	172 Mpa
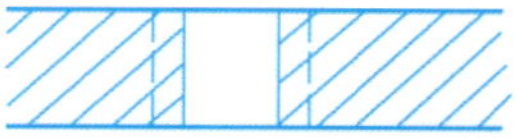	구멍뚫고 주위확장	190 Mpa
	구멍각부제거, 주위확장	242 Mpa

그림 5.26 구멍 형상의 영향

기계부품은 다양한 형상으로 사용되기 때문에 그로 인한 응력 집중현상으로 피로강도가 저하한다. 키홀(key hole), 유공(oil hole) 등은 피로한도를 낮추고 피로파괴의 원점이 된다. 그림 5.26은 평판 상에 있는 구멍형상의 영향을 나타낸 예이다. 구멍의 주위를 확장하면 가공경화에 의해 피로한도가 향상되며, 더욱이 표면 근방의 각진 부위를 깎아내면 구멍 근방의 응력 상승 정도를 완화시켜 피로한도는 더욱 향상된다.

(3) 치수효과

실제로 일어나는 피로파괴로서 중요한 문제는 부재의 치수가 크면 피로강도는 저하하는 경향이 있다는 것이다. 이 때문에 실물에 의한 피로 시험 및 실물크기의 시험편에 의한 대형피로시험이 필요하게 된다. 그림 5.27은 시험편 직경에 의한 피로한도의 변화이다. 직경이 작은 범위에서 치수증가에 따른 피로한도의 저하가 현저히 나타난다.

피로강도에 있어서의 치수효과의 원인으로서는 여러 가지 설이 있으나 응력구배가 있는 경우에 그 영향이 크다고 하는 것, 평균응력에 의한 설명 등이 행해지고 있다. 따라서 굽힘 응력에 의한 피로, 노치의 작용 등에는 치수효과를 고려하지 않으면 안 된다.

(4) 압입, 접촉, 미동부의 피로

차축 등에서 축을 차륜보스에 압입한 경우에는 피로에 의한 절손이 일어나기 쉽

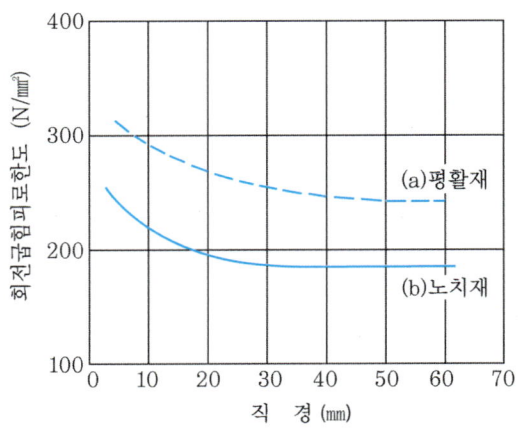

그림 5.27 피로한도와 치수효과와의 관계

고, 그 피로한도는 압입하지 않는 자유축의 0.35~0.6으로 저하된다고 알려져 있다. 압입부의 응력분포가 그 원인이다. 또한 압입이 아닌 단지 구멍에 축을 삽입한 상태의 회전축 등에서 하중이 걸리면 변형 때문에 구멍의 입구 부근에서 접촉이 생긴다. 프레팅(fretting)이라고 불리우는 이 현상도 또한 피로강도를 저하시킨다.

(5) 표면상태

피로강도는 표면의 거칠음 정도에 의해 현저히 영향을 받는다. 표 5.2는 각종의 기계가공과 피로한도 저하율과의 관계를 나타낸다. 표면 마무리 가공에 의한 가공흔적은 일종의 노치로 작용하여, 피로한도를 낮추게 되나, 기계가공에 동반되는 가공경화 현상은 피로한도의 저하를 줄이는 방향으로 작용한다. 거친 줄(file) 질 가공과 같은 경하중에 의한 깊은 가공 흔적이 가장 유해하다.

단조한 상태의 표면을 갖는 금속의 피로한도는 기계마무리 가공을 실시한 것에 비해 낮게 된다. 그 원인은 표면의 요철이나 가공흔적에 있으나, 특히 열간 단조에 의해 성형된 강에서는 표면에 형성된 탈탄층이 피로강도를 저하시킨다.

표 5.2 표면마무리 가공이 피로한도에 미치는 영향

마무리 가공의 종류	표면홈의 최대길이(mm)	피로한도저하율%
선반가공(lathe)	0.04	12
거친줄(file) 작업	0.02	18~20
다듬질줄 작업	0.01	5~7
에머리 페이퍼	0.004	2~3
면삭 가공	0.005	4
보링가공	0	0

(6) 표면처리

기계부품의 표면을 경화시키거나, 내마모성, 내식성을 증가시키기 위해 여러 가지의 표면처리가 실시되고 있다. 강의 표면처리에는 고주파 담금질, 불꽃경화 등의 표면 담금질, 표면으로부터 탄소를 침투시키는 침탄, 질소를 침투시키는 질화, 기타의 시멘테이션(cementation) 및 냉간 가공의 숏 피닝(shot peening), 롤(roll) 마무리 가공 등의 방법이 있다.

이들은 모두 표면에 기지의 금속보다도 강도가 큰 층을 만들기 때문에 피로강도가 증대한다. 차축 등에서 피로강도를 증가시킬 목적으로 고주파 담금질을 실시하는 사례가 증가하고 있다. 담금질이나 냉간가공에 의해 표면에 압축 잔류응력이 남게 되면 피로강도는 높게 된다.

그러나 같은 표면처리라도 경질크롬도금 등의 도금이나 금속용사 등에 의한 경화는 피로강도의 향상에 도움을 주지 못한다. 오히려 피로강도를 저하시키는 경우가 많다. 경질크롬 도금층은 매우 단단하나, 본질적으로 미소한 균열이 발생되어 있기 때문에 노치효과에 의해 피로가 촉진된다. 또한 용사금속층은 일반적으로 조잡하고 결함을 포함하고 있기 때문에 기지금속보다도 강도가 낮아진다.

(7) 재료결함

실제의 금속에는 제조가공의 공정에서 생긴 여러 가지 결함을 포함하고 있다. 주물의 기공이나, 단조, 열처리재의 균열 등의 큰 결함은 물론 유해하기 때문에 여러 가지 방법으로 검사되고 있다. 특히 유해한 것은 표면에 있는 균열과 같은 예리한 결함이다. 이외에 금속의 미크로(micro)적인 결함도 또한 피로한도를 저하시킨다. 비금속 개재물, 편석, 조직의 이방성이나 조대결정립 등이 그 예이다.

피로에 의한 균열은 비금속 개재물을 기점으로 발생하는 실례가 많다. 일반적으로 개재물이 많은 금속의 피로강도는 낮다. 그러나 개재물에서 유해한 것과 그렇지 않은 것이 있다. 개재물의 성질, 형상 등에 의해 응력집중의 원인이 되는 경우는 유해하다. 최근의 쾌삭강(free cutting steel)은 그 안에 개재물을 분산시켜 절삭성을 개선하며, 주철의 흑연은 일종의 개재물이며 여러 가지의 형상과 분포로 되어 있다. 따라서 그 영향에 주의할 필요가 있다.

압연재나 단조한 금속조직의 방향성은 정적 강도에 차이가 생기지 않은 경우라도 피로강도에 영향을 미친다. 일반적으로 단조에 의해 생긴 섬유조직을 잘라 내서 채취한 금속 시험편의 피로한도는 섬유방향의 시험편보다도 낮다. 표 5.3은 단강에서의 방향성의 영향을 나타낸다. 단조 크랭크축의 피로강도는 제조방법에 따라 다르다. 그림 5.28 (a)와 같은 전단조 크랭크축에 비하면 그림 (b)의 절삭 크랭크축의 피로강도는 낮다. 또한 결정립이 조대한 금속의 피로한도는 낮다. 이 영향은 비철금속의 경우에 특히 현저히 나타난다. 알루미늄 단결정의 피로한도는 23 Mpa이지만 다결정은 34 Mpa이다.

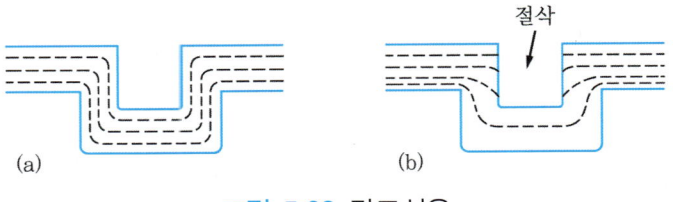

그림 5.28 단조섬유

표 5.3 단조강의 방향성

재료	인장강도 Mpa	피로한도 Mpa	
		길이방향	직경방향
탄소강(담금질, 템퍼링) (0.35%C)	890	540	430
	950	510	280
	1,090	500	430
	1,100	430	320

(8) 반복속도

피로강도에 미치는 반복속도는 500~5,000 cycle/min의 보통의 속도에서는 무시할 수가 있다. 속도가 특히 늦어지는 경우는 피로강도가 저하하는 경향이 있다. 대형의 저속도 축에서 가끔 절손사고가 일어남을 목격한다. 고속의 경우에는 오히려 피로강도가 향상된다. 그러나 고속회전의 경우에는 온도상승, 원심력, 진동 기타의 영향이 추가되기 때문에 실제의 기계에서는 피로에 의한 사고가 발생하기 쉽다.

(9) 온도

최근에 고온에서의 피로강도 문제가 주목을 받아 많은 연구가 진행되고 있다. 일반적인 경향으로서는 400 ℃ 부근의 온도까지는 강의 피로한도는 높게 되나 이것을 넘으면 급격히 저하한다. 한편 저온이 되면 정적 강도와 마찬가지로 피로한도는 향상된다. 표 5.4는 강의 피로한도에 대한 저온도의 영향을 나타낸다.

표 5.4 피로한도에 영향을 미치는 저온도의 영향

재료		탄 소 강			Ni-Cr-Mo 강		
온도 ℃		-20	-78	-188	-20	-78	-188
탄성한도 (Mpa)		340	450	-	890	1,000	1,300
인장강도 (Mpa)		620	740	950	1,090	1,210	1,440
충격치 (Mpa)		62	9	12	150	115	50
피로한도 (Mpa)	노치없음	220	300	640	550	590	780
	노치있음	150	160	200	-	-	-

(10) 부식피로

금속의 피로강도는 분위기의 영향을 받게 되며, 특히 부식 분위기에서 탄소강과 같은 내식성이 떨어지는 금속의 피로강도는 현저하게 저하한다. 이 경우에는 $S-N$ 곡선상에 피로한도는 나타나지 않는다.

이와 같은 부식 분위기에서의 피로를 부식피로라 한다. 내식성이 있는 금속 즉 청동, 스테인리스강 등에서는 수중에서 부식피로를 일으키지 않는다. 표 5.5는 부식피로의 예이다. 수중, 해수중에서 작동하는 기계부품에는 부식피로가 일어나기 쉽다. 표면처리에 의한 내식성의 향상은 부식피로에 효과가 있다.

표 5.5 부식피로의 례

재 료	인장강도 (Mpa)	피로한도($\times 10^7$Mpa)		
		공기중	청수중	온수중
탄 소 강	360	180	120	40
탄 소 강	460	250	140	50
탄 소 강	970	520	110	-
18~8 스테인리스강	720	340	340	-
청 동	340	140	140	140
질 화 강(소재)	1,170	560	110	0

부식피로는 부식과 반복 응력의 동시작용에 의한 피로한도의 저하 현상이며, 부식한 재료의 피로강도의 저하현상이 아니다. 부식된 금속의 경우는 단지 표면의 요철, 유효 판두께의 감소가 피로한도 저하의 원인이 되나, 부식피로는 응력에 의한

부식의 촉진에 의해 주로 **결정립계**(grain boundary)를 예리하게 침식시키는 것이 그 원인이다. 부식에 의한 균열은 일정범위에 걸쳐 다수 발생하는 경향이다.

(11) 기타

최근에는 열응력에 의한 열피로, 응력반복 때마다 얼마간의 소성변형이 생기는 경우인 저사이클피로(low cycle fatigue) 등이 문제로 된다.

5.4.5 피로파괴의 기구

금속의 피로현상은 매우 복잡하나 다음과 같은 특징이 있다.
① 연성재료에서도 거시적인 소성변형이 일어나지 않고 파괴된다.
② 현미경적으로는 피로파괴 이전에 작은 소성변형이 일어난다.
③ 소성변형에 의한 가공경화가 포화상태에 도달한 후 균열이 발생한다.
④ 재료 내부를 피로균열이 진전하나 정류균열도 존재한다.
⑤ 피로현상은 항복점 이하의 응력에서 발생한다.
⑥ 피로한도가 나타나는 금속과 나타나지 않는 금속이 있다.
⑦ 피로현상에는 여러 가지 요인의 영향이 현저하게 나타난다.

피로에 동반되는 소성변형은 X선 방법 등에 의해 확인되고 있으나, 소성변형은 결정립의 크기를 단위로 해서 생각할 수 있을 정도의 표면층에서 일어나고 이 층에서 균열이 발생한다. 따라서 이 피로에 의한 손상층을 연삭방법 등에 의해 제거하면 피로수명은 연장한다. 또한 이 층에 발생하는 균열과 소성변형의 관계는 전위론 입장에서 설명되고 있다.

Cottrell은 그림 5.29와 같은 모델에 의해 소성변형과 균열과의 관계를 설명하였다. 즉 반복되는 응력을 받아 미소영역에서 전위의 슬립운동에 의해 소성변형이 생기고 따라서 표면에 요철이 생긴다.

한 방향만의 응력에 의한 소성변형은 외관적으로 큰 변형으로 되나, 피로에 의한 소성변형은 **교차 슬립**(intersection slip)이 되어 전체로서의 변형은 작다. 따라서 이러한 기구에 의해 표면에 균열이 생기고 이것이 전파하여 피로균열로 된다. 피로한도는 이러한 미세균열이 전파하지 않는 응력의 최대값으로 생각할 수 있다.

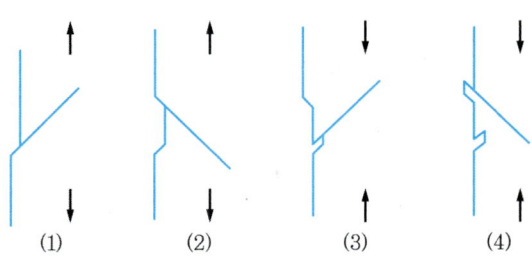

그림 5.29 이중슬립에 의한 표면의 요철

5.4.6 피로시험

피로시험의 목적은 변동하는 하중에 대해서 안전한 응력 및 반복회수 범위를 결정하는 것이다. 이러한 시험결과로부터 *S-N* 곡선이 구해지고 이로부터 피로한도가 결정된다.

피로시험에 의해 *S-N* 곡선을 결정하는 데는 같은 조건의 다수 시험편을 필요로 하며 일반적으로 시험에 장시간이 걸린다. 또한 그 결과의 정리에는 통계적인 배려가 필요하다. 피로시험기는 응력의 종류, 부하의 변동상태, 부하방법 등에 의해 여러 가지 종류로 분류된다.

인장압축, 회전굽힘, 평면굽힘 및 **비틀림 피로시험** 외에 조합응력에 의한 피로시험기 등이 있다. 그림 5.30은 회전굽힘 피로시험기 (a)와 인장-압축피로시험기의 예로서 회전굽힘 피로시험기의 경우는 굽힌 상태에서 회전하는 시험편의 응력이 1회전 사이에 인장에서 압축까지 변화한다. 피로시험기의 응력변화는 그림 5.31과 같이 사인(sine)파 곡선으로 나타내어진다. 최대응력을 σ_{max}, 최소응력을 σ_{min}으로 하면 평균응력 σ_m, 응력진폭 σ_a는 다음의 관계로 나타내어진다.

$$\sigma_m = \frac{1}{2}(\sigma_{max} + \sigma_{min}) \tag{5.20}$$

$$\sigma_a = \frac{1}{2}(\sigma_{max} - \sigma_{min}) \tag{5.21}$$

응력진폭 σ_a를 여러 가지로 변화시켜 시험을 행하고, 응력을 세로축에, 파괴까지의 반복수의 대수를 가로축에 취하여 *S-N*곡선을 나타내게 된다.

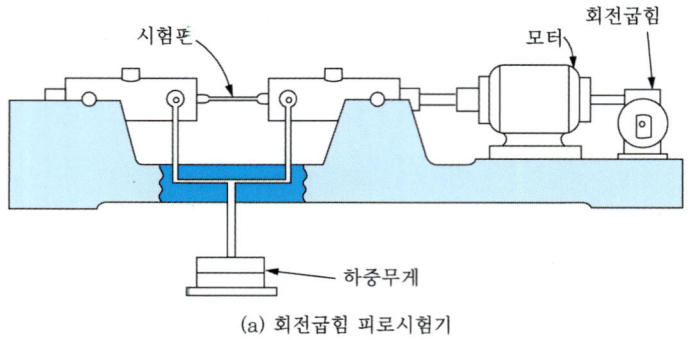

(a) 회전굽힘 피로시험기

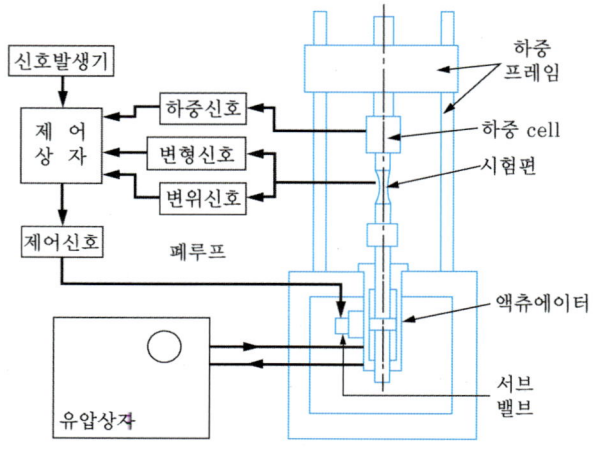

(b) 전기-유압서브식 인장-압축 피로시험기

그림 5.30 피로시험기

    Cu합금이나 Al합금 등의 비철금속 재료나 철강에서도 고온이나 부식환경 중의 시험에서는 S-N곡선은 10^7회를 초과해도 수평으로 되지 않고 기울어져 내려오는 것이 보통이다. 이 경우는 피로한도는 없기 때문에, 예를 들면 10^7회 시간강도를 기준으로 설계를 실시한다. 명확한 피로한도의 존재는 **변형시효**(strain aging) 현상과 관계가 있는 것으로 생각되며, 변형시효성의 Al합금 등에서는 피로한도가 인정되고 있다.

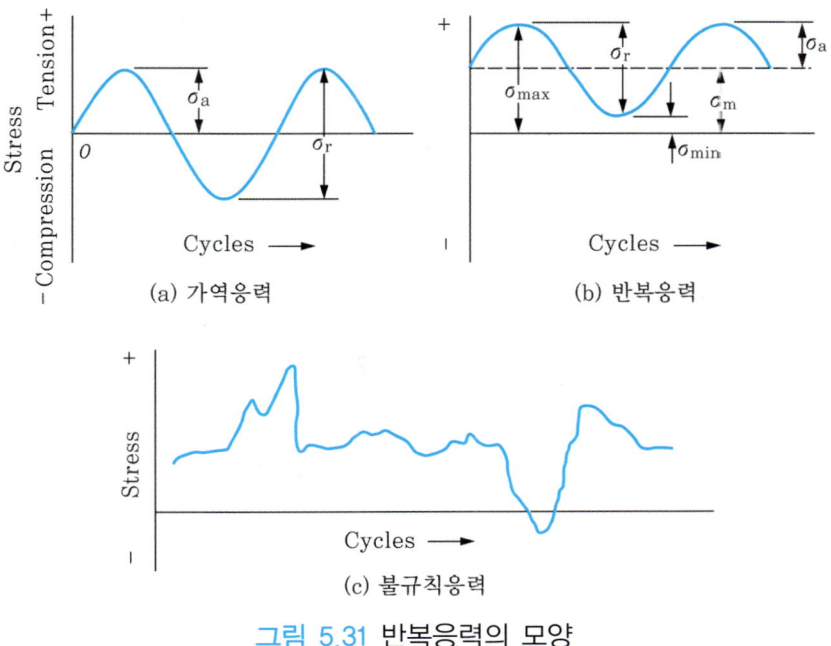

그림 5.31 반복응력의 모양

5.5 금속의 마멸 및 마멸시험

5.5.1 마찰

마찰은 두 물체가 접촉한 상태에서 상대적으로 이동하는 또는 이동하려고 하는 경우에 면의 접선방향으로 작용하는 저항력이다. 따라서 마찰은 물체가 움직이기 시작하려고 하는 경우의 정지마찰과 움직이고 있는 상태에서 작용하는 동마찰로 구별된다. 또한 마찰에는 미끄럼마찰과 구름마찰이 있다.

그림 5.32 마찰면

물체 간에 작용하는 마찰력은 접촉표면의 거칠음, 불규칙성과 관계가 있다. 공업적으로 만들어진 어떠한 표면도 마찰의 원인이 되는 요철부분이 있다. 따라서 접촉면에 있어서 2개의 물체는 그림 5.32와 같이 점상의 돌기 부분에서 접촉한다. 이 돌기 부분에서는 접촉압력이 높게 되기 때문에 금속은 쉽게 소성변형을 일으켜 접촉면적이 크게 된다. 하중을 W로 하고, 금속이 항복하여 소성변형을 일으키는 압력을 P라 하면 진접촉면적 A는 다음 식으로 나타난다.

$$A = \frac{W}{P} \tag{5.22}$$

2개의 물체가 미끄러질 경우에는 마찰 전단응력이 작용한다. 마찰력을 Fs로 하고 재료의 전단강도를 S라 하면 다음 식이 성립한다.

$$Fs = A \cdot S \tag{5.23}$$

따라서 위의 두 식으로부터 다음의 관계가 얻어진다.

$$Fs = W \times S/P \tag{5.24}$$

마찰계수 f는 마찰력을 하중으로 나눈 값이기 때문에 다음 식이 성립한다

$$f = Fs/W = S/P \tag{5.25}$$

이 관계에서 경도가 다른 물체가 접촉하는 경우에는 전단강도 및 항복압력은 경도가 낮은 물체의 값이 된다.

공기 중에 있는 금속의 표면은 산화물이나 흡착가스에 의한 막으로 덮이어 있다. 이와 같은 막은 마찰계수를 낮게 한다. 금속 사이에 막이 없으면 마찰면은 쉽게 접합하여 버리기 때문에 이 경우에는 마찰계수는 커진다.

마찰에 의해 발생하는 열은 금속 간의 용착을 촉진하며 또한 표면의 요철을 없게 하여 매끄러운 면을 만드는 역할을 한다. 마찰에 의한 가공 변질층을 **바일비 층**(beilby layer)이라고 한다. 마찰면의 윤활은 물체 사이에 얇은 윤활제의 막을 만들어 물체의 면이 직접 접촉하는 것을 방해한다. 이 때문에 마찰계수는 현저히 낮게 된다.

또한 베어링 금속은 금속 접촉면의 마찰을 낮게 할 목적으로 만들어진 금속이다.

미끄럼 마찰력은 $Fs=A \cdot S$이기 때문에 마찰을 줄이기 위해서는 A 또는 S, 또는 양쪽을 작게 하면 된다. 한 종류의 금속으로는 이러한 조건을 만족시킬 수 없으나, 경한 금속과 전단강도가 낮은 연한금속의 혼합조직을 갖는 합금을 베어링 합금으로 이용하면 경한 금속상의 표면에 연한 금속의 얇은 막이 만들어진 상태로 축과 접촉한다. 최근에는 고속, 고하중용의 베어링 합금으로서 이러한 개념에 입각한 베어링 재료가 이용되게 되었다.

5.5.2 마멸

마멸(wear)은 물체 표면으로부터 외력의 작용에 의해 고체의 물질이 이탈해 가는 현상이라고 정의된다. 일반적으로는 마찰계수가 크면 마멸은 증가한다. 그러나 실제의 마멸은 복잡한 현상으로 마찰계수와 마멸량 간의 사이에는 정량적인 관계를 간단히 결정할 수 없다.

마멸현상은 **응착마멸**(adhesive wear), **연삭마멸**(abrasive wear), **부식마멸**(corrosive wear) 및 **표면피로**(surface fatigue)에 의한 마멸 등으로 구별되나 실제의 마멸은 이들이 복합해서 일어나는 경우가 많다. 마멸의 분류는 또한 기계적 마멸, 산화마멸, 용착마멸, 용융마멸 등으로도 분류된다.

응착마멸은 가장 일반적인 형식의 마멸이다. 미끄럼면상의 접촉부에 응착한 금속이 전단력에 의해 분리하여 다른 쪽의 표면에 옮겨지든가 또는 마멸분(dregs)으로 탈락하는 마멸이다. 경도가 다른 금속의 마멸에서는 연한 금속이 경한 금속의 마멸면에 응착한다.

연삭마멸은 거친 표면 또는 마멸면 사이에 들어간 경한 입자가 미끄럼 운동이 일어나고 있는 사이에 연한 표면을 파고 들어가 홈을 파는 것에 의해 진행되는 마멸이다. 절삭마멸은 경하고 거친 면에 의해 상대 면을 절삭함으로써 생기는 마멸로 마찰변의 완성가공상태가 영향을 미친다.

부식마멸은 분위기의 영향에 의해 마멸면의 금속에 화학적인 변화가 일어나 반응생성물이 미끄럼 운동에 의해 탈락 제거되기 때문에 일어나는 마멸이다. 마멸에 의해 항상 새로운 금속면이 분위기에 노출되면 부식마멸은 계속적으로 일어난다. 반응생성물이 마멸분으로 되는 경우에는 연삭마열도 추가된다.

금속의 마멸면의 온도가 공기 중에서 상승하면 쉽게 산화물이 생성하여 마멸이 진행한다. 이것은 일종의 부식마멸이며 산화마멸로 불리는 경우도 많다. 부식용액이나 부식성 기체 분위기에서의 마멸 등은 부식마멸이다.

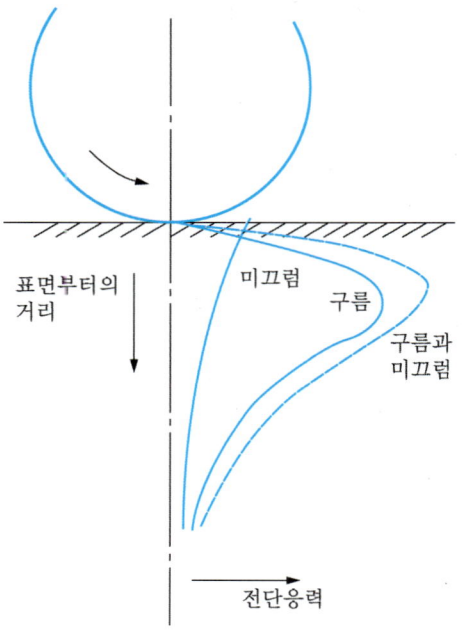

그림 5.33 **구름면의 전단응력**

표면피로에 의한 마멸은 굴림, 혹은 미끄럼과 굴림이 동시에 일어나 이것이 반복되는 표면에 생기는 마멸로 일정한 크기의 금속편이 떨어져 나가든가 홈이 생기는 마멸이다. 이러한 마멸현상은 치차의 치차면, 볼 베어링의 볼이나 베어링면, 롤 표면 등에 생기는 것으로 이것을 **피팅**(pitting)이라고 한다. 이것은 접촉표면에 되풀이 작용하는 국부적인 응력이 피로를 일으켜 균열을 발생하는 것이 원인이다. 최초의 피로균열은 표면에서 약 0.25 mm의 깊이에서 생겨, 표면에 평행하게 전파하여 작은 조각형태로 벗겨진다. 이것은 구름접촉의 전단응력 분포가 그림 5.33과 같이 표면에서 일정깊이의 위치에서 최대로 되기 때문이다. 구름과 미끄럼이 작용하는 경우에는 응력 최대점의 위치가 변화하게 된다.

5.5.3 금속의 마멸에 영향을 미치는 요인

(1) 접촉압력 및 마찰속도

일반적으로 접촉압력의 크기에 관계없이 일정속도에서 마멸량은 최대로 된다. 또한 압력이 높아지면 마멸량의 최대값은 크게 되고, 최대점의 속도는 저속도 쪽으로 이동한다. 이들의 관계는 그림 5.34와 같이 된다.

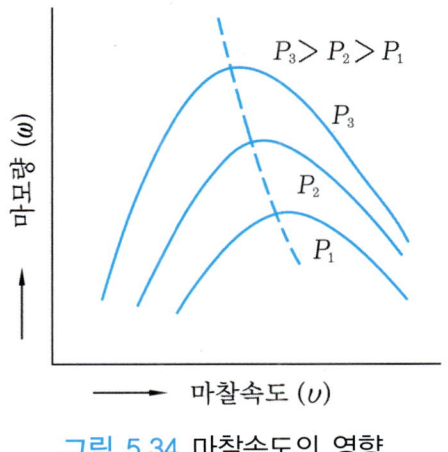

그림 5.34 마찰속도의 영향

최대 마멸량이 생기는 부분의 마멸기구는 기계적 마멸(응착 및 연삭 마멸)로서 이보다 저속측에서는 산화마멸(dry corrosive wear)의 영향이 크게 되고 마멸량이

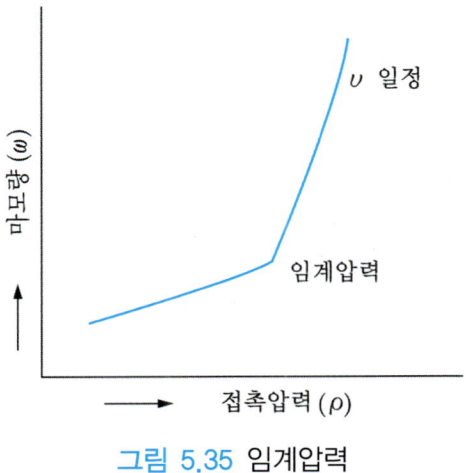

그림 5.35 임계압력

감소한다. 한편 고속측에서는 용융마멸이 추가되기 때문에 마멸량이 적게 된다. 일정한 마찰속도에서 접촉압력을 증가시키면 그림 5.35와 같이 일정 압력이상에서 급격히 마멸량이 크게 된다. 즉 마멸에는 임계압력이 존재한다.

(2) 마찰계수

마찰계수는 마찰면의 초기평활도와 관련하며 마멸량에 관계하나, 마멸의 진행 중에 있어서는 마멸면의 평활도가 변화하고, 마멸분이 개재되고, 또한 온도가 상승하기 때문에, 상온의 금속면의 마찰계수는 일반적으로 마멸의 판정에 꼭 필요한 것은 아니다.

(3) 경도

마멸면의 실제 경도는 접촉 변질층에 있어서 고온의 경도이다. 따라서 상온에서 측정한 경도는 마멸에 직접 관계한다고는 말하기 어렵다. 그러나 경한 금속은 마멸량이 적은 것이 일반적인 경향이다. 단, 경도가 같아도 조성, 조직이 다르면 마멸 경향이 변화하기 때문에 주의할 필요가 있다.

(4) 온도

고온이 되면 일반적으로 마멸량이 증가하나, 더욱 고온이 되면 그림 5.36과 같이 마멸량이 감소한다. 이것은 마멸기구가 온도에 의해 변화하기 때문이다.

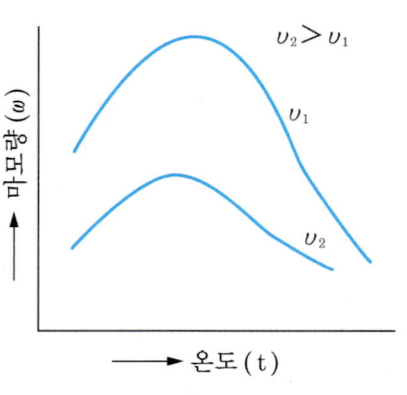

그림 5.36 온도의 영향

(5) 금속의 조합

금속의 조합에 의해 마멸 경향에 현저한 차이가 생긴다. 이것은 금속 간에 합금되기 쉬운 경향과 관련이 있다.

같은 종류의 금속 조합에서는 마멸량은 가장 커진다. 또한 합금되기 쉬운 금속의 조합은 마멸량이 많고, 합금되기 어려울수록 마멸량은 감소한다. 따라서 다른 종류의 금속 조합은 마멸을 감소시키는 데 유효하다. 또한 표면처리를 하여 금속의 마멸을 감소시킬 수가 있다. 표면에 생긴 산화막도 합금화를 방지하는 데 효과가 있으며 마멸을 감소시킨다.

(6) 분위기

진공 중의 마멸에는 합금되기 쉬움의 영향이 크게 나타나며, 공기 중에서는 표면에 산화피막이 만들어지면 마찰이 감소하나 그것이 마멸분으로 되어 탈락하면 산화마멸로 된다. 산화마멸은 기계적 마멸보다도 마멸량은 적어진다. 공기 중에서 기계적 마멸과 산화마멸이 일어나는 경우 그 분위기를 H_2, N_2 등의 비산화성 분위기로 하면 산화마멸은 억제할 수 있으나 기계적 마멸이 촉진되기 때문에 마멸량은 증가하는 경우가 생긴다.

(7) 잔류응력

가공에 의한 잔류응력, 열처리에 의한 잔류응력은 마멸에 악영향을 끼친다.

(8) 윤활

마찰면에 윤활제가 있으면 금속과 금속이 접촉되지 않기 때문에 마멸은 생기지 않으나, 압력이 크게 되면 유막이 부분적으로 파괴되어 금속과 금속이 접촉하여 얼마간의 마멸이 일어난다. 이와 같은 윤활마멸에 있어서도 마멸량은 건조마멸과 마찬가지로 압력, 속도 등의 영향을 받는다. 따라서 윤활마멸의 경향을 건조마멸의 결과로부터 추정하는 경우도 많다. 이 경우에 윤활제의 영향은 유막의 유지성에 의존하기 때문에 일반적으로 점성이 큰 윤활제일수록 마멸방지에 효과적이다.

미끄럼 마멸에는 윤활제의 효과가 크지만, 표면피로에 의해서 일어나는 피팅(pitting) 마멸에는 오히려 유해하다고 알려지고 있다. 이 경우에도 윤활유는 피로에 의한 균열 발생까지의 사이에는 효과가 있으나, 손상이 생긴 후에는 윤활유의 높은 압력이 박리현상을 조장하는 것으로 생각되고 있다.

5.5.4 마멸시험

금속의 마멸시험에는 여러 가지 형식이 있다. 정해진 형식이 없기 때문에 목적에 따라서 여러 가지의 방법들이 고안되어 있다. 대개 시험편을 일정조건에서 마멸시켜 시험 전·후의차이를 중량, 치수 및 표면상태의 관찰 등에 의해 비교하는 방법이 많다. 가장 간단한 것은 중량의 감소를 측정하는 것이지만 여러 가지 원인으로 오차가 생기기 쉽다.

한편 치수의 측정에는 직경, 두께의 평균치나 표면윤곽의 변화 등을 대상으로 하지만 정확도가 떨어진다. 또한 금속끼리의 마멸 외에 분체(powder), 유체 등에 의한 마멸시험도 행해지고 있다.

일반적으로 행해지고 있는 몇 가지의 마멸시험 예를 그림 5.37에 보인다.

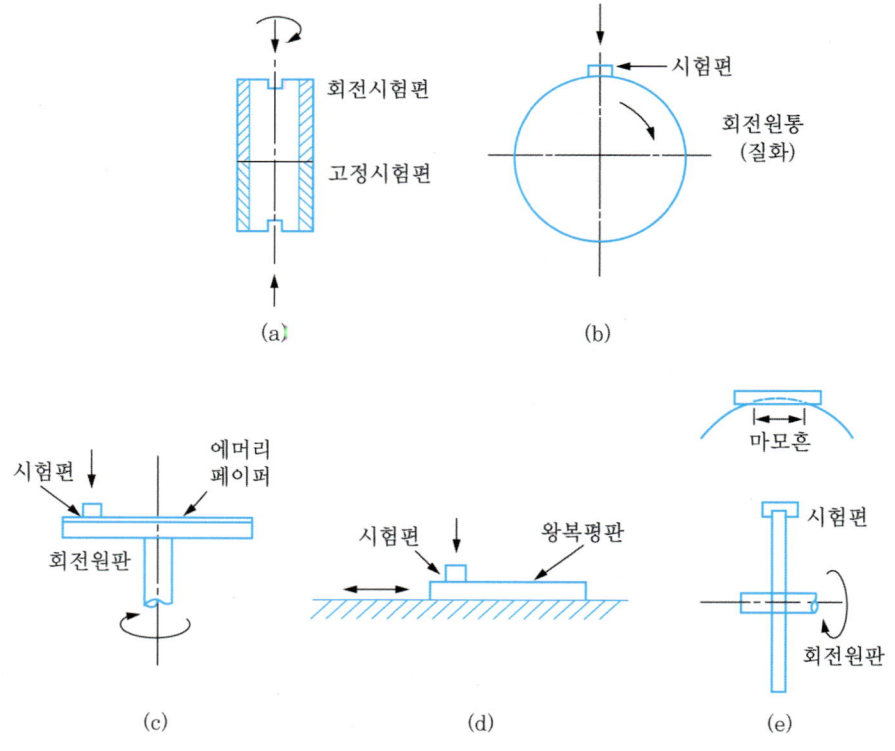

그림 5.37 마멸시험 방법

5.6 고온에서의 금속의 거동 및 그 시험

5.6.1 고온강도

일반적으로 금속 및 합금의 강도, 경도는 온도의 상승과 더불어 최초에는 서서히, 그리고 나중에는 급격히 감소하여 적열상태에서는 연화하여 약하게 된다.

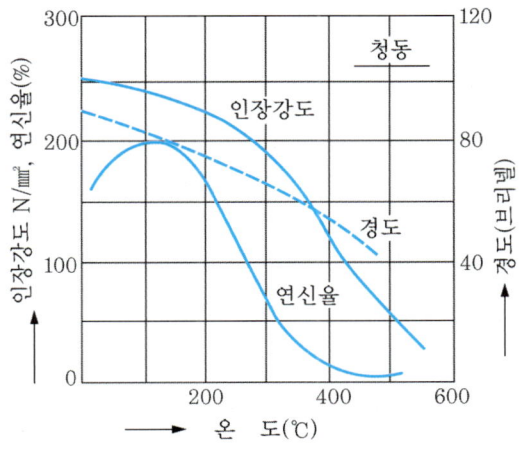

그림 5.38 청동의 고온강도

그림 5.38은 청동의 강도, 경도와 온도의 관계를 나타낸 것이다. 한편 전연성(malleability and ductility)은 일정한 온도까지는 크게 되나 그 이상으로 되면 오히려 감소한다. 강(steel)의 경우에는 약간 특수한 경우로 그림 5.39와 같이 인장강도는 200~300 ℃까지는 증대하며, 그것을 넘으면 급격히 감소한다. 그러나 항복점은 온도의 상승과 더불어 연속적으로 저하한다. 내열합금은 고온에 있어서 강도가 큰 합금으로, 합금강에서는 약 600 ℃까지 강도저하가 작다.

온도가 높아지면 슬립(slip)에 의한 소성변형이 쉽게 되기 때문에 항복점은 저하한다. 그러나 최대 항장력(인장강도)은 소성변형에 동반되는 가공경화 현상과 균일 신장에서 국부적인 신장으로 옮겨지는 현상과의 관계에 의해 결정되기 때문에, 인장강도는 온도에 대해 단순하게 변화하지 않고 온도와의 관계에서 최대값이 나타난다.

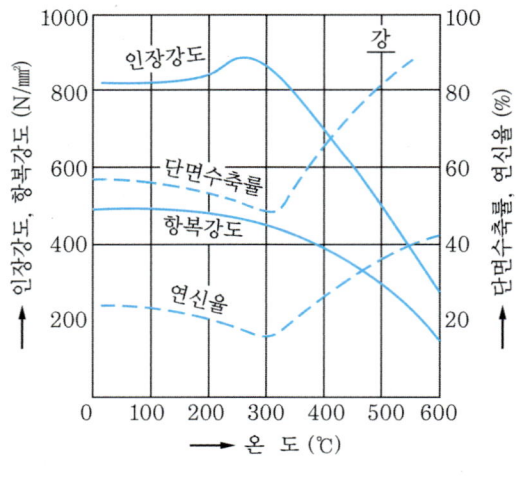

그림 5.39 강의 고온강도

가공에 의해 경화된 금속은 가열에 의해 연화한다. 따라서 고온의 인장시험에 있어서는 가공경화와 연화가 병행해서 일어난다. 고온이 될수록 연화가 현저하고 가공이 용이하게 되나, 다결정체의 금속은 더욱 고온이 되면 결정입계가 약하게 되어 변형능이 저하하여 취성적으로 파괴한다. 또한 강의 충격치와 온도의 관계는 그림 5.40과 같이 400~500 ℃의 온도에서 충격치가 저하한다. 이것을 청열취성(blue brittleness) 이라고 한다. 더욱 고온이 되어 1,000 ℃ 가까이 되면 다시 취성이 나타난다. 이것을 적열취성(red brittleness) 이라고 한다.

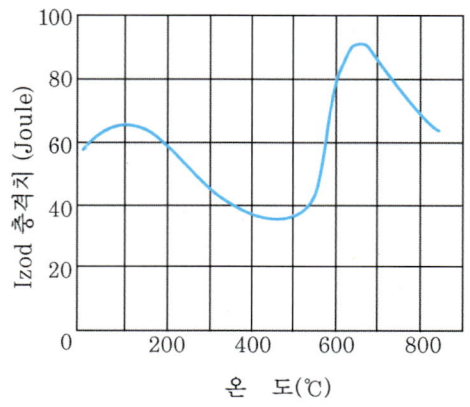

그림 5.40 연강의 고온 충격치

이와 같이 온도와 금속의 강도와의 관계는 복잡하기 때문에 고온에서 사용하는 금속의 취급 및 성형, 열처리를 위한 가열에는 주의가 필요하다.

5.6.2 재결정

금속을 소성변형시키면 그 성질도 변화하지만 가공경화는 특히 중요한 현상이다. 또한 변형된 금속 내부에는 응력이 남게 되고 변형에너지가 축적된다. 이와 같은 상태는 열역학적으로 불안정하기 때문에 안정화하려는 경향이 있다. 특히 온도가 높게 되어 원자운동이 격렬하게 되면 안정화가 촉진되어 내부응력이 제거되어 변형에너지가 감소한다. 이 현상을 **회복**(recovery)이라 한다. 회복의 단계에서는 현미경 조직, 기계적 성질이 현저하게 변화하지 않으나 더욱 고온이 되면 가공에 의해 금속 내에 생긴 원자배열이 흩어져 전위 등의 격자 결함이 이동·소멸되어 감소해서, 재배열되어 소성변형이 있기 전의 완전한 결정구조에 가까워져 간다.

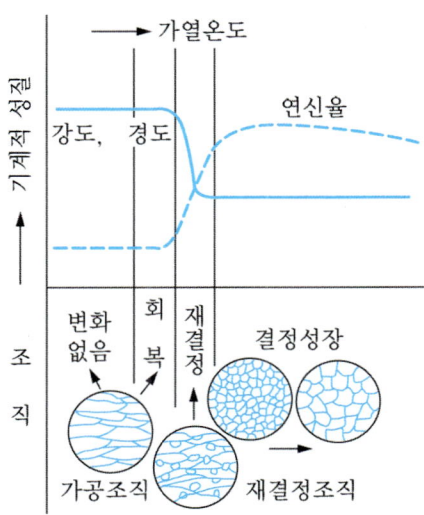

그림 5.41 냉간가공 금속의 가열에 의한 내부변화

재결정(recrystallization)은 소성변형에 의해 변형된 결정조직으로부터 새로운 결정핵이 생겨 발달하는 현상으로 온도가 높아지면 그 진행이 쉽게 된다. 재결정은 현미경 조직의 변화로서 관찰할 수 있으며, 이 현상에 의해 경도저하현상이 일어나

가공 이전의 상태로 가까워 간다. **그림 5.41**은 이들의 관계를 나타내고 있다. 재결정이 완료되면 가공에 의해 금속 내에 축적된 변형 에너지의 대부분이 해방된다.

금속의 종류에 의해 재결정이 일어날 수 있는 온도는 대개 결정되어 있는데 이것을 **재결정온도**라고 한다. **표 5.6**은 각종 금속의 재결정온도를 나타낸 것이다.

표 5.6 금속의 재결정 온도

금 속	재결정 온도(℃)
철	450
니 켈	600
동	200
은	200
알루미늄	150
아 연	30
주 석	0
납	-3

재결정이 완료된 후에는 인접 결정립 사이에서 반응이 일어나서 잠식하여 결정립이 조대하게 되어 간다. 이것을 **결정성장**이라고 하며, 성장에 의해 결정은 입계 에너지가 감소하여 보다 안정된 상태로 된다. 결정립의 성장에 의해 금속의 경도와 강도는 더욱 저하한다.

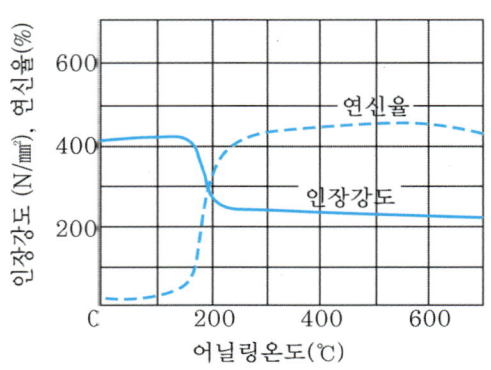

그림 5.42 동선(copper wire)의 재결정 어닐링

가공경화한 동선(copper wire)의 가열에 의한 기계적 성질의 변화는 그림 5.42와 같이 된다. 200 ℃ 이상의 온도에서는 재결정에 의해 연화된다. 또한 알루미늄 가공판의 예에서는 그림 5.43과 같이 회복과 더불어 완만한 경도의 저하가 일어나, 400 ℃에서 재결정에 의한 급격한 연화가 생긴다.

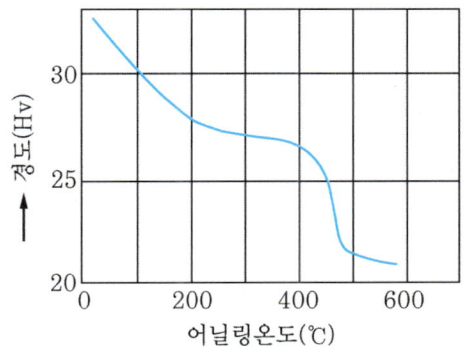

그림 5.43 알루미늄판 재결정 어닐링

열처리에 의한 회복, 재결정의 진행은 가공의 종류, 가공의 정도, 불순물의 함유량에 따라 영향을 받는다. 또한 어닐링(annealing)처리 온도가 높아지면 그 진행은 빨라진다. 특히 가공도가 커지면 재결정은 저온에서 일어난다. 그림 5.44는 가공도

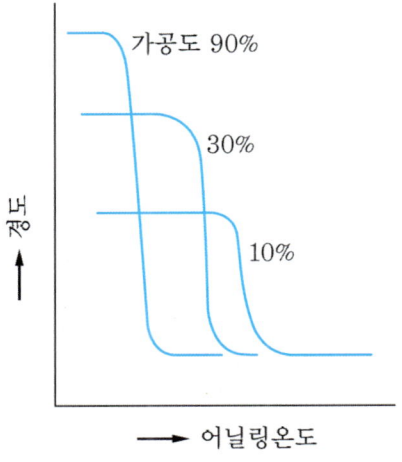

그림 5.44 가공도와 재결정 어닐링

가 다른 강판의 재결정 어닐링에 의한 경도변화의 예이다. 또한 순금속에 합금원소를 첨가하면 재결정온도, 연화곡선이 변화한다. 그림 5.45는 동(copper)에 니켈을 가한 합금의 예이다.

재결정의 경우에 금속이 받은 변형률이 클수록 다수의 핵이 생긴다. 따라서 가공도가 큰 금속의 재결정 조직은 미세한 결정의 집합으로 된다. 한편 가공도가 작은 금속의 재결정은 소수의 핵에서 발달하기 때문에 조대한 결정조직으로 된다.

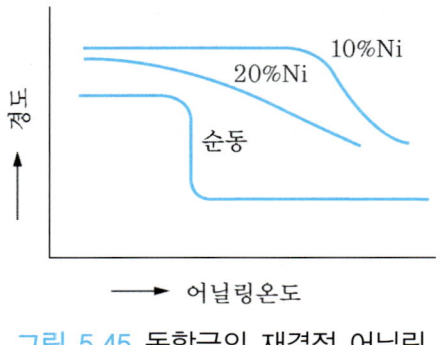

그림 5.45 동합금의 재결정 어닐링

그림 5.46은 강의 가공도, 온도와 결정립의 크기와의 관계로, 가공된 연강을 700~800 ℃로 가열하여 어닐링처리하면 조대결정의 취약한 조직으로 된다. 자동차용 얇은 강판의 중간 어닐링은 조대화를 피하기 위해 500~650 ℃의 저온에서 어닐링처리를 실시한다.

온도가 높은 상태에서 가공하면 가공경화와 더불어 재결정에 의한 연화가 진행하여 가공을 계속하는 것이 쉽게 된다. 따라서 재결정이 일어나는 온도에서의 가공을 고온가공이라고 하며 가공경화만이 일어나는 저온가공과 구별한다. 전자를 **열간가공**(hot working), 후자를 **냉간가공**(cold working) 이라고 하며, 재결정이 일어나는 온도는 금속에 따라 다르기 때문에 가공온도는 금속에 따라 지정되지 않으면 안 된다. 예를 들면, Mo의 경우는 800 ℃에서 가공하여도 냉간가공이다. 단조, 압연 등의 가공은 열간에서 행하는 경우가 많지만 끝내기 온도가 너무 낮으면 냉간가공으로 되어 경화되고, 너무 높아지면 결정의 성장에 의해 단조나 압연효과가 없어져 기계적 성질이 저하한다.

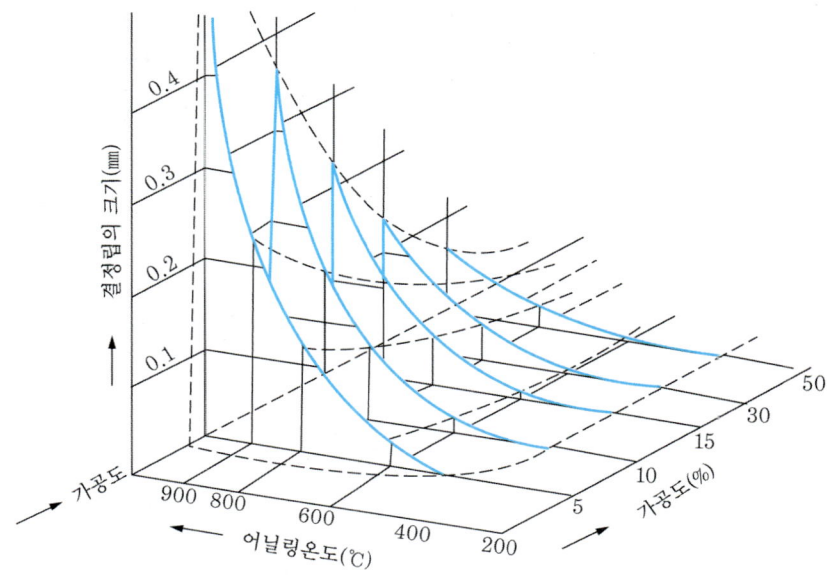

그림 5.46 재결정과 결정립도

5.6.3 금속의 크리프(creep)

일정한 응력을 받은 상태에서 재료가 시간의 경과와 더불어 천천히 변형이 증가해 가는 현상을 크리프(creep)라고 한다. 크리프는 금속 이외의 재료에서도 일어나며 특히 플라스틱 등에서는 상온에서 크리프가 일어나는 경우도 많다. 그러나 금속의 크리프는 납(Pb)을 제외하면 고온에서 진행하기 때문에 크리프에 대한 저항성은 고온에서 사용되는 금속의 중요한 성질이다.

크리프는 온도가 높을수록 또한 응력이 클수록 빠른 속도로 진행한다. 그 과정은 그림 5.47과 같이 변형률과 시간의 관계곡선으로 나타낼 수 있다. 이 곡선을 크리프 곡선이라고 부르며 몇 단계로 나뉘어진다. 최초의 부하에 의한 변형률 A, B는 순간변형이라고 부르며 탄성변형률이다. 이 상태가 계속되면 B, C의 제 1단 크리프가 발생하는데, 이 기간 동안은 시간에 대한 크리프 변형의 증가량, 즉 크리프 속도(creep rate)가 차츰 감소한다. C점은 최소크리프속도로 된 점이다. 이 제 1단 크리프는 천이크리프 또는 β크리프라고 불린다. 크리프 곡선의 직선부분 C, D는 제 2단 크리프를 나타내며, 이 구간에서는 크리프 속도가 일정하며 가장 낮은 속도로

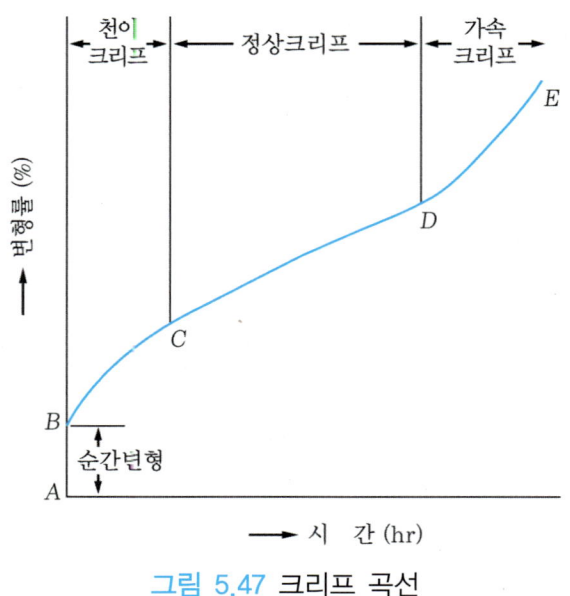

그림 5.47 크리프 곡선

되기 때문에 이것을 **정상 크리프** 또는 K크리프라고 한다.

금속의 크리프 특성은 정상크리프로 대표되는 경우가 많다. 어느 정도까지 크리프변형이 증가하면, 크리프 속도가 증대하여 최종적으로 파단에 이른다. 곡선 D, E는 이 구간의 변형률 변화를 나타내고 있다. 이 단계의 크리프는 제 3단 크리프로 가속 크리프라고 불린다.

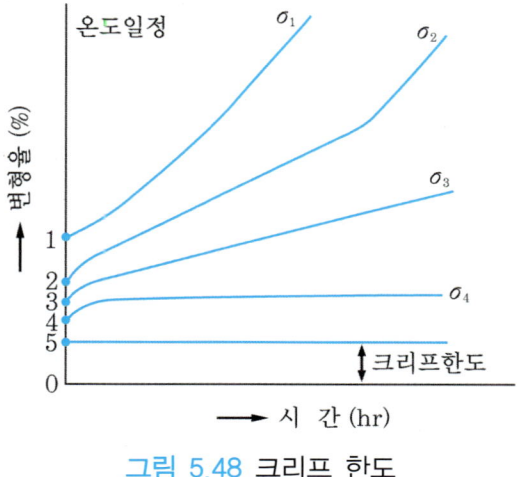

그림 5.48 크리프 한도

일정한 온도에서 응력을 변화시킨 경우의 크리프 곡선은 **그림 5.48**과 같이 변화한다. 고응력으로 될수록 짧은 시간에 정상크리프에 도달하며, 최소크리프 속도가 크게 된다. 반대로 응력을 감소해 가면 크리프가 일어나지 않게 된다. 이와 같이 해서 구한 크리프를 일으키지 않게 되는 응력의 최대값을 **크리프한도**(creep limit)라고 하며, 고온에서 사용되는 금속재료의 설계기준치로 사용된다. 온도가 높아질수록 크리프 한도는 저하한다.

그러나 금속의 크리프 한도는 고온이 되면 현저히 저하하여 단시간 고온강도의 몇 10분의 1에 도달하기 때문에 크리프한도를 설계치로써 이용하지 않고 사용상 허용하는 크리프의 정도를 정하여 이에 대응하는 응력을 가지고 **크리프 강도**로서 설계치로 하는 경우가 많다.

크리프 시험은 크리프 한도, 크리프 강도 등을 구하는 고온재료 시험이다. 표 5.7

표 5.7 금속재료의 크리프 강도

	온도 ℃	크리프 강도 N/mm²		
		1%/1,000 hrs	0.1%/1,000 hrs	0.01%/1,000 hrs
저 탄 소 강	450	186.2	144.0	91.1
Mo강	500 550 600	220.5 137.2 57.8	158.7 76.4 30.4	102.9 39.2 -
Cr-Mo강	500 550 600 650	338.1 117.6 65.6 48.0	219.5 72.5 49.9 -	109.7 - 34.3 -
18-8 스테인리스강	550 600 650 700	- - - -	120.5 82.3 48.0 27.4	- - - -
내열 Al합금	100 150 200 250	- - - -	237.1 138.1 60.7 38.2	- - - -

은 금속의 크리프 강도의 한 예이다. 순금속의 크리프에 대한 저항은 융점이 높고 원자결합이 치밀할수록 크다. 여기에 합금원소가 가해지면 일반적으로 크리프저항은 커지게 된다. 특히 분산된 탄화물, 질화물이나 금속간 화합물이 석출하는 조직의 합금은 크리프에 강하다.

이 밖에 여러 가지 요인이 크리프 강도에 영향을 미친다. 특히 결정입도의 영향은 저온, 단시간 강도의 경우와는 반대의 관계를 나타내며, 조대한 결정립 금속의 크리프 강도가 미세한 결정립 금속보다도 크다. 예를 들면 단결정의 크리프강도는 다결정 금속보다도 크기 때문에 진공관의 필라멘트 등에는 텅스텐의 단결정선을 이용한다.

5.6.4 크리프 시험

크리프시험에 사용하는 시험기는 그림 5.49와 같은 직립형 인장시험기로 가열로가 설치되어 있다. 하중장치는 지렛대 또는 추에 의한 간단한 구조로 되어 있다. 시험편은 보통 원봉 시험편으로 표점거리는 직경의 5배로 되어 있다.

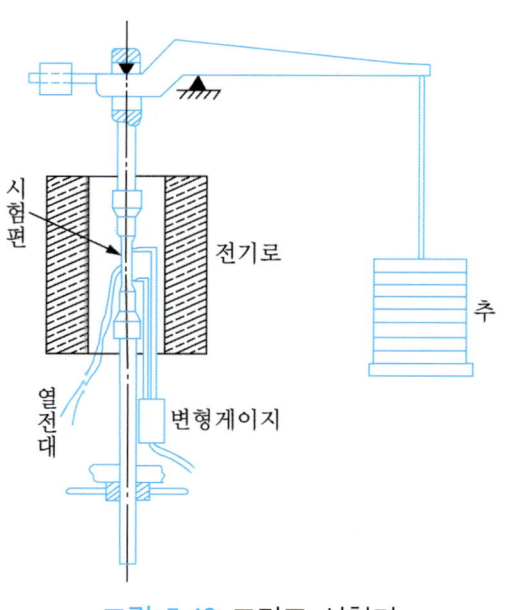

그림 5.49 크리프 시험기

크리프 현상의 측정은 고온에서 장시간에 걸쳐 변형률을 정밀하게 측정하지 않으면 안 되기 때문에, 정적인 단시간 시험에 비교하면 시험방법이 어렵고 주의깊게 실시하지 않으면 안 된다.

크리프 시험법으로서는 많은 방법이 규격화되어 있지만 크리프 강도의 결정은 대략 다음의 두 가지 방식에 따르고 있다. (1) 일정한 온도에서 하중을 가한 후 일정 시간범위에서의 평균크리프 속도(예: 0.005 %/hr)를 구해서, 그것이 규정값이 되는 때의 응력을 구한다. (2) 일정한 온도에서 비교적 장기간에 걸친 일정기간에 규정된 크리프 변형률(예: 1,000 시간에 0.1% 변형률)을 발생시키는 응력을 구한다. 여기서 (1)의 방법에 의해 구해진 크리프 강도를 일반적으로 크리프 한도라고 하며, 후자를 크리프 제한응력이라고 한다.

제6장 철강의 기초

6.1 철강재료의 분류

 탄소는 철강재료의 성질에 커다란 영향을 주는 가장 중요한 합금 원소이며, 철강재료는 이 탄소량에 따라 공업용 순철, 강 및 주철의 3종류로 대별된다. 그림 6.1은 Fe-C계 평형상태도를 나타낸 것으로, C가 약 0.02%이하인 Fe-C 합금은 거의가 α인 1상(phase)으로 되어 있다. 또한 C가 약 2.14%이상의 합금은 그 응고조직에 공정이 포함되며, C가 약 0.02~2.14%의 범위의 것은 γ상이 냉각변태된 조직으로 된다. 따라서 C가 약 0.02%이하인 Fe-C합금을 **공업용 순철**, C가 0.02~2.14% 범위의 것을 **강**(steel), C가 2.14%이상 포함한 것을 **주철**(cast iron)이라고 부른다.
 강은 중요한 합금원소로 탄소만을 포함한 탄소강(carbon steel)과 용도에 따라 특별한 성질을 가지도록 탄소 이외의 합금원소를 특별히 첨가한 합금강(alloy steel)으로 분류된다.
 강은 또한 보통강과 특수강으로 분류할 수가 있다. 보통강은 열간가공 후 공기 중에 방치하여 냉각시킨 상태나, 노멀라이징(normalizing) 처리와 같은 간단한 열처리 실시만으로 사용되는 강을 말하며, 특수강은 품질을 충분히 고려하여 제조함과 더불어 담금질(quenching), 템퍼링(tempering) 등의 열처리를 실시하여 재질을 개선시켜 강의 고유의 성능을 충분히 발휘하도록 하여 사용하는 강을 말한다.

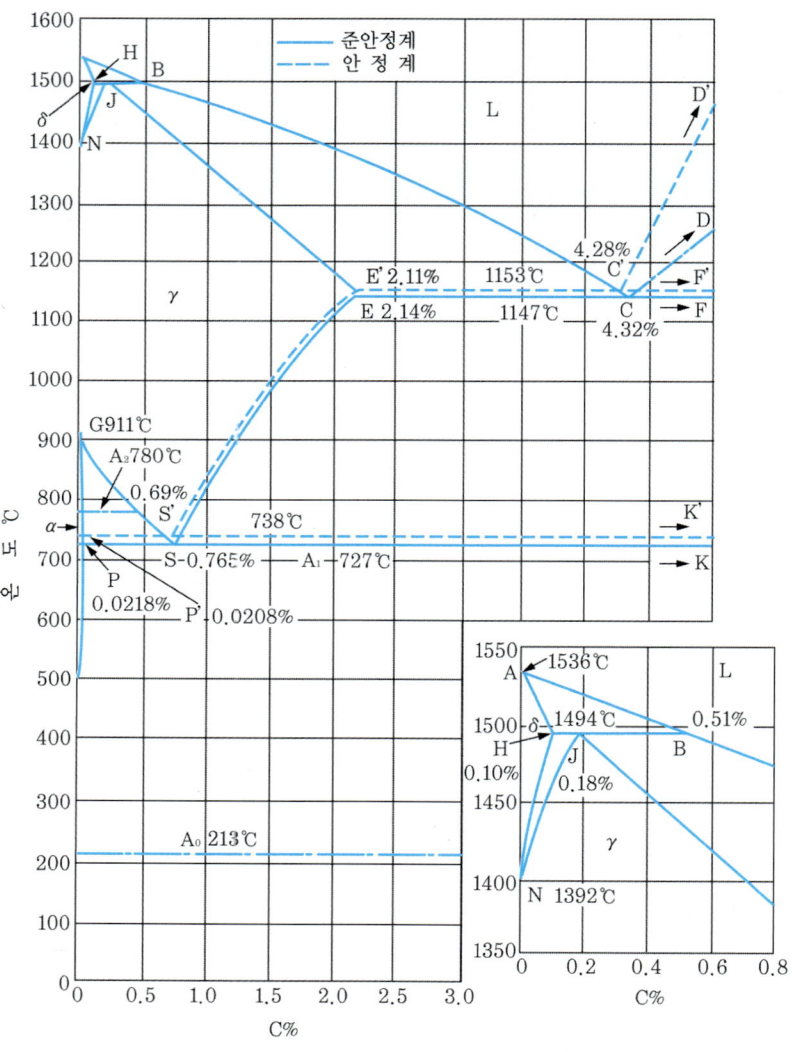

그림 6.1 철-탄소계 상태도

그리고, 강은 또한 제강로의 종류에 의해 전로강, 평로강, 전기로강으로 나누어지며, 그 밖에 잉곳(ingot) 제조시의 탈산방법에 의해 **림드강**(rimmed steel)과 **킬드강**

(killed steel) 등으로 불리는 경우도 있다.

림드강(rimmed steel)은 일반적으로 C 0.15 %이하의 저탄소강으로, 탈산제를 별로 가하지 않고 잉곳을 만들기 때문에 응고시에 용융강 중의 산소와 탄소가 결합하여 CO가스를 발생시켜 격렬한 비등작용(rimming action)을 일으켜 일부의 가스가 기포로 되어 강 중에 남게 된다. 편석(segregation)이 큰 반면, 강괴의 중심부에 수축공(shrinkage cavity)이 생기지 않는다. 내부의 기포는 압연에 의허 거의 압착되고, 표면층은 순철에 가까운 상태가 얻어지기 때문에 냉간 가공성이나 용접성은 좋으나 내부는 불균질이고, 절삭가공으로 표피를 깎아내면 내부기포가 압착된 불완전 부분이 표면에 나타나는 경우도 있다. 따라서 고도의 품질을 요구하는 기계구조용 등에는 사용되지 않는다.

킬드강(killed steel)은 Mn, Si, Al 등을 가해서 충분히 탈산시킨 것으로, 응고시에 가스방출이 없고 강괴 윗 부분에 수축공이 생기기 때문에 전체의 70~80 % 밖에 이용할 수 없으나 균질의 강재가 얻어진다. 그러나 최근 들어 연속주조(continuous casting)기법의 발달에 의해 유효이용 부분의 양이 크게 개선되었다.

림드강과 킬드강의 중간 정도의 탈산을 행하여 양자의 결점을 보완 개선시킨 것이 **세미킬드강**(semi-killed steel)이다. 그림 6.2는 림드, 세미킬드 및 킬드 강의 각각의 단면 모양을 나타낸 것이다.

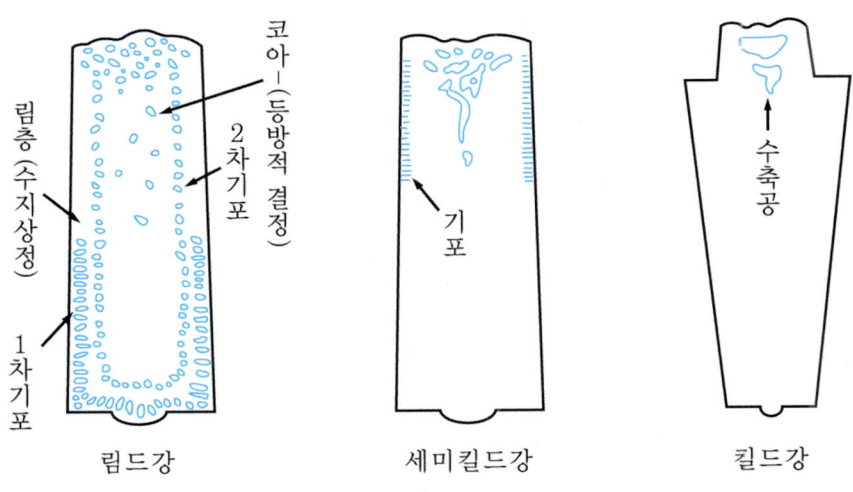

그림 6.2 강괴의 단면 모식도

강은 또한 용도별로 구조용강, 공구강 및 기타 특수목적용 강으로 분류되며, 각각은 더욱 세부 분류되지만 이들 각 용도별 강재의 성질에 대해서는 다음의 제9장에서 기술한다.

6.2 철강의 제조법

6.2.1 제선과 제강

(1) 제선

그림 6.3에 제철소에 있어서의 철강 1차제품의 제조공정을 나타내었다. 고로(blast furnace) 위쪽으로부터 철광석, 코크스, 석회석 등을 교대로 장입하여 하부의 송풍구로부터 열풍을 불어 넣으면 코크스의 연소에 의해 생긴 고온의 CO가스에 의해 철광석이 환원되어 슬래그를 분리하면서 용융한다.

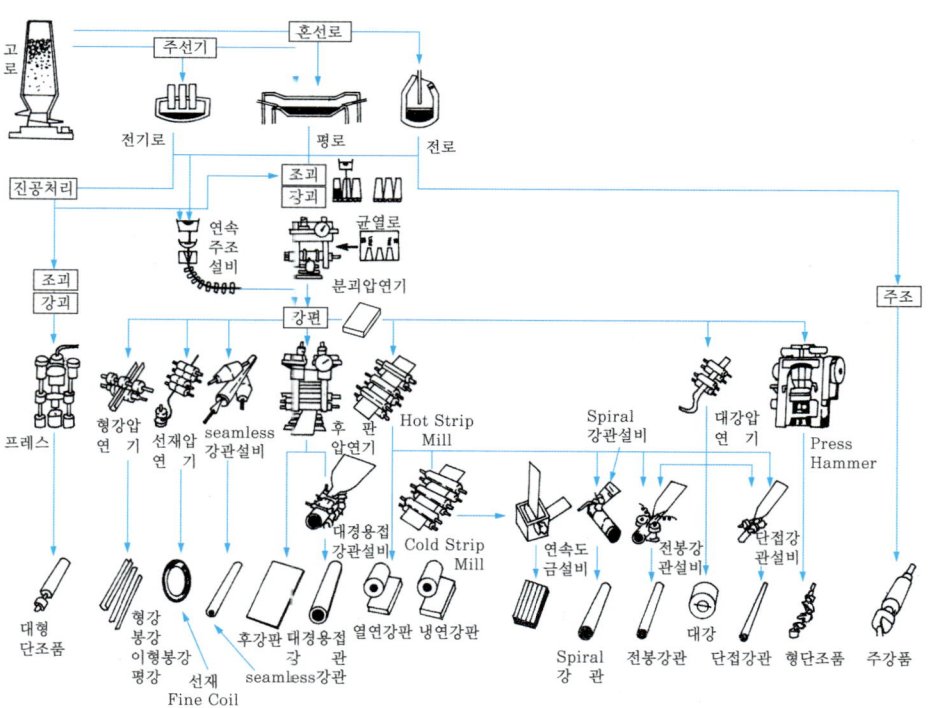

그림 6.3 각종 철강제품의 제조공정

이 결과 거의 포화상태인 3.5~4.5 %의 C와 그 밖에 Mn, Si 등이 노내의 조건에 따라 흡수된 선철이 노저로부터 나온다. 선철에는 필요에 따라 탈 S, 탈 P 등의 예비처리를 실시하여, 용융된 상태(melting iron) 또는 작은 덩어리의 상태로 주조하여 대부분이 제강용, 일부는 주물용으로 출하된다.

(2) 제강

제강은 주로 전로와 전기로에서 행한다. 전로에서는 용선(melting iron) 등의 원료를 장입한 후, 상부 또는 상·저부에서 순수한 산소를 불어넣고 플럭스(flux)를 가하여 C와 그 밖의 불순물을 산화시켜 제거 한다.

용선이 보유하는 열량과 산화 반응열만에 의해 정련(refining)이 행하여지기 때문에 연료를 필요로 하지 않고 생산성과 강의 질이 좋기 때문에 현재 국내 조강의 약 80 %가 이러한 고로-전로법에 의해 만들어지고 있다.

전기로에서는 노내에 장입된 고철과 소량의 냉선, 합금철 등의 원료를 흑연 전극과의 사이에서 발생하는 아크에 의해 용해하여, 정련용 부원료를 투입해서 정련한다. 고철을 회수 재생시키는 훌륭한 프로세스로 고로를 갖지 않는 제철소에서는 전부 이 방식에 의해 제강이 이루어진다.

6.2.2 진공 탈가스

제강을 끝낸 용강은 출강 시 레이들(ladle)에 옮기고 나서 그 안에 포함된 산소와 그 밖의 유해한 가스 성분을 제거하기 위해 탈산제를 가하여 탈산을 실시한다. 탈산제로는 산소와의 친화력이 강하고, 강의 성질에 영향을 주지 않는 Mn, Si, Al을 이용한다.

탈산제를 가하면 용강 중의 산소는 산화물로 되어 위로 떠서 슬래그로서 분리, 제거된다. 최후로 Al로 충분히 탈산한 알루미킬드강(alumi-killed steel)에서는 Al은 질소와의 친화력도 강하기 때문에 탈산에 이용되고 남은 Al이 용강 중의 질소와 화합해서 AlN으로 되어 강재 중의 고용질소량이 매우 적게 된다. 그 때문에 킬드강은 불완전 탈산의 림드강(rimmed steel)에 비해 고용질소에 기인한 시효성(4.3.4항)을 나타내지 않는다. 또한 AlN이 매우 미세하게 강 중에 분산되어 결정립의 미세화에 기여한다. 그러나 최근 강재에 요구되는 성질이 더욱 엄격히 되고 있기 때문에 유해가스 성분이나 비금속 가재물을 적극적으로 제거하여 화학성분의 조정이나 조직의 균일화를 기하기 위하여 탈산과 더불어 진공탈가스를 중심으로 하는 노외정련법이 많이 채용되고 있다.

그림 6.4는 진공 탈가스(vacuum degassing) 장치로 전기로 또는 전로에 의한 보통의 대기용해강을 잉곳으로 만들기 전에 진공중(감압상태)에서 탈가스하는 것으로, 대량생산하는 강을 대상으로 하여 보다 경제적으로 양질의 강을 얻기 위한 처리법의 일종이다. 또한 그림 6.5는 DH진공탈가스법(Dortmund Hörder사 개발)으로 레이들을 진공용기 아래에 설치하고, 진공 용기 또는 레이들을 상하로 하며 용강을 진공용기 내에 빨아올리는 조작을 되풀이하여 탈가스하는 방법이다.

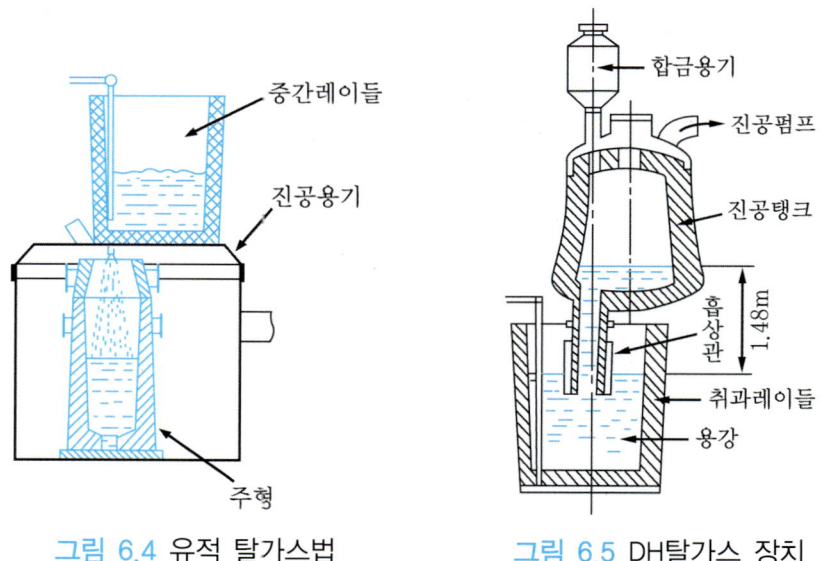

그림 6.4 유적 탈가스법   그림 6.5 DH탈가스 장치

용강의 진공 탈가스의 초기의 목적은 **백점**(flake)을 방지하기 위한 탈수소이었다. 백점은 대형 단조품 등에서 생기는 수소에 의한 미세 균열, 용강을 진공 탈가스처리하면 단시간 내에 수소량을 저감시켜 백점 기타의 수소에 기인하는 결함발생을 방지할 수 있다. 한편 용강에 탈산제를 첨가하면 이것과 가스와의 반응생성물이 대부분 부상하여 분리되나 일부는 강 중에 남아 비금속 개재물로 되어 강의 기계적 성질을 저하시킨다. 그러나 진공 탈가스는 탈산제를 첨가함이 없이 산소나 기타 가

스 성분의 농도를 저하시키는 유효한 수단으로, 가스 성분이나 비금속 개재물이 적은 기계적 성질이 우수한 강의 제조가 가능하다.

6.2.3 연속주조법

연속주조의 채용도 제강공정의 획기적인 개선효과를 가져 왔다. 재래의 제강공정에서는 정련을 일단 끝낸 용강은 전부 주형(거푸집)에 주입하여 강괴로 만든 후 이것을 다시 균일하게 가열한 후 압연공정을 거쳐 강편으로 만들었다. 이에 대해서 강괴의 제조-균일가열-압연의 순차적인 공정을 생략하여 쇳물받이인 레이들(ladle)의 용강을 연속적으로 직접 강편의 형상으로 주입하는 것이 연속주조(continuous casting)이다.

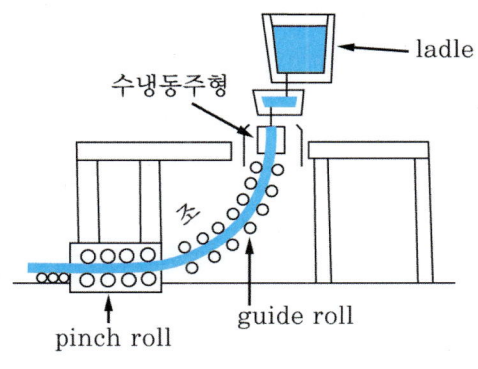

그림 6.6 연속주조법 설명도

그림 6.6과 같이 레이들의 용강이 중간 쇳물받이 역할을 하는 중간 레이들을 거쳐 상하로 운동하는 수냉 동(copper)주형에 연속적으로 주입되어 급랭된 후 인발 롤러에 의해 인발된다. 그리고 적당한 길이로 절단되어 강편으로 된다. 그러나 최근에는 연속주조 공정에서 제조된 강편을 그대로 열간압연으로 보내는 연주-압연 직결프로세스(직송압연)도 개발되어 있다. 연속주조에 의하면 강재의 낭비를 없이 하여 에너지 절약과 노동력을 줄일 수 있어 강편의 품질이 훌륭하기 때문에, 이 방법이 현재 대형 단조품이나 극후판을 제외하고 거의 전면적으로 채용되고 있다. 또한 현재의 단계에서는 불완전 탈산의 림드강을 연속주조하는 것은 경비 면에서도

곤란하지만, 이에 대체하는 것으로서 최소한의 Al만으로 탈산시킨 연속주조용 림드 대체강(약탈산강)이 개발되어 있다.

6.2.4 단강품, 주강품, 소결품

연속주조나 분괴압연으로 만들어진 강편을 그림 6.3에 나타낸 각종 압연 설비에 의해 강판, 형강, 봉강, 선재, 강관 등으로 가공한 압연강재가 수량적으로는 압도적으로 많으나, 다음에 설명하는 단강품, 주강품 또는 소결(sintering) 제품으로도 각각 많은 분야에서 이용된다.

(1) 단강품

단강품은 강괴 또는 각종 강편을 단조 가공한 것으로 철강, 전력, 선박, 자동차, 일반기계 등 각 방면에서 여러 가지의 용도를 갖고 있다. 이 중에서 발전기의 축, 터빈로터, 선박용 축, 후판 압연 롤러, 원자로 압력 용기 등의 대형 단강품은 최고 수백 톤의 대형 강괴를 수압이나 유압의 프레스로 주로 자유 단조하여 성형한다. 대형 단강품은 고도의 신뢰성을 필요로 하기 때문에 높은 인성(toughness)과 엄밀한 균질성, 청정성(비금속 개재물이 작을 것)이 요구되기 때문에, 진공 탈가스처리 외에도 진공 아크 재용해법(VAR), 일렉트로 슬래그 재용해법(ESR) 등으로 불리는 더욱 고도의 특수용해, 정련기술이 적극적으로 적용되고 있다.

한편 크랭크축, 차축, 치차 등의 중소형 단조품은 주로 진공처리하여 만든 강편에서 잘라 낸 소재를 프레스나 형단조하여 제작한다. KS규격에는 탄소강 단강품(SF 340A~640B) 외에 기계부품 및 압력용기와 그 부품용의 탄소강 및 합금강 단강품이 규정되어 있다.

(2) 주강품

주강품은 충분히 탈산하거나 진공처리한 용강을 주형에 주입한 것으로 단강품과 마찬가지로 공업전반에 걸쳐 많은 수요를 갖고 있다. 특히 후판 압연기용의 롤러 하우징(roller housing), 발전기나 터빈의 케이싱, 선체의 스턴프레임(stern frame)류와 같이 대형의 것이나, 형상이 복잡하거나 가공이 곤란한 것 등에 이용된다. 한편 양산형 주강품도 자동차 산업이나 기타에 이용되어, 제조조건이나 품질의 관리

로 높은 신뢰성을 얻고 있다

주강은 인성, 열처리성, 용접성 등의 면에서 일반의 강재와 같이 추급 될 수 있는 재료로 여기에 주철과 비교하여 용접성이 우수하여 용접 구조물로의 적용이 가능하다. 또한 압연 강재 등에서 결점의 하나로 되어 있는 기계적 성질의 이방성도 갖지 않는다. 한편 주강은 주철에 비하여 주조성이 나쁘기 때문에 주조방법이나 주조작업에 특히 주의를 필요로 한다. 재질적으로는 최근 성능이 향상되고 있는 구상흑연주철과 경합관계에 있다.

KS규격에는 일반 구조용의 탄소강 주강품(SC360~480) 외에 용접성이나 저온충격특성을 개선시킨 용접구조용, 고온고압·저온고압용, 원심력 주강관 등의 탄소강과 합금강의 주강품이 규정되어 있다.

(3) 소결품

소결은 그림 6.3에 나타낸 압연, 단조, 주조 등의 보통의 성형가공법과는 전혀 다르게 금속, 합금의 분말을 혼합하여 압축 성형 후 소결하여 만든다. 소결품은 W이나 Mo 등의 고융점 금속, 함유(oil-contained)베어링이나 필터 등의 다공질재료, 초경합금 등 재래의 방법으로는 제조 곤란한 제품과, 자동차 부품으로 대표되는 철계 소결 기계부품으로 대별된다.

이들 재료는 제조면에서는 절삭방법이 아니기 때문에 재료낭비를 줄일 수 있고 대량생산성, 높은 치수 정밀도 등에서 재질면에서는 용융가공재에 비하여 일어날 수 있는 편석이나 재료 이방성이 적다. 또한 S, Pb 등을 첨가하여 습동부로서도 탁월한 특성을 부여할 수 있는 이점이 있다.

표 6.1은 소결기계 부품으로서 많이 이용되고 있는 Fe-C, Fe-C-Cu 계통 등의 예를 나타낸 것이다. Cu는 소결시에 용융하여 소결을 촉진시켜 강도를 증가시킨다. 또한 Ni은 내피로성을, Cu와 Ni은 담금질성을 증가시킨다. 치차, 캠 등에서는 강도를 높게 하기 위해 고밀도화를 이루면 인장강도 300~400 N/mm^2 의 소결품이 될 수 있으며, 여기에 더욱 재압축, 재소결, Cu의 용해 침입, 담금질·노멀라이징 등을 실시하면 인장강도를 700 N/mm^2 이상으로 할 수가 있다. 한편 밀도를 낮게 하면 함유(oil-contained)성이 있어 bush 등에 이용할 수가 있다.

표 6.1 기계구조용 소결재료의 예

기호	합금계	밀도 (g/cm³)	인장강도 (N/mm²)	연신율 (%)	충격치 (J/cm²)	화학성분(%)				
						Fe	C	Cu	Ni	기타
SMF 3020	Fe-C	>6.4	>196	>1	>4.9	bal.	0.4~0.8	-	-	<1
SMF 3035	Fe-C	>6.8	>343	>1	>4.9	bal.	0.4~0.8	-	-	<1
SMF 4020	Fe-C-Cu	>6.2	>196	>1	>4.9	bal.	0.2~1.0	1~5	-	<1
SMF 4050	Fe-C-Cu	>6.8	>490	>1	>4.9	bal.	0.2~1.0	1~5	-	<1
SMF 5040	Fe-C-Cu-Ni	>6.8	>392	>1	>9.8	bal.	<0.8	0.5~3	2~8	<1
SMF 6065	Fe-C(Cu용침)	>7.4	>637	>0.5	>9.8	bal.	0.3~0.7	15~25	-	<4

최근 원료분말 제조 및 그밀도화 기술이 발전하고 소결단조, HIP소결 (열간 정수 가압소결) 등의 채용에 의한 소결기계부품의 고도화가 더욱 추진되고 있다.

6.3 탄소강의 평형상태도와 조직

이미 설명한 바와 같이 α철은 727 ℃에서 최대로 약 0.02 %의 C를 고용할 수가 있다. 이 α철에 C 또는 그 밖에 원소를 고용한 상태를 **페라이트**(ferrite)라고 부른다. 고용한도 이상의 C는 **시멘타이트**(cementite, Fe_3C)라는 단단한 화합물을 만든다. γ 철은 2.14 %까지의 C를 고용할 수 있으며, γ 철의 고용체는 **오스테나이트** (austenite)라고 불려진다.

그림 6.7은 그림 6.1 중 열처리를 이해하는 데 필요한 부분을 확대해서 나타낸 것이다. 0.765 %의 C를 포함한 Y조성의 오스테나이트를 서냉시켜 727 ℃에 달하면,

$$\gamma \longrightarrow \alpha(0.02\% \text{ C}) + Fe_3C(6.67\% \text{ C})$$

와 같이 오스테나이트는 2개의 고상으로 분해한다. 이것을 공석변태 혹은 A_1 변태라고 한다. 이 공석변태를 완료한 강의 조직은 그림 6.8과 같이 박판상의 페라이트와 Fe_3C상이 층상으로 배열되어 있으며, 이 조직을 **펄라이트**(pearlite) 라고 한다.

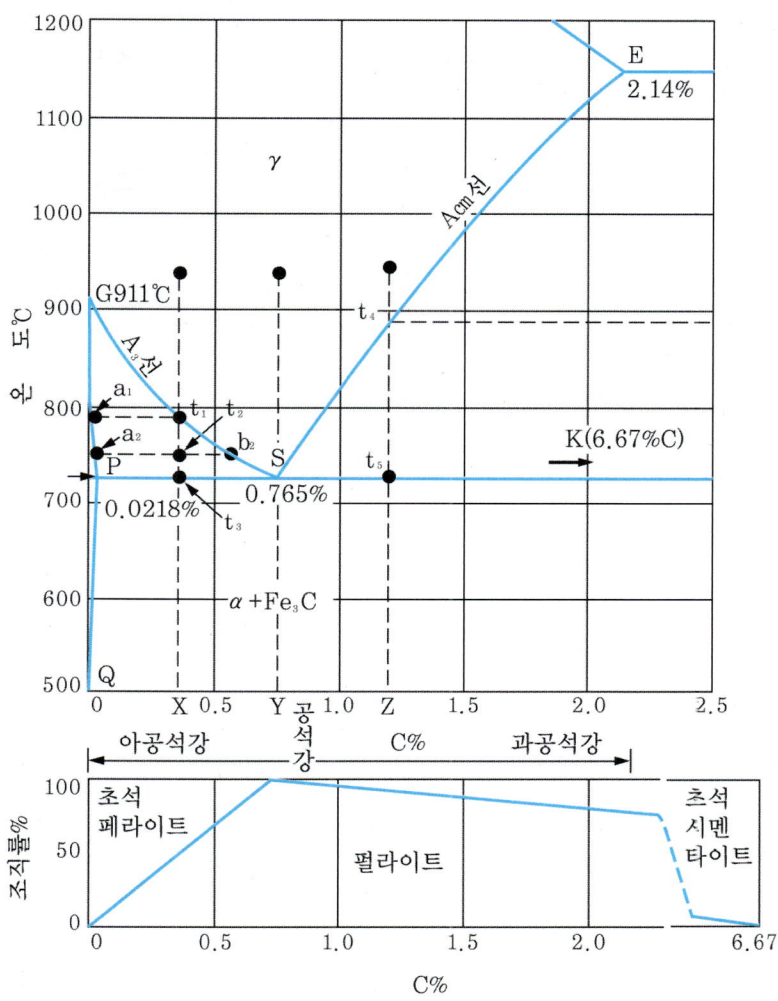

그림 6.7 철-시멘타이트계 상태도 중 오스테나이트변태와 관계있는 부분

또한 X조성의 강을 서냉시키면, A_3선과 만나는 온도 t_1에서 a_1의 조성을 갖는 페라이트가 석출한다. 온도가 강하함과 더불어 페라이트의 조성은 GP선으로, 오스테나이트의 조성은 GS선을 따라 변화한다. 그와 더불어 페라이트의 양은 점차 증가하며, 나머지 오스테나이트의 양은 반대로 감소한다. A_1점에 달하면 남아 있던 오스테나이트는 펄라이트로 변태한다.

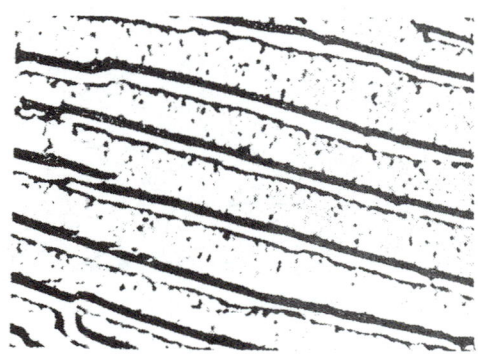

그림 6.8 약 0.8%의 C를 내포한 공석탄소강의 현미경조직
(펄라이트×1,500)

그림 6.9는 이와 같은 강의 조직을 나타내어 백색부는 공석에 앞서 석출한 초석 페라이트이며, 흑색부는 펄라이트로, 이 부분을 고배율로 관찰하면 그림 6.8과 같은 모양의 층상조직이 보인다.

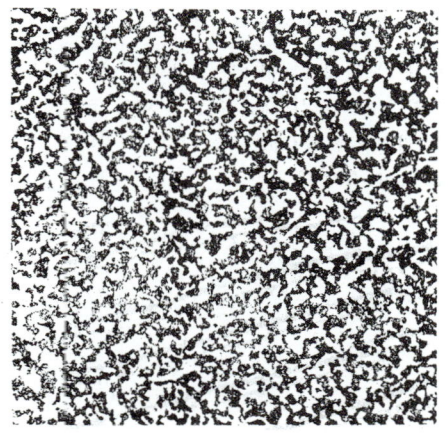

그림 6.9 0.4 %C 탄소강의 현미경조직(×100)

Z조성의 강의 경우는 A_{cm}선에 따라 시멘타이트가 석출하고, 나머지의 오스테나이트는 S점에서 펄라이트로 변태하며, 이때의 조직은 그림 6.10과 같이 흑색부의 펄라이트가 백색부의 그물형상의 시멘타이트로 둘러싸인 상태로 보인다.

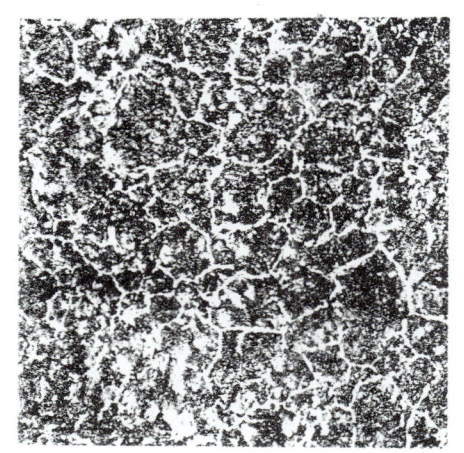

그림 6.10 1.5 %C 탄소강의 현미경조직

　공석 조성인 강을 공석강, 그보다 C가 적은 것을 아공석강, C가 많은 강을 과공석강이라고 한다.

　오스테나이트 상태로부터 서서히 냉각해서 얻은 위의 조직들은 상태도와 대조하여 포함된 C량에 의해 펄라이트, 페라이트 혹은 시멘타이트 성분량의 비율을 계산할 수 있으며, 역으로 C량의 추정도 할 수가 있다.

　이와 같은 조직을 표준조직이라고 하며, 그림 6.7의 하부에 각 조직 성분량의 비율과 C량의 관계를 나타내었다.

제 7 장

강의 열처리

7.1 강의 열처리 조직과 기계적 성질

7.1.1 강의 변태와 조직

앞서 기술한 바와 같이 오스테나이트 상태로부터 페라이트나 시멘타이트가 석출하거나, 또는 펄라이트로 분해할 때는 오스테나이트 중의 Fe 및 C원자가 확산에 의해 새로운 결정격자로 바뀌어 질 필요가 있으며 여기에는 시간이 걸린다. 그 때문에 냉각속도를 빠르게 하면 변태는 과냉되어 보다 낮은 온도에서 일어나게 된다. 또한 물 속 담금질(water quenching)과 같이 급랭시키면 확산에 의한 변태가 전혀 일어나지 않게 되는 경우도 있다.

그림 7.1은 공석강의 작은 시편을 여러 가지 방법으로 냉각했을 때의 변태의 양상을 길이의 변화에 의해 조사한 것으로 오스테나이트가 냉각되어 변태하면 팽창하는 현상을 이용한 것이다. 서냉할 때는 냉각변태 Ar_1과 가열변태 Ac_1과의 사이에 큰 히스테리시스(hysteresis)가 나타나지 않고 실온에서의 조직도 보통의 펄라이트로 되나, 공기 중 냉각을 하면 Ar_1 변태는 과냉되어 (Ar' 변태라고도 한다) 조금 낮은 온도에서 일어나게 되어 조직도 미세 펄라이트(fine pearlite)로 된다.

기름 중 냉각의 경우는 Ar' 변태도 완전하게는 일어나지 않고, 변태하지 않은 상태로 남아 있던 오스테나이트는 더욱 저온이 되고 나서부터 두 번째의 팽창을 나타낸다. 이것을 Ar'' 변태 또는 마르텐사이트(martensite) 변태라고 한다. 수냉과 같이 급속 냉각에서는 Ar도 완전히 저지되어 Ar'' 변태만 일어나게 되며, 그림 7.2에 표시한 것과 같은 매우 단단한 마르텐사이트 조직이 얻어진다. 이러한 조직을 얻기 위해 급랭하는 조작이 담금질이다.

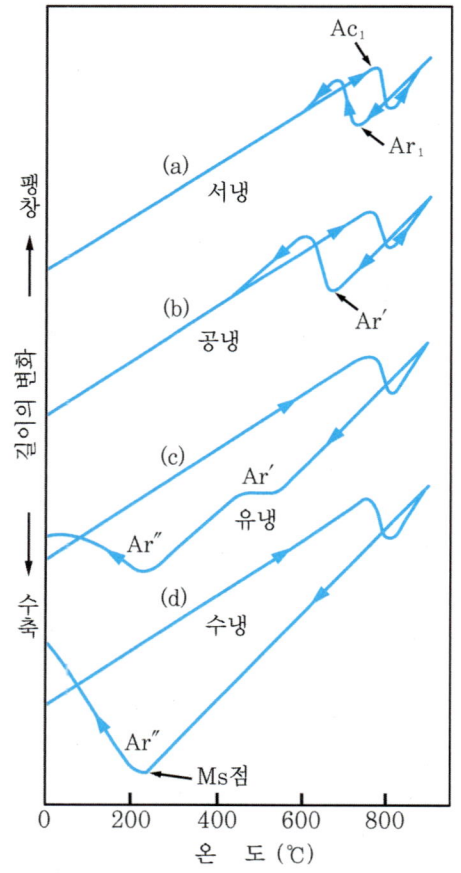

그림 7.1 공석탄소강의 직경 5 mm시험편을 오스테나이트 상태로 가열하여 냉각할 경우의 길이 변화

이와 같이 냉각 방법에 따라 여러 가지의 조직이 얻어지게 되나 같은 냉각방법이

라도 강의 부피가 커지면 냉각속도는 늦어지게 되고 마르텐사이트 조직은 얻어지기 어렵게 된다. 한편 강에 Ni, Cr, Mo 등의 합금 원소를 첨가해서 오스테나이트 속에 고용시키면 Ar'변태속도가 늦어지게 되어, 부피가 큰 부품이라도 또한 유냉이나 공냉과 같이 느린 냉각 속도에서도 Ar'변태가 저지되어 담금질 경화가 충분히 달성된다. 이러한 담금질을 비롯하여 철강에 소요의 성질을 부여할 목적으로 행하는 가열과 냉각의 여러 가지 조합을 열처리(heat treatment)라고 한다. 강에 적용되고 있는 중요한 열처리를 들면 다음과 같은 것이 있다.

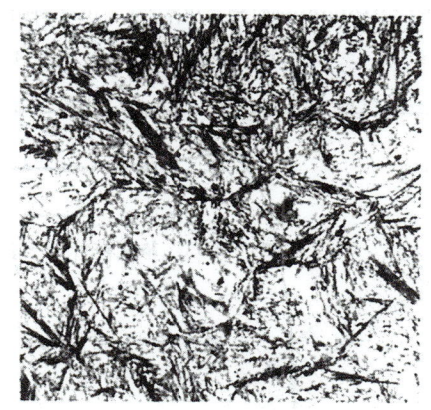

그림 7.2 0.8 %C를 포함한 탄소강의 조직
(935℃ 담금질 마르텐사이트) 500배

7.1.2 노멀라이징

노멀라이징(normalizing)은 강을 A_3선 또는 A_{cm}선 이상의 온도로 가열하여 오스테나이트 조직으로 한 후 공기 중에서 공냉하여 미세한 초석페라이트 또는 시멘타이트와 펄라이트의 혼합조직으로 변태시키는 조작으로, 그 목적은 앞서 행한 가공의 영향을 제거하고, 조직을 미세균질화하여 기계적 성질을 개선시키는 데 있다. 이러한 노멀라이징에 의해 강도와 인성이 함께 개선된다. 그림 7.3은 고장력강의 연성-취성 천이온도가 노멀라이징에 의해 크게 저하하는 것을 나타낸 것이다. 또한 표 7.1은 주강(cast steel)의 노멀라이징 처리에 의한 기계적 성질의 변화를 나타낸 것으로, 주조한 그대로의 상태에 비하여 연성, 인성(toughness)의 개선이 현저하게 이루어졌음을 알 수 있다.

표 7.1 0.11 %C의 주강을 노멀라이징할 때의 기계적 성질의 변화

	인장강도 N/mm²	항복점 N/mm²	연신율 %	단면수축률 %	충격치 J/cm²
주조상태 그대로	401	176	26	31	39.2
950℃ 노멀라이징	421	254	30	69	156

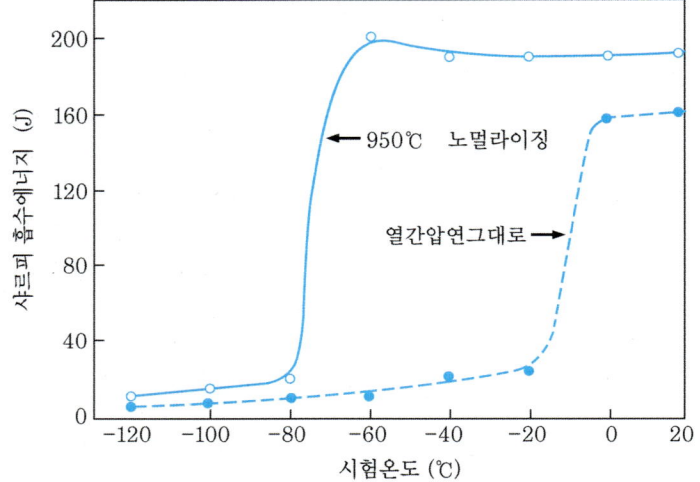

그림 7.3 고장력강의 노멀라이징에 의한 천이온도의 변화

7.1.3 어닐링

어닐링(annealing)은 강을 적당한 온도로 가열하여 그 온도로 유지한 후 서냉시키는 조작으로 그 목적은 내부응력의 제거, 경도의 저하, 절삭성의 향상, 냉간가공성의 개선, 결정조직의 조정 혹은 소요의 기계적·물리적 성질을 얻는데 있다. 그 목적이나 방법에 따라 여러 가지로 분류되나 이들 중 대표적인 것들을 들어 설명하면 다음과 같다.

① **완전 어닐링** : 충분히 연화시킬 목적으로 아공석강은 A_{c3}선 이상, 과공석강은 A_{c1}선 이상의 온도에서 충분한 시간을 유지시킨 후 극히 서서히 냉각시키는 조

작이다. 그림 7.4는 탄소강을 노멀라이징했을 때와 완전 어닐링했을 때의 인장성질과 탄소량의 관계를 나타낸 것이다.

② **응력제거 어닐링** : 단조, 주조, 기계가공, 용접 등으로 생긴 잔류응력을 제거할 목적으로 A_{c1} 이하의 온도로 가열, 서냉하는 조작

③ **저온 어닐링** : 내부응력의 저감, 또는 연화를 목적으로 하여 A_{c1} 점이하에서 행하는 어닐링

④ **구상화어닐링** : 소성가공이나 절삭가공을 쉽게 하거나, 또는 기계적 성질을 개선시킬 목적으로 탄화물을 구상화시키는 어닐링

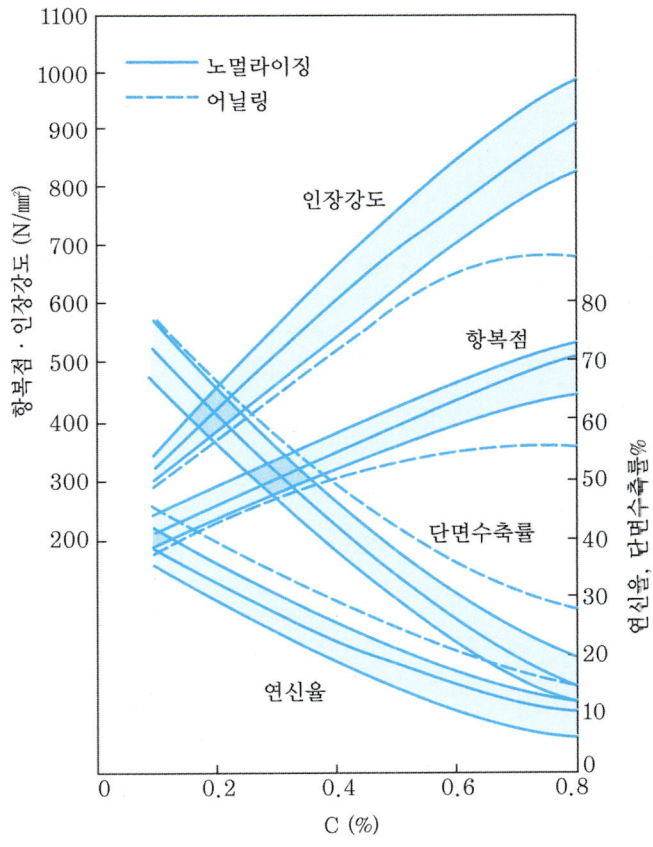

그림 7.4 어닐링 및 노멀라이징했을 때 탄소강의 성질과 탄소량의 관계

7.1.4 담금질

담금질(quenching)은 오스테나이트화 온도에서 급랭시켜 강을 마르텐사이트 조직으로 변태 시켜 경화시키는 조작이다. 그 목적은 강의 종류에 따라 2가지로 대별된다. 그 하나는 공구강의 경우로 다른 금속재료를 절단하거나 절삭하기 위해 가능한 한 경하고 또한 내마모성이 큰 것이 요구되므로 고탄소 마르텐사이트의 특징인 높은 경도를 그대로 이용하는 것이다. 또 한가지의 경우는 구조용강의 경우로, 이 때는 강도도 요구되지만, 오히려 그 이상으로 큰 인성이 요구되는 용도에 이용되기 때문에 일단 담금질 마르텐사이트 조직으로 하나 그 후 500-700 ℃라는 상당히 높은 온도에서 템퍼링(tempering) 처리를 하여 담금질 상태에 비하면 매우 낮은 경도와 강도상태에서 사용한다.

이와 같은 담금질·템퍼링의 조합을 조질처리(thermal refining)라고 부르며, 그림 7.5에 나타낸 것과 같이 단순한 노멀라이징 처리에 비하여 강도, 인성이 모두 매우 우수한 성질이 얻어진다.

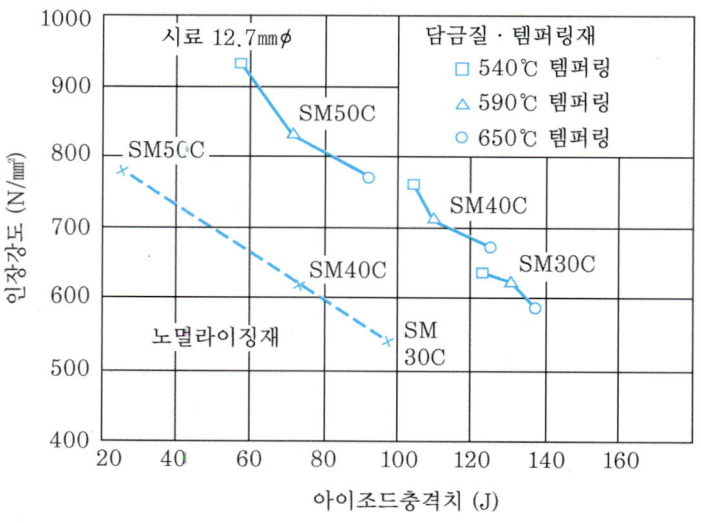

그림 7.5 기계구조물 탄소강의 기계적 성질

7.1.5 템퍼링

담금질에 의해 마르텐사이트로 된 강을 그대로 사용하는 경우는 드물고, 보통은 반드시 템퍼링(tempering) 처리를 실시한다. 그 중요한 이유로서는 다음과 같은 것을 들 수 있다.

① 담금질 상태로는 큰 내부응력이 존재하여, 끝맺음 가공이나 사용 중에 변형이나 균열이 발생하는 경우가 있다.

② 마르텐사이트 조직은 일반적으로 경하나 매우 취약하고, 또한 불안정 파괴가 일어나기 쉽고, 경한 것에 비하면 인장강도가 반드시 높지는 않으며 항복점이나 탄

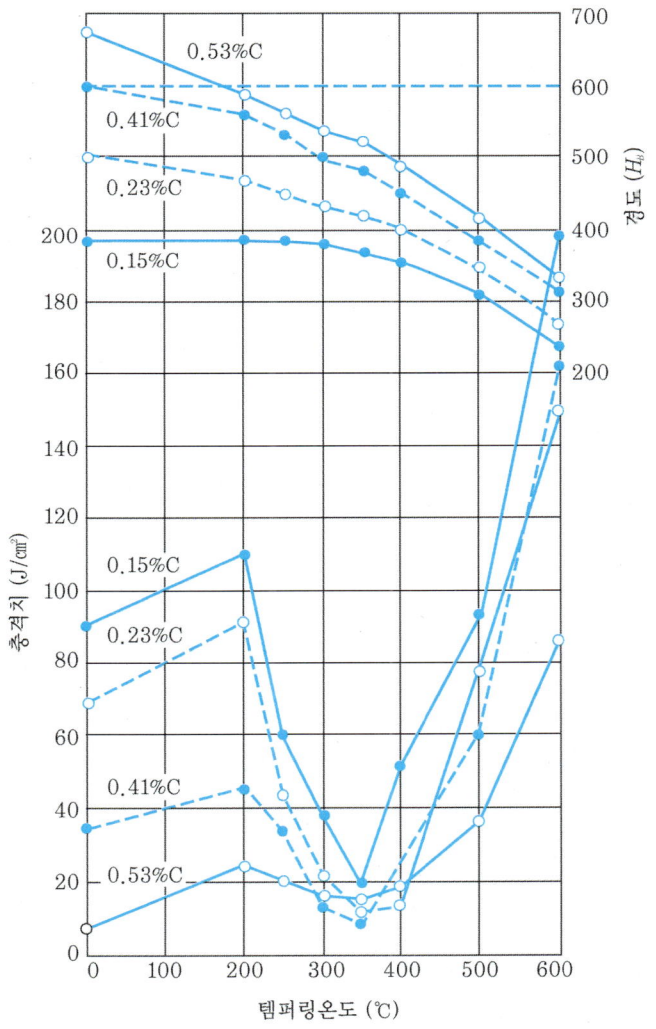

그림 7.6 탄소강의 템퍼링처리에 의한 충격치의 변화(2시간 템퍼링 후 수냉)

성한도도 낮다. 그러므로 용도에 따라 적당한 인성을 갖도록 하기 위해 템퍼링처리를 실시한다.

③ 마르텐사이트나 잔류 오스테나이트는 불안정하므로 사용 중에 상변화를 일으켜 강부품의 형상이나 크기에 뒤틀림을 발생시키기 쉽다.

이러한 이유에서 템퍼링이란 「담금질에 의해 생긴 조직을 변태 또는 석출을 진행시켜 안정된 조직으로 근접시킴과 더불어 내부응력을 감소시켜, 소요의 성질 및 상태를 갖도록 하는 것을 목적으로 하여 A_1선이하의 적당한 온도로 가열·냉각하는 조작」이라고 정의할 수 있다.

공구강(tool steel)과 같이 경도가 높은 성질을 필요로 하는 경우는 상기의 ③항에 중점을 두어 200 ℃ 이하의 저온 템퍼링처리를 실시하며, 구조용 강에서는 ②의 큰 인성을 중시하여 고온도 템퍼링을 실시하는 경우가 많다.

그림 7.6은 각종 탄소강의 템퍼링 처리에 의한 경도와 충격치의 변화를 나타낸 것으로 200-400 ℃의 템퍼링으로는 현저히 취약하게 되기 때문에 이 온도 범위를 피하지 않으면 안 된다. 또한 니켈, 크롬강과 같이 어떤 종류의 저합금강에서는 500 ℃부근에서도 취화가 일어난다. 이러한 것들을 템퍼취성(temper brittleness)이라고 한다.

7.2 오스테나이트의 등온변태

오스테나이트 상태의 강을 A_1변태점 이하의 어떤 일정 온도로 급랭하여 그 온도에서 유지하면 오스테나이트는 일정시간 동안은 어떤 변화도 일어나지 않고 준안정 상태로 존재하다가, 일정시간 후에 상변태를 시작하여 시간이 경과하면 변태를 완료한다. 이와 같이 오스테나이트를 일정 온도에서 유지한 상태에서 변태시키는 처리를 등온변태(isothermal transformation)라고 한다.

0.8 %C강인 공석강을 오스테나이트 상태로부터 A_1이하의 여러 가지 온도로 급랭하고 그 온도에서 유지하여 변태의 진행상황을 관찰하여, 변태 개시점 및 완료점을 측정한 후 온도와 시간의 함수로써 대수 눈금상으로 나타내면 그림 7.7과 같이 된다. 등온변태 온도가 A_1점보다 낮게 낮아짐에 따라 잠복기(incubation period)가 짧

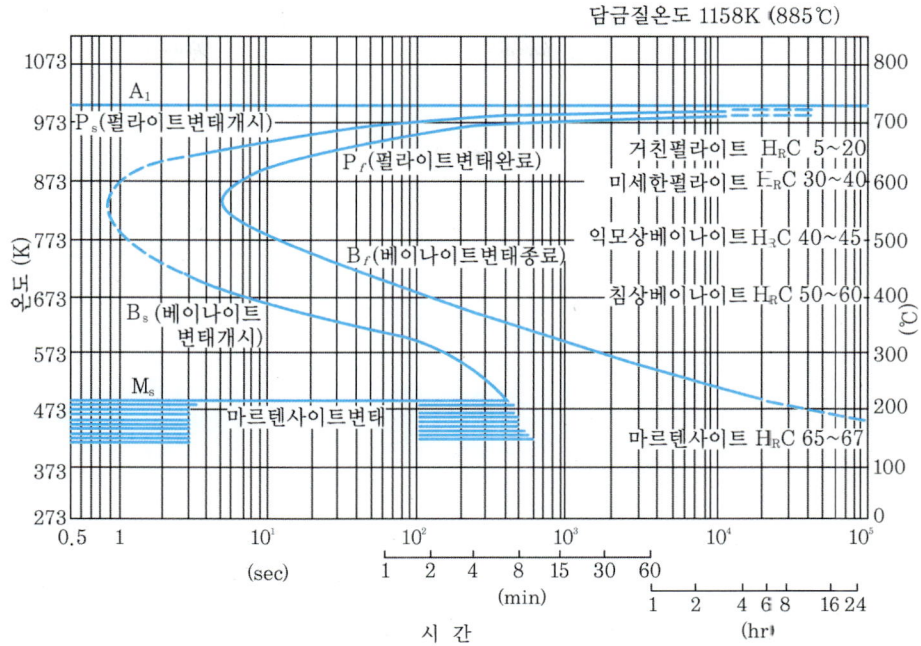

그림 7.7 공석탄소강의 등온변태선도

게 되어 823 K(550 ℃) 부근에서 가장 짧게 되고, 그 이하에서는 다시 길게 되어 C형의 곡선으로 된다. 따라서 493 K(200 ℃) 부근부터는 잠복기가 관찰되지 않게 된다. 이와 같은 선도를 **등온변태선도**(isothermal transformation diagram), **TTT곡선**(time-temperature-transformation diagram) 또는 **S곡선**이라고 부른다. 따라서 823 K(550 ℃) 부근에 있는 가장 변태가 빠른 곳을 **코**(nose) 라고 하며, 573 K(300 ℃) 부근의 비교적 오스테나이트가 안정되어 변태가 늦어지는 부분을 **베이**(bay)라고 한다.

   코 이상의 온도에서는 공석조성의 오스테나이트가 펄라이트로 분해한다. 한편 코 이하의 온도에서는 먼저 C의 확산이 일어나서 약간 C의 농도가 낮은 영역이 되고, 그것이 그대로 C를 과포화로 고용하고 있는 페라이트로 변태하며, 이 페라이트로부터 Fe_3C가 석출하는 과정을 밟아 결국은 페라이트와 Fe_3C의 혼합조직으로 되나, 펄라이트와는 상당히 다른 조직이 된다.

   이와 같이 변태기구가 펄라이트 변태와는 달리 코 이하의 온도에서 얻어지는 페라이트와 Fe_3C의 혼합조직을 **베이나이트**(bainite)라고 하며, 보통의 냉각에 의한 변태로서는 얻을 수 없는 조직이며 변태온도에 의해서도 상당히 다르다.

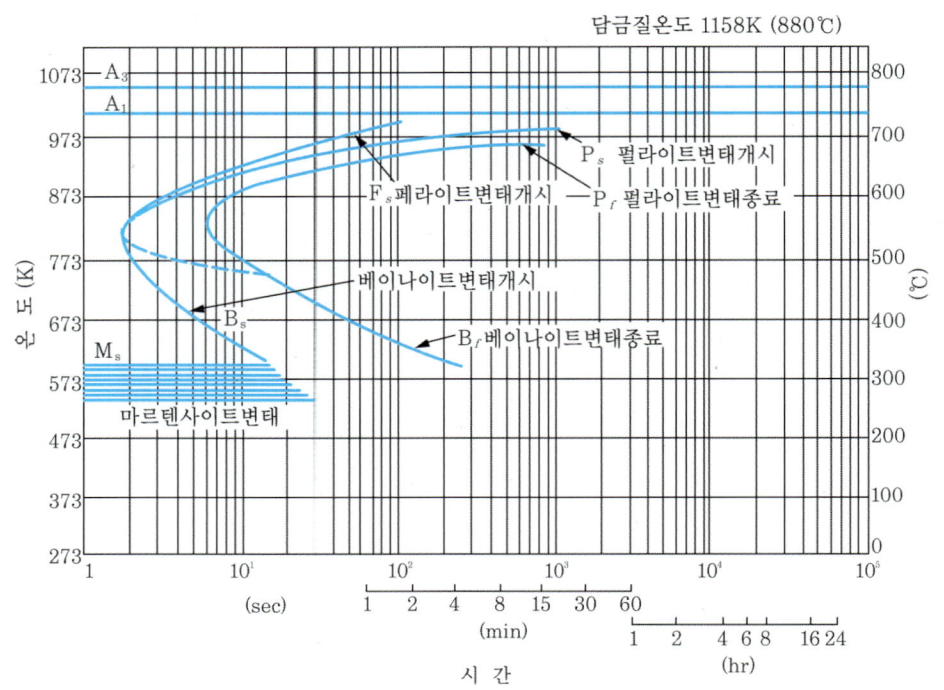

그림 7.8 0.44 %C강의 등온변태선도

아공석강이 되면 A_3변태에 의한 페라이트의 석출범위가 있다. 그림 7.8은 0.44 %C강의 경우로, 코 이상의 온도에서 먼저 페라이트가 석출하고, 그 후 펄라이트가 석출한다. 과공석강의 경우도 마찬가지로 펄라이트 변태에 앞서 Fe_3C가 석출한다.

Ni, Si, Cu 등과 같이 강 중에서 독자적인 탄화물을 만들지 않는 비탄화물 생성원소에서는 오스테나이트를 안정시키거나 C의 확산을 늦게 하는 작용에 의해 변태도 전체를 장시간 측으로 이동시켜 Ms점을 낮추어 준안정 오스테나이트 범위를 확대시킨다. 그러나 곡선의 형을 변형시키지 않고 그 이동도 그리 크지는 않다.

한편 Cr, Mo, V, W, Ti, Nb 등의 탄화물 생성 원소의 경우는 과냉오스테나이트를 안정하게 하거나, C의 확산을 느리게 함으로써 펄라이트 단계가 현저히 장시간

측으로 이동한다. 그러나 베이나이트 단계는 조금밖에 장시간 측으로 이동하지 않아 두 개의 C상의 변태곡선을 만든다. 또한 M_s점도 저온 측으로 이동한다. 그림 7.9는 Ni-Cr-Mo 강의 등온변태선도의 한 예이다.

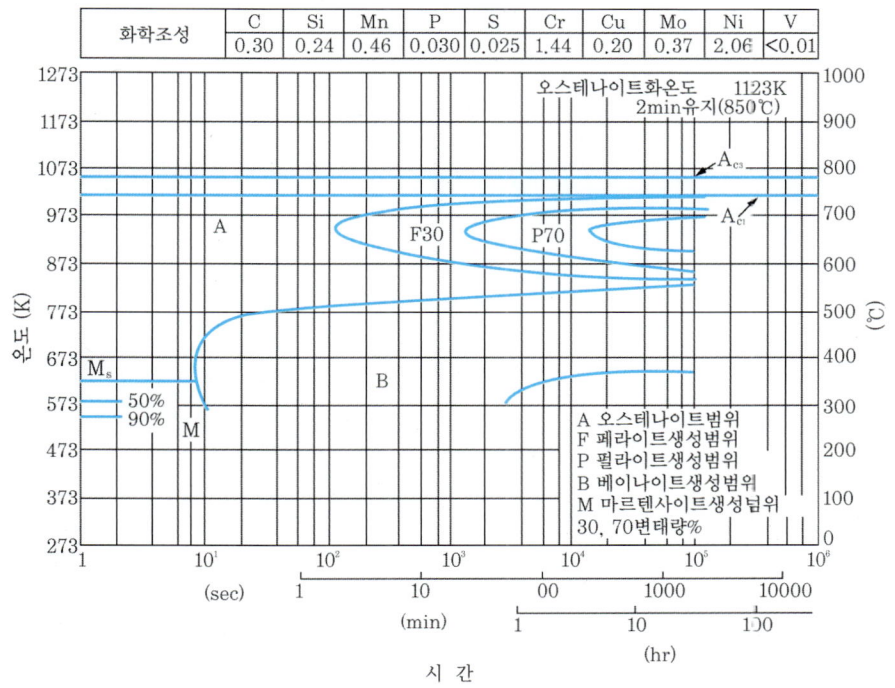

그림 7.9 Ni-Cr-Mo 강의 등온변태선도

7.3 오스테나이트의 연속냉각 변태

오스테나이트를 여러 가지 속도로 냉각하여, 변태의 개시점과 완료점을 측정하여 온도와 시간과의 관계를 대수눈금상에 나타낸 것을 연속냉각변태선도 (continuous cooling transformation diagram)라고 한다. 이것을 줄여서 CCT곡선이라고도 한다. 공석강의 경우를 나타내면 그림 7.10과 같이 되며, 그림 중 TTT곡선도 비교를 위해 나타내었다.

이 그림에 있어서 냉각곡선 (a)보다 늦게 냉각하면 P_s선에서 펄라이트 변태를 개시하여 P_f선에서 완료한다. 냉각속도가 빠를수록 미세한 P_s선에서 펄라이트 변태를 시작하나, AB선상에 이르면 변태의 진행을 중지하고, 그 상태에서 냉각되어 M_s점에 이르러 나머지의 오스테나이트는 마르텐사이트로 변태하며, M_f점에 이르러 완료한다.

따라서 이 경우는 마르텐사이트와 트루스타이트 (troostite, 미세 펄라이트)의 혼합상태로 된다. (b)보다 빨리 냉각하면, 오스테나이트는 M_s점까지 과냉되어 여기서 마르텐사이트 변태를 개시하여, M_f점에서 완료한다. 그 때문에 (a)로 표시된 냉각속도는 **하부임계냉각속도**이며, (b)의 속도는 **상부임계냉각속도**에 상당한다.

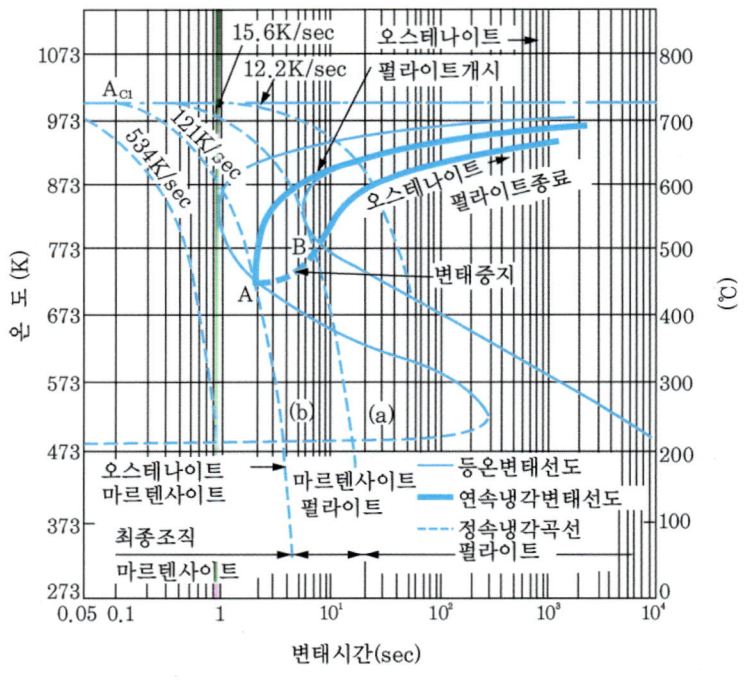

그림 7.10 공석탄소강의 연속냉각 변태도와 등온변태선도

CCT곡선에 미치는 여러 가지 합금원소의 영향은 등온변태선도의 경우와 거의 마찬가지이며, 화합물 생성원소를 포함하는 강에 있어서는 베이나이트의 단계가 분명하게 나타나게 되어 곡선은 복잡하게 된다. 그림 7.11은 Ni-Cr-Mo 강의 선도이며, 그림 7.12는 Cr-Mo강의 CCT곡선이다.

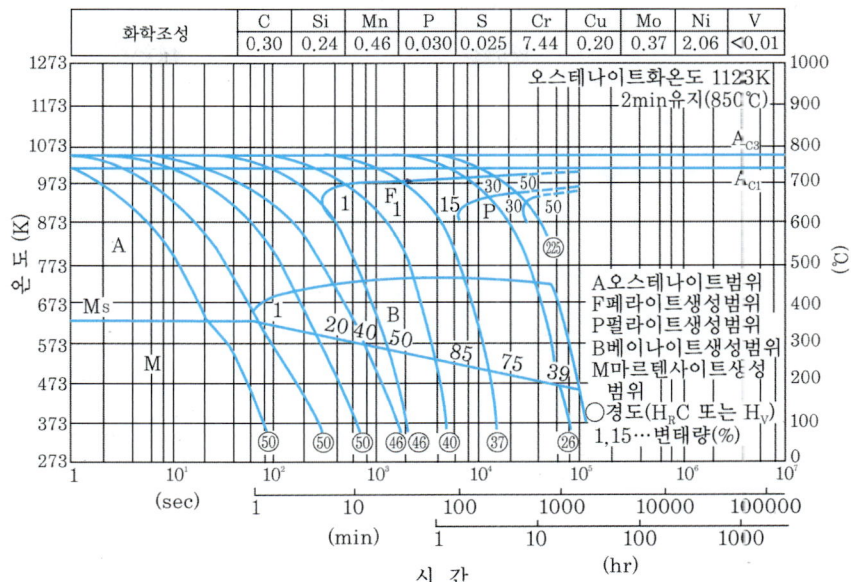

그림 7.11 Ni-Cr-Mo 강의 연속냉각 변태선도

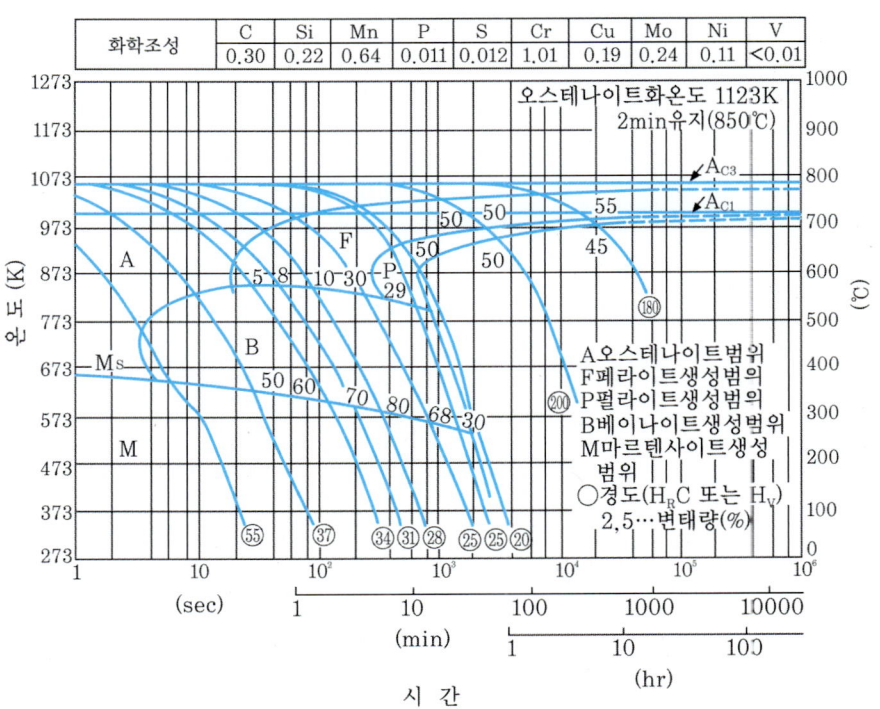

그림 7.12 Cr-Mo강의 연속냉각변태선도

CCT 곡선을 강재의 담금질에 이용할 경우, 냉각제 중에서의 냉각곡선은 일정속도의 냉각이 되지 않고 도중의 변태잠열(transformation latent heat) 때문에 냉각속도 상에 다소의 변화가 나타난다는 사실을 고려할 필요가 있다.

또한 CCT곡선은 강재의 용접시 잘 이용되고 있다. 이 경우에는 용접 열로 1,573 K(1300 ℃) 부근까지 가열된 부분이 주위의 찬 부분에 의해 열을 빼앗겨, 급랭되어 조직변화를 일으키기 때문에 그러한 조직변화를 추측하기 위해서 이용된다. 냉각시의 냉각속도는 판두께, 용접법, 용접전류, 판의 예열온도 등의 용접조건에 의해 매우 다르게 된다. 그러나 이들의 조건이 설정되면 일정온도 구간의 냉각시간이 구해지는 실험식이 있기 때문에 냉각조건과 CCT곡선으로부터 이들 조직을 예측하는 것이 가능하게 된다.

7.4 마르텐사이트 변태

오스테나이트를 임계냉각속도 이상으로 급랭하면 A_3변태나 A_1변태는 저지되어, 상태도에서는 나타나지 않는 새로운 상이 Ms점 이하의 온도 영역에서 생성된다. 이것이 마르텐사이트(martensite)이며 오스테나이트와는 결정구조만 다를 뿐이고 화학성분은 똑같다. 즉, 마르텐사이트는 C를 과포화상태로 고용한 일종의 α-고용체로, 단상이며, 마르텐사이트 변태에는 C또는 합금원소의 확산을 필요로 하지 않고 농도변화를 동반하지 않은 채 격자만을 변화시키는 무확산 변태이다. 즉 일종의 전단변형을 일으킴으로써 변태한다. 철 마르텐사이트는 일반적으로 경도가 높고 그 경도는 C함량이 많을수록 높다. 마르텐사이트 결정립의 생성속도는 매우 빠르며 10^{-7}초 정도라고 알려지고 있다. 그 때의 마르텐사이트-오스테나이트 경계의 이동속도는 탄성파의 1/3 정도로 약 10^3/sec에 달한다.

이와 같이 마르텐사이트는 많은 경우 폭발적으로 생성되지만 의외로 서서히 변태가 진행하는 경우도 있다. 전자를 급전변태(umklappung)라고 하며 후자를 습동변태(schiebung) 라고 한다. 마르텐사이트 변태에는 정벽(crystal habit)면이 있어서 오스테나이트와는 일정한 결정학적 방위관계가 있다. 또한 변태에 의해 표면기복

(surface relief)을 일으킨다.

　실제로 열처리시 급랭에 의해 마르텐사이트 변태를 일으키면 내부응력이 발생하게 되는데, 이 때 발생되는 응력은 열 수축에 의한 열응력과 마르텐사이트 변태에 기인하는 변태응력이 합성된 상태로 나타난다.

　먼저 열응력은 급랭시 소재의 표면부와 중심부의 냉각속도의 차에 의해 유발되는 것으로 표면부는 중심부보다 빨리 냉각되어 먼저 수축되어 경하지 되고 중심부는 나중에야 냉각되어 수축하기 시작하려고 하나 표면부의 경한 부분에 의해 구속되기 때문에 표면부에는 압축잔류응력이, 중심부에는 인장잔류응력이 생긴다.

　또한 마르텐사이트 변태시는 큰 팽창을 동반하기 때문에 표면부가 마르텐사이트 변태를 시작함에 따라 중심부에 인장에 의한 소성변형이 생긴다. 온도저하에 따라 중심부는 그 후에 변태하여 팽창하려고 하나, 그 때 표면부의 경한 부분 때문에 충분한 변형을 하지 않으므로 표면부에 인장응력이, 중심부에 압축응력이 각각 잔류하게 된다.

　실제로 강을 급랭하여 담금질하면 열응력과 변태응력이 중첩되는 외에 잔류 오스테나이트를 다소 동반케 되기 때문에 잔류응력의 분포는 매우 복잡하게 된다.

　고탄소강의 경우 담금질시 저온이 될수록 소성변형이 일어나기 어렵게 되기 때문에 위에서 설명한 잔류응력과 중첩되어 균열이 발생되기 쉽게 된다. 이것을 방지하기 위해 등온변태 열처리(isothermal transformation heat treatment) 방법이 이용된다.

7.5 등온 열처리와 가공 열처리

　담금질시 소재의 표면부와 중심부의 냉각속도의 차에 의해 발생되는 균열을 방지하기 위해서는 (1) 강을 먼저 물 속에 담금질하여 TTT선도의 코 이하의 온도이면서 M_s점보다 높은 온도까지 급랭 후, 공기 중에 끌어내어 그 상태로 공랭하든가, 유냉하여 마르텐사이트 생성영역에서 서서히 냉각시킨다. 이 방법을 단계 담금질, 또는 중단 담금질(interrupted quenching)이라 하다. (2) 강의 형상이 복잡하고, 살

두께가 균일하지 않는 경우는 그림 7.13과 같이 Ms점 부근의 온도에서 유지하여 열욕(hot bath)에 담금질하고, 부재 전체의 온도가 거의 욕(bath)의 온도에 달한 후 끌어내어 공냉해서 표면부와 중심부에서 동시에 마르텐사이트 변태를 시킨다. 이러한 방법을 **마르퀜치**(marquench) 또는 **마르템퍼**(martemper)라고 한다. (3) 그림 7.13에 동시에 표시한 바와 같이 Ms점 직상의 온도인 열욕에 담금질 또는 유지하면 베이나이트가 서서히 생성하기 때문에 응력의 발생이 현저히 경감된다. 이것을 **오스템퍼**(austemper)라고 한다. (4) 담금질부품의 각에 라운딩을 한다. (5) 급격한 단면형상의 변화를 될 수 있는 한 피한다. (6) 필요 이상의 고탄소강을 사용하지 않도록 한다. (7) 표면층을 고탄소상태로 하여 변태의 시차를 적게 한다. (8) 담금질 후 될 수 있는 한 빨리 템퍼링 처리를 하여 잔류응력을 완화시키는 것 등이다.

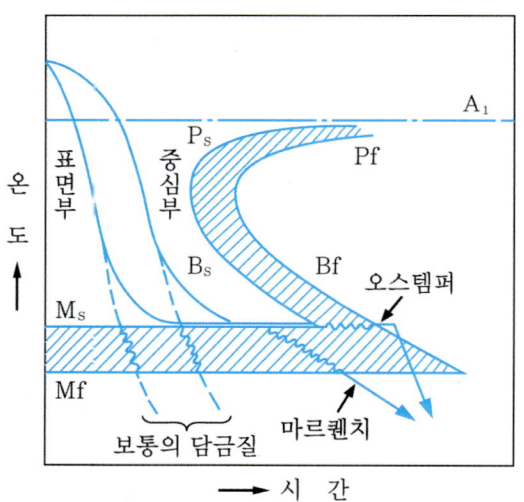

그림 7.13 담금질 및 오스템퍼 처리의 설명도

원래 형상을 만들기 위한 소성가공법과 재질을 개선하기 위한 열처리와는 전혀 별개의 것으로 생각되어 실시되어 왔으나, 최근 응력과 열을 유기적으로 조합시켜 재질을 개선시키는 방법이 개발되어, 특히 강인화를 위해 고온영역에서 소성가공을 이용하게 되었다. 이것을 **가공열처리**(thermomechanical treatment)라고 한다. 가공열처리에는 가공을 변태의 전이든가, 후 또는 그 도중에 행하는 것 등 여러 가지의 방법이 있다. 또한 이용하는 변태에 있어서도 오스테나이트→마르텐사이트 변태인가, 오스테나이트→펄라이트 변태인가, 오스테나이트→베이나이트 변태인가 등에 의해 다음과 같이 분류된다.
(1) 변태 전의 가공
① 안정오스테나이트(Ae 이상) 영역에서 가공 후 급랭하여 마르텐사이트 변태
② 준안정 오스테나이트($Ae \sim Ms$) 영역에서 가공 후 급랭시켜 마르텐사이트 변태
③ 준안정 오스테나이트 영역에서 가공 후 오스템퍼처리
(2) 변태도중의 가공
① 마르텐사이트 변태도중에서 가공
② 펄라이트 변태도중에서 가공
(3) 변태 후의가공
① 마르텐사이트를 가공
② 템퍼마르텐사이트를 가공
③ 펄라이트 또는 베이나이트를 가공

이들의 가공 열처리의 적용에 있어서는 그 강재의 TTT곡선과의 대응이 필요하며, 이미 실용화되어 있는 것과 연구개발 도중에 있는 것이 있다.

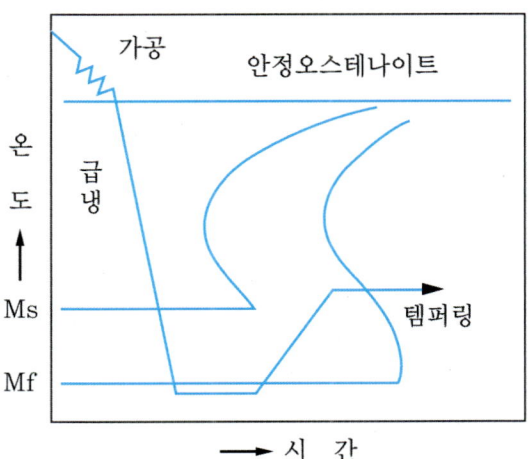

그림 7.14 안정오스테나이트 영역에서의 가공(가공담금질)

그림 7.14에 표시한 가공법을 가공담금질이라고 하며, 담금질성이 좋지 못한 강

에 적용하여 좋은 성과를 얻을 수 있다. 그림 7.15는 가공담금질보다 약간 낮은 온도에서 가공하여 등온변태를 일으키는 것으로 결정립의 미세화에 의한 강인성의 향상을 기대할 수 있다.

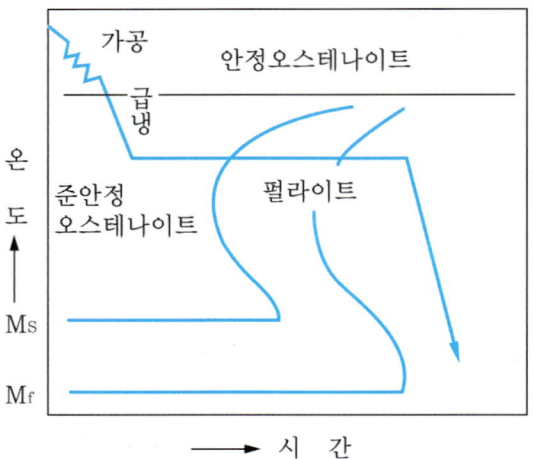

그림 7.15 안정오스테나이트 영역에서의 가공(아열간가공)

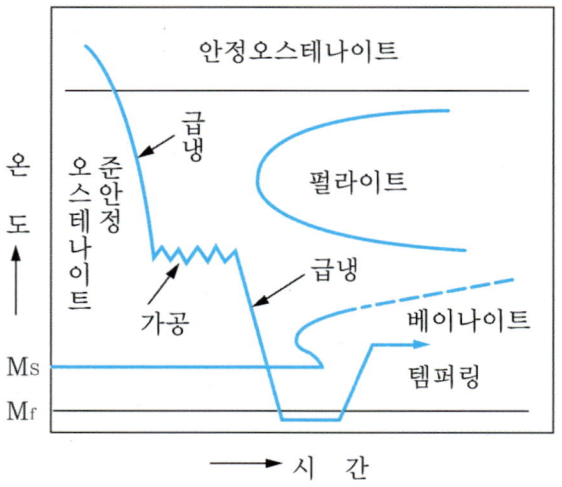

그림 7.16 준 안정오스테나이트 영역에서의 가공(오스포밍)

그림 7.16은 가장 중요한 열처리로 **오스포밍**(ausforming)이라고 하며, 이 처리를

시행하면 인성이 저하됨이 없이 강도를 50~60 % 향상시킬 수 있다.

그림 7.17의 오스롤(ausroll)은 오스포밍과 같은 방식으로 베이나이트 변태가 촉진된다.

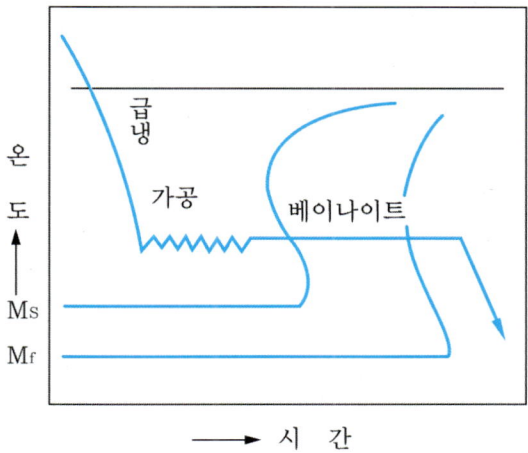

그림 7.17 준 안정오스테나이트 영역에서의 가공(오스롤 템퍼)

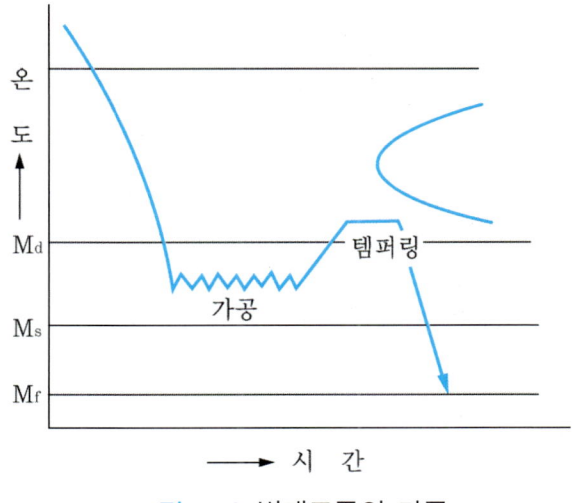

그림 7.18 변태도중의 가공

그림 7.18과 그림 7.19는 변태도중에 가공을 조합시킨 처리방법이다. M_s점 이상의 온도에서 오스테나이트 조직의 강을 소성가공하면 오스테나이트가 마르텐사이

트 변태를 한다. 이 변태가 일어나는 한계의 최고 온도를 Md점 (Md point)이라 하며, 당연히 Md점은 Ms점보다 높은 온도가 된다.

이와 같이 가공에 의해 일어나는 변태를 **가공유기변태**(strain induced transformation) 라고 한다. 그림 7.18은 이것을 나타내며, 17-7 PH스테인리스강이나 마르에이징강 등은 이러한 가공유기변태를 이용하고 있다. 그림 7.19는 600 ℃의 항온에서 준안정 오스테나이트를 가공하여 가공도중에 변태를 시키는 것으로 인성이 현저히 개선된다. 이것은 저합금강에 많이 이용된다.

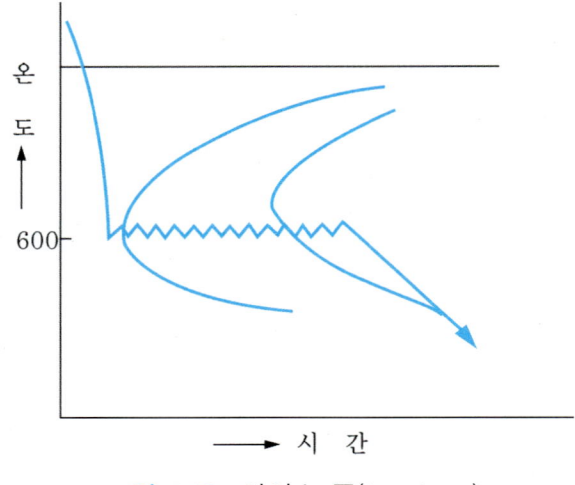

그림 7.19 아이소 폼(iso-form)

변태 후의 가공으로는, 극저탄소 합금의 마르텐사이트는 연하고 가공이 가능하여 이 경우에 실시되고 있으며, 또한 Ni을 포함하고 있는 마르텐사이트도 마찬가지로 마르텐사이트 가공이 가능하다.

제8장 강의 표면강화 및 표면개질법

8.1 강의 표면경화

8.1.1 표면경화의 목적

 기계부품은 사용 중에 마찰을 받거나 또는 되풀이 하중에 의해 피로되거나 변형되는 경우가 많다. 따라서 이들의 기계부품은 내마모성이 커야 할 것이 요구된다. 뿐만 아니라 부식 분위기나 고온 분위기에서 작동하는 기계부품의 경우 그 부품의 표면특성이 매우 중요한 의미를 갖는다.
 내마모성을 높이기 위해서는 표면층을 경화시키는 것이 효과적이다. 또한 내마모성이나 내부식성을 향상시키기 위해서는 표면층에 본래의 재료와는 다른 합금층을 형성시키거나 각종 표면 피복(coating) 처리가 효과적이다.
 되풀이 응력에 의한 파괴는 부품 표면으로부터 극히 작은 균열이 발생하고, 이 균열이 응력집중 장소가 되어 균열이 진행하여, 최후로 피로 파괴로 연결된다. 이와 같이 표면으로부터 균열이 발생하는 경우 열처리에 의해 표면에 인장 잔류응력이 남게 되면 그 부품에 인장력이 걸리면 부가된 작은 외부응력에서도 표면에 균열이 생겨 이것이 파괴로 연결된다. 반면에 표면에 압축응력이 잔류되도록 처리하면 표면층부터의 균열 발생을 방지할 수 있게 된다.

표면경화의 목적은 표면을 경화시켜 내마모성을 향상시킴과 동시에 표면에 압축 잔류응력을 발생시켜 피로파괴를 방지하는 데 있다.

표면 경화의 방법을 대별하면 다음의 2종류로 대별된다.

① 표면의 화학조성을 변화시켜 표면층만을 경화시킨다. 이 방법에는 침탄법, 질화법, 도금법, 시멘테이션(cementation), 용사법 등이 있다.

② 표면의 화학조성을 바꾸지 않고 경화층을 만든다. 이 방법에는 표면담금질, 표면층의 가공(shot peening) 등이 있다.

8.1.2 침탄법(carburizing)

침탄은 주로 저탄소의 침탄용 탄소강 및 합금강을 침탄제(고체, 기체, 액체) 중에서 변태점 이상으로 가열하여 표면으로부터 C를 침입 확산시킨 후 담금질을 실시하여 고탄소 표면층을 마르텐사이트화하는 방법으로 침탄담금질이라고도 한다.

이 중에서 가장 대량생산에 적합한 기체침탄은 천연가스(메탄, CH_4), 프로판(C_3H_8), 부탄(C_4H_{10}) 등을 외기와 차단시킨 노중의 강재에 불어 넣으면서 930 ℃ 전후로 가열처리를 실시하면, 노중에서 $CH_4 \rightarrow C+2H_2$로 분해되어 생긴 C가 강의 표면으로부터 침입하여 침탄층을 형성한다.

침탄이 끝난 물품은 800~850 ℃에서 담금질한 후 150~200 ℃에서 템퍼링처리를 실시한다. 이와 같은 기체침탄은 침탄가스 조성과 가열온도에 의해 평형탄소량이 결정되기 때문에 가스 농도를 바꿔줌으로써 침탄량을 제어할 수 있는 이점이 있다.

8.1.3 질화법(nitriding)

질화는 질화강을 질화성의 기체나 염욕(salt bath) 중에서 가열하여 표면으로부터 N을 침입 확산시키는 것으로, 질화온도가 낮을 뿐만 아니라 보통 질화 전에 열처리와 기계가공을 실시한 후 질화처리를 실시하여 질화 후에는 열처리를 시행하지 않기 때문에 변형이 작은 것이 큰 이점이다.

(1) 기체질화

NH₃가스에 의한 기체질화에서는 Al이나 Cr을 포함한 강을 노중에 놓고 NH₃가스를 불어 넣으면서 페라이트 영역인 500~520 ℃로 50~100 h정도 가열한다. 이렇게 하면 NH₃의 분해에 의해 생긴 발생기의 N이 강중에 침입하여 Fe-Cr-N이나 Fe-Al-N과 같은 삼원화합물이 생성되어 매우 경도가 높은 질화물층이 표면에 생긴다. 최고경도는 Hv 1,200에 도달하여 침탄에 비하여 높으나, 질화에 필요한 발생기 질소의 농도가 낮기 때문에 처리시간을 매우 길게 할 필요가 있다. 이러한 기체질화의 결점을 개량하기 위해 다음에 설명하는 염욕질화나 이온(ion) 질화가 개발되어 널리 이용되고 있다.

(2) 염욕질화와 연질화

염욕질화 중 가장 대표적인 **타프드라이드법**은 NaCN+NaCNO(또는 KCN+KCNO)를 주성분으로 하는 570 ℃ 부근의 염욕 중에 제품을 담그고, 공기를 불어 넣어 반응을 촉진시키는 방법으로, 질화와 동시에 침탄도 일어나지만 온도가 낮기 때문에 침탄작용이 미약하다. 염욕이 산소와 반응하여 질화에 필요한 활성질소가 풍부하게 공급되기 때문에 처리시간은 2h 정도로 해도 되고 사용강종에 특별한 제한이 없는 것이 특징이다. Cr-Al강이나 Cr-V강 등의 질화용 강에서는 표면경도가 높게 되나, 경도가 그다지 높아지지 않는 탄소강이나 보통의 저합금강에서도 페라이트 중에 고용한 포화질소 때문에 내피로성이 향상된다. 이 때문에 이 처리는 연질화(정확하게는 염욕연질화)라고도 불린다. 그러나 폐액 처리 때문에 최근에는 침탄성 기체와 NH₃의 혼합분위기 중에서 실시하는 기체연질화가 공해가 작은 처리법으로써 널리 보급되어 있다. 온도도 570 ℃로 낮고 배출기체도 연소시키면 무해하다. 이들의 연질화 처리는 자동차나 일반기계 등의 부품에 널리 행해지고 있다.

(3) 이온질화

이온질화는 재래의 방법과는 원리적으로 전혀 다른 무공해의 신속 질화법이다. N_2+H_2 혼합기체의 감압분위기 중에서 질화로의 노벽을 양극, 물품을 음극으로 하고, 이 사이에 수백 볼트의 직류전압을 걸어서 글로(glow) 방전을 일으킨다. 이렇게 하면 음극 주위의 플라즈마(plasma) 중에서 생긴 N과 H의 이온이 물품의 표면에 높은 운동에너지로 충돌하여 물품이 처리온도까지 가열된다.

한편 이러한 이온의 충격에 의해 물품의 표면으로부터 Fe원자가 튀어 나와 이것이 플라즈마 중의 N이온과 결합하여 FeN으로 되어 물품의 표면에 흡착한다. FeN은 불안정하여 차츰 저농도의 질화물로 변화하며 이 과정에서 해방된 N은 물품의 내부로 확산되나, 일부는 다시 플라즈마 속으로 되돌아 와서 FeN 으로 되어 물품표면에 재흡착한다. 이와 같은 복잡한 과정이 되풀이되면서 질화가 진행된다.

이온질화는 가열장치를 필요로 하지 않고 처리온도가 450~550 ℃로 낮고, 또한 적용재료의 범위도 넓다. 무공해, 에너지 절약형으로 최근 프레스용이나 다이캐스트용의 금형, 기타의 방면에 점점 그 이용범위가 넓어지고 있다.

8.1.4 고주파 담금질과 화염 담금질

고주파 담금질은 중탄소의 기계구조용 탄소강 및 합금강, 또는 주·단강품을 대상으로 하여 경화하고자 하는 부분의 표면에 Cu의 코일(유도자)을 접근시켜 놓고 여기에 수 KHz에서부터 수백 KHz의 고주파 전류를 흐르게 한다. 이렇게 하면 전자유도 현상에 의해 표면층에 유도전류(표면전류)가 생겨서 표면층만이 수초 내지 수십초 안에 A_3점 이상으로 가열된다. 주파수가 높아질수록 표피효과에 의해 전류는 가장 표면층에 집중하기 쉽게 된다.

가열방식은 일체식(전체와 부분적인 것)과 이동식이 있으며 그림 8.1에 치차의 예를 나타낸다. 냉각은 코일 내면에 뚫린 다수의 구멍으로부터 냉각액이 분사하는 방식이나 냉각액 분사용의 파이프를 별도로 설치하는 방식 등이 있다. 담금질 후에는 목적에 따라 150~450 ℃에서 템퍼링한다.

고주파담금질은 다음에 설명하는 여러 가지 특징을 갖고 있어서, 탄소강의 두꺼운 물품에 대해서도 3~8 mm의 경화깊이와 H_{RC} 55~60 (Hv 600~700)의 표면경도가 쉽게 얻어질 수 있다. 따라서 건설기계나 철도 차량용의 치차 등에서도 SM35~50C, SCM 강 등을 이용하여 뛰어난 내마모성을 갖는 표면을 얻을 수가 있다. 더욱 고부하용의 치차에는 합금강을 이용하여 충분한 침탄을 실시하면 된다.

다음에 화염담금질은 고주파담금질과 같은 강재를 이용하여, 대용량의 화구에서 산소-아세치렌 화염을 불어내어 표면층을 급열시킨 후 냉각액을 분사하는 표면담금질이다. 프로판이나 도시가스도 이용된다.

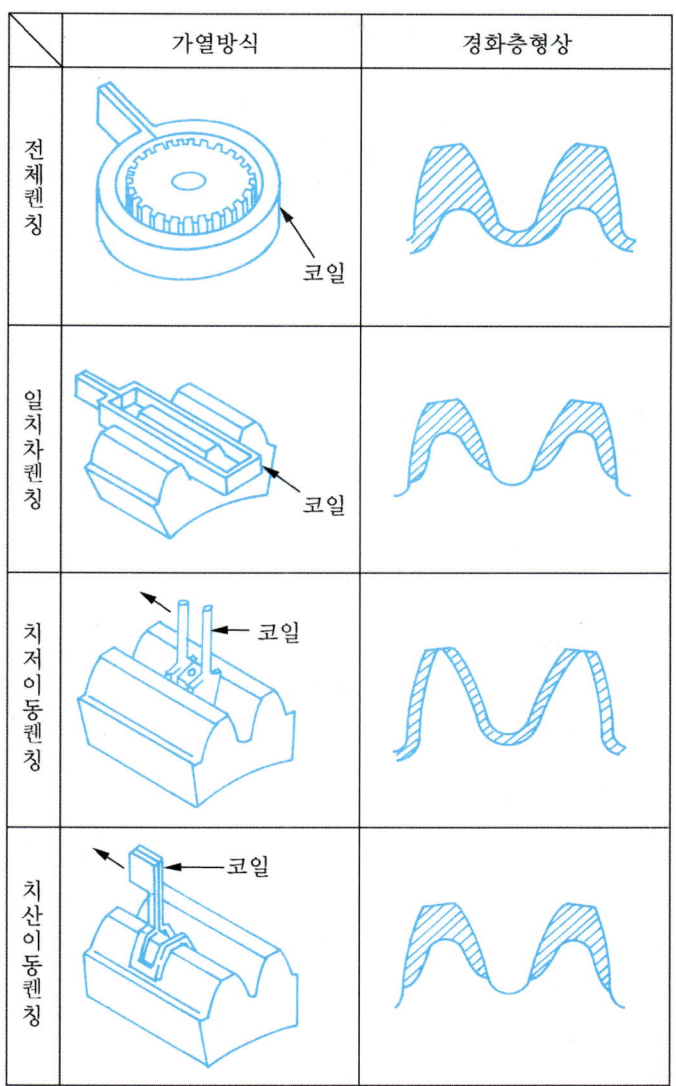

그림 8.1 치차의 고주파 담금질에 있어서 주요한 가열방식

그림 8.2는 이동식 화염담금질의 예를 나타낸다. 설비나 조작이 간단하다는 점에서 다종소량 생산에 적합하여 예부터 실용되어 왔다.

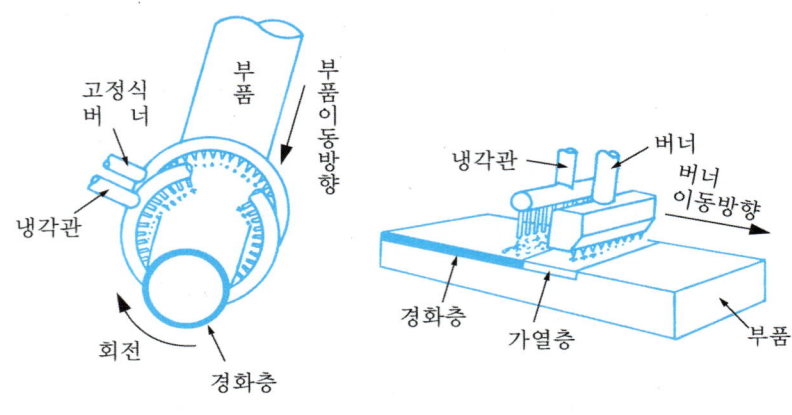

(a) 회전이동식   (b) 선형이동식 (선식)

그림 8.2 화염 담금질법의 일례

8.1.5 표면경화처리의 특징과 선택법

표면경화처리로서 공통적으로 말할 수 있는 것은 경화층이 두껍고 경도가 높을수록 내피로성이 우수하며, 특히 응력 집중부를 갖지 않는 대형부품에서는 경화층이 얇으면 효과가 작다. 앞서 설명한 각종 처리의 특징과 선택법을 열거하면,

① 침탄은 깊은 경화깊이(~3 mm)와 높은 경도(~Hv800)가 얻어지기 때문에 강도와 내마모성이 뛰어나며 특히 고부하치차 등에 대해 적합하다. 또한 형상이 복잡한 부품에도 적합하다. 그러나 침탄 후의 담금질로 변형이 발생하기 쉬운 것이 제조기술상의 커다란 문제점이다.

② 암모니아에 의한 기체질화는 침탄에 비하여 높은 표면경도(~Hv1,200)가 얻어진다. 그러나 경화층이 얇고(~0.7 mm), 경도분포의 경사가 급격하기 때문에 큰 압력이나 충격하중이 걸리면 경화층이 박리될 가능성이 있다. 그 때문에 마찰속도가 빠르고 마찰압력이나 충격하중이 작은 내연기관의 밸브, 펌프의 플랜저 등에 적합하다. 한편, 연질화는 기체질화에 비해 강의 응용범위가 넓을 뿐만 아니라, 처리시간이 짧고 표면층의 경도분포도 완만하기 때문에 내연기관의 크랭크축이나 트랜스미션 부품 등에도 이용된다.

또한 기체질화나 연질화 모두 처리온도가 낮고 처리 후의 담금질이 필요하지 않기 때문에 변형의 발생이 적어 정밀부품이나 얕은 표면층의 대형치차 등에는 질화 쪽이 침탄에 비해 우수하다.

③ 고주파 담금질은 가공비가 매우 싸고, 처리시간도 매우 짧기 때문에 에너지 절약형으로 가공라인에 넣어 가공할 수가 있다. 두꺼운 경화층(~10 mm)과 소재의 탄소함량에 따라서도 다르나 침탄에 가까운 최고경도(~Hv700) 값이 얻어지며, 경화깊이의 조절도 쉽게 된다. 변형의 발생이 작고 표면이 깨끗하기 때문에 최후의 연마가 반드시 필요한 것은 아니다. 질량효과(물품의 질량의 대소에 의해 열처리 효과에 차이가 생기는 현상)와 변형이 별로 문제되지 않기 때문에 대형 제품이나 긴 제품에도 유리하며 국부적인 담금질도 쉽게 할 수 있다. 고주파 담금질은 이와 같은 많은 이점을 갖고 있기 때문에 각종의 축류, 치차, 핀류 등에 널리 응용할 수가 있다. 한편 설비비가 비싸고 형상이 복잡한 부품에는 적합하지 않아서, 동종대량생산일수록 경제성이 높다.

이상의 각 표면경화법의 특징을 요약하면, 마찰압력이 크고, 마찰속도가 느리며 형상이 복잡한 것에는 침탄, 같은 조건이면서 형상이 간단한 것에는 고주파 또는 화염담금질, 마찰압력이나 충격하중이 작고 마찰속도가 빠른 것에는 질화가 적합하다. 또한 에너지 절약의 관점에서는 고주파 담금질이 가장 유리하다.

8.2 표면개질법

8.2.1 표면개질의 목적

표면개질법이란 재료의 표면을 희망하는 성질을 갖는 것으로 바꾸는 방법이다. 최근의 급속한 기술혁신을 지탱하는 것 중의 하나는 바로 신소재(new material)의 개발이며, 그 중에서도 기존 재료표면의 기능화, 복합화, 개량화, 고도화 등은 신소재의 창제 기술로써 매우 중요한 영역을 차지하고 있다.

이 때문에 지금까지 널리 이용되어 왔던 표면 경화처리기술의 범위를 넘어 최근 급속한 발전을 이루고 있는 각종 플라즈마(plasma), 전자빔(electron beam), 레이저빔(laser beam), 이온빔(ion beam) 등의 새로운 기술을 구사하여 적극적으로 표면을 개질하여 신소재를 창조하려는 연구나 실용화가 활발히 이루어지고 있다.

표면개질의 목적과 이용분야를 표시하면 표 8.1과 같다.

표 8.1 금속재료의 표면개질과 기능화의 목적

목 적	이용분야	필요특성
내마모, 마찰, 경화, 윤활	금형, 기계부품, 차량, 공구, 전극	경도, 마찰계수, 계면접합 강도
내식성	항공기, 선박, 화학플랜트, 발전, 원자로	내산, 내알칼리, 내SCC
내열성	항공기, 차량, 원자로, 핵융합로	융점, 경도, 내산화, 열팽창
장식성	장신구, 시계, 착색	색조, 내식
전기·자기특성	전자공업, 태양전지, 자성재료	비전도성 등
광학 특성	렌즈, 안경, fiber scope	굴절률, 색 특성

이러한 목적을 달성하기 위해 금속재료 표면에 세라믹 피복을 시행해 줌으로써 금속재료의 특성과 표면부만이 뛰어난 내식성, 내열성, 내마모성의 세라믹 특성을 지닌 신소재의 제작이 가능해진다. 이러한 세라믹 표면 피복법으로써 최근 실용화되고 있는 방법들로서는 CVD(Chemical Vapor Deposition)법, PVD(Physical Vapor Deposition)법, 용사법 등이 있다.

8.2.2 CVD법

이 방법은 화학적 기상 석출(Chemical Vapor Deposition)법의 약칭으로 세라믹 피막의 제조에 널리 이용되고 있다. 일반적인 방법은 할로겐 화합물을 섭씨 수백도로 가열하여 기화시켜 메탄, 수소, 질소 등의 반응기체와 혼합하여 아르곤과 같은 운송기체(carrier gas)에 의해 100℃ 부근으로 가열된 반응로 안으로 이송한다. 여기서 반응을 일으켜 기반상에 석출시켜 증착한다. CVD에 의한 세라믹 박막합성반응의 례를 나타내면 다음과 같다.

$$2AlCl_3 + 3H_2O \longrightarrow Al_2O_3 + 6HCl \quad (Ar + O_2 \text{ 분위기중}, 800\sim1,100\ ℃)$$

$$2AlCl_3 + N_2 + 3H_2 \longrightarrow 2AlN + 6HCl \ (N_2 + H_2 \ 분위기중, \ 1,200\sim1,600 \ ℃)$$
$$2TiCl_4 + N_2 + 4H_2 \longrightarrow 2TiN + 8HCl \ (N_2 + H_2 \ 분위기중, \ 1,200\sim1,600 \ ℃)$$
$$TiCl_4 + CH_4 \longrightarrow TiC + 4HCl \ (Ar \ 분위기중, \ 1,100\sim1,400 \ ℃)$$

CVD에 의한 박막형성기술은 집적회로로 대표되는 반도체공업의 발전에 크게 기여하고 있다. 한편 초경공구에의 세라믹 코팅 방법으로서도 널리 실용화되고 있다. 이 경우의 코팅막으로서는 TiC, TiN, Al_2O_3 등이 이용되고 있으며, 또한 이들의 적층코팅도 행해지고 있다.

TiC 피복처리 등 경질피복을 제작할 경우, 모재가 유연하면 큰 하중을 받을 경우 피막이 깨어진다. 즉 사용조건에 따라 모재의 경도와 피막의 두께를 충분히 고려한 재료 시스템 설계를 행할 필요가 있다. 최근 고경도의 WC-(Ti, Ta, Nb) C-Co 초경합금의 표면에 인성이 높은 WC-Co층을 5 μm 정도 만들고, 그 표면에 3 μm 정도 두께의 TiC 피막을 입힌 후 그 위에 다시 중간층을 입히고, 1 μm 정도 두께의 Al_2O_3 피막을 입힌 다층 피복 열처리가 실시되어, 피절삭 금속과의 응착에 의한 마모를 줄

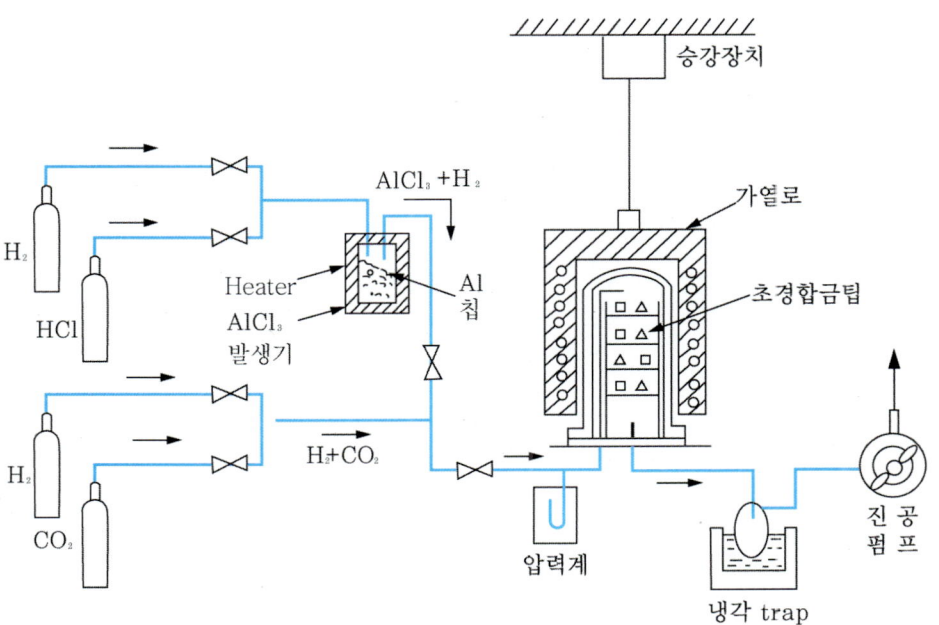

그림 8.3 양산용 CVD장치

이고, 내치핑(chipping)성, 내절손성이 뛰어난 절삭용 팁(tip)이 제조되고 있다.

양산설비로서는 한 번에 수백개를 할 수 있는 장치나, 강관 내벽 코팅용 CVD 장치가 개발되어 있다.

그림 8.3은 양산용 CVD 장치의 개요도를 보인 것이다.

8.2.3 PVD법

PVD(Physical Vapor Deposition)법은 피막재료를 가열 증발시켜 그것을 그대로 기반상에 석출시키는 방법으로 여러 가지 방법이 있다. 그림 8.4는 진공증착, 이온 플레이팅, 스패터링의 원리를 나타낸다. 진공 증착법은 비교적 증기압이 높은 물질을 진공 중에서 가열 증발시켜 증착하는 방법이며 저항가열, 고주파가열, 전자빔 등이 가열원으로 사용된다. 진공 증착에서는, 피막의 결정구조와 기판의 결정 구조가 유사한 경우, 기판의 결정방위를 이어받아 피막이 성장한다(epitaxial 성장). 그러나 계면은 물리적으로 접합되고 있을 뿐이고 결합력은 약하다. 기판을 가열해 주면 기판과 피막이 같이 금속의 경우는 서로 확산하여 결합이 강화된다.

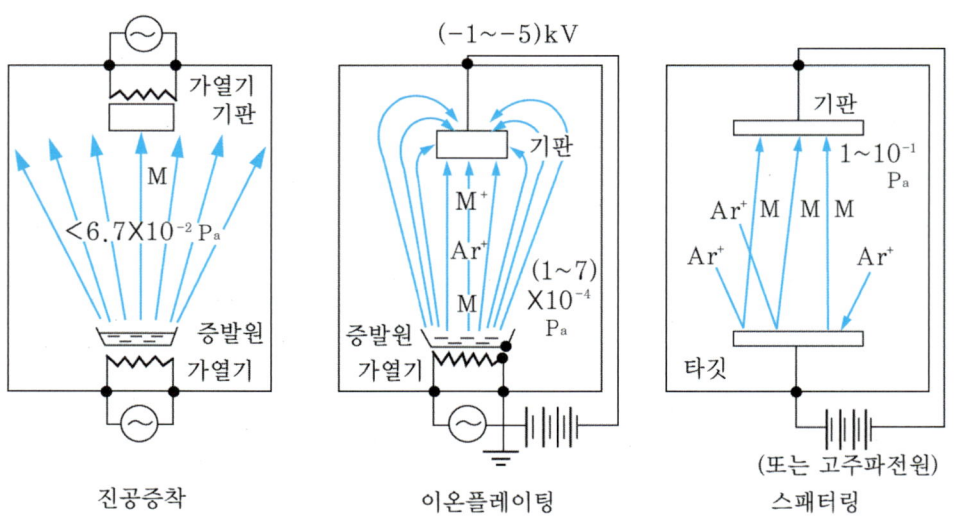

그림 8.4 진공증착, 이온 플레이팅, 스패터링의 원리

이온 플레이팅(ion plating)은 먼저 저압의 Ar분위기에서 글로우(glow) 방전시켜,

기판의 오염층을 Ar^+의 충격으로 박리시키고 난 다음 피막재료를 가열한다. 증발 금속은 Ar^+의 충격으로 이온화되고, 강한 전자장에 의해 가속되어 기판에 충돌하여 강하게 부착한다. 진공증착과 달리 배면증착이 가능한 특징이 있다.

스패터링(spattering)은 저압 Ar분위기에서 글로우 방전시켜 Ar^+의 충격으로 튀어나온 타깃(target)의 물질을 기판에 부착시키는 방법이다. 이 방법의 특징은 고주파 전원을 이용함으로써 세라믹과 같은 절연체 화합물의 코팅도 가능하다는 것이다.

고융점 물질을 기화시켜 증착하는 방법에 레이저 코팅법이 있다. 이것은 CO_2레이저빔이 세라믹 재료에 흡수되기 쉬운 특성을 살려서 수백 Watt 이상의 대출력 CO_2 레이저빔을 세라믹 표면에 집광 조사시켜 세라믹 표면을 기화시켜 기반상에 증착하는 방법이다.

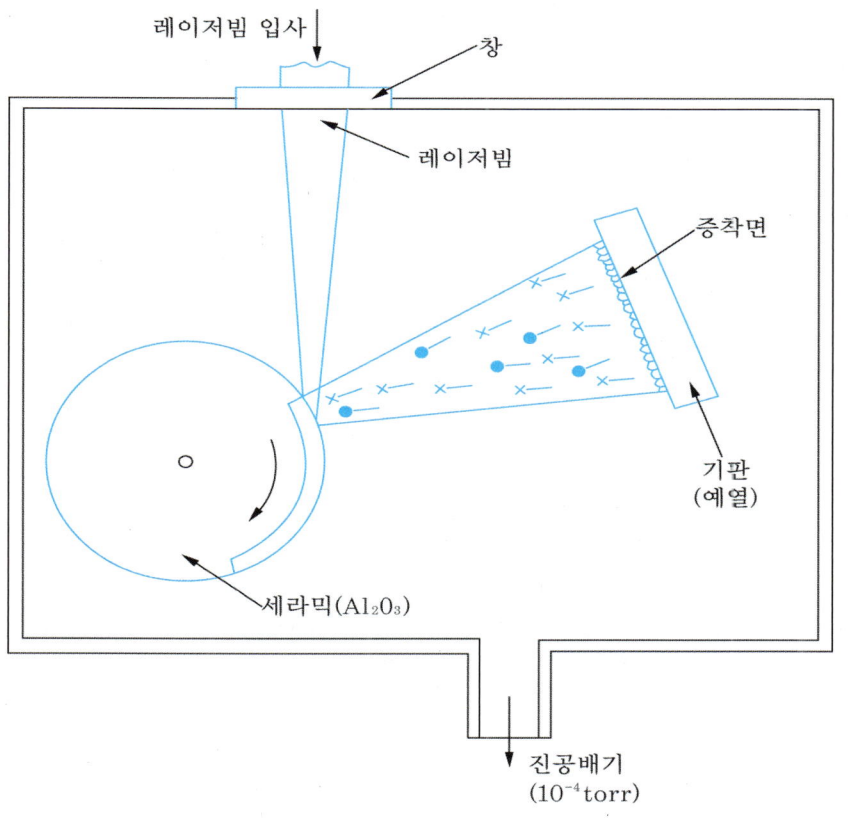

그림 8.5 대출력 레이저 코팅장치

그림 8.5는 레이저 코팅 장치의 개요도를 보인 것이다. 일반적으로 PVD법의 경우는 기반의 처리온도가 500 ℃ 이하로 끝나기 때문에 열 CVD법의 1,000 ℃ 부근에 비하면 저온에서 코팅이 가능하다. 그러나 CVD법에 비해 작업성은 떨어진다.

8.2.4 용사법(metal spraying)

용사란 용사재료(spraying material)를 가스염, 플라즈마 제트(plasma jet) 등의 열원을 이용하여 융용시켜 고속의 액체입자로 만들어 기반(substrate)상에 충돌·적층시킴으로써 피막을 제조하는 기술이다. 이러한 용사법은 여타의 표면 피복법과는 달리 기동성을 갖고 있으며 작업분위기의 영향을 받지 않고 또한 높은 밀착강도를 갖게 할 수 있기 때문에 고기능성 표면 창제 기술로써 널리 응용되고 있다.

세라믹과 같은 고융점 재료를 금속표면에 피복하기 위해서는 충분히 고열을 낼 수 있는 플라즈마(plasma) 용사장치가 널리 이용된다. 플라즈마 용사장치의 개요를 그림 8.6에 보인다. 음극(텅스텐, W)과 양극의 수냉노즐(동, Cu)과의 사이에 아크를 발생시켜, 후방으로부터 보내지는 작동기체를 초고온의 플라즈마 제트로 변화시켜 준다. 이러한 플라즈마 제트 중에 용사재료 분말을 송급가스에 의해 내보내어 가열, 용융시켜 고속으로 기반표면에 불어 부쳐 피막을 형성한다. 용사재료로서는 보통 분말 상태나 와이어 상태로 시판되고 있다.

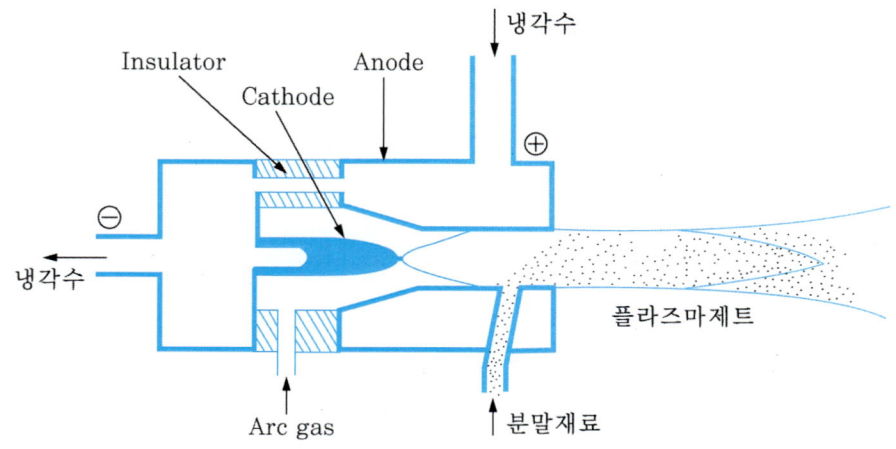

그림 8.6 플라즈마 용사장치의 개요

금속계로서는 Ni기 자융성 합금(self fluxing alloy) 분말이 널리 사용되고, 세라믹계로서는 알루미나(Al_2O_3), 크로시아(Cr_2O_3), 지르코니아(ZrO_2) 등이 내열용, 내식용 용사피막 재료로 사용되고 있다.

제9장 구조용강

9.1 구조용 압연강재

9.1.1 일반구조용 압연강재

일반적으로 SS재로 불리우며, 특히 중요한 부재를 제외하고 건축, 교량, 차량 등 넓은 범위에 걸쳐 판재, 형강, 볼트 등으로 사용되는 보통강의 대표적인 강재이다. KS에는 인장강도의 값에 따라 SS330~540의 범위로 4강종(표 9.1)이 있으며, 화학 성분에 대해서는 상세한 규정이 없다. C의 함량이 0.3 %이하인 강으로 보통 열간 압연된 상태로 이용된다.

KS의 압연 강재 중 사용량이 가장 많고 특히 SS400(인장강도 400~510 N/mm^2, 41~52 kgf/mm^2)의 사용량은 압도적으로 많아서 거의 모든 구조물이나 또는 기계의 보조재로써 널리 이용된다. 그러나 SS재는 용접성이나 저온인성에 대한 보증이 없기 때문에 강도(C%)가 높고 판두께가 두꺼울수록 용접에는 주의를 필요로 한다. SS400이라면 판두께가 50 mm를 초과하지 않는 한 거의 문제는 없다.

표 9.1 구조용 강의 대표적인 예(KS와 JIS 병합)

종류	규격
일반구조용 압연강재	SS330, 400, 490, 540
용접구조용 압연강재	SWS400A, B, C, 490A, B, C, 490YA, YB, 520B, C, 570
보일러 압력용기용 탄소강 및 Mo강판	SB410, 450, 480, 450M, 480M
기계구조용 탄소강 강재 (우측 : 표면경화강)	SM10C~58C(20강종), SM09CK~SM20CK(3강종)
Cr강 강재 (우측 : 표면경화강)	SCr430~445(4강종) SCr415, 420
Cr-Mo강 강재 (우측 : 표면경화강)	SCM430~445(5강종) SCM415~822(5강종)
Ni-Cr강 강재 (우측 : 표면경화강)	SNC236~836(3강종) SNC415, 815
Ni-Cr-Mo강 강재 (우측 : 표면경화강)	SNCM240~630(6강종) SNCM220~815(5강종)
Mn강 강재 (우측 : 표면경화강)	SMn433~443(3강종) SMn420
Mn-Cr강 강재 (우측 : 표면경화강)	SMnC443 SMnC420
담금질을 보증한 강재 (H강)(우측 : 표면경화강)	상기 각 합금강에 H를 붙인 것 예: SCM 435H, SCr 415H
Al-Cr-Mo강 강재	SACM645
S 및 S복합 쾌삭강	FCS11~43(15강종)
탄소강 단강품	SF340A, 390A, 440A, 490A, 540A, 590A, 540B, 590B, 640B
탄소강 주강품	SC360, 410, 450, 480

9.1.2 용접구조용 압연강재(SWS재)

용접성이나 저온인성(5.2.2항)을 중요시하는 교량, 선박, 석유저장 등의 대형 용접구조물에 많이 이용되는 열간압연강재로, 인장강도에 따라 SWS400~570의 범위에서 5강종, 이것을 다시 저온 인성 보증치 등에 의해 나누면 합계 11 강종(표 9.1)이 규정되어 있다.

용접부의 취화 또는 취성파괴를 방지하기 위해 C를 약 0.2 %로 억제하고, 그 대신에 Mn(<1.6%)이나 Si(<0.55%)를 증가시켜 강화시키고 있다. 이들 중 SWS490, 520 및 570 은 각각 다음에 서술하는 50 킬로(kg/mm^2)급 및 60 킬로급의 고장력강의 대표적인 것이다.

그림 9.1은 SWS재의 대략적인 C%를 SS재와 비교하여 나타낸 것이다. SWS400~570의 것 중 SWS490과 SWS490Y가 상술한 SS400과 나란히 특히 사용실적이 많다. SWS490Y는 인장강도면에서는 SWS490과 동일 레벨이지만, SWS490보다 항복점을 높인 강종으로 항복점 설계면에서 유리하다. SWS570은 조질(Q. T처리)도 하나, 이 외의 강종은 압연한 상태나 노멀라이징 상태로 사용한다. SWS570과 B, C기호를 붙인 강종은 샤르피 흡수 에너지(5.3.4항)의 하한값에 따라 저온인성을 보증하고 있다. 또한 SWS570은 판두께가 두꺼울 경우, 용접성이 열화될 우려가 있기 때문에 용접성에 대해 엄격히 규정되어 있다.

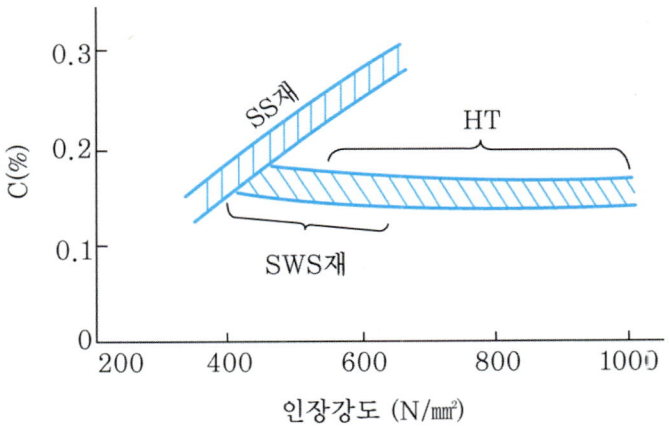

그림 9.1 SWS재와 SS재의 대략적인 C%

9.2 고장력강

9.2.1 개요

최근 점점 대형화하는 용접구조물에 고강도의 강을 사용하면, 경량화가 달성되어 구조상 또는 경제성의 관점에서 유리하다. 그러나 이들 강재는 강도만 높을 뿐만 아니라 안전성, 신뢰성 면에서 용접성이나 저온 인성이 양호하며, 최근 점점 다양화되어 가는 부식환경이나 고·저온조건에도 충분히 견딜 수 있는 조건이 요구되고 있다. 고장력강, 통칭 하이텐(HT)은 이와 같은 요구를 만족하는 인장강도 50 kgf/mm^2(490 N/mm^2) 이상, 항복점이 32 kgf/mm^2(314 N/mm^2) 이상으로 용접성, 저온인성, 내후성(대기 중에서의 부식성), 가공성 등이 탁월한 구조용 강의 총칭이다. 용도별로는 일반구조용, 압력용기용, 내후성용, 저온용 등으로 대별되며 주로 판재로 생산된다.

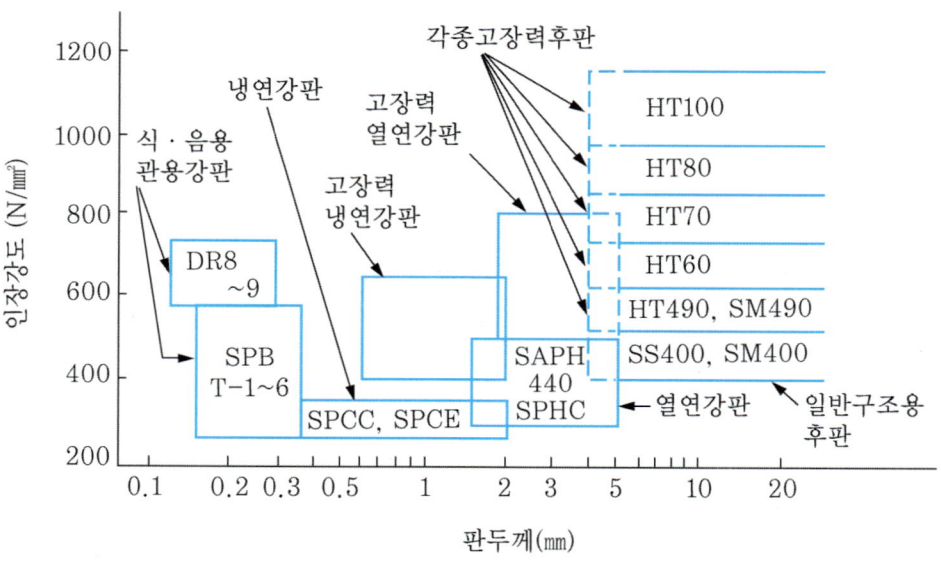

그림 9.2 현재 이용되는 각종 강종의 인장강도와 판두께의 관계

한편 최근에 예를 들면 자동차용 박강판 분야에도 경량화 대책 때문에 고강도화가 추진되고 있다. 그림 9.2에 현재 이용되고 있는 각종 강판의 인장강도와 판두께

의 관계를 나타낸다. 요구되는 특성은 후판과 박판 사이에 약간 차이가 있으며, 예를 들면 후판에서는 결정적으로 중요한 특성인 파괴인성은 박판에서는 거의 문제되지 않는다. 반대로 박판에 요구되는 풍부한 성형가공성은 후판에서는 그다지 필요하지 않다. 한편 강도, 용접성, 내후성 등은 양쪽 모두 공통된 중요 특성이다. 이하 에서는 주로 용접구조용의 고장력강에 대해 서술한다.

9.2.2 강도와 열처리

고장력강은 표 9.2에 나타낸 바와 같이 보통 인장강도에 따라 50 킬로(50 kgf/mm^2)급~100 킬로급과 같이 분류되며, 또한 열처리나 첨가원소의 면에서 60 킬로급을 경계로 비조질강과 조질강으로 대별된다. C의 함량을 증가시키면 강화는 용이하게 되지만 강도 이외의 여러 특성이 열화하기 때문에 C의 함량은 어느 것도 약 0.18 % 이하로 억제하며(그림 9.1), 그 대신에 가격이 저렴한 Mn(〈1.5 %)와 Si(〈0.55 %)를 증가시켜 고용강화를 도모함과 아울러 필요에 따라 더욱 합금원소를 첨가한다.

(1) 비조질강과 제어압연

일반적으로 조질 (Q·T 처리)을 하지 않고 열간압연 상태, 또는 노멀라이징 상태로 사용하는 강을 비조질강이라고 한다. HT50과 HT60(일부)이 여기에 속하며, 후판이나 형강으로서 교량, 건축·기계 등에 사용한다. 이중 HT50은 고장력강 중 가장 사용량이 많다. Mn-Si계(KS SWS490, 520 등)이며, 여기에 Nb, V 등의 강력한 탄화물 형성 원소를 극히 미량(0.03% 정도) 첨가하여 항복점을 높인 강종이 최근 많이 사용된다. 예를 들면 Nb를 첨가하면 Nb의 탄화물(NbC)이나 탄·질화물을 강 중에 미세석출시키며, 결정립의 미세화와 석출강화에 기여한다.

그런데 결정립의 미세화는 강의 강도와 인성을 동시에 향상시킨 유일한 방법이며, 이를 위해서는 종래부터 노멀라이징이나 담금질, 템퍼링이 널리 행하여졌으나 제조경비의 상승을 피할 수 없다. 이에 대해서 **제어압연**(controlled rolling)은 결정립 미세화를 열간압연 그대로의 상태에서 얻을 수 있는 획기적인 기술로, 종래에는 강판에 소요의 형상 치수를 부여했던 열간압연공정을 재질을 개선하는 수단으로 변화시킨 것이다. 처음에는 한랭지용의 라인 파이프용 강판을 위해 개발했으나 지금

표 9.2 최근의 용접용 고장력강의 화학성분과 기계적 성질

종류		C	Si	Mn	P	S	Cu	Ni	Cr	Mo	V	기타	C_{eq}	열처리	인장시험 σ_y N/mm²	σ_B N/mm²	δ %	샤르피 vE J	°C	vT_{rs} °C
	SWS50A	<0.20	<0.55	<1.15	<0.040	<0.040	-	-	-	-	-	-	<0.47	R	>314	>490	>21	-	-	-
	SWS50B	<0.18	<0.55	<1.15	<0.040	<0.040	-	-	-	-	-	-	<0.45	N				>47	0	-
HT 50	SWS50C	0.14	0.46	1.41	0.021	0.017	-	-	-	-	-	-	0.40	N	354	529	27	86	-20	-23
	HT50CF	0.05	0.26	1.15	0.016	0.013	-	-	-	-	-	Ti 0.01	0.25	Q	333	512	24	147	-20	-20
	LHT50	0.14	0.42	1.40	0.006	0.002	-	0.12	-	-	0.049	Nb 0.03	0.39	N	385	539	35	215	-20	-50
	SWS58	<0.18	<0.55	<1.50	<0.040	<0.040	-	-	-	-	-	Nb 0.03	<0.45	N	>451	>568	>20	>47	-5	-
HT 60	HT60	0.15	0.30	1.30	0.011	0.005	0.02	-	-	-	0.03	-	0.38	Q	500	638	32	225	-17	-56
	HT60S	0.13	0.28	1.34	0.012	0.008	0.23	0.25	-	-	0.006	Ti0.02 B 0.002	0.37	Q	609	684	19	180	-17	-88
HT 80	HT80	0.13	0.24	0.75	0.013	0.010	0.25	0.94	0.55	0.40	-	B 0.002	0.49	Q	834	865	26	147	-35	-75
	HT80S	0.09	0.58	1.30	0.008	0.003	0.12	1.05	1.00	0.50	0.043	Ti0.02 B 0.001	0.68	Q	763	818	26	216	-35	-92

(참조) R : 압연상태, N : 노멀라이징, Q : 조질, CF : Crack Free, LHT : 내Lamellar Tear S : 내입열용

은 저온용이나 일반의 용접 구조물용에 이르기까지 그 이용이 확대되게 되었다.

제어압연에서는 그림 9.3에 표시한 바와 같이 약 950 ℃ 이상의 재결정역에서의 보통의 열간압연 후에, 950 ℃ 로부터 Ar_1점 부근까지의 재결정이 일어나기 어려운 소위 미재결정역에서 강한 압연을 실시하고 나서 $\gamma \rightarrow \alpha$ 변태를 일으킨다. 강 중에 첨가된 미량의 Nb는 NbC로서 미세 석출하여 재결정을 저지하는 효과를 갖기 때문에 오스테나이트의 가공조직은 $\gamma \rightarrow \alpha$ 변태시까지 사실상 동결된다.

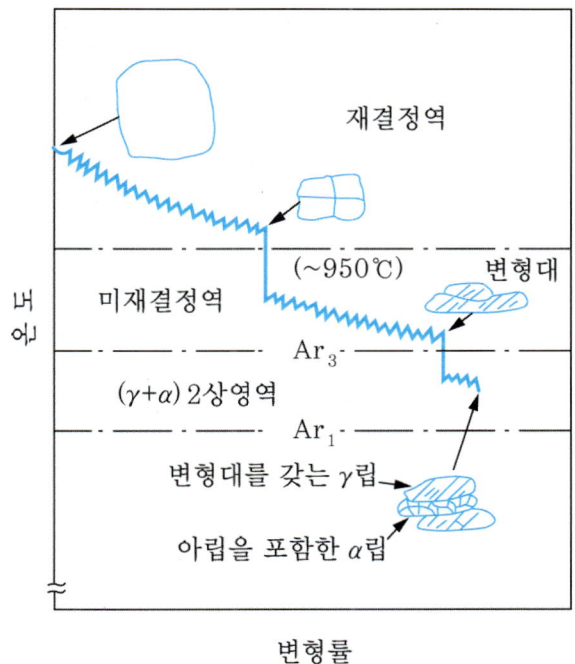

그림 9.3 제어압연에서 각 단계의 압연에 의한 입도와 조직의 변화

따라서 이러한 강한 가공조직은 핵의 형성 장소를 고밀도로 내장하기 때문에 $\gamma \rightarrow \alpha$ 변태 후의 페라이트 결정립은 매우 미세하게 되어 현저한 강인화가 달성되게 된다. 강편의 가열온도, 냉각조건, 압연량, 또한 압연 후의 냉각속도 등이 프로그램 제어된다. 즉 최근의 제어압연은 제어냉각을 가미시킨 가공열처리로서 이와 같은 공정을 TMCP(thermo-mechanical controlled process)라 하며 이러한 공정을 통해 제조된 강을 TMCP강이라고 한다.

그림 9.4에 용접구조용 강판에 있어서 항복점과 탄소당량(9.2.3항)의 관계를 각 제조공정에서 비교하였다. 제어 압연재에서는 현저한 세립화 효과 때문에 노멀라이징재에 비하여 낮은 탄소 당량으로 같은 강도가 얻어진다. 이것은 용접에도 유리하다. 더욱이 세립화에 의해 저온 인성의 향상이 달성된다.

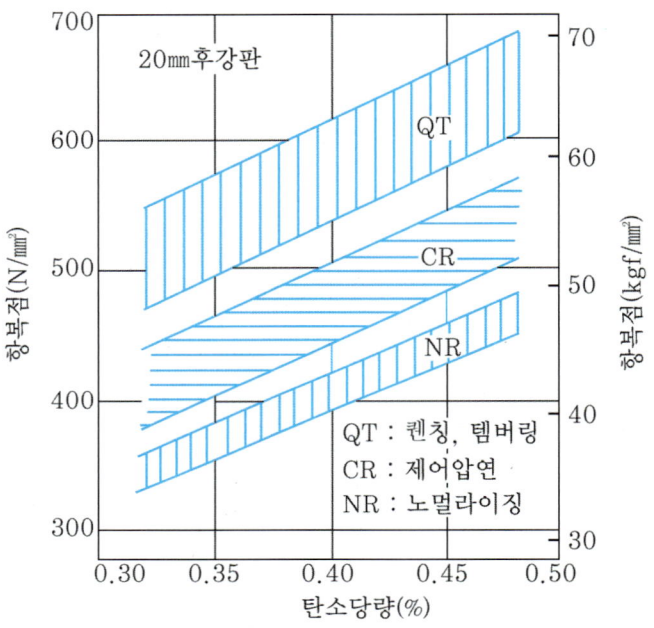

그림 9.4 각 제조공정에 있어서 용접구조용 강판의 항복점과 탄소당량의 관계

(2) 조질강

70 킬로 이상은 조질강으로, 저탄소 Mn-Si계에 담금질성에 유효한 Ni, Cr, Mo, V 등을 소량씩 첨가함과 더불어 불순물을 적극적으로 저감시키고, 또한 롤러 담금질 등의 담금질법을 채용하여 강인화를 도모하고 있다. 70 킬로급은 비교적 사용량이 적으나, 80 킬로급은 항복점이 높은 이점을 살려서 특히 대형의 도시가스나 LPG용의 구형·원통형 압력용기 등에 이용된다.

9.2.3 특성과 설계기준

(1) 기계적 성질과 경량화

고장력강의 인장특성에 있어서 특징의 하나는 표 9.2나 그림 9.5로 부터 알 수 있는 바와 같이 항복비[(항복점/인장강도)×100 %]가 늘기 때문에 SWS400에서는 이것이 50~60 %이나, HT50에서 65~70 %, HT80에서는 약 90 %이다. 이러한 사실은 주로 항복점을 기준으로 하여 설계하는 압력용기 등에서는 특히 유리하다.

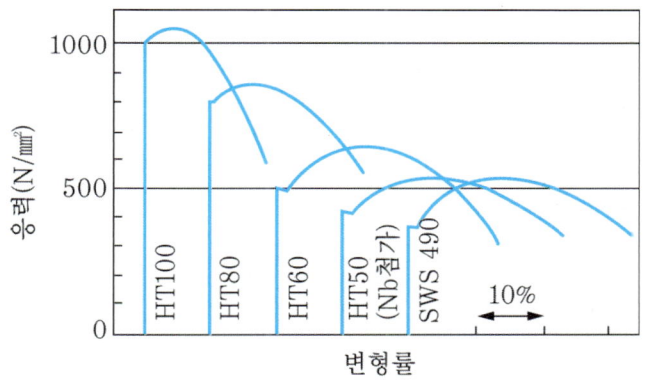

그림 9.5 각종 고장력강의 응력-변형률 곡선

정하중을 받는 구조부재가 항복이나 소성변형을 일으키지 않는다는 것을 전제로 하면, 재료의(항복점×판두께) 관계는 그 부재가 받는 변형 모드(mode)에 의존한다. 예를 들면 단면에 일정한 인장응력이 걸리는 경우에는 다른 기하학적인 조건이 일정하다면 항복점 σ_y와 판두께 t와의 사이에는 $\sigma_y \times t =$ 일정한 관계가 성립한다. 또한 굽힘모드에 의한 변형에서는 $\sqrt{\sigma_y} \times t =$ 일정이다. 그 밖에 비틀림이나 세로방향 좌굴 등의 경우를 포함해서, 항복점의 상승에 의한 판두께의 감소율은 다음 식으로 주어진다.

$$(t_1 - t_2)/t_1 = 1 - (\sigma_{y1}/\sigma_{y2})n \tag{9.1}$$

여기서 첨자 1, 2는 두 종류의 재료의 항복점과 판두께를 의미한다. 그림 9.6은 대표적인 변형모드에 대한 n의 값과 각각의 경우에 항복점이 2배인 강판을 이용했을 때의 판두께 감소율을 나타낸다. 인장의 경우에는 $n=1$에서 판두께 감소율은 50 %로 최대이다. 따라서 실제로 압력용기, 교량, 선박 등에서의 고장력강의 사용례는 거의 판두께 감소율이 큰 인장모드의 경우이다.

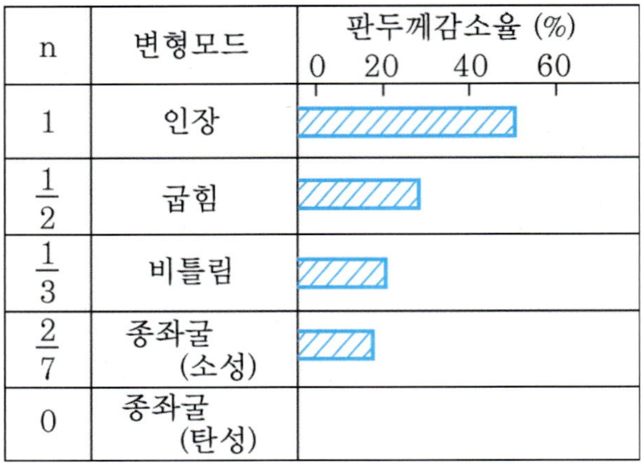

n	변형모드	판두께감소율 (%)
1	인장	▰▰▰▰▰ 50
$\frac{1}{2}$	굽힘	▰▰ 25
$\frac{1}{3}$	비틀림	▰ 17
$\frac{2}{7}$	종좌굴 (소성)	▰ 14
0	종좌굴 (탄성)	

그림 9.6 항복점이 2배인 강판을 이용했을 때의 판두께 감소율

한편, 박강판이 이용되는 구조부재, 예를 들면 자동차의 범퍼는 판두께 방향의 힘에도 견딜 수 있는 조건이 요구된다. 즉 판두께를 지배하는 변형모드는 굽힘 변형이다. 그 밖에 박판구조부재에서는 사용 판두께가 강성 또는 진동 등의 탄성변형에 의해서도 제약을 받는다. 그러나 고장력강의 탄성계수는 표 9.3과 같이 연강 등의 저강도재와 거의 변함이 없기 때문에, 탄성변형이 크게 제한되는 경우에는 고장력강을 사용한다고 해도 유리하지 않다.

다음에 피로강도에 대해 언급하면 고장력강의 용접이음부의 피로강도는 비드 높이를 삭제하여 용접부를 평활하게 깎아 내면 인장강도에 비례해서 높은 값으로 된다. 그러나 비드 높이를 그대로 둔 상태에서는 연강과 같은 정도의 값(SWS400에서 약 160 N/mm²)으로 떨어져버려 고장력강의 우월성이 거의 없어지게 된다. 이것은 고강도 강재일수록 노치감도(5.4.4항)가 커지기 때문이다. 그 때문에 같은 교량에서도 피로강도가 문제로 되는 철도교량에서는 고장력강의 사용이 제약을 받는다.

표 9.3 철강재료의 탄성계수

재 료	종탄성계수×10³(N/mm²)	횡탄성계수×10³(N/mm²)
순철(Armco철)	205±12	81±3
탄소강 0.08~0.12 %C	206	79
0.4~0.5 %C	205	82
0.8~1.6 %C	196~202	80~81
고장력강 HT80	203	73
Ni-Cr강	204	-
스테인리스강 STS405	200	-
STS304	197	73.7
공구강 SKD 6	206	82
회주철	74~128	28~39
구상흑연주철	161	78
흑심가단주철	172	86

(2) 압력용기의 설계기준

압력용기에 걸리는 하중은 정적 내압이며 사용기간 중의 하중의 반복수는 작은 편이다. 그 때문에 설계하중조건이 다른 구조물에 비하여 단순하여 종래부터 항복점을 기준으로 하는 탄성설계 방식이 채용되어 왔다. 항복점이 높은 고장력강으로서 유리한 용도이다. 그러나 항복비가 낮고 연성이 큰 재료에서는 항복 후 파괴에 이르기까지 충분한 여유가 있는데 대해 HT와 같이 항복비가 높고 연성이 비교적 낮은 재료에서는 만일 항복이 일어나면 빠른 시간 안에 파괴할 위험이 있다. 그 때문에 높은 항복점의 유리함에 추가하여, 항복비의 상승에 수반한 신뢰성의 저하를 고려한 안전율의 채택방법이 세계 각국에서 채용되고 있다.

일본의 해당규격(JIS B 8243 등)에서는 허용응력 σ_{al} 을 다음과 같이 정하고 있다

$$\sigma_{al} = \sigma_y/2.5 (항복비\ \gamma \leqq 80\%),\ \sigma_y/2.8 (\gamma > 80\%)$$

또는

$$\sigma_{al} = (3.2 - 2\gamma)\sigma_y/4$$

표 9.4에 위의 식으로부터 구한 허용응력에 의한 구형, 압력용기의 설계 예를 나타내고 있다. 이에 의하면 HT의 사용에 의한 대폭적인 경량화가 가능하게 된다.

표 9.4 구형압력용기에 있어서 각 강종의 허용응력과 판두께

강 종	최소항복점 σ_y(N/mm^2)	항복비 $\gamma = \sigma_y/\sigma_B$	허용응력 σ_{al}(N/mm^2)	판두께 t(mm)	
				설계압력 p 2 MPa=2 ×10^{2}N/cm^2	설계압력 p 3 MPa=3 ×10^{2}N/cm^2
SWS400	226	0.54	90.4	71	105
HT50	324	0.66	153	42	63
HT60	451	0.77	187	35	51
HT80	686	0.88	247	27	39
HT100	883	0.93	296	22	33

참조 : 1) 설계기준 : 용량 1,000 m^3, 내경 D 12.5 m, 부식여유 1 mm, 용접효율 100 %
　　　2) 허용응력 : SWS400. $\sigma_y/2.5$, HT.$(3.2-2\gamma)\sigma_y/4$.
　　　3) 판두께 : t(mm)=$Dp/4\sigma_{al}$+1

(3) 용접성과 Crack Free강

용접이 고능률로 행하여져 결함이 생기기 어렵고 용접 이음매가 충분한 강인성을 갖게 될 때에 용접성이 좋다고 말한다. 양호한 용접성은 고장력강의 두꺼운 강판에 요구되는 최대의 조건 중 하나이다. 용접 후 용접열영향부(Heat Affected Zone: HAZ)는 급랭되기 때문에 그림 9.7과 같이 경화되기 쉽다.

따라서 강재의 C%가 높고 담금질성이 좋으면 용접부의 경화와 취화가 현저히 증가되고, 잔류응력의 작용으로 균열이 생기기 쉽다. 용접구조물의 취성파괴는 거의 예외없이 용접균열 등의 응력집중부로부터 생긴다. 균열의 발생을 방지하는 데는 강재의 C%을 될 수 있는 한 낮게 하고, 또한 담금질성을 향상시키는 합금원소의 종류와 양을 적당히 선택 할 필요가 있다. 균열감수성은 대략 용접 후의 최고경도 Hv$_{max}$으로 평가되며, 이것은 또한 다음 식으로 나타내는 강재의 탄소당량 Ceq 값과 밀접한 관계가 있다.

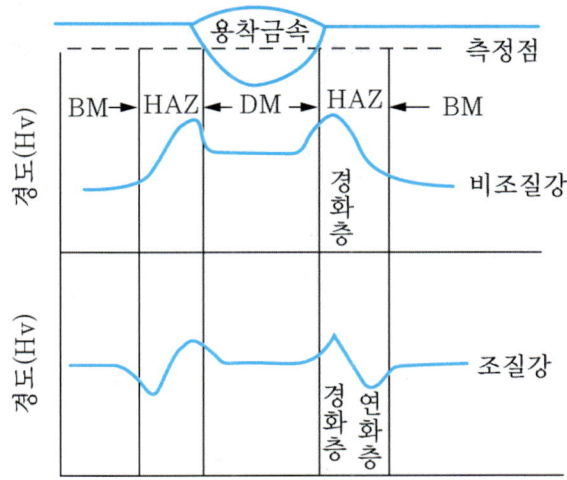

그림 9.7 용접부의 경도분포

$$Ceq = C + \frac{Mn}{6} + \frac{Si}{24} + \frac{Ni}{40} + \frac{Cr}{5} + \frac{Mo}{4} + \frac{V}{14}(\%) \tag{9.3}$$

보통 Ceq 〈0.44 %, Hv_{max} 〈350이면 용접균열의 우려는 없다. 일반적으로 탄소나 합금원소가 많은 고강도재일수록 Ceq 값이 증가하여 용접이 곤란해지나, C%를 낮게 억제시킨 고장력강은 같은 강도 레벨의 보통의 강재에 비하여 용접성이 양호하다. 조질을 행하면 Ceq 값이 더욱 낮은 강재를 사용할 수 있다.

한편, 동일한 화학조성에서도 판두께가 두꺼울수록 용접부의 냉각속도와 잔류응력이 증가하고, 또한 재질적으로도 열화하기 때문에 용접성이 좋지 않다. 따라서 강재를 예열하여 용접부의 경화를 방지할 필요가 있다. 대형 구조물일 경우, 대입열 용접을 실시하면 능률적이지만, 대입열 용접에서는 오스테나이트 결정립의 조대화와 낮은 냉각속도 때문에 조대한 변태조직이 되어 용접부의 인성은 떨어지기 쉽다. 대책으로서 판두께 30 mm인 경우, 0 ℃에서도 예열이 필요하지 않는 Crack Free강(HT50 CF)이 조선용으로 실용화되고 있다. 이것은 극저 C-Mn강(Ceq 0.25 %)에 미량인 Ti를 첨가하여, TiN의 미세석출에 의해 오스테나이트의 조립화를 막아서 탁월한 용접성과 인성을 부여한 강재이다.

(4) 저온인성과 저온용강

앞에서 언급한 것과 같이 (5.2.2항) 강재의 저온인성은 실용상 샤르피 흡수 에너지(Charpy absorbed energy)의 대소 또는 천이온도의 높고 낮음에 의해 평가되기 때문에, 여기서는 이들에 대한 재료학적 요인의 영향과 저온용강에 대해 설명한다.

1) 저온인성에 미치는 재료학적 요인의 영향

① 화학성분 : 그림 9.8에 강의 천이온도에 미치는 합금원소의 영향을, 또한 그림 9.9에는 탄소강의 흡수 에너지에 미치는 C%의 영향을 나타낸다. C%가 높아지면, 천이온도가 높아지며, 또한 전체적으로 흡수 에너지가 낮아진다. P값은 더욱 미량이라도 취화를 촉진시킨다. 이에 대해 Ni과 Mn은 천이온도를 낮추는 데 유효하다. 이것은 두 원소의 첨가에 의해 변태점을 낮추어 변태 후의 미세조직이 얻어짐과 더불어 Ni에는 페라이트 소재를 질긴 성질로 만드는 직접적인 효과가 있다. 그림 9.10은 저탄소강의 충격특성과 Ni%의 관계를 나타낸 것이다. 이상의 결과에서 예를 들면 고장력강에서는 C%를 낮게 하고 가격이 저렴한 Mn을 증가시켜 강인화를 도모하고 있다. 또한 Ni은 고가이긴 하나 저온용강의 중요첨가 원소로서 매우 중요하다.

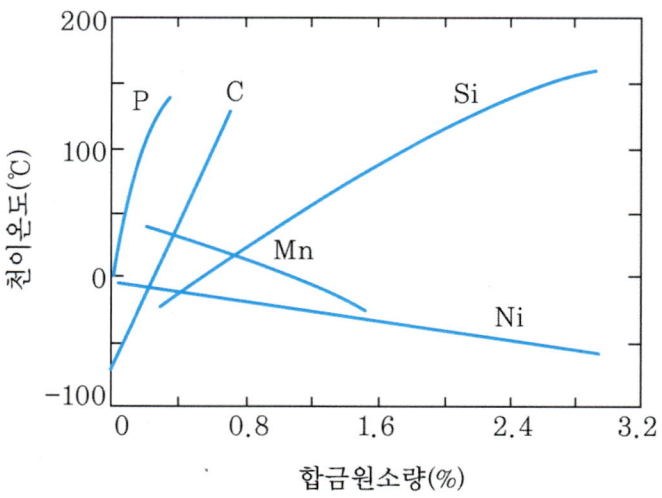

그림 9.8 강의 천이온도에 미치는 합금원소의 영향

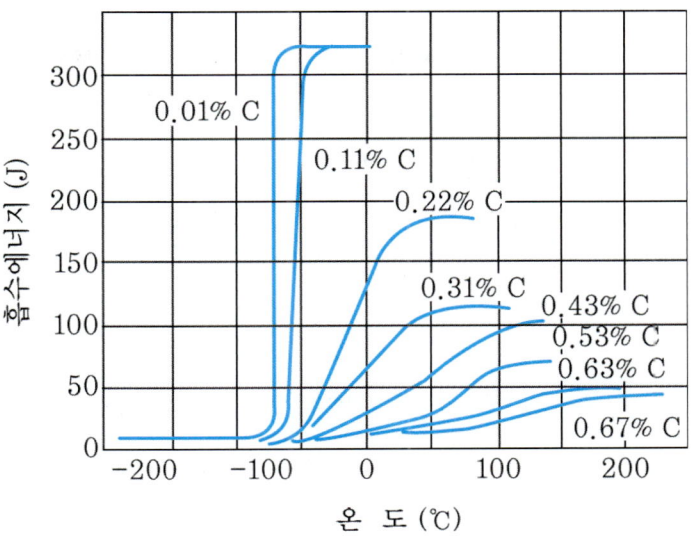

그림 9.9 탄소강의 흡수에너지에 미치는 C%의 영향

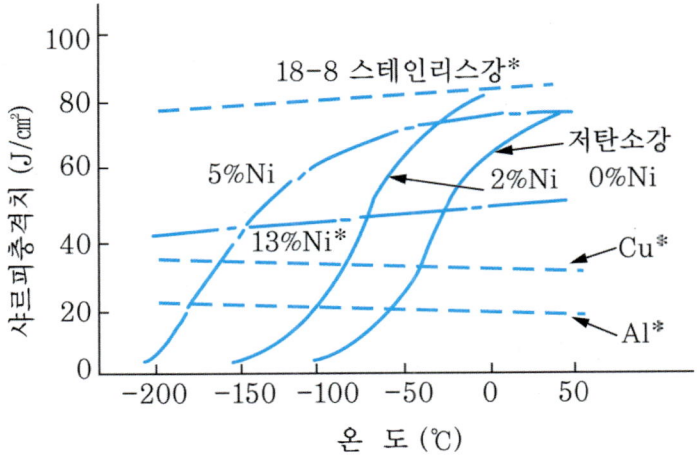

그림 9.10 노멀라이징 상태의 저탄소강(0~5% Ni) 및 면심입방 합금*의 충격특성

② 결정립도와 열처리 : 그림 9.11에 연강의 천이온도에 미치는 결정립경의 영향을 나타낸 것이다. 세립화의 효과가 크다는 것을 알 수 있다.

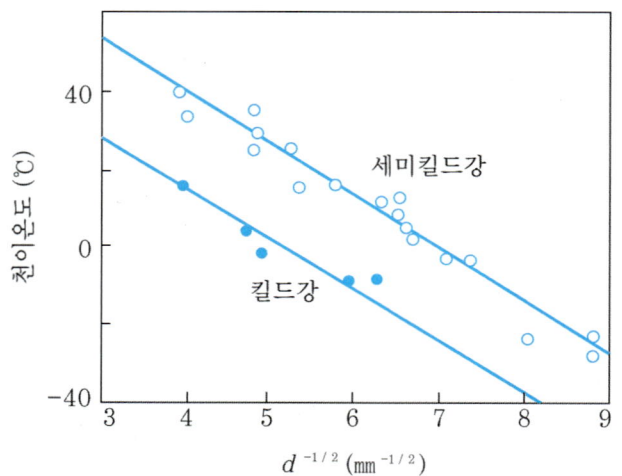

그림 9.11 연강의 천이온도에 미치는 결정입도의 영향

또한 그림 9.12는 Mn-Si계 HT50의 흡수 에너지에 미치는 열처리의 영향을 나타낸 것이다. 저온인성은 조질재(Q·T 처리재)가 가장 우수하며, 노멀라이징재가 그 다음으로 우수하다. 조질처리에 의한 저온인성의 향상도 주로 소지의 세립화와 탄화물의 미립화 효과에 기인한다. 열간압연인 상태에서는 일반적으로 저온인성이 떨어지며, 끝마무리 온도가 높고, 판두께가 두꺼우며, 냉각이 늦을수록 조립화되기 때문에 저온인성은 떨어지기 쉽다.

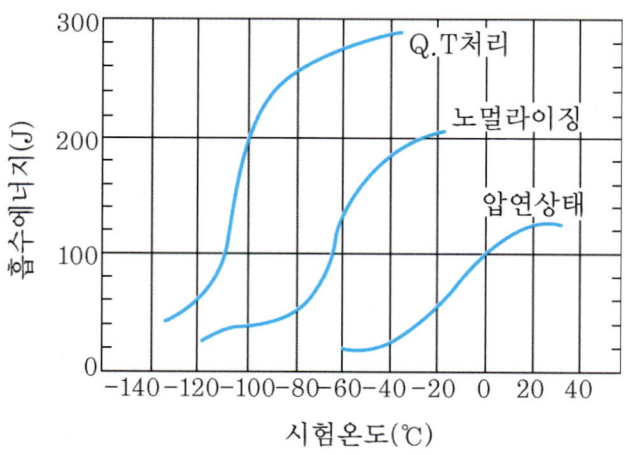

그림 9.12 충격치에 미치는 열처리의 영향(Mn-Si계 50킬로급 고장력강)

③ 냉간가공 : 앞장에서 나타낸 바와 같이 강의 노치인성이나 연성은 가벼운 정도의 냉간가공에 의해서도 나쁘게 되기 쉽기 때문에, 인성을 중요시하는 압력용기 등에서는 강재의 굽힘이나 프레스 가공에 의한 취화에 주의할 필요가 있다. 한편, 가공경화는 매우 경제적인 강화법이기 때문에 박강판에서는 냉간가공이 적극적으로 이용되고 있다.

2) 저온용강

최근 에너지 사정의 변화와 더불어, LNG 등의 저온액화가스의 수송, 저장설비에 안전하게 사용할 수 있는 재료의 수요가 증대하고 있다. 또한 극저온에서의 초전도 현상의 이용기술도 발달하였다. 저온용 강이 약 -10 ℃ 미만의 온도 영역에서 사용하는 강재로 그림 9.13과 같이 사용온도에 따라 저온용 Al킬드강과 Ni강이 실용되고 있다.

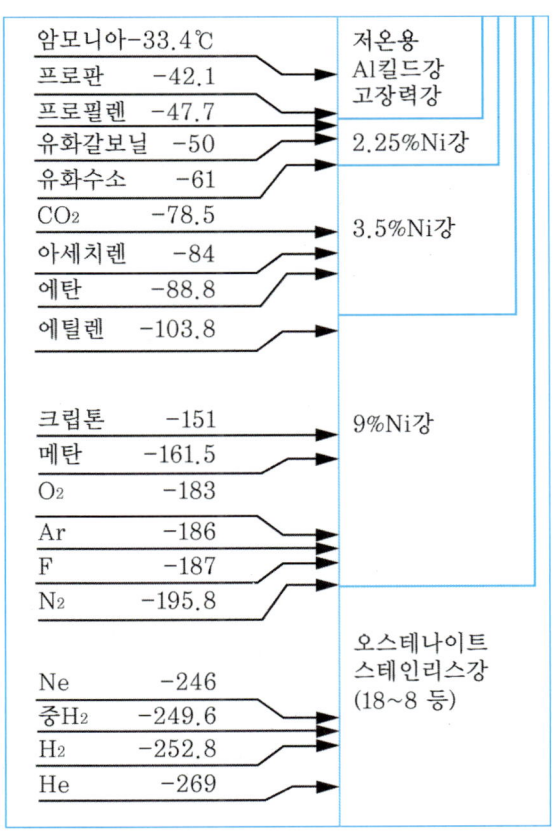

그림 9.13 액화가스의 온도(1기압에서의 비등점)와 저온 장치용 강재

저온용 Al킬드강은 저온 인성향상을 위해 C를 약 0.15 % 이하로 억제하고 그 대신 Mn(1.3 %정도, Mn/C〉10)을 증가시키며, 동시에 P, S를 적극 제한하고 있다. Al 탈산과 노멀라이징, 제어압연(9.2.2항), 조질처리 등에 의해 극히 세립으로 만든다. 이 강은 -50~ -60 ℃ (LPG의 비등점 -42 ℃)까지 사용될 수 있다.

-100 ℃정도까지의 에틸렌용의 플랜트나 저장 탱크 등에는 2.25Ni강(~-65 ℃)~3.5Ni강(~-110 ℃)이 사용되며, 이들 강에 대해서는 실적이나 가격면에서, 현재로서는 다른 경합재료가 진출할 여지가 없다. 더욱 저온의 LNG(주성분은 메탄)나 액체질소 관계 등에는 9 %Ni강(HT70 상당)이 가장 많이 이용되며, Al-Mg 합금 (A5083)의 후판이나 18-8 스테인리스강재가 경합재료로서 유력하다. 18-8 스테인리스강은 더욱 저온의 액체 헬륨(He)용으로도 이용되며, 가공성이나 용접성도 좋기 때문에 초저온용 재료로서 불가결한 재료이다.

(5) 내후성과 내후성 강

강재를 그 상태대로 대기 중에서 사용하면 10년간에 0.5 mm 이상, 30년간에는 1 mm 이상 두께가 엷어지며, 공업지대나 해수분위기 중에서는 더욱 부식이 현저하게 일어난다. 따라서 교량, 철탑, 건축물 등에는 도장(painting)을 실시하게 되나 구조물이 대형으로 될수록 도장에 막대한 노력과 비용이 든다. 주로 도장수명의 연장을 위해 합금원소를 소량 첨가한 40~60 킬로급의 강재가 내후성 강으로서, SWS재와 마찬가지로 고장력강으로서 중요한 위치를 차지하고 있다.

내후성을 부여하는 데는 Cu, Cr, P 등을 첨가한다. 그러나 P는 후판에서는 인성과 용접성을 해치기 쉽기 때문에 P첨가 강에서는 특히 C%를 낮게(〈0.12%)하고, Ni을 소량 첨가한다. 이들의 원소는 강재표면의 산화피막 중에 농축되어, 피막의 보호성을 높임과 더불어 독특한 색깔을 나타내기 때문에 내후성 강은 도장을 하지 않고서도 사용할 수가 있다. KS에서는 P를 첨가하지 않고 Cu, Cr 등을 포함한 용접구조용의 SMA재 (SMA400~570)가 있으며, 특히 SMA490은 사용량이 많다. 이 밖에 더욱 P, Ni을 첨가한 저탄소의 고내후성 강인 SPA재도 있다.

9.3 기계구조용 강

9.3.1 기계구조용 탄소강

(1) 개요

기계구조용 탄소강은 KS에서는 C%에 의해 세분되어 SM10C부터 SM58C 범위의 일반용 20강종과 SM9CK, SM15CK, SM20CK의 침탄용 3강종이 규정되어 있다(표 9.1).

기호 중의 숫자는 C%의 중간 값을 나타낸다. 고급 탄소강이지만 합금강에 비하면 가격이 저렴하고 가공이 용이하다. 그러나 담금질성이 나쁜 것이 큰 결점이다.

1) 저탄소강

약 0.25 %C이하의 저탄소강은 담금질성이 특히 나쁘기 때문에 열간가공인 상태 또는 노멀라이징 상태에서 별로 강도를 필요로 하지 않는 볼트, 너트, 핀, 작은 축류 등에 이용한다. 한편 최근 에너지 절약 차원에서 냉간단조(cold forging)가 자동차를 비롯한 각종 기계공업에서 빼놓을 수 없는 부품 성형방식으로 되어 S 등의 유해원소, 개재물, 흠 등이 작은 양질의 저탄소강(일부 중탄소강, 저합금강) 선재가 다량 공급되고 있다. 냉간단조에 있어서는 보통 노멀라이징에 의해 가공성을 개선하고 더욱이 필요에 따라 탄화물을 구상으로 분포시키는 구상화 어닐링을 행한다. 저탄소강은 용접성이 좋기 때문에 용접제품에도 적합하다.

SM15CK 등의 침탄용강(표면경화강)은 일반적인 SM-C재보다도 불순물이 적기 때문에 소형치차, 캠축, 핀, 미싱 부품 등에 이용한다. 일반적인 SM-C재도 물론 침탄용으로 사용될 수 있다.

2) 중·고 탄소강

약 0.25~0.5 %C의 중탄소강은 담금질성이 저탄소강보다 양호하기 때문에 소형 부품에 대해서 조질처리로 행한다. Mn을 약간 높게(0.6~0.9 %)하여 담금질성을 개선하여, 분사담금질, 단조담금질 등도 적극적으로 이용한다. 어느 정도의 강도를 필요로 하는 볼트, 소형 축류, 로드, 각종 축류 등에 널리 이용된다. 특히 SM40C, SM45C의 사용량이 많다.

한편 C가 약 0.35~0.45 %의 SM-C재에 대해서 고주파 담금질, 화염 담금질이 널리 실시된다. 표면 담금질에는 담금질성이 그다지 문제로 되지 않기 때문에 대형치차, 크랭크 축 등에도 널리 적용될 수 있다.

약 0.5 %C 이상의 고탄소강(Mn 0.6~0.9 %)은 중탄소강보다 더욱 담금질성이 좋기 때문에 조질이나 표면 담금질에 의해 강도와 연성을 조정하여 내마모성이 요구되는 키(key), 핀, 축류 등에 사용한다. 단, C%가 높을수록 담금질균열을 일으키기 쉽기 때문에 설계나 열처리상 주의를 요한다.

3) 담금질·템퍼링 생략강

최근 에너지 절약, 성력화의 견지에서 기계 구조용강 분야에서도 열처리의 간소화가 활발히 이루어지고 있다. 탄소강에서는 담금질성이 나쁘기 때문에 수냉담금질이 필요하며, 그렇더라도 직경이 30 mm 정도 이상이 되면 충분한 마르텐사이트 조직을 얻는 것이 매우 곤란하다. 따라서 예를 들면 열간단조, 압연온도와 냉각조건을 제어함으로써 열간가공한 상태에서 종래의 조질강에 필적하는 강인성을 나타내는 비조질강이 개발되어, 자동차의 커넥팅로드, 크랭크축 등의 부품에 실용되고 있다. 보통 중탄소강에 비조질 고장력강(9.2.7항)의 개념을 도입하여, 세립화와 석출강화를 위해 소량의 V 또는 Nb 등을 첨가하고 있다.

(2) 기계적 성질

SM-C재의 기계적 성질은 주로 C%와 열처리에 의존한다. 먼저 그림 9.14에 열간압연한 상태의 강재(직경 25 mm)의 기계적 성질을 나타낸다. C%에 비례하여 강도는 증가하고 연성은 저하한다. 또한 같은 C%의 경우 직경이나 판두께가 커질수록 가공률은 작아지고 마무리 온도가 높고, 또한 압연 후의 냉각이 느리기 때문에 결정립이 커져서 기계적 성질이 떨어진다.

열간압연재 또는 열간단련재(주로 자유단조로 길게 늘인 강재) 특징의 하나로서 기계적 성질의 이방성(anisotropy)이 있다. 이것은 그림 9.15와 같이 특히 충격값이나 단면수축률 등의 연성과 인성이 압연방향(또는 단련방향)에 대해서 직각 방향으로는 현저하게 작아지는 것으로, 압연재나 단련재를 사용할 때는 이 점에 주의를 요한다. 이방성은 용접구조용 강재에서도 중요하다.

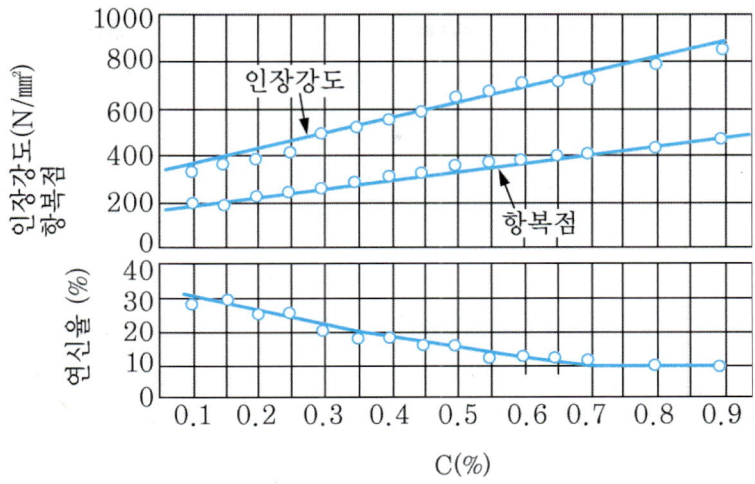

그림 9.14 열간압연한 상태의 기계구조용 탄소강의 기계적 성질과 C%의 관계(직경 25 mm의 둥근 봉)

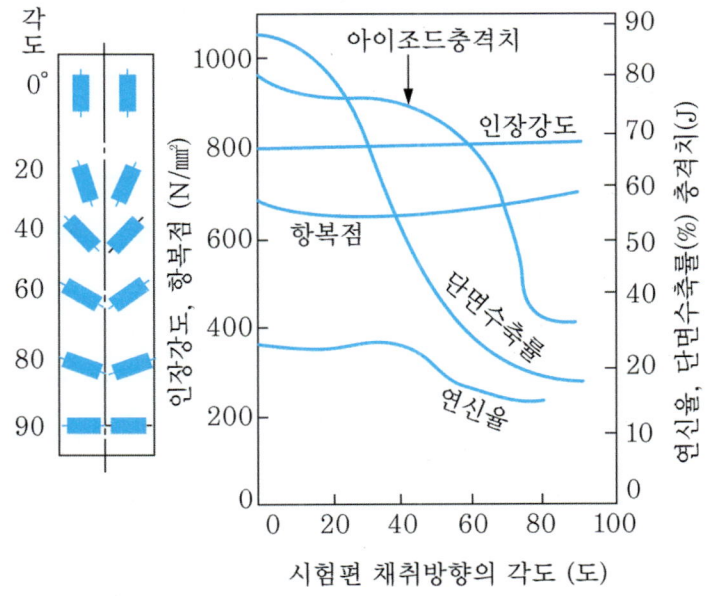

그림 9.15 열간압연강재의 기계적 성질의 이방성

압연강재로부터의 시험편은 특별한 경우를 제외하고, 그 길이 방향을 압연방향과 평행하게 판의 중심부에서 채취한다. 이방성의 주요인은 압연방향으로 길게 늘려진 개재물, 특히 MnS에 의한 노치효과로 알려져 있다. 그 때문에 강 중의 S량을 적극적으로 저감시킴과 더불어 S와 친화력이 강한 Ca 등을 미량 첨가시켜 Ca계 유화물로 변화시키는 유화물 형태 제어기술이 개발되어 있다. 예를 들면, 용접구조용 초후판에서는 특히 필릿(fillet)용접 이음매의 모재에서 라멜라테어(lamellar tear)라고 불리우는 판두께 방향의 연성부족에 기인하는 판면에 평행한 층상균열이 발생하기 쉽지만, S량의 저감(<0.006 %)은 이의 방지에 특히 효과적이다.

다음에 그림 9.16과 그림 9.17에 각각 노멀라이징 및 조질 후의 기계적 성질(직경 25 mm)과 C%의 관계를 나타낸다. 어떤 경우에도 약 0.6~0.7 %까지는 C%에 대해서 기계적 성질이 거의 직선적으로 변화한다. 이들 그림의 일례로서 0.4 %C 탄소강의 기계적 성질과 열처리의 관계를 구해서 표 9.5에 나타낸다.

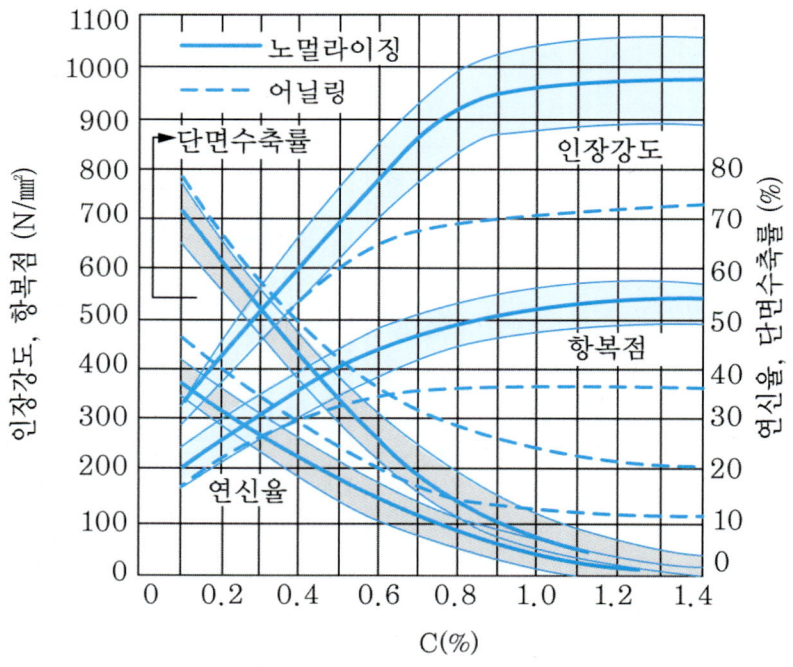

그림 9.16 노멀라이징 및 어닐링 상태의 기계구조용 탄소강의 기계적 성질과 C의 관계

표 9.5 0.4 %탄소강의 기계적 성질(직경 25 mm)과 열처리

	항복점 (N/mm²)	인장강도 (N/mm²)	연신율(%)
열간압연상태	310	550	18
노멀라이징	360	590	23
Q · T조질	550	770	25

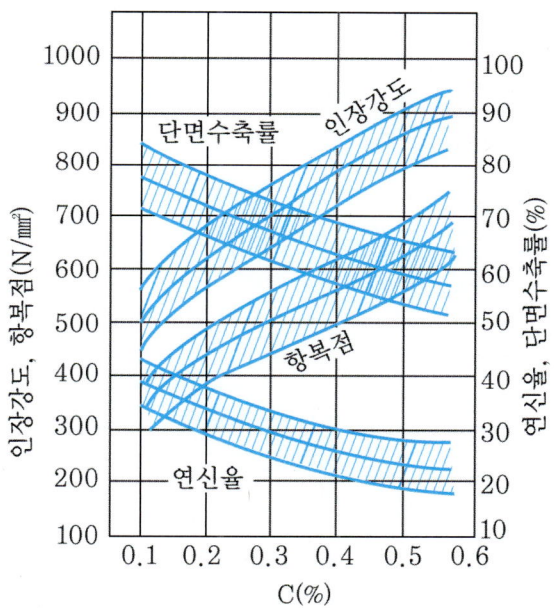

그림 9.17 담금질 · 템퍼링 상태의 기계구조용 탄소강의 기계적 성질과 C의 관계

이 표에서 알 수 있는 바와 같이 강인성은 조질재가 가장 우수하며, 노멀라이징재가 그 다음이다. 또한 압연재의 기계적 성질의 이방성은 열처리에 의해서도 완전히 없어지지 않는다.

마지막으로 탄성계수에 대해 언급하면 강의 탄성계수는 C%나 열처리에 의해 거의 변화하지 않는다(표 9.3). 탄성계수(탄성영역에서의 응력/변형률)는 탄성변형의 쉽고 어려움을 나타내는 물리정수로 원자 간의 결합력에 좌우된다. 따라서 소성변

형(슬립)의 쉽고 어려움에 대응하는 항복점 등의 재료강도와는 직접 관계가 없으며, 또한 합금원소의 첨가나 조직조정 등 재료면에서 개선의 여지가 거의 없다.

9.3.2 기계구조용 합금강

(1) 개요

Mn, Cr, Mo, Ni 등의 합금원소를 첨가하여 저탄소(약 0.15~0.2 %)의 침탄용과 중탄소(약 0.25~0.5 %)의 조질처리용, 그리고 질화용이 KS에 규정되어 있다. 최근, 열처리공정의 자동화에 따라 제품 품질의 균일화를 위해 강재의 담금질성이 안정화될 것이 크게 요망되어, 상기의 침탄용과 조질처리용 중 중요 강종에 대해 화학성분뿐만 아니라 담금질성도 보증 하는 H강(예: SCM445H) 도 규정되어 자동차, 차량공업 등에 많이 이용되고 있다(표 9.1). 즉 그림 9.18과 같이 그 강재의 **조미니 곡선**(Jominy curve)이 소정의 담금질성 밴드의 상·하 한도 이내에 들어가야 하는 것을 규정하고 있다.

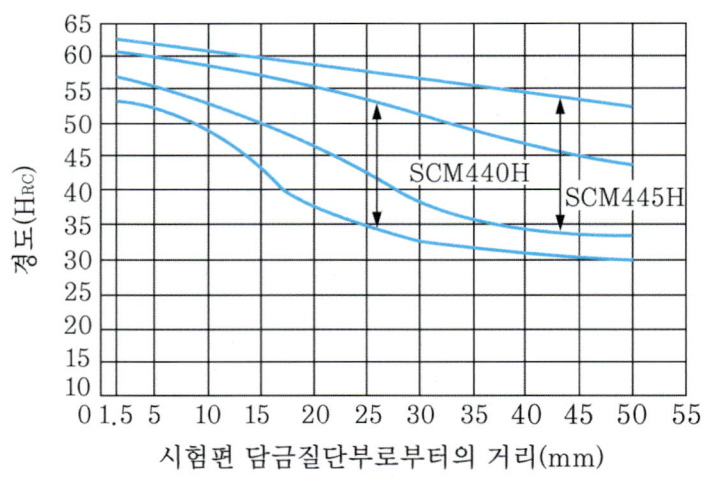

그림 9.18 담금질성을 보증한 구조용강재의 H밴드의 예

조질 처리용의 합금강의 용도는 뛰어난 강인성을 요구하는 부품이나 대형이고 두꺼운 제품으로 예를 들면 강력 볼트·너트, 각종 축류, 치차류 등이다. 구조용 합금강을 많이 사용하는 자동차 공업 등에서는 탄소강 다음으로 Cr-Mo강이 주류를

이루고 있으나, 최근에는 가격이 높아지는 Mo을 절약한 싼 가격인 강의 활용도 활발히 되고 있다.

1) Cr강 및 Cr-Mo강

Cr강(Scr재)은 Cr을 약 1 % 첨가하여 Mn을 많게 해서 담금질성과 강인성을 개선하고 있다. Cr-Mo강(SCM재)은 더욱 Mo을 0.2 % 정도 가미시켜 기계적 성질의 개선과 템퍼취성(고온에서 템퍼링 후 서냉시키면 충격값이 떨어지는 현상으로 Mo의 소량 첨가가 그 방지에 유효하다)의 경감을 도모한 것이다.

2) Ni-Cr강 및 Ni-Cr-Mo강

Ni-Cr강(SNC재)은 역사적으로는 가장 대표적인 합금강이나, 성능에 비해 고가이기 때문에 사용량이 비교적 작다. Ni-Cr-Mo강(SNC재)은 Ni을 0.4~4.5 %, Cr을 0.4~3.5 %, Mo을 0.15~0.7%의 범위로 첨가하고, 또한 Mn량을 높인 강으로 합금강 중 가장 좋은 담금질성과 강인성을 갖고 있어 고부하 치차 등의 중요한 기계부품에 이용한다. SNCM625와 630은 담금질성이 특히 좋기 때문에 대형부품에 사용한다. 그 중에서도 SNCM630은 공랭을 하여도 담금질이 되기 때문에 자경강(self hardening steel)이라고 불리어, 표면경화강인 SNCM815와 더불어 담금질에 의한 변형을 피해야 하는 부품에 적합하다. 한편, SNCM240과 SNCM220은 Ni을 절약하고 Mn량을 높인 일종의 대체용 강이다.

3) Mn강 및 Mn-Cr강

값이 싼 Mn을 이용한 경제적인 강으로, Mn강(SMn재)은 Mn을 약 1.5 %로 하여 담금질성을, Mn-Cr강(SMnC재)은 거기에 0.5 %의 Cr을 첨가하여 담금질성과 강인성을 개선한 강이다(표 9.7).

4) B강과 Mo 절약강

중탄소강에 20 ppm 정도의 극미량의 B(boron)를 첨가하면 표 9.6과 같이 담금질성이 현저하게 향상된다.

강 중의 B는 원자반경의 관계 때문에 담금질 가열시에 오스테나이트의 소지 중에 고용하기 어렵고 결정립계에 모인다. 따라서 오스테나이트 입계를 안정화시켜 오스테나이트로부터 패라이트나 펄라이트로의 확산변태를 어렵게 하는 것이 담금질성 향상의 이유이다.

표 9.6 탄소강의 담금질성에 대한 B첨가의 효과

C(%)	B(%)	중심까지 담금질 가능한 임계직경(mm)	임계직경증가율(%)
0.40	-	30.4	-
0.40	0.0016	54.6	79.7
0.52	-	30.7	-
0.52	0.0013	46.8	52.5

그러나 최적량(5~30 ppm)을 초과하면 오히려 담금질성이 떨어진다. 최근에는 B의 안정첨가 기술이나 신속분석기술이 발달하여 B의 유효 이용이 확대되고 있다. B는 경제성 때문에 합금원소를 절약하거나 가공성이나 용접성 향상 때문에 C함량을 저감시키고자 할 때 담금질성의 저하를 보충하는 원소로서 중요하며, 냉간단조성이 좋은 저탄소 B강(탄소강, 저합금강)이 볼트용으로 사용되는 것 외에, 최근에는 고가의 Mo을 절약한 Mn-저Cr-B강, Cr-B-저Mo강 등이 SCM강 등의 대체강으로서 자동차, 차축부품 등에 이용되고 있다.

(2) 담금질성과 기계적 성질

표 9.7에 중요한 기계구조용 강의 조질처리 후의 기계적 성질(직경 25 mm의 표준시료)과 담금질성을 나타낸다. 담금질성으로서는 실용상의 견지에서 담금질 가능한 최대직경 즉 담금질 후 중심부가 거의 50 % 마르텐사이트 조직으로 되는 봉의 직경(mm)을 나타내었다. 탄소강인 SM-C재는 수냉 담금질이라도 담금질이 되는 임계직경은 기껏해야 30 mm 정도 이다. 그 때문에 직경의 증대에 따른 조질처리 후의 기계적 성질의 열화 및 담금질변형 등에 주의할 필요가 있다.

한편 합금강은 일반적으로 유냉 담금질이라도 담금질 가능한 최대직경이 SM-C재보다도 크고 특히 SNCM630, 625, 447 등은 담금질성이 좋다. 합금강은 탄소강에 비하여 같은 정도의 단면 수축률의 경우 인장 강도가 높고, 또한 같은 정도의 인장 강도의 경우 단면수축률이 크다. 즉 강인성이 뛰어나다. 이같은 관계는 인장강도와 충격값의 사이에도 인정된다. 같은 합금강끼리는 Ni-Cr-Mo강이 가장 탁월한 성질을 나타낸다. 또한 시료의 직경이 표준직경(25 mm)보다 크게 되면 질량효과의 영향으로 합금강의 우위성은 더욱 현저히 된다. 표 9.7로부터 Q·T조질재의 인장강도와 단면수축률의 관계를 나타내면 그림 9.19와 같이 된다.

표 9.7 기계구조용 탄소강의 표준 기계적 성질과 질량효과

C % 레벨	KS기호	항복점 (N/mm^2)	인장강도 (N/mm^2)	회전굽힘 피로한도 (N/mm^2)	연신율 (%)	단면 수축률 (%)	샤르피 충격치 (J/cm^2)	담금질가능한 최대직경	
								water quench	oil quench
0.25%	SM25C*	⟩265	⟩441	⟩186	⟩27	—	—	—	—
	SNCM625	⟩834	⟩932	⟩324	⟩18	⟩50	⟩78	—	100
0.30%	SM30C*	⟩284	⟩471	⟩196	⟩25	—	—	—	—
	SM30C	⟩333	⟩539	⟩226	⟩23	⟩57	⟩108	30	—
	SCr430	⟩637	⟩785	⟩275	⟩18	⟩55	⟩88	55	40
	SCM432	⟩736	⟩883	⟩304	⟩16	⟩50	⟩88	80	60
	SCM430	⟩686	⟩834	⟩294	⟩18	⟩55	⟩108	80	60
	SNC631	⟩686	⟩834	⟩294	⟩18	⟩50	⟩118	—	70
	SNCM431	⟩686	⟩834	⟩294	⟩20	⟩55	⟩98	—	80
	SNCM630	⟩883	⟩1079	⟩373	⟩15	⟩45	⟩78	—	150 70(공냉)
0.35%	SM35C*	⟩304	⟩510	⟩206	⟩23	—	—	—	—
	SM35C	⟩392	⟩569	⟩235	⟩22	⟩55	⟩98	32	—
	SCr435	⟩736	⟩883	⟩304	⟩15	⟩50	⟩69	55	40
	SCM435	⟩785	⟩932	⟩324	⟩15	⟩50	⟩78	80	60
	SNC236	⟩588	⟩736	⟩255	⟩22	⟩50	⟩118	—	50
	SNC836	⟩784	⟩932	⟩324	⟩15	⟩45	⟩78	—	80
	SMn433	⟩539	⟩686	⟩265	⟩20	⟩55	⟩98	40	—
0.40%	SM40C*	⟩324	⟩539	⟩206	⟩22	—	—	—	—
	SM40C	⟩441	⟩608	⟩245	⟩20	⟩50	⟩88	35	—
	SCr440	⟩784	⟩932	⟩343	⟩13	⟩45	⟩59	—	45
	SCM440	⟩834	⟩981	⟩343	⟩12	⟩45	⟩59	—	65
	SNCM240	⟩785	⟩883	⟩304	⟩17	⟩50	⟩69	—	45
	SNCM439	⟩883	⟩981	⟩343	⟩16	⟩45	⟩69	—	80
	SMn438	⟩588	⟩736	⟩255	⟩18	⟩50	⟩8	45	33
0.45%	SM45C*	⟩343	⟩569	⟩216	⟩20	—	—	—	—
	SM45C	⟩490	⟩686	⟩265	⟩17	⟩45	⟩78	37	—
	SCr445	⟩834	⟩981	⟩343	⟩12	⟩40	⟩49	—	50
	SCM445	⟩883	⟩1030	⟩363	⟩12	⟩40	⟩39	—	70
	SMn443	⟩637	⟩785	⟩275	⟩17	⟩45	⟩78	45	33
	SMnC443	⟩785	⟩932	⟩324	⟩13	⟩40	⟩49	—	50
0.50%	SM50C*	⟩363	⟩608	⟩216	⟩18	—	—	—	—
	SM50C	⟩539	⟩735	⟩284	⟩15	⟩40	⟩69	40	—
	SNCM447	⟩932	⟩1030	⟩363	⟩14	⟩40	⟩59	—	90
0.55%	SM55C*	⟩392	⟩647	⟩226	⟩15	—	—	—	—
	SM55C	⟩588	⟩785	⟩304	⟩14	⟩35	⟩59	42	—

(참고) *표시는 노멀라이징, 다른 것은 담금질·템퍼링

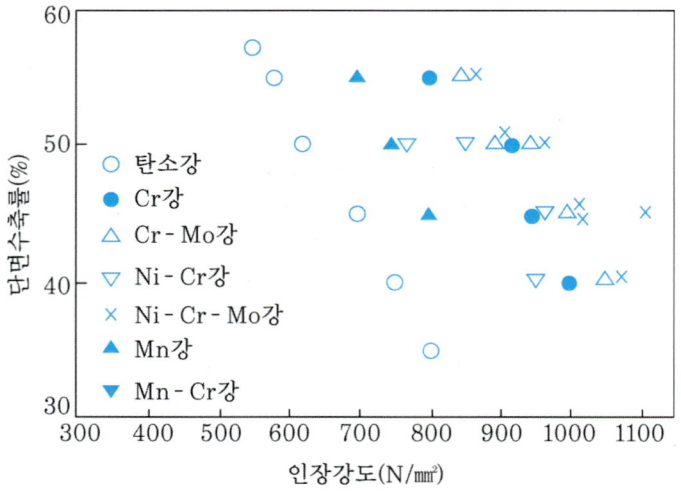

그림 9.19 기계구조용 탄소강 및 합금강 조질재의 인장강도와 단면수축률의 관계 (직경 25 mm)

9.4 쾌삭강

9.4.1 절삭성과 기계적 성질

(1) 절삭성의 평가법

절삭성(machinability)이란 재료의 절삭가공의 쉽고 어려움을 나타내는 성질로 가공의 자동화나 합리적인 생산관리 측면에서 매우 중요한 성질이다. 그러나 절삭현상의 복잡함 때문에 절삭성을 하나의 기준으로 평가 하는 것은 곤란하여 보통 다음과 같은 항목이 판정기준이 된다.

1) 절삭저항

그림 9.20에 나타낸 바와 같이 재료는 공구날 끝에서 전단면 AB에 따라 전단변형을 일으켜 절삭칩(chip)으로 되어 공구 경사면 AC면을 마찰하면서 유출된다. 이때의 전단변형저항과 마찰저항 때문에 절삭저항 R이 생긴다.

2) 공구수명

공구수명은 절삭능률과 직접 관계가 있는 것으로, 일정한 절삭속도에 있어서 공구의 마멸량이 일정한 값에 이를 때까지의 절삭시간이다. 절삭에 있어서는 항상 새로운 금속면에 의해 고온고압하에서 공구날 끝의 마찰이 이루어지기 때문에 공구와 금속 간의 확산이나 미크로적인 용착, 재료 중의 경질 개재물에 의한 마멸이나 결손 등에 의해 공구는 여러 가지 형태의 마멸형태를 나타낸다.

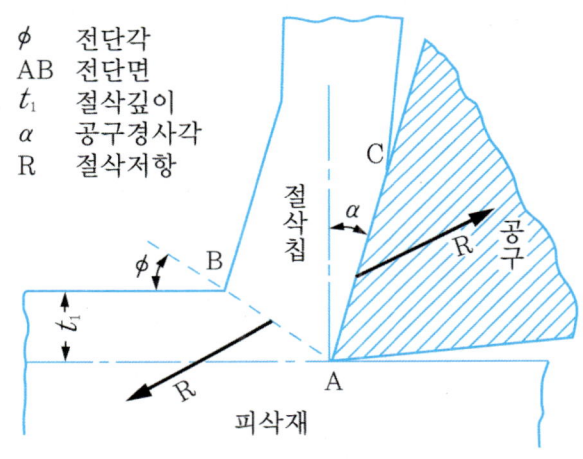

그림 9.20 2차원 유동형 절삭모형

3) 끝맺음 가공면 거칠기

절삭저항이나 공구수명의 면에서는 연질재료 쪽이 일반적으로 유리하지만, 너무 연질재료이면 가공면이 매끈하게 되지 않는다. 연질재료에서는 또한 절삭칩의 일부가 공구 경사면상에 응착·퇴적하는 **구성 날끝**(built up edge)이 생기기 쉬워, 이것이 생기면 특히 좋지 않은 영향이 나타난다.

4) 절삭칩의 처리성

파쇄성이 좋고 유동성이 좋은 절삭칩이 발생하면 절삭칩의 처리성 면에서 바람직하다.

이상의 각 항목 중 보통 가장 중요시되는 것은 공구수명과 가공면 거칠기로서, 거친 작업에서는 공구수명이, 끝맺음 가공 작업에서는 가공면 거칠기가 특히 중요하다. 그러나 최근 기계가공의 자동화나 무인화가 발달해 있기 때문에 작업능률과 안정성 관점에서 절삭칩의 처리성도 중요시 되고 있다.

(2) 강의 절삭성과 기계적 성질

그림 9.21에 탄소강의 절삭성(구멍뚫기)과 C% 및 열처리의 관계를 나타낸다. 절삭성이 가장 좋은 노멀라이징의 경우 C가 0.2~0.3 %일 때로, 이것은 Hv150 정도의 경도에 상당한다. 그러나 절삭성이 가장 좋은 C%는 열처리에 따라서도 다르며, 강을 연화시키는 열처리일수록 절삭성이 가장 좋은 C%를 높은 쪽으로 이행시킨다.

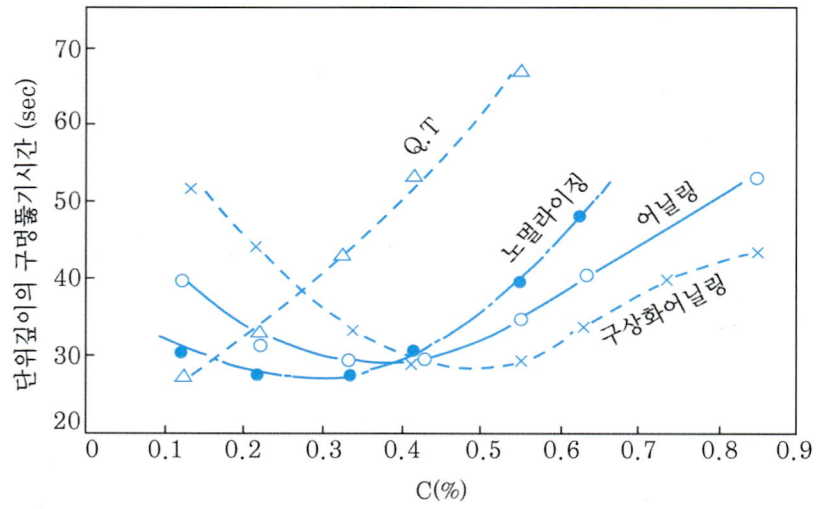

공구 : SKH9 Straight shank drill
절삭조건 : 추력 265 N, 회전속도 2,250 rpm

그림 9.21 탄소강의 절삭성과 C% 및 열처리의 관계

탄소강에서는 C%가 낮을수록 연한 페라이트의 영향으로 인해 가공 면이 거칠어지기 때문에 노멀라이징 처리를 실시하여 결정립을 미세화 시켜 끝맺음 가공을 하면 좋다. 한편, 약 0.5 %이상의 고탄소강이면 보통 구상화어닐링(7.1.3항)이 필요하다. 절삭성에 미치는 합금원소의 영향으로서는 연질의 페라이트가 많은 저탄소강에서는 소량의 합금원소의 첨가는 페라이트의 경도를 증가시켜 절삭성을 개선한다. 그러나 Hv150~200을 한도로 하여, 이 이상의 경도인 경우에는 합금원소가 페라이트를 강화하고, 탄화물을 증가시키기 때문에 절삭성을 떨어뜨린다고 생각할 수 있다.

9.4.2 쾌삭강의 종류와 성질

최근, 기계절삭작업은 자동화, 무인화와 병행하여 점점 고속화하는 경향이 있으며, 한편 강에 대한 강인성 요구는 절삭성을 떨어뜨리게 하기 쉽다. 이와 같은 상황에서 각종의 쾌삭강은 자동차를 비롯하여 사무기기, OA기기, 카메라, 시계 등의 제조분야에서 절삭작업의 능률화나 가공비의 저감에 크게 공헌하고 있다. 강종별로는 강인성을 요구하지 않는 연강의 양산용 물품(볼트, 너트 등)에서 극한의 절삭성을 추구하는 한편, 기계적 성질이 중요한 기계구조용 탄소강 및 합금강을 비롯하여, 스테인리스강, 공구강 등에서는 재질의 열화를 억제하면서 절삭성을 높이는 노력이 계속되고 있다.

(1) 유황 쾌삭강

유황 쾌삭강은 역사적으로 가장 오래된 강이다. 최고 약 0.35 %(보통 강 허용량의 약 10배)까지의 S를 가한 다음 Mn량을 높여(Mn/S) 1.7) S를 MnS으로서 강중에 분포시킨 것이다. 이러한 MnS는 절삭칩 생성시에 응력집중원으로서 작용하기 때문에 절삭저항을 감소시켜, 절삭칩의 파쇄성을 향상시킨다. 그러나 MnS는 열간가공에 의해 가공방향으로 길게 늘려져 있기 때문에 그림 9.22와 같이 S량이 많을수록 이방성이 현저하게 나타난다. 또한 절삭성 개선을 위해 P를 첨가한 것에서는 동일 S량에서도 이 경향이 더욱 현저해진다. 그 때문에 가공방향에 대해서 직각인 방향의 강인성이 필요한 부품이나 냉간단조에는 S함량이 많은 것은 피하는 것이 좋다. 이러한 결점을 개선하기 위해서 Te(tellurium, 텔루륨) 등을 미량 첨가한 유화물 형태 제어강이 개발되어 있다. Te는 쾌삭원소이기 때문에 절삭성도 동시에 개선한다.

(2) Pb 쾌삭강

Pb 쾌삭강은 Pb를 0.1~0.35 % 첨가하여, 특수한 공정에 의해 이것을 미립자(1~2 μm)로서 강 중에 균일하게 분산시킨 것이다. Pb입자는 절삭 열 때문에 용융(융점 327 °C)되어, 공구와 절삭칩 및 가공면 사이에서 윤활작용을 하여, 공구수명의 연장, 절삭저항의 감소에 기여하는 외에 용융취화작용으로 절삭칩의 파쇄성을 좋게 하고, 또한 구성 날끝(built up edge)의 생성을 억제하여 가공면 거칠기를 작게 하는 등 절삭성 개선효과가 크다. 유황 쾌삭강과는 달리 인성이나 피로강도에의 나쁜 영향이나 이방성이 없기 때문에, 기계구조용 쾌삭강으로서 강도부품에도 널리 이용되고 있다.

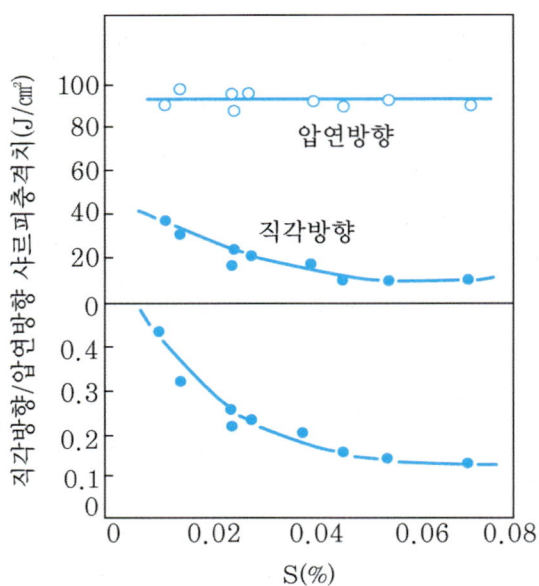

그림 9.22 강의 충격 이방성에 미치는 S량의 영향(SCM420 Q·T재)

(3) Ca 쾌삭강

Ca 쾌삭강은 Ca의 첨가에 의해 $CaO-SiO_2-Ah_2O_3$계의 Ca포함 복합산화물을 강 중에 분산시킨 비교적 역사가 짧은 쾌삭강이다. 이 산화물은 고속절삭시에 공구표면에 부착하여 공구와 절삭칩 및 피절삭제와의 직접 접촉을 방해하고, 공구의 열 확산 마모를 억제함으로써 공구수명을 연장한다. 따라서 종래 피삭성에 유해한 것으로 알려진 산화물계 개재물을 역으로 이용한 새로운 형태의 쾌삭강이다. TiC, TaC를 다량 포함한 초경공구에 의한 고속절삭에 특히 효과적이며, 고속도강 공구에 대해서는 별 효과가 없다. 또한 칩의 파쇄성은 거의 개선되지 않는다. 기계적 성질, 소성가공성, 용접성 등이 기본적인 강과 동등하기 때문에 자동차 부품에의 이용이 많다.

(4) 복합 쾌삭강

쾌삭기구가 다른 여러 가지의 쾌삭성분을 적당량씩 복합시켜 첨가하여 쾌삭성을 더욱 개선시킨 강을 복합쾌삭강 또는 초쾌삭강이라 한다. S-P, S-Pb, S-Pb-P, Ca-S-Pb계가 있으며, 황동에 필적하는 쾌삭성을 갖는다. 그림 9.23은 쾌삭강에 대한 공구수명 곡선의 예이다.

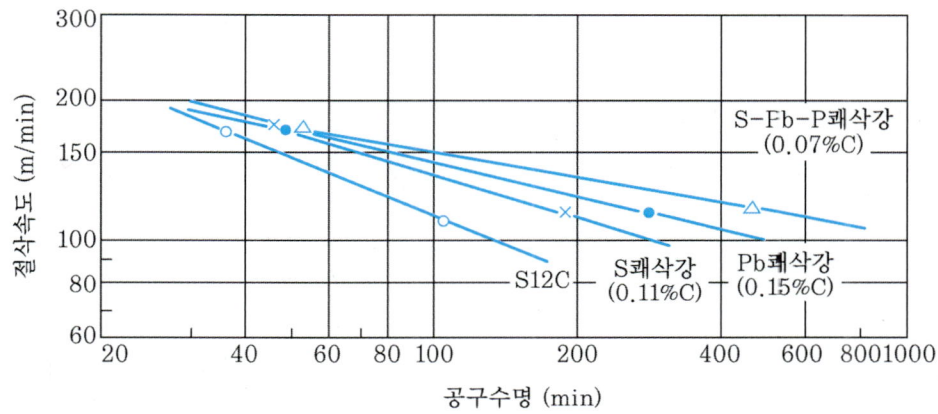

그림 9.23 각종 쾌삭강에 대한 공구수명 곡선의 예

제 10 장

철강의 부식·방식과 스테인리스강

10.1 철강의 부식·방식

부식(corrosion)이란 금속이 그것을 둘러싸고 있는 환경에 의해 침식, 소모되어 가는 현상을 말한다. 철강재료는 강도, 경도, 인성 등의 기계적 성질이 열처리에 의해 변화되며, 또한 가격도 싼 편이기 때문에 대량 사용되나 비교적 부식되기 쉬운 결점도 있다.

10.1.1 철강부식 기구

철강의 부식에는 수분을 포함한 환경에서 일어나는 부식과 수분을 포함하지 않는 환경에서의 부식으로 나뉘어져, 전자를 습식(wet corrosion) 또한 후자를 건식(dry corrosion)이라고 하며 강의 고온산화는 건식에 속한다. 수분이 존재하고 있는 환경에서의 철강의 부식기구는 전기 화학적 반응에 의해 일어난다. 이것은 철강표면에 전지의 양극반응(anodic reaction)이 일어나는 부분과, 음극반응(cathodic reaction)이 일어나는 부분이 존재하여 그림 10.1과 같이 양극부로부터 Fe원자가 전자를 잃게 되어,

$$Fe \rightarrow Fe^{2+} + 2e^- \qquad Fe^{2+} + 2(OH)^- \rightarrow Fe(OH)_2$$

로 된다.

Fe이온은 액 중에 녹아들게 되고 이 Fe이온은 용액 중의 수산이온과 결합한다. 또한 수분 중에는 반드시 수소이온이 존재하는데, 이 수소이온이 음극부에서 전자를 얻어 중성의 원자로 되는 반응이 일어나게 된다.

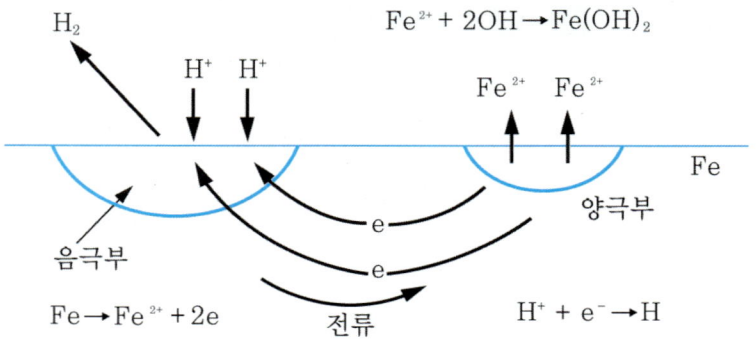

그림 10.1 국부전지의 형성

이와 같이 철강표면에 국부적으로 전지가 생성되어, 이 전지의 양극 상당부분이 소모되어 가게 된다. 양극 생성물 $Fe(OH)_2$는 더욱 산화되어 $Fe(OH)_3$로 되고, 또한 일부는 FeO나 Fe_2O_3로 변화하여 이것이 철의 녹이라고 불리우는 생성물이다. 그림 10.2는 철의 녹과 부식의 진행을 나타낸다. 이들 녹은 다공질로 흡습성이 있기 때문에 수분을 흡수하며, 이 수분에 공기 중의 염소나 SO_2 등이 녹아들게 되면 더욱 전지의 활동이 활발하게 되어 부식이 한층 진행하게 된다.

그림 10.2 철의 녹과 부식의 진행

한편 음극부에서는 생성된 수소가 Fe표면에 흡착하면 전지의 반응이 진행하지 않게 된다. 이 상태를 **분극**(polarization)이라고 하며, 수중에 용해산소가 존재하면 이 수소와 산소가,

$$\frac{1}{2}O_2 + 2H \rightarrow H_2O$$

로 되어 수소원자가 제거되기 때문에 음극반응이 다시 활발하게 되어 부식이 진행하게 된다. 이 작용을 **복극**(depolarization)이라고 한다.

대기 중에는 습기(H_2O), O_2, CO_2 등이 존재하기 때문에 오랜 기간에 걸쳐 강재 표면에 전지가 생성되어 녹에 의한 부식이 진행하나, 지중이나 콘크리트 중의 강은 O_2의 존재가 적기 때문에 공기 중보다도 부식되기 어렵게 된다.

철강재료는 수중이나 해수 중에서 부식되기 쉽다. 그러나 순수한 물속에서는 녹이 스는 현상이 진행하지 않는다. 철강의 부식경향을 비교하면 표 10.1과 같다.

표 10.1 철강의 부식

	부식되기 어려움	부식되기 쉬움
(1)	저탄소강	고탄소강
(2)	순도가 높은 것	불순물이 많은 것
(3)	면이 평활한 것	면이 거친 것
(4)	어닐링한 것	잔류응력이 있는 것
(5)	일상(1phase)조직의 것(마르텐사이트)	이상(2phase)조직의 것(펄라이트)

철강의 조직은 페라이트, 시멘타이트의 이상(2phase)조직이나 시멘타이트부가 귀(noble)의 음극부로 되고, 페라이트부는 비(active)의 양극부로 되기 때문에 C[%]가 높고 또한 Fe_3C가 미세하게 될수록 시멘타이트와 페라이트의 경계면이 증가하기 때문에 부식되기 쉽다.

또한 마찬가지로 다른 금속과 접촉해 있으면 비인 금속이 양극이 되어 부식이 진행한다. 예를 들면 Fe, Sn, Zn의 귀비의 순서를 비교하면 Sn, Fe, Zn의 순서로 된다. 따라서 Fe에 Sn을 도금한 판과 Fe에 Zn을 도금한 판의 부식양상은 그림 10.3

과 같이 된다.

산소의 공급이 적은 부분과 많은 부분이 있으면 거기에도 전지가 형성되어 산소공급이 적은 부분이 양극부로 된다. 볼트로 조여 놓은 부분이 먼저 부식되는 것은 이 때문이다. 이 외에 내부응력이 높은 부분이 양극으로 된다.

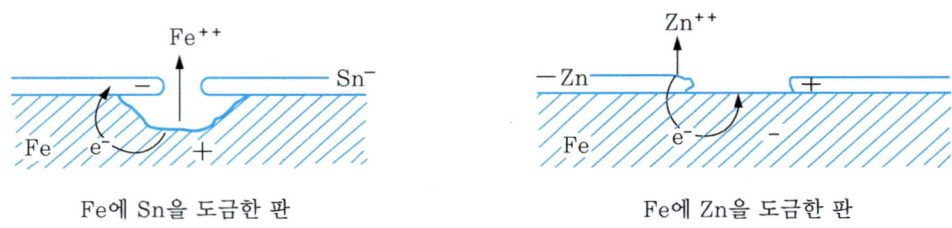

그림 10.3 Fe에 Sn을 도금한 판과, Fe에 Zn을 도금한 판에 대한 부식 양상의 차이

10.1.2 철강의 합금원소에 의한 방식법

부식은 국부전지의 생성에 의한 것이기 때문에 양극반응이나 음극반응을 억제하면 부식의 진행이 저하한다. 그림 10.4는 음극에서 생성되는 H원자에 의해 금속표면이 덮이게 되어 음극반응이 억제되고 부식반응이 방해를 받는 양상을 나타내고 있다. 한편 양극에서 녹아 나온 금속 이온이 양극 부근에 싸여서 양극반응이 억제되는 경우도 있다. 또한 철강표면에 산화물층이 생성되고 이것이 기질의 보호피막으로 되는 경우도 있다. 산화층이 형성되어 금속표면이 보호되는 것을 **부동태**(passive state)라고 부르고 있다.

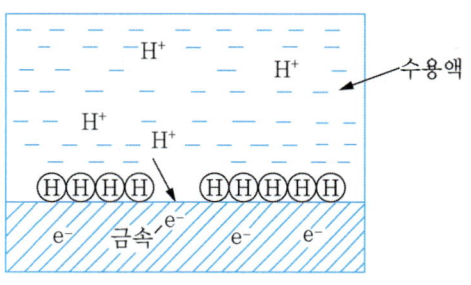

그림 10.4 H원자에 의한 음극차단

그림 10.5는 Fe-Cr합금의 각종 산(acid)에 대한 효과를 조사한 결과로 Cr이 12 % 이상 합금이 되면 질산용액에는 부식되지 않는다. 이것은 강의 표면에 Cr의 산화물이 생성되어 이 산화물 피막에 의한 부동태화 때문이다.

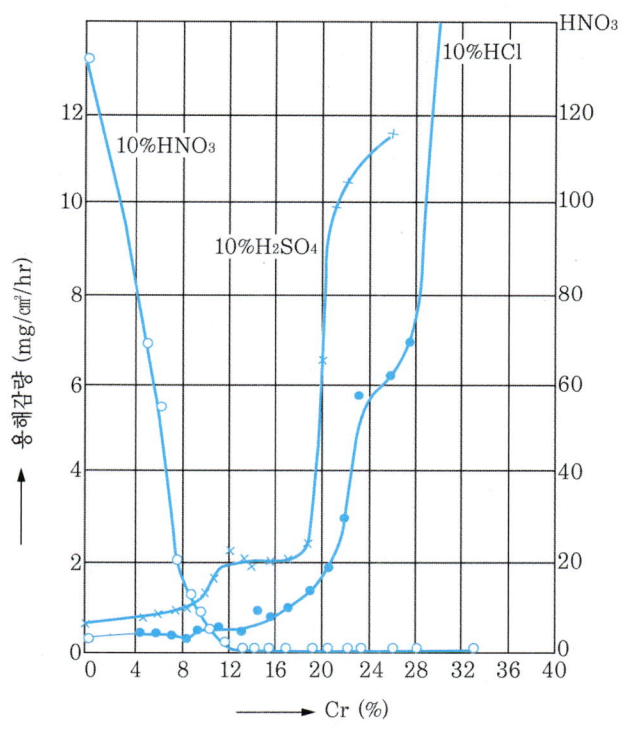

그림 10.5 Fe-Cr합금의 내식성

이 경우는 양극반응을 억제시키기 위한 합금원소 효과의 예이다. 그러나 산소를 용해하지 않은 H_2SO_4나 산소를 포함하지 않은 HCl용액에서는 Fe-Cr합금은 부동태화하지 않은 것에 주의해야 한다.

합금원소의 첨가에 의한 내식성의 향상에 대해서는,

① 양극의 활동을 감소시키는 원소에는 Ni, Mo, W, Cu, Cr이 있으며, 이들의 원소는 양극을 귀쪽으로 가게 하거나 양극의 분극성을 높이는 역할을 한다.

② 음극의 활동을 감소시키는 역할을 한다.

③ 표면에 치밀한 보호피막을 만드는 원소로는 Si, Cu, Cr, Al 등이 있다.

10.1.3 철강의 방식법

철강표면에 오일(oil)이나 페인트를 칠하여 수분이나 습기를 차단시켜 녹이 슬지 않도록 하는 것은 널리 이용되고 있으나, 이 외의 방식법에 대해서 설명하면 다음과 같다.

(1) 금속으로 철강표면을 덮는 방법

1) 전기 도금법

철강제품을 (−)극, 도금용 금속을 (+)극으로 하여 도금액 속에서 전류를 흘려보내 철강표면에 피복층을 만드는 방법. Cd나 Cr외에 Au, Ag 등도 피복시킨다.

2) 용해금속 속에 담그는 방법

용융금속 중에 소재를 담가서 표면에 그 금속의 막을 만드는 방법으로 Zn을 피복시키는 방법을 아연도금(galvanizing), Al을 피복시킨 강을 알루미나이즈드강(aluminized steel)이라고 한다.

3) 시멘테이션(cementation)

철강표면에 Al, Cr, Zn 등을 고온에서 확산 침투시키는 방법을 시멘테이션 법이라고 한다. 이것은 금속분말과 그 산화물 및 소량의 철분이나 염화암모늄 등을 혼합시킨 속에 철강제품을 넣고 고온으로 가열하여 피복을 입히는 것으로, Zn을 피복하는 것을 세라다이징(sheradizing), Al의 경우를 칼로라이징(calorizing), Cr의 경우를 크로마이징(chromizing)이라고 한다. Ti이나 Si을 확산시키는 방법도 있다.

4) 금속용사법

Zn이나 Al 등의 용융된 금속을 압축공기로 미립자 상태로 불어서 철강표면에 불어 붙이는 방법 (8.2.4항).

(2) 전기적 방식법

지중이나 해수 중의 철강제품은 페인팅이나 손작업이 곤란하기 때문에 전지의 작용이나 전류 작용을 이용하여 방식하는 방법이 취해지고 있다.

방식하려고 하는 구조물을 음극으로 하고, 흑연 또는 주철이 양극이 되도록 직류전압을 걸어 주면 양극이 소모되어 구조물은 보호된다. 철강보다도 이온화 경향이 큰 Zn 등의 금속을 도선으로 연결해 놓으면 Zn이 양극, 철강제품은 음극이 되어 보호된다.

10.2 부동태화와 스테인리스강의 내식성

10.2.1 부동태화

부식(고온부식을 제외함)은 금속이 양이온이 되어 수용액 중으로 녹아 들어가는 현상이기 때문에 이온화열(전기화학열)에서 귀(noble) 전위를 갖는 귀금속은 이온화하기 어렵고 내식성이 뛰어나다.

Cu도 실용금속 중에서는 가장 귀한 전위를 갖기 때문에 내식성이 좋고, 열전도성도 탁월하기 때문에 열교환기 재료 등으로서 중요하다. 이에 대해 비(active) 전위를 갖는 Al, Ti, Cr, Zr, Ta 등은 전위의 면에서 보면 내식성이 나쁜 것처럼 보이지만 일반적으로는 내식성이 매우 양호한 경우가 많다. 그 이유는 이들의 금속은 모두 산소와의 친화성이 좋기 때문에 대부분의 산화성 환경 중에서 쉽게 표면이 산화피막(부동태 피막)으로 덮여지게 되며, 이 산화피막은 매우 얇으나 치밀하고 안정된 보호성을 갖고 있어 금속을 환경으로부터 보호하기 때문이다. 이 상태를 부동태라고 한다.

Ni, Fe, Mo 등도 강산화성의 환경 중에서는 부동태화한다. 즉 부동태화란 이온화열에서 비전위 금속이 산화성의 환경 중에서 부동태 피막을 생기게 하여 양호한 내식성을 나타내는 것으로, 스테인리스강(약 12 %이상의 Cr을 포함한 Fe-Cr합금), Ti합금, Al합금, Ni합금을 비롯하여 많은 구조용 금속재료가 가진 유용한 내식성의 기초로 되는 성질이다.

부동태화 환경은 질산($2HNO_3 \rightarrow H_2O+2NO+3O$와 같이 분해하여 활성의 산소를 생성함) 등의 산화성 산을 비롯하여 산소를 포함한 수용액, 하천수, 대기 등이다. 해수도 약산화성이지만, Cr합금이나 Al합금에서는 해수 중의 염소이온에 의해 부동태가 파괴되어 국부부식이 일어나기 쉽다. 이에 대해서 Ti이나 그 합금에서는 Cl^-이 존재하여도 부동태가 파괴되기 어렵기 때문에 이들은 내해수용으로써 유용하다. Ta이나 Zr은 Ti보다도 더욱 부동태화의 성질이 강하다.

10.2.2 스테인리스강의 내식성

Fe는 약 60 %이상의 진한 질산 중에서는 부동태화하여 거의 침식되지 않으나, 묽은 질산(HNO_3) 중에서는 부동태화되기 어렵기 때문에 농도에 비례한 부식량을 나타낸다. 그러나 Fe에 약 12 %이상의 Cr을 첨가하면 Fe의 경우보다도 훨씬 약한 산화성 환경에서도 안정된 부동태 피막이 형성되어 앞서 언급한 그림 10.5와 같이 내식성이 매우 향상된다.

스테인리스강은 강산화성의 환경 중에서는 귀금속에 뒤지지 않는 내식성을 나타내며, 이것은 어디까지나 그 부동태화에 기인한다. 그런데 그림 10.5와 같이 염산이나 묽은 황산(H_2SO_4)과 같은 비산화성의 산에 대한(산성용액중에서) Fe-Cr 합금의 내식성은 Cr량이 많을수록 오히려 열화하여 부식된다. 즉 스테인리스강은 본질적으로는 산화성의 환경 중에서만 탁월한 내식성을 나타내는 강임을 충분히 유의할 필요가 있다. 스테인리스강의 산성용액중 내식성을 개선하기 위해서는 Ni, Mo, Cu 등의 첨가가 유효하며, 그림 10.6에 Ni의 효과를 나타낸다.

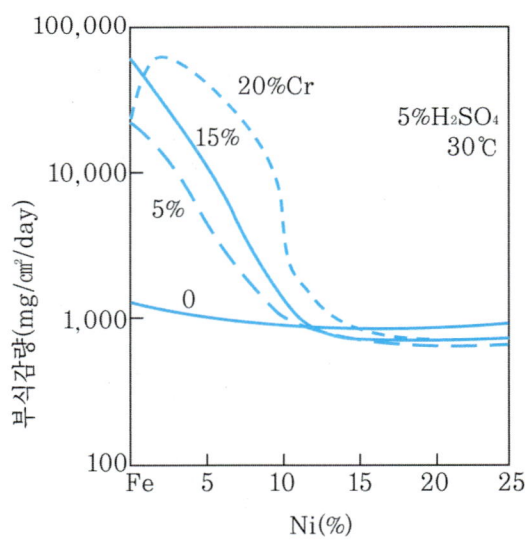

그림 10.6 Fe-Cr합금의 내황산성에 미치는 Ni량의 영향

Fe-Cr합금의 내질산성은 거의 Cr량만에 의존하나 내황산성을 예로 들면, 그림 10.6과 같이 약 10 %의 Ni첨가에 의해 내황산성은 상당히 개선된다. Cr-Ni 스테인

리스강에 더욱 Mo 혹은 Mo과 Cu를 소량 첨가하면 산성용액중에서 내식성은 한층 개선된다.

10.3 스테인리스강의 종류

스테인리스강은 Cr계 스테인리스강과 Cr-Ni계 스테인리스강으로 대별되며 조직적으로는 페라이트계와 오스테나이트계로 나뉘어진다. 또한 페라이트계는 고온에서도 페라이트로 되는 것과, 고온에서는 오스테나이트로 되어 담금질에 의해 마르텐사이트로 되는 것이 있다.

10.3.1 페라이트계 및 마르텐사이트계(크롬계) 스테인리스강

그림 10.7은 Fe-Cr 합금의 상태도로 Cr은 γ영역이 축소되는 경향이 있으며, Cr량

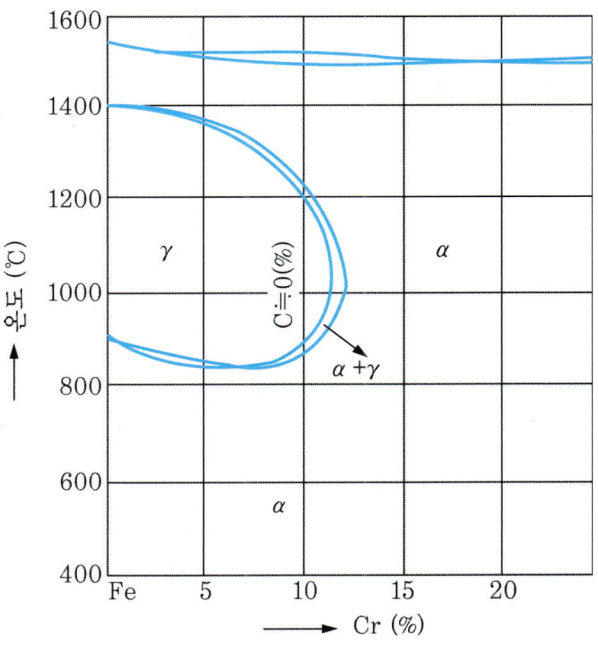

그림 10.7 Fe-Cr상태도 도해

13 %에서는 고온에서도 오스테나이트화하지 않음을 알 수 있다. γ영역조성 상태로부터 급랭하면 마르텐사이트 조직으로 된다. 담금질에 의해 마르텐사이트 조직으로 되는 스테인리스강을 마르텐사이트계, γ영역 밖에서 언제나 페라이트조직이 되는 스테인리스강을 페라이트계 스테인리스강이라 한다.

마르텐사이트계의 표준조성은 13Cr~0.1C(STS 410), 페라이트계의 표준조성은 18Cr~0.1C(STS 430)이다. 표 10.2에 페라이트계, 마르텐사이트계 스테인리스강의 규격을 나타낸다.

표 10.2 Cr계 스테인리스강의 규격 일례

(a) 페라이트계

기 호	화학성분 (%)		
	C	Cr	기 타
STS 405	<0.08	11.5~14.5	Al 0.1~0.3
STS 410 L	<0.03	11~13	—
STS 430	<0.12	16~18	—
STS 434	<0.12	16~18	Mo 0.75~1.25

보통은 Ni<0.6, Si<1.0, Mn<1.0, P<0.04, P<0.03

(b) 마르텐사이트계

기 호	화학성분 (%)		
	C	Cr	기 타
STS 403	<0.15	11.5~13	
STS 410	<0.15	11.5~13.5	
STS 416	<0.15	12~14	
STS 420JI	0.16~0.25	12~14	Ni 1.25~2.5
STS 431	<0.20	15~17	
STS 440A	0.6~0.75	16~18	
STS 440B	0.75~0.95	16~18	
STS 440C	0.95~1.2	16~18	

보통은 Si<1.0, Mn<1.0, P<0.04, S<0.03, Ni<0.6

내식성은 페라이트 단상의 것이 바람직하나 강도를 향상시키기 위해서는 내식성을 약간 희생시키고, 탄소량을 높여서 마르텐사이트 조직으로 하여 사용한다.

페라이트계는 열처리에 의해 강도의 개선은 될 수 없으나 Cr량을 증가시키면 내식성이 좋아지고 가공성, 용접성도 좋아지며, 가격이 저렴하기 때문에 광범위하게 사용되고 있다. 그러나 고Cr강을 장시간 가열하면 고Cr페라이트와 저Cr페라이트의 2상으로 분리되어, 매우 취성적으로 되고 내식성도 열화한다. 이것을 475 ℃ 취성(475 ℃ brittleness)이라고 일컬어진다. 한편 마르텐사이트계는 담금질·템퍼링에 의해 탁월한 기계적 성질이 얻어지기 때문에, 터빈 블레이드(blade)와 같은 고온·고압하의 구조재료와 칼날류에 사용된다.

이 강을 500 ℃ 부근에서 템퍼링하면 미세한 Cr을 포함한 탄화물인 $(Cr \cdot Fe)_7C_3$이 석출하여, 국부전지가 생성되어 내식성을 나쁘게 한다. 이것은 Cr의 탄화물 생성에 의해 주변의 기지가 저Cr으로 되기 때문에 이 부분이 양극으로 되기 때문이다. 또한 고Cr강을 700~800 ℃로 가열하면 FeCr을 기본으로 한 σ상이라고 하는 금속간 화합물이 석출한다. 이 σ상도 재질을 취성적으로 하기 때문에 이것을 σ취성이라고 한다. 고Cr계 스테인리스강을 사용할 때는 이러한 475 ℃취성과 σ취성에 주의할 필요가 있다.

10.3.2 오스테나이트계(크롬 · 니켈계) 스테인리스강

앞서 설명한 그림 10.6에서 Ni을 10 %이상 합금시키면 황산에 대한 내식성이 증가하는 결과를 나타내고 있다. Cr이 13 %이상인 합금에 Ni을 10 %이상 합금시키면 산화성 분위기에서의 내식성에 비산화성 분위기에서의 내식성도 추가되게 된다.

Fe-Cr-Ni 3원합금의 조직도를 그림 10.8에 나타낸다. 이것은 섀플러 조직도(Schaeffler diagram)라고 불리우는 것으로, 세로축의 Ni당량이란 오스테나이트화 원소의 효과를 Ni량으로 환산한 것이며, 가로축은 Cr당량을 나타내고 있다. Cr이 많을수록 작은 Ni량으로 오스테나이트 조직으로 된다. Fe-Cr-Ni 합금에서는 오스테나이트인 한 개의 상으로 되며, 내식성면에서 17~20 %Cr, 7~10 %Ni을 포함한 합금이 개발되어 이것이 18-8스테인리스강이다. 표 10.3은 오스테나이트계 스테인리스강의 규격 일례이다.

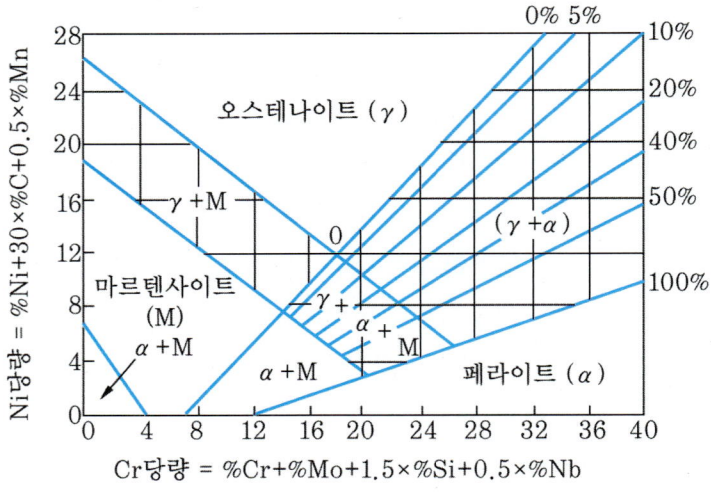

그림 10.8 셰플러 조직도

표 10.3 오스테나이트계 스테인리스강의 규격 일례

기 호	화학 성분 (%)		
	Ni	Cr	기 타
STS 201	3.5~5.5	16~18	Mn 5.5~7.5
STS 202	4.0~6.0	17~19	Mn 7.5~10
STS 301	6.0~8.0	16~18	
STS 302	8.0~10	17~19	
STS 303	8.0~10	17~19	
STS 304	8.0~10.5	18~20	
STS 305	10.5~13	17~19	
STS 308	10~12	19~21	
STS 309	12~15	22~24	
STS 310	19~22	24~26	Mo 2~3
STS 316	10~14	16~18	Mo 3~4
STS 317	11~15	18~20	Ti $>$ 5×%C
STS 321	9~13	17~19	(Nb+Ta) $>$ 10×%C
STS 347	9~13	17~19	
STS 384	17~19	15~17	
STS 385	16~14	11.5~13.5	

기타 Si$<$1.0, P$<$0.04, S$<$0.03, C$<$0.08 단, L재는 C$<$0.03. 201, 202 재는 C$<$0.15, N$<$0.25

18-8계 스테인리스강은 Cr이나 Ni첨가 때문에 산화성산이나 비산화성산에도 강하며, 조직이 오스테나이트이기 때문에 연질이며, 용접성, 기계적 성질도 풍부하여 화학공업 장치 등에 널리 이용되고 있다.

18-8계 스테인리스강은 C량을 가능한 한 적게 한다. 탄소는 Cr과의 사이에 탄화

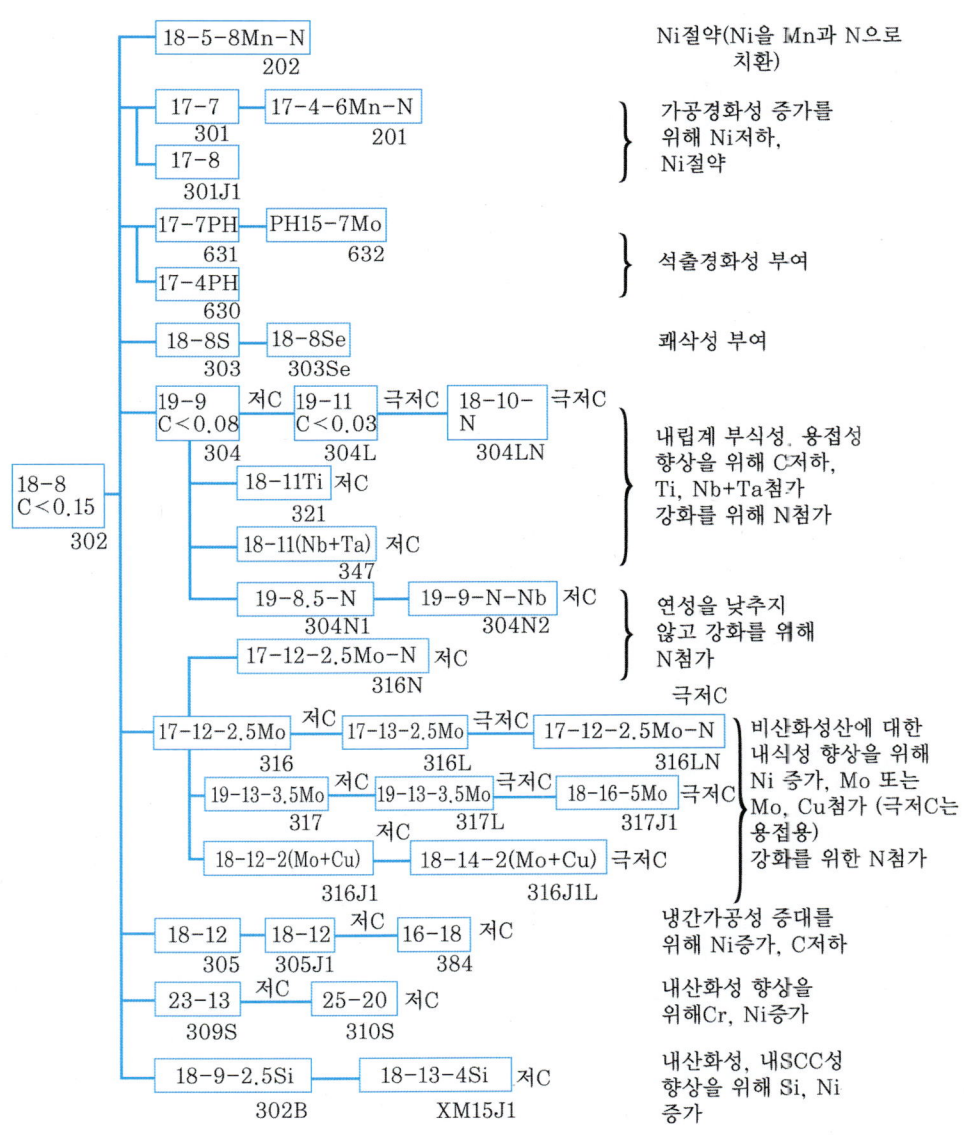

그림 10.9 18-8 스테인리스강의 개량과정

물을 형성하고 이 탄화물이 결정립계에 석출한다. 이 때문에 탄화물 주위의 Cr이 저농도로 되어 입계에 균열이 일어난다.

입계부식을 방지하기 위해서는 C량을 가능한 한 낮게 하든가, 또는 Ti, Nb와 같은 탄화물 형성이 강한 원소를 합금시켜 TiC, NbC와 같은 안정된 탄화물로 만든다. 그 밖에 1,100 ℃이상으로 가열하여 탄화물을 고용시킨 후 급랭하면 효과가 있다.

18-8계 스테인리스강은 더욱 다양화하는 요구에 부응하여 내식성을 비롯한 내열성, 강도, 성형성, 절삭성 등을 한층 향상시킨 그림 10.9와 같은 많은 개량 강종이 개발되어 이용범위가 매우 넓어지고 있다.

10.3.3 석출경화형(precipitated hardening) 스테인리스강

18-8 스테인리스강은 그림 10.8과 같은 조직도에서 알 수 있는 바와 같이 준안정 오스테나이트 영역이기 때문에 가공을 하면 일부는 마르텐사이트 변태가 일어나서 가공경화가 일어난다. 한층 강도를 높이기 위해서 (4.3.7) 항에서 설명한 바와 같은 시효에 의한 강화방법을 스테인리스강의 강화에 응용한 강을 PH스테인리스강이라고 하여 각종 구조물, 특히 항공기 부재 등에 이용되고 있다.

PH 스테인리스강은 Al, Ti, Nb, Cu, P 등을 Fe-Cr-Ni 합금에 첨가하고, 오스테나이트를 마르텐사이트로 변태시킨 후 480~566 ℃에서 시효처리를 실시하면 마르텐사이트 중에 미세한 금속간 화합물이 석출되어 강화된다. 표 10.4는 석출경화형 스테인리스강의 규격이다. 이 강의 대표적인 것은 17-7 PH스테인리스강이며, 이외에 Cu 4%와 Nb를 포함한 17-4 PH강 및 Mo을 첨가하여 고온강도를 향상시킨 PH15-7 Mo강 등이 있다.

표 10.4 석출경화형 스테인리스강

기 호	화 학 성 분 (%)							
	C	Si, Mn	P	S	Ni	Cr	Cu	기 타
STS 630	<0.07	<1.0	<0.04	<0.03	3~5	15.5~17.5	3~5	(Nb+Ta)0.15~0.5
STS 631	<0.09	<1.0	<0.04	<0.03	6.5~7.75	16~18	–	Al 0.75~1.50

10.3.4 2상 스테인리스강

오스테나이트·페라이트계 스테인리스강이라고도 하며, 오스테나이트 상과 페라이트 상을 거의 같은 양만큼 포함한다. 오스테나이트계 스테인리스강의 약점인 응력부식균열(stress corrosion cracking, SCC), 공식(pitting corrosion) 등의 대책의 하나로서 개발 되었다.

25Cr-5Ni-1.5Mo강(JIS 329JI)과 이의 내식성과 열간가공성을 개선시킨 저탄소의 25Cr-6Ni-3Mo-0.1N강(329J 2L)이 있다. 다른 계통의 스테인리스강에 비교하여 강도가 높을 뿐만 아니라 연신율도 페라이트 계와 같은 정도이다. 염화물을 포함하고 있는 환경, 예를 들면 해수용의 열교환기용 파이프, 선박용 복수기 파이프 등에 이용된다.

10.4 스테인리스강의 부식

10.4.1 전면부식

전면부식(general corrosion)이란 금속표면이 거의 균일하게 침식되는 보통의 활성상태에서의 부식을 말하며, 비산화성환경 중에서의 스테인리스강의 부식은 이에 해당한다. 오스테나이트계 스테인리스강은 Cr에 의한 부동태 촉진 효과와 Ni에 의한 전면부식 저감효과를 조합시킨 것으로, Ni도 또한 Cr보다 약하나 부동태화성을 갖는다. 그 때문에 산화성 환경뿐만 아니라 비산화성 환경 중에서도 상당히 내식성이 좋다. 그러나 부식성이 강한 황산, 인산, 질산 등에 대한 내산성의 향상을 위해서는 Ni량을 증가시키고 Mo, Cu을 첨가하는 것이 유효하며, 316계, 317계의 강종은 이러한 방면의 화학공업용에 이용된다. 특히 Mo이 많은 317JI 등은 열교환기, 질산, 인산플랜트 등 316L이나 317L이 견딜 수 없는 환경에 적합하다.

10.4.2 국부부식

전면부식은 평균 침식도에 의해 부식진행의 평가나 수명예측이 될 수 있기 때문에 대책을 세우기 쉽다. 이에 대해서 국부부식(local corrosion)은 대부분의 표면이 부동태인데도 국부적으로 균열이나 침식이 진행하는 오스테나이트계 스테인리스강에 가장 많은 부식형태이다. 대표적인 것에 염소이온을 포함한 수용액 중에서의 응력부식균열, 공식, 간격부식 등이 있다. 소량의 염화물을 포함하는 환경은 공업용수를 비롯하여 자연계에는 매우 자주 나타나는 것이며, 국부부식은 부식사고 원인의 대부분을 차지하고 있다.

(1) 응력부식균열

응력부식균열(stress corrosion cracking, SCC)은 오스테나이트계 스테인리스강을 비롯한 고력 Al합금, 고력강, 고력 Ti합금 등에서 각각 특정의 수용액 중에서 일어나는 매우 경계해야 할 국부부식이다.

오스테나이트계 스테인리스강을 공업용수, 해수 등의 염화물 환경 중에서 인장응력하에서 또는 용접 등의 인장잔류응력이 존재하는 상태에서 사용하면, 전면부식은 진행하지 않는데도 부동태 피막이 국부적으로 파괴되어 일정시간 경과 후에 거기에 균열이 발생하여 취성파괴로 발전한다. 이것이 응력부식균열이다. 인장응력과 전기화학적 부식의 양자가 공존하는 것이 필요하며, 온도가 높은 쪽이 일어나기 쉽다.

그림 10.10은 18-8강에서 발생한 응력부식균열의 일례인 결정립내 균열(transgranular cracking)을 나타낸다. 대책은 환경과 재료의 두 가지 면에서 진행되고 있으며, 조성으로는 Ni의 증량, Si의 첨가, P 등의 불순물원소의 저감 등이 효과

그림 10.10 18-8 스테인리스강의 응력부식균열의 예

적이다. 그림 10.9에 표시한 XM15J1도 내SCC강이나, 고내식성 페라이트 스테인리스강과 2상 스테인리스강 쪽이 일반적으로 내SCC성이 좋다.

그림 10.11은 각종 스테인리스강의 내SCC성을 가장 일반적인 $MgCl_2$ 비등용액 중에서 시험한 결과로, 이 중에서는 고내식성 페라이트 스테인리스강인 447J1가 가장 양호한 내SCC성을 나타낸다.

고Ni 내식강은 내SCCI성을 더욱 개선한 강이다.

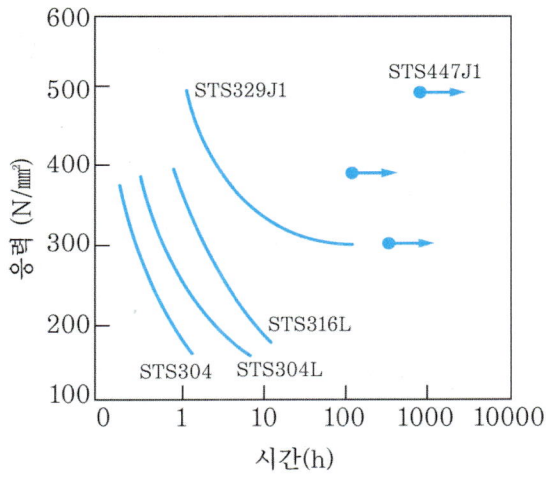

그림 10.11 42 %$MgCl_2$ 비등수용액 중에서의 응력부식균열 시험결과

(2) 공식 또는 간격부식

금속표면의 부동태 피막이 국부적으로 파괴되어 부식이 특정한 장소에 집중하여 부식 구멍을 만드는 현상을 공식(pitting corrosion)이라 하며, 해양 생성물 등의 부착물이 붙어 있는 곳이나 구조상의 간격이 생긴 곳에서 선택적으로 진행하는 부식을 간격부식이라고 한다. 이들은 해수 등의 염화물 환경에서 일어나기 쉬우며 SCC의 발생점이 될 수도 있다. 재질적으로는 Cr, Mo을 증가시키거나 Cu, N의 첨가가 유효하다.

(3) 입계부식

오스테나이트 스테인리스강을 600~800 ℃로 가열하면 Cr를 많이 포함하는 탄화물 $Cr_{23}C_6$이 단시간 안에 결정립계에 우선적으로 석출하여 결정립계에 가까운 영역에 Cr 결핍층을 만들기 때문에 결정립계 부근이 선택적으로 부식되기 쉽게 된다. 이 현상을 입계부식(intergranular corrosion)이라 하는데 특히 용접 등에서 문제로 된다. 대책으로서는 C<0.03 %의 극저탄소(304L, 304LN, 316L, 316LN)의 스테인리스강으로 하든가, C와의 친화력이 Cr보다 강한 Ti 또는 Nb를 소량 첨가하여 $Cr_{23}C_6$ 대신에 TiC, NbC를 생성시켜 Cr결핍영역을 방지하는 두 가지 방법이 있으며, 이 두 가지 방법을 병용하는 방법도 있다. 실용의 스테인리스강에는 모두 이들의 대책이 세워져 있다.

제11장 주 철

11.1 주철의 조직

11.1.1 화학조성과 냉각속도의 영향

주철은 2.5%~4%의 C 외에 Si 1~3%, Mn 0.3~1%, P<1%, S<0.1% 정도를 포함한 여러 가지 성분으로 구성된 합금이다. 선철, 강스크랩, 고주철, 합금철 등을 주원료로 하여 큐폴라(cupola)나 저주파 유도로 등에서 용해하여 주형에 주입하여 만들어진다.

주철의 쇳물을 쐐기형의 주형에 주입하여 파면을 보면 두꺼운 쪽에서는 회흑색을 띠고 있으나 얇은 쪽에서는 흰색을 띠고 있는 것을 볼 수 있다. 회흑색 부분을 **회주철**(gray cast iron), 흰부분은 백선 또는 **백주철**(white cast iron)이라고 한다. 파면이 회흑색을 띠고 있는 것은 화학조성은 같아도 냉각속도가 늦어서 주철 중의 C가 흑연으로 되기 쉽게 되는, 소위 흑연화가 현저하게 이루어지기 때문이며, 희게 되는 것은 냉각속도가 빠르게 되어 흑연화가 일어나기 어려워 C의 거의 전부가 시멘타이트(Fe_3C)로 되어 있기 때문이다.

회주철을 현미경으로 자세히 관찰하면 그림 11.1에서 보이는 바와 같이 가장 두꺼운 부분은 페라이트 소지에 크게 발달한 편상 흑연을 다량 포함한 페라이트 주철(극연주철)이며, C는 거의 전부가 흑연으로 되어 있다. 두께가 얇게 되면 소지는 차츰 펄라이트(페라이드와 시멘타이트의 층상조직)로 되어, 이에 편상흑연이 존재하는 펄라이트 주철이 얻어진다. 흑연화의 경향은 약간 작게 되어 편상흑연의 양이 감소하여 그 형상도 가늘고 짧게 된다.

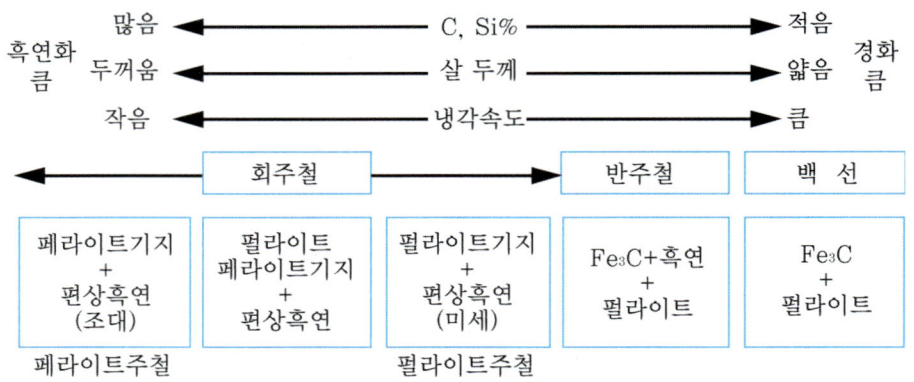

그림 11.1 주철의 조직에 미치는 화학성분, 냉각속도의 영향

이와 같이 주철 중의 C는 강의 경우와 달리 흑연과 Fe_3C의 두가지 형태로 존재할 수 있다. C가 흑연으로 되기 쉬운가, Fe_3C로 되기 쉬운가는 그 주철의 화학조성 특히 C와 Si의 양 및 냉각속도에 의존한다. C와 Si 량이 많고 냉각이 늦어질수록 흑연화의 경향이 크고, 거꾸로 C, Si의 양이 작고 냉각이 빠를수록 흑연화되기 어렵게 되어 (chill화하기 쉽다) C는 Fe_3C로 되기 쉽다.

실용상 중요한 회주철은 다량의 편상흑연을 내포하고, 그 총용적은 10 %까지 달한다. 흑연은 거의 강도와는 관계가 없으며 뾰족하게 된 흑연의 선단에서는 응력집중을 일으키기 쉽기 때문에 흑연의 형상, 양 및 분포상태는 주철의 기계적 성질에 결정적인 영향을 끼친다. 따라서 흑연의 형상이나 양 등을 제어하여 기계적 성질을 개선시키는 노력이 오랫동안 계속되어 왔다.

회주철은 그림 11.2(a)와 같이 조대한 편상흑연을 다량으로 포함하면 소지가 펄라이트가 되어도 강도가 낮게 된다. 이에 대해서 (b)와 같이 치밀한 펄라이트 소지에 (a)에 비해 가늘고 짧은 흑연이 균일하게 분포하고, 그 양이 비교적 적을 때에 양호한 기계적 성질을 나타낸다. 후에 설명하는 것과 같이 흑연을 구상화한 구상흑연주철은 기계적 성질이 더욱 우수하다.

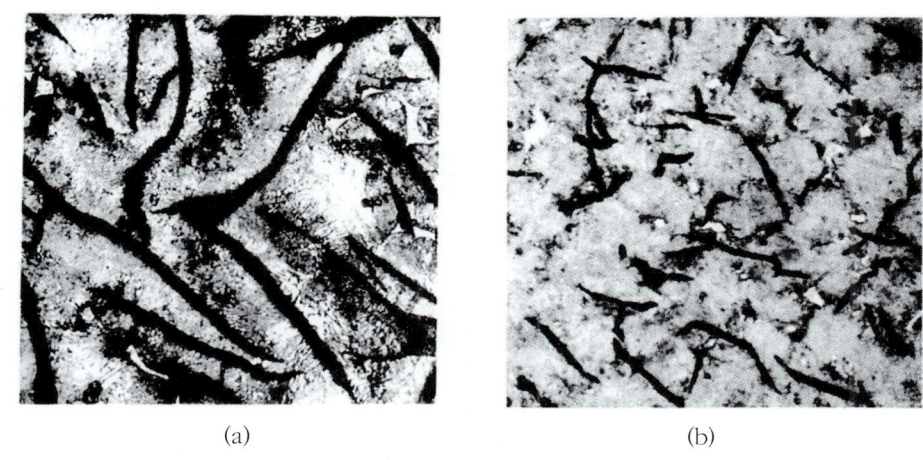

(a) GC 15 보통주철(펄라이트소지+편상흑연)
(b) GC 35 강인주철(펄라이트소지+미세편상흑연)

그림 11.2 회주철의 조직

11.1.2 평형상태도와 조직

주철에 있어서 C가 흑연과 Fe_3C의 두 가지 형태로 존재한다는 것을 설명하기 위해서는 그림 11.3에 나타내는 $Fe-Fe_3C$계의 준안정평형도(보통은 이것을 Fe-C계 평형상태도라고 한다)와 파선으로 나타내는 Fe-흑연계의 안정평형도를 겹친 복평형상태도가 이용된다.

그러나 상온에서 얻어지는 주철의 조직을 평형상태도만으로 완전히 설명하는 것은 어렵기 때문에 실용적으로는 C, Si의 양과 냉각속도의 영향을 실험적으로 구한 조직도가 널리 이용되고 있다. 그림 11.4는 그 일례이다. 그러나 이 그림에서는 C와 Si의 영향을 동등하게 취급하고 있는데 문제가 있다. Si가 주철 조직에 미치는 영향은 C의 약 1/3이기 때문에 (C+Si)% 대신에 탄소포화도 $Sc = C\%/(4.26-Si\%/3.2)$를 이용하여 나타낸 예가 그림 11.5이다.

Fe-C계의 공정 탄소량 4.26%(그림 11.3)는 Si이 가해지면 Si%/3.2 만큼 감소한다. 따라서 위의 식에서 분모인 4.26%-Si%/3.2는 Si의 영향을 고려한 공정탄소량 즉 공정 중의 포화탄소량을 나타낸다. 따라서 주철 중에 포함되는 C%와 이 포화탄소량과의 비 Sc를 탄소포화도 또는 공정도라고 부른다. 즉 Sc는 주철의 화학조성이 공정조성으로부터 벗어난 정도를 나타내며, Sc<1이면 아공정주철, Sc=1이면 공정주철, Sc>1이면 과공정 주철이다.

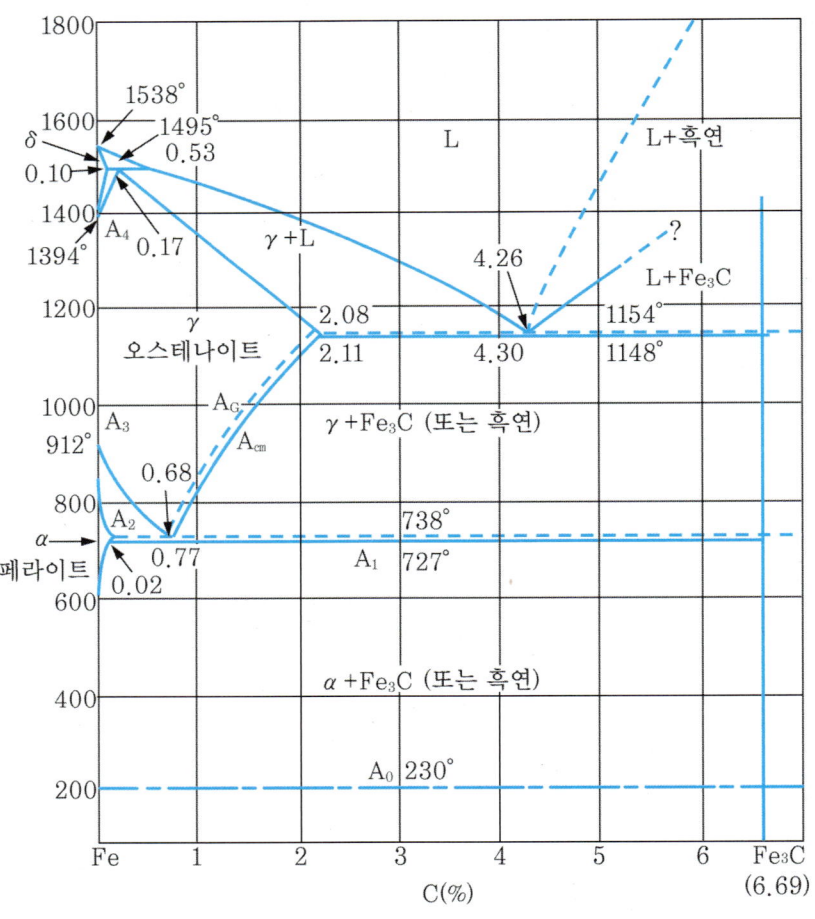

그림 11.3 Fe-C계 복평형상태도

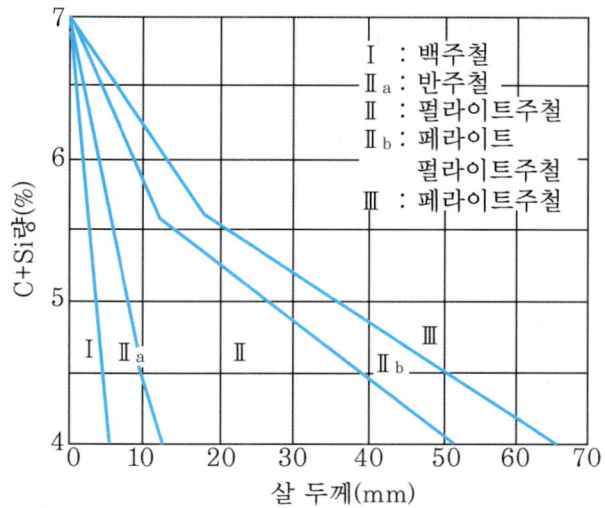

그림 11.4 주철의 조직도(C+Si양과 두께의 영향)

그림 11.5에서 알 수 있는 바와 같이 살 두께(또는 냉각 속도)가 일정한 경우 Sc가 클수록 흑연화가 쉽다. 회주철 중에서 내마모성이나 강도 등의 점에서 뛰어난 펄라이트 주철을 얻기 위해서는 살 두께에 따라서도 다르지만 Sc가 거의 0.7~0.9의 아공정의 조성이 적합하다.

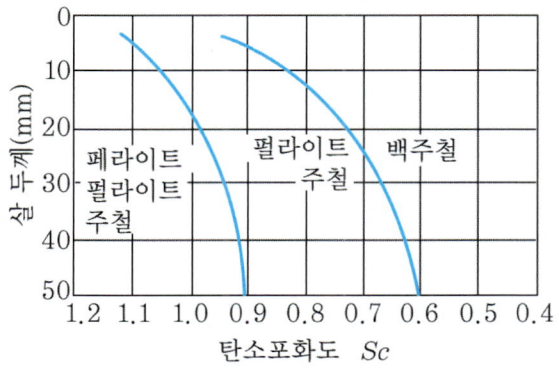

그림 11.5 주철의 조직도(Sc와 두께의 영향)

11.2 회주철의 성질

11.2.1 회주철의 역학적 및 기계적 성질

(1) 응력-변형률 곡선

주철은 매우 낮은 강도를 가지며 여러 가지의 형상과 크기가 다른 흑연을 다량 포함하고, 조직 구조적으로는 일종의 결함재료 또는 복합재료로 간주되기 때문에 강도 설계시에 있어서 강 등과 다른 역학적 성질에 주의할 필요가 있다. 그림 11.6 에 회주철의 1축인장 및 압축에 있어서의 응력-변형률 곡선을 나타낸다. 회주철에 인장응력이 걸리면 응력-변형률 곡선은 변형초기부터 구부러져 영구변형이 곧 나타난다.

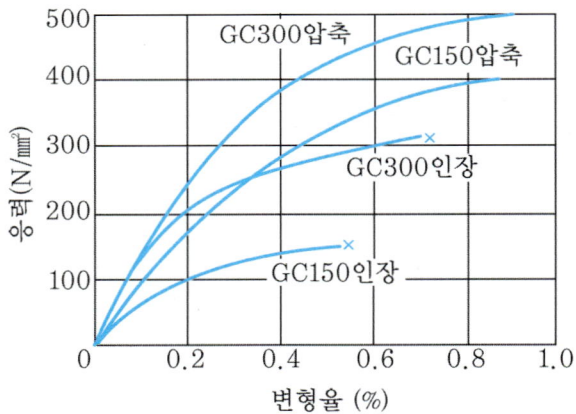

그림 11.6 회주철의 응력-변형률 곡선

또한 명확한 항복점이 없이 0.5~1 %의 매우 작은 파단변형에서 파단하며, 단면 수축도 거의 일어나지 않는다. 이와 같은 특징은 편상흑연이 인장응력에 대해서 내부공간으로 작용하여 소지의 유효단면적을 감소시킴과 동시에 흑연편의 선단에서 응력집중을 일으켜 거기에서 국부적 소성변형이 부하초기부터 연속적으로 생기기 때문이다.

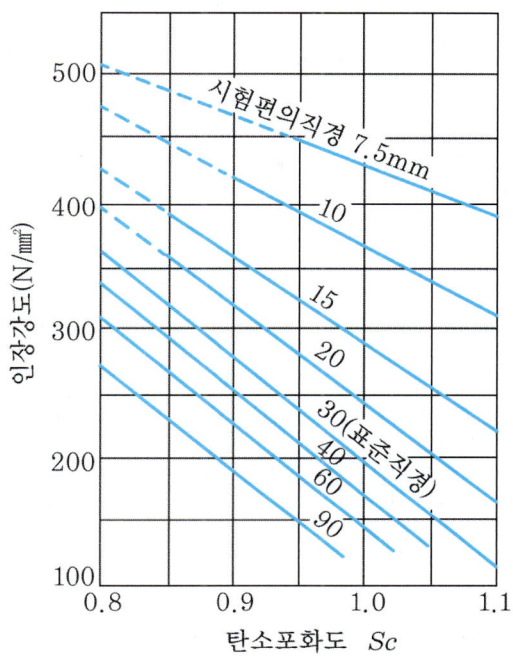

그림 11.7 인장강도에 미치는 탄소포화도 및 직경의 영향

한편, 압축에 있어서는 곡선의 위쪽으로 올라가는 부분의 경사도는 인장의 경우와 동등하지만 직선부분이 길고 전체적으로 고응력측으로 된다. 양자의 차는 저강도의 주철(그림에서는 GC 150)일수록 크다. 이것은 압축응력 상태에서는 흑연의 비압축성 때문에 흑연편 선단에서의 응력 집중이 일어나기 어렵고, 응력은 그대로 전달되기 때문에 소지의 유효단면적의 감소도 작게 되기 때문이다.

따라서 다음에 기술하는 바와 같이 회주철의 압축강도는 인장강도의 2.5~4배이며, 압축파단 변형도 인장파단 변형의 약 20배에도 달한다.

(2) 기계적 성질

주철은 화학조성이나 냉각속도 등에 의해서 조직과 기계적 성질이 크게 변화한다. 그림 11.7은 회주철의 인장강도에 미치는 탄소포화도와 직경(냉각속도)의 영향을 나타낸다. 회주철의 인장강도는 거의 100~400 N/mm²이며 편상흑연의 영향으로 강에 비해 전반적으로 낮다. Sc가 동등하여도 직경의 대소에 의해 인장강도가 현저하게 변화하는 것이 특징이다. 또한 Sc가 크고 직경이 클수록 조대한 편상흑연이 많고 소지(펄라이트 또는 페라이트·펄라이트)의 조직도 거칠게 되기 때문에 인장강도는 낮게 된다.

한편 Sc와 직경이 작을수록 편상흑연이 짧고 작게 되며 동시에 소지의 조직이 미세하게 되기 때문에 인장강도는 높게 된다. 그러나 Sc값이나 직경이 너무 작으면 그림 중에 파선으로 표시하는 바와 같이 백선으로 되어 매우 경도가 높아 취약하게 되기 때문에 Sc의 대소에 따라 안전 최소 살두께(또는 직경)에는 한도가 있다(표 11.2).

다음으로 회주철은 표 11.1과 같이 압축강도가 큰 것이 특징으로 기계의 베드(bed) 등의 압축부재에 적합하다. 또한 편상흑연의 존재에 의해 연신율이나 충격치가 매우 낮기 때문에 연성은 굽힘시험을 행하여 최대 하중과 변형량으로 평가한다(표 11.2). 그림 11.8에 각종 주철의 회전굽힘 피로한도와 인장강도의 관계를 나타낸다. 이와 같이 주철의 피로강도는 노치작용을 갖는 흑연의 형상에 크게 영향을 받는다. 그러나 흑연을 이미 내부균열로서 갖기 때문에 외부 노치를 가공했을 때의 피로강도의 저하율은 강에 비하여 작다. 이것은 노치재로써 이용할 때에는 유리하다.

표 11.1 주철의 압축강도와 인장강도

인장강도 (N/mm^2)	압축강도/인장강도
100~140	4.1
140~180	4.0
180~220	3.7
220~250	3.6
250~280	3.4
280~320	3.3
320~350	3.1
350~390	3.0
390~420	2.5

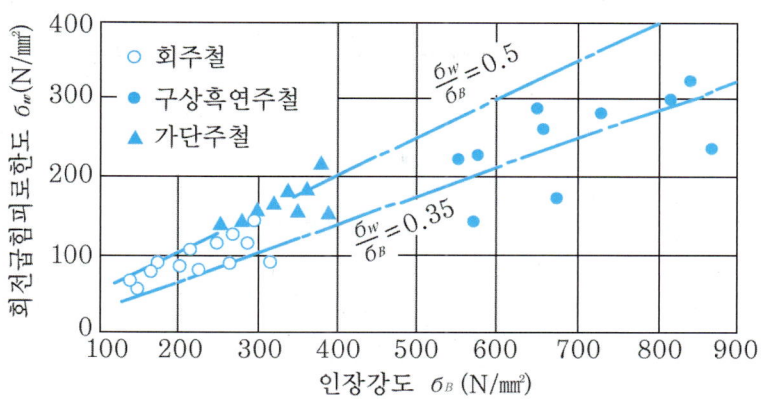

그림 11.8 주철의 회전굽힘 피로한도와 인장강도의 관계

11.2.2 회주철의 여러 가지 특성

위에서 설명한 것과 같이 주철 중의 편상흑연은 기계적 성질에는 일반적으로 좋지 않은 영향을 끼치기 때문에 그 형상이나 양을 제어함으로써 재질개선이 이루어져 왔다. 그러나 주철은 복잡한 형상의 주물을 값싸게 만들 수가 있고 내마모성, 피삭성, 진동의 댐퍼(damper)성, 열전도성 등의 면에서 흑연 특히 편상흑연의 존재에 기인한 탁월한 재질 특성을 갖는 것 외에도 압축에는 대단히 강하기 때문에 옛날부터 기계구조재료로서 널리 이용되어 왔으며, 주물용 금속재료 중에서 가장 생산량이 많다.

(1) 주조성

주물이 만들어지기 쉬운 성질을 주조성이라고 한다. 주철의 주조성은 강에 비하여 대단히 양호하여 C, Si양이 많은 Sc가 큰 주철일수록 한층 우수하다. 응고개시 온도가 낮기 때문에 용해가 용이하고 주물사도 특별한 조건이 필요하지 않다. 쇳물의 유동성이 좋기 때문에 얇은 살 두께나 형상이 복잡한 주물의 주조도 용이하다. 또한 응고시에 비용적이 큰 흑연이 다량으로 생성되기 때문에 주물의 수축도 작고, 따라서 고온 균열의 염려도 없으며 라이저(riser)도 작아도 된다.

(2) 내마모성과 절삭성

흑연이 고체 윤활작용을 가지며, 열전도성이 좋기 때문에 마찰열이 빠져나가기 쉬운 것 등의 이유로 주철은 내마모성이 우수하여 내연기관의 실린더 블록, 브레이크용 부품 또는 공작기계의 베드 등 내마모부품에 널리 이용되고 있다.

마찬가지로 흑연의 윤활 및 절삭칩의 파쇄효과 때문에 주철은 절삭성이 매우 좋은 재료로 이 점에서도 공업적인 가치가 크다. 절삭 시 절삭유를 사용하지 않는다. 내마모성과 피삭성은 흑연량이 많을수록 양호하다.

(3) 감쇄능

일반적으로 강인한 소지 중에 연질의 제2상이 혼재해 있으면, 진동이 있을 때 소지금속과 제2상의 계면에서 소성유동(점성유동)이 일어나게 되어 여기서 에너지가 소모된다. 회주철은 편상흑연의 존재에 의해 그림 11.9와 같이 감쇄능(진동흡수능)이 강이나 그 밖의 재료에 비해 대단히 커서 강의 약 10배이다. 그 때문에 진동부품에 이용된다.

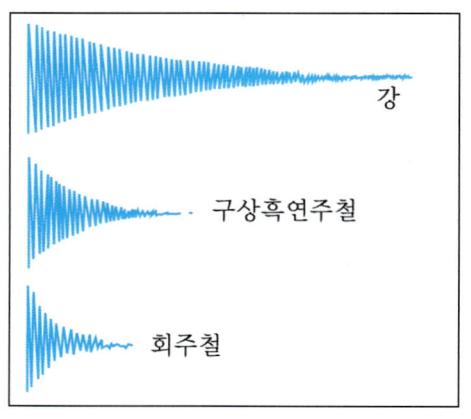

그림 11.9 주철과 강에 대한 진동의 감쇄능 비교

(4) 열전도성과 고온특성

조대한 편상흑연이 잘 발달된 회주철일수록 열전도성이 좋은 흑연이 입체적으로 연결되어 있는 상태로 되기 때문에 열전도성이 양호하다. 이 때문에 자동차 블록(block)이나 주조용 금형용 재료로서 좋은 조건을 갖추고 있다. 그러나 흑연이 구형으로 각기 독립해서 존재하고 있는 구상흑연주철에서는 열전도성이 강과 별로 차이가 없다. 또한 흑연의 형상에 관계없이 주철의 밀도는 강(약 7.8 g/cm³)에 비하여 수~10 % 작다.

다음으로 주철의 기계적 성질은 400~500 ℃ 부근까지는 상온에 비하여 그다지 저하하지 않는다. 그러나 더욱 고온으로 되면 강도의 저하가 현저하게 일어난다. 또한 A_1 변태점 부근을 반복하여 가열·냉각하면 차츰 팽창하여 큰 변형을 일으킨다. 이 현상을 주철의 성장이라고 한다. 이의 원인은 ① 변태점에서의 체적 변화에 수반하여 편상흑연 부분이 깨어져 산화성 기체가 이를 통해서 침입하여 내부산화를 일으킨다. ② 소지 중의 Fe_3C의 흑연화에 따른 팽창 등이다.

성장은 구상흑연주철에서는 작고 회주철의 1/4 정도이다. 이러한 성장을 방지하고 내산화성이나 고온강도를 부여하기 위해서는 Cr, Ni, Si, Cu 등을 가해서 내열주철로 하면 좋다.

(5) 내식성

주철은 물이나 약한 부식환경에 대한 내식성이 강에 비하여 훨씬 좋기 때문에 수도관이나 밸브에 많이 이용된다. 이것은 강에 비해 많은 함량의 Si가 보호성의 Fe 규산염을 표면에 생성시키기 때문이라고 생각된다. 알칼리나 가성 소다에는 강하지만 산에는 일반적으로 약하다. 가혹한 조건에서는 내식주철을 사용한다.

11.3 각종 주철의 특성과 용도

11.3.1 회주철

표 11.2에 회주철품의 기계적 성질을 나타낸다. 회주철품에는 직경이 30 mm(표준직경)일 때의 인장강도 (N/mm^2)의 보증값에 의해 GC100~GC350의 범위에서 6종류가 있다. 강도에 영향을 미치는 요인이 여러 가지 있기 때문에 화학성분에 대해서는 규정되어 있지 않다. 이 중에서 GC100~250을 보통주철, GC300, 350을 강인주철이라고 한다.

보통주철은 강도면에서는 충분하지 않으나 주조성 피삭성을 비롯하여 탁월한 특성을 가지며 값이 저렴하기 때문에 형상이 복잡하고 별로 강도를 필요로 하지 않는 기계주물로서 널리 사용하며 회주철 중에서도 가장 사용량이 많다. GC100, 150은 일용품이나 얇은 두께의 작은 부품, GC200, 250은 일반용이다. 조직적으로는 GC100 이외에 거의 펄라이트 주철이다.

다음에 **강인주철**은 강도를 요하는 부분에 이용되며 특히 내연기관, 공작기계 관계가 많다. 주철에 강인성을 부여하기 위해 흑연의 형상과 소지를 개량하는 여러가지의 방법이 오래 전부터 시도되어 왔으나, 오늘날에는 접종(inoculation)이라고 부르는 방법이 널리 행하여져 강인주철은 거의가 접종주철이다.

이것을 제조할 때는 강파쇠를 다량 배합하고 C, Si양(Sc)을 백선으로 될 정도까지 낮추어 고온에서 용해하여 충분히 탈산 정련한다. 그 후 주입 직전에 Fe-Si합금 등을 접종제로서 소량 첨가하면, 백선화가 억제되어 접종제를 핵으로 하여 굽어진 짧은 편상흑연이 미세하고 균일하게 생성되어 치밀한 펄라이트 소지를 갖는 강인한 주철이 된다. 이 방법으로 만든 주철을 발명자의 이름을 따서 미하나이트 주철(Meehanite cast iron)이라고도 부른다.

표 11.2 회주철의 종류와 기계적 성질

기호	공시재의 주방지름	인장시험 인장강도 (N/mm²)	항절시험 최대하중 (kN)	항절시험 휨량 (mm)	경도시험 브리넬 (HB)	안전최소두께 보통 (mm)	안전최소두께 접종 (mm)	C(%)	Si(%)	Sc
GC100	30	>100	>7.00	>3.5	<201	—	—	3.51	2.52	1.01
GC150	13	>186	>1.77	>2.0	<241	4	3	3.30	2.48	0.95
	20	>167	>3.92	>2.5	<223					
	30	>150	>8.00	>4.0	<212					
	45	>127	>16.7	>6.0	<201					
GC200	13	>235	>1.96	>2.0	<255	8	4	3.25	1.95	0.89
	20	>216	>4.41	>3.0	<235					
	30	>200	>9.00	>4.5	<233					
	45	>167	>19.6	>6.0	<217					
GC250	13	>275	>2.16	>2.0	<269	13	5	3.12	1.53	0.83
	20	>255	>4.90	>3.0	<248					
	30	>250	>10.0	>5.0	<241					
	45	>216	>22.6	>7.0	<229					
GC300	20	>304	>5.39	>3.5	<269	16	8	3.01	1.48	0.79
	30	>300	>11.0	>5.5	<262					
	45	>265	>25.5	>7.5	<248					
GC350	30	>350	>12.0	>5.5	<277	20	13	2.85	1.46	0.75
	45	>314	>28.4	>7.5	<269					

(참조) 기타의 성분 : Mn 0.6~0.9 %, P 0.1~0.3 %, S<0.1 %.

접종주철은 최고 440~490 N/mm²(45~50 kgf/mm²)의 인장강도와 탁월한 내마모성 등을 가지며, 접종의 효과로 흑연의 분포가 균일하기 때문에 두께의 차이가 있어도 기계적 성질의 변동이 작다. 즉 두께 감수성이 작다. 그 때문에 내연기관과 같이 비교적 두께가 두껍고, 또한 두께의 차이가 큰 중요부품에도 많이 사용된다.

11.3.2 구상흑연주철

흑연이 편상인 이상 주철의 강인화에 한계가 있으나, 1948년 용선에 Mg(또는 Ce)를 첨가함으로써 주조된 상태에서 구상흑연 조직을 얻을 수 있는 획기적인 방법이 개발되었다. Sc〉1의 과공정 조성에서 S(〈0.02 %) 등의 유해성분이 작은 고순도 선철을 원료로 하고, 용선에 Fe-Si-Mg합금 등에 의해 Mg을 소량 첨가하고, 또한 Mg첨가에 의한 백선화를 방지하기 위해 Fe-Si합금 등으로 접종을 한다. 구상흑연 주철은 **노듈러 주철**(nodular cast iron, nodular graphite cast iron) 이라고도 하며 또한 연성이 크기 때문에 **덕타일 주철**(ductile cast iron)이라고도 부른다.

표 11.3에 구상흑연 주철품의 기계적 성질을 보인다. 표에서 나타낸 바와 같이 열처리에 의해 소지의 조직을 변화시킴으로써 광범위한 기계적 성질이 얻어지나 최근에는 화학조성을 조정하여 주조한 상태에서 소정의 소지 조직을 얻을 수 있도록 연구되어 있다.

표 11.3 구상흑연 주철품의 종류와 기계적 성질

기 호	내 력 (N/mm²)	인 장 강 도 (N/mm²)	(kgf/mm²)	연신율 (%)	소지의 조직	열처리 적용례
GCD370	〉230	〉370	〉38	〉17	페라이트	어닐링
GCD400	〉250	〉400	〉41	〉12	페라이트	어닐링
GCD450	〉280	〉450	〉46	〉10	페라이트	어닐링
GCD500	〉320	〉500	〉51	〉7	펄라이트·페라이트	노멀라이징
GCD600	〉370	〉600	〉61	〉3	펄라이트	노멀라이징
GCD700	〉420	〉700	〉71	〉2	펄라이트	노멀라이징
GCD800	〉480	〉800	〉82	〉2	소르바이트	Q·T 처리

연질의 페라이트 소지를 갖는 GCD370~450은 연성이 뛰어나고 펄라이트 또는

펄라이트·페라이트 소지의 GCD500~700은 강인성이 풍부하다. 또한 GCD 800은 담금질·템퍼링에 의해 소지가 소르바이트(sorbite)로 되어 있기 때문에 강도와 내마모성이 매우 탁월하다.

피로강도는 GCD500~800의 경우 회주철의 2~3배이다. 그림 11.10에 펄라이트·페라이트 소지+구상흑연의 조직을 나타낸다.

구상흑연 주철은 주강에 필적하는 강인성을 갖는 것 외에도 주조성, 내마모성, 피삭성 등이 주강보다 훨씬 뛰어나다. 두께 감수성도 작아서 100 mm 정도까지의 두꺼운 주물에서도 균일한 성질이 얻어진다. 그 때문에 원심주조에 의한 수도용 주철관으로서 다수 이용되는 것 외에 예를 들면 크랭크 축, 로커 암, 각종 기어 등의 자동차나 차량관계의 중요 부품에도 재래의 주강품이나 단강품을 대신하여 사용되게 되었다.

비교적 큰 피로강도, 낮은 노치감수성, 진동흡수성이 큰 점 등도 유리한 점이다. 또한 분괴 압연용 롤러의 분야에도 내마모성, 내열균열성이 좋은 덕타일 롤(ductile roll)이 널리 이용되고 있다.

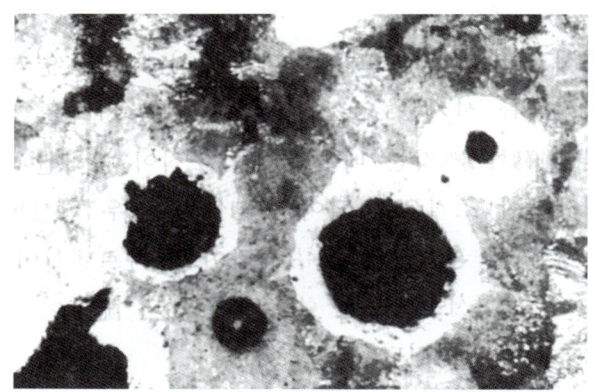

그림 11.10 구상흑연 주철의 조직(펄라이트·페라이트+구상흑연)

11.3.3 구상흑연주철의 개량

구상흑연 주철은 강인성이 뛰어나지만 최근 강인성을 더욱 개선시키기 위해 소지조직의 개량이 이루어지고 있다. 한 예를 들면 페라이트 소지를 갖는 구상흑연

주철은 900 ℃ 부근의 $\alpha + \gamma$ 영역으로 급속 가열하면 흑연의 주위에 γ상이 우선적으로 생성한다. 그 후 수냉하여 템퍼링처리를 하면 그림 11.11과 같이 약한 흑연의 주위를 강한 마르텐사이트가 둘러싼 페라이트·마르텐사이트 미세혼합조직이 얻어지게 되어 강도와 내마모성이 비약적으로 향상된다.

이에 대해서 수냉하지 않고 베이나이트 생성 온도영역까지 급냉하여 여기서 등온변태를 시키는 오스템퍼링(austempering) 처리를 하면 흑연의 주의를 적당한 강인성을 갖는 베이나이트 조직이 둘러싼 페라이트·베이나이트의 미세혼합 조직으로 되어 강인성이 매우 향상된다. 즉 상기와 같은 열처리에 의해 혼합상의 종류(펄라이트, 마르텐사이트, 베이나이트 등)와 체적률을 변화시킴으로써 강도와 인성의 배분이 크게 다른 고성능 구상흑연주철이 얻어진다.

다음으로 **CV흑연** 주철에 대해 설명한다. 주철쇳물 중으로 흑연구상화제를 첨가할 때 그 양이 부족하거나, 첨가 후의 유지시간이 너무 길거나 또는 쇳물 중에 Ti과 같은 구상화저지원소가 포함되면 완전한 구상 흑연조직이 얻어지지 않고 괴상(compacted) 흑연이나 벌레모양(vermicular) 흑연이 존재하는 조직으로 된다.

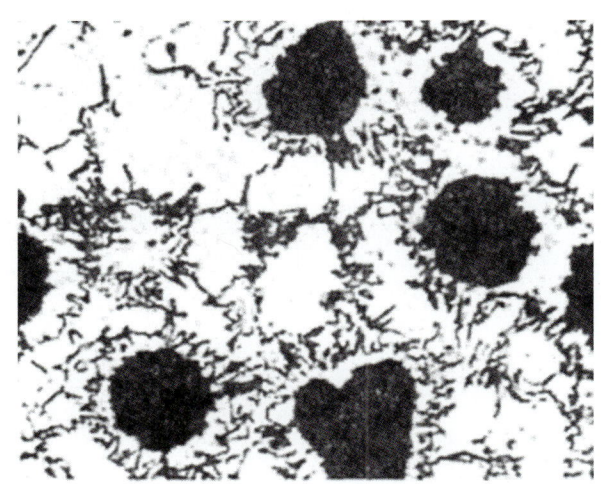

그림 11.11 페라이트·마르텐사이트 혼합조직을 소지로 한 구상 흑연주철
(흑색 침상부 마르텐사이트, 백색부 페라이트)

이전에는 이와 같은 주철은 불량품으로 취급되어 왔으나 최근에는 이러한 주철

의 좋은 점이 인정되어 CV흑연주철이라고 부르고 있다. CV흑연주철의 기계적 성질은 회주철과 구상흑연 주철의 중간으로 다음에 설명하는 흑심가단주철보다 강하다. 또한 구상흑연 주철보다 주조성, 열전도성, 진동흡수성이 탁월하기 때문에 CV흑연주철은 자동차의 실린더 블록이나 주조용 금형재료로써 주목되고 있다. 이 주철은 버미큘러 주철(vermicular graphite cast iron, compacted graphite cast iron)이라고 불리운다. 그림 11.12는 각종 주철의 기계적 성질을 나타낸 것이다.

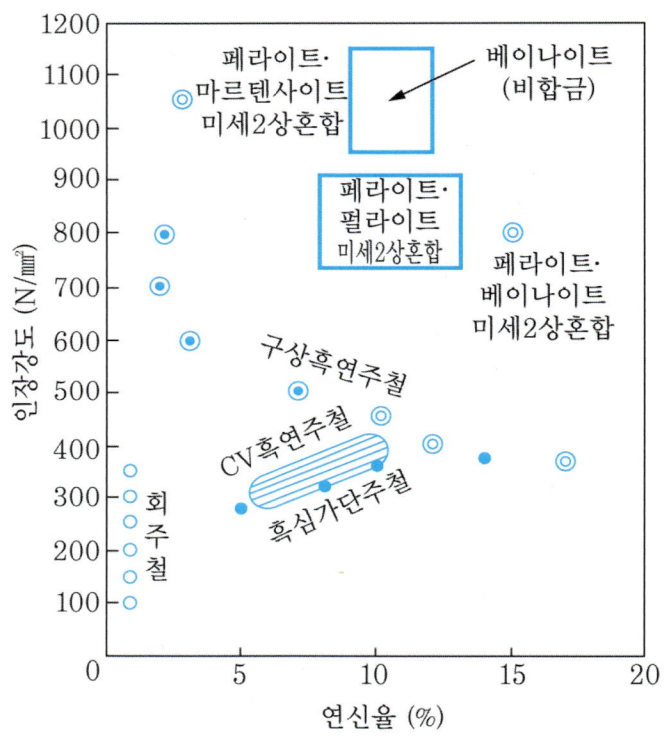

그림 11.12 각종 주철의 기계적 성질

11.3.4 가단주철

가단주철은 백선의 주물을 오랜 시간 노멀라이징 처리하여 연성·인성이 있는 주철제품으로 변경시킬 수 있기 때문에 매우 긴 역사를 지니고 있다. 주철특유의 양호한 주조성, 피삭성, 진동흡수성 등을 살리면서도 연강과 같은 높은 연성을 갖도록 한 것으로 가단이라는 것은 단조(forging)가 가능할 정도의 연성이 있다고 하는 의미이다. 그러나 노멀라이징에 고온, 장시간을 필요로 하고, 구상흑연주철의 출현으로 인해 최근에는 생산량이 감소되고 있는 추세이다. 이것은 백선주물로부터 만들어지기 때문에 작고 살두께가 얇은 것에 국한되고 있다.

사용량이 가장 많은 흑심가단주철(black heart malleable cast iron)은 950 ℃ 부근과 700~7,500 ℃의 A_1점 부근에서 장시간 노멀라이징 처리를 하여 백선 중의 Fe_3C를 전부 분해하여 그림 11.13과 같은 페라이트 소지+괴상흑연의 조직으로 변경시킨 것으로 파면이 회흑색이기 때문에 흑심(black heart)이라고 부른다. 노멀라이징은 수십시간에 이른다.

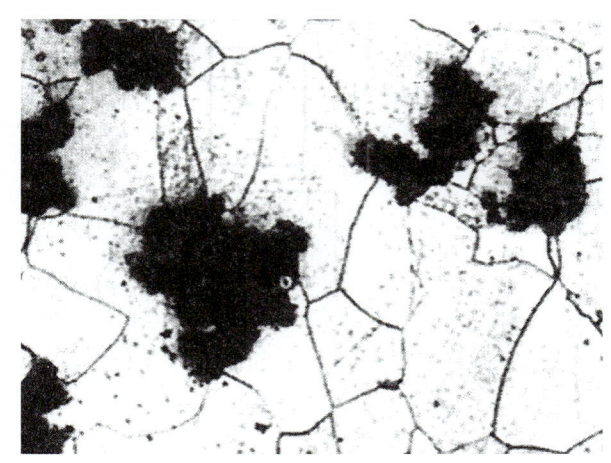

(페라이트 소지+괴상흑연)

그림 11.13 흑심가단 주철

흑심가단 주철품(GFCMB 270~360)은 인장강도가 270~360 N/mm²이상, 연신율이 5~14 % 이상으로 주로 관 이음부, 자동차, 차량용 부품에 이용한다.

11.3.5 칠드(chilled) 주물

시멘타이트는 대단히 단단하고 취약하기 때문에 이것을 많이 함유한 백선은 그대로 주물로써 사용한 것은 거의 없다. 칠드 주물은 적당한 화학조성의 용선을 금형 혹은 필요한 부분만에 금형을 배치한 주형에 주입하여 금형에 접촉된 표면층만을 경도가 높고 내마모성이 있는 백선으로 하고, 내부는 펄라이트로 만든 주물이다. 이것을 칠드 주물(chilled casting)이라고도 한다. 칠드된 표면의 경도는 $H_B 350 \sim 450$, 내부는 $H_B 200$ 정도이다. 칠드 층의 깊이와 경도를 변경시키기 위해서는 주로 화학조성과 금형의 두께를 변경시킨다. 또한 열처리에 의해서도 성능의 향상이 이루어지고 있다.

칠드 주물은 가격이 저렴한 내마모 부품으로써 금속 압연용 롤러나 제지용 롤러, 광석이나 곡물의 분쇄기 부품, 차륜 등에 이용된다. 700 ℃ 정도까지의 내열성도 있기 때문에 열간 압연용에도 적합하다.

제 12 장 내열재료

12.1 내열재료에 요구되는 성질

12.1.1 고온 내식성

내연기관이나 고온 화학공업 등에서 고온부재에 사용되는 내열금속 재료에서는 여러 가지 부식성 분위기 중에서 고온으로 장시간 노출되는 표면으로부터 재질 열화가 일어나기 쉽기 때문에 고온 내식성이 중요하다.

금속을 공기 또는 그 밖의 산화성 분위기 중에서 고온으로 가열하건 표면에 산화물층(산화 스케일)이 생긴다. 이 현상을 고온산화라고 한다. 금속의 산화속도는 스케일(scale)의 성상에 크게 지배된다. 표면을 완전히 덮는 비교적 보호성이 양호한 스케일을 형성하는 Fe, Cu, Ni 등에서는 스케일의 성장이 스케일 중의 금속 이온 또는 산소 이온의 확산에 의해 일어나며, 산화속도 즉 스케일의 성장속도 dx/dt는 스케일의 두께 x에 반비례한다. 즉

$$dx/dt = k_p/x$$

따라서

$$x^2 = k_p t \tag{12.1}$$

이것을 산화의 포물선 법칙이라고 한다. 그런데 Fe에 Cr, Al, Si 등을 첨가하면 그림 12.1과 같이 Fe의 내산화성은 현저하게 향상된다. 이것은 이들의 원소가 산소와의 친화성이 강하기 때문에 Fe보다 우선적으로 산화하여 각기 Cr_2O_3, Al_2O_3, SiO_2를 주체로 하는 확산 저항이 크고, 또한 밀착성이 좋은 보호성의 스케일을 생기게 하여 식(12.1)의 k_p값을 감소시키기 때문이다. 여기서 Al과 Si은 강의 가공성이나 기계적 성질(특히 인성)을 해치기 쉽기 때문에 일반적으로는 Cr과 조합시켜 보조적으로 적당량만을 첨가한다.

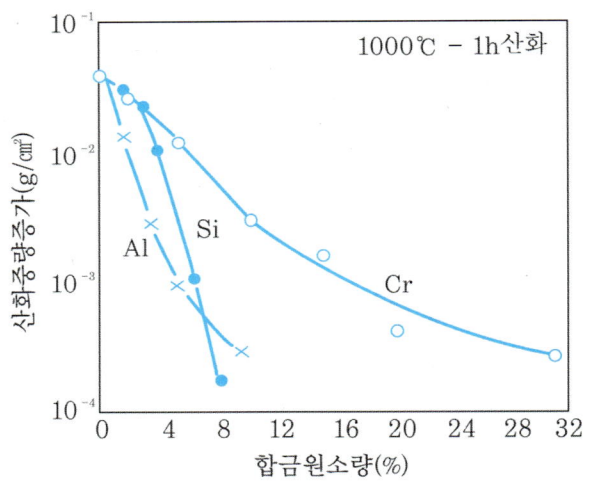

그림 12.1 Fe의 고온산화에 미치는 Al, Cr 및 Si의 영향

이와 같이 금속의 내산화성은 스케일의 보호성에 지배되기 때문에 금속표면을 덮고 있는 스케일에 결함이나 균열이 포함되어 있거나, 사용온도에서 용융상태에 있을 경우, 또는 특히 저융점의 부식성 연소생성물이 금속표면에 부착, 퇴적하는 경우 등에는 산화속도가 포물선법칙으로부터 벗어나서 현저하게 증대한다. 이것을 가속산화라고 한다.

선박용 디젤기관, 보일러, 선박용 가스터빈 등의 중유를 연료로 하는 열기관에서는 연료 중의 불순물인 V, S, Na 등이 V_2O_5-Na_2SO_4계의 회분으로 되어 고온부재에 퇴적되어 **바나디움 어택**(vanadium attack)이라고 불리우는 가속산화를 일으킨다. 또한 항공기용 제트엔진에서도 연료 중에 조금 포함되어 있는 S가 산화하여 SO_2로 되고, 이것이 흡입공기 중의 소금기 성분 등과 결합하여 Na_2SO_4-NaCl계의 용융염 (fused salt)으로 되어 표면에 퇴적되고, Ni기 합금제의 터빈 블레이드 등에 고온유화(sulfide) 부식을 일으킨다. 한편 석유정제, 암모니아 합성 등의 고온반응 장치에서는 유화(sulfide), 수소 침식, 침·탈탄, 질화 등의 표면반응이 문제로 된다.

고온에서의 내산화·내식성을 개선하기 위해서는 재료면에서 먼저 Cr의 양을 많게 하면 효과가 있으나, Cr도 너무 많으면 고온강도나 연성의 면에서 문제가 될 수 있다. 따라서 특히 강한 부식성 환경 중에서 작동 하는 공업용 가스터빈 블레이드 등에는 Cr이나 Cr-Al의 내식코팅이 실용상 효과적이다.

12.1.2 고온강도

고온에서 장시간 사용되는 기계·구조부재로서는 고온강도, 특히 크리프(creep) 강도가 중요하다. 크리프 강도(내크리프성)를 지배하는 중요한 요인은 다음과 같다.

(1) 자기확산계수

금속재료가 고온에서 크리프되기 쉬운 것은 변형 중에 회복(recovery) (이것을 동적 회복이라고 한다)이 일어나기 쉽기 때문이다. 회복과정 즉 엉클어진 전위군의 소멸과 재배열은 같은 온도에서도 그 금속 중에서 원자 또는 원자 공공(vacancy)이 움직이기 쉬울수록 쉬워진다. 그 때문에 소지금속의 자기확산 계수가 크면 뛰어난 내크리프성은 얻어질 수 없다. α-Fe과 γ-Fe의 자기확산 계수를 비교하면 그림 12.2와 같이 조밀구조를 갖는 γ-Fe 쪽이 훨씬 작다. 따라서 내열강에는 대별하여 페라이트계 내열강(BCC)과 오스테나이트 내열강(FCC)이 있으나, 후자가 본질적으로 내크리프성이 크고 약 600 ℃를 경계로 양자의 사용범위가 나누어진다.

(2) 고용강화와 석출강화

실용금속재료에서는 합금원소를 적당히 첨가하여 고용강화와 석출강화에 의해 내크리프성을 개선한다. 특히 석출강화가 효과적으로 Cr, Mo 등으로 고용강화한 금속소지 전면에 탄화물, 질화물, 금속간화합물, 또는 산화물 입자를 미세하고 균일하게 분포시켜 전위의 운동을 억제시킴으로써 동적 회복을 늦춘다.

또한 내열재료의 사용수명은 발전용의 보일러나 가스터빈 재료와 같이 10년 이상 걸리는 것도 있어서, 이와 같은 경우에는 석출물이 장시간에 걸쳐 조대화되기 어렵고, 조직이 안정화되는 것이 특히 중요하다.

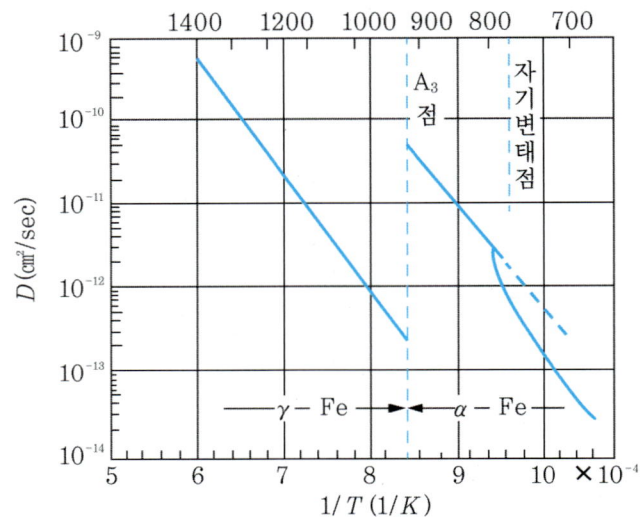

그림 12.2 순철의 자기확산계수 D의 온도 의존성

(3) 결정입도와 결정입계의 강도

금속재료의 기계적 성질은 결정립이 미세할수록 일반적으로 뛰어나다 (4.3.5항). 그러나 어느 정도 이상의 고온에서는 결정립계가 상대적으로 약화되어 입계슬립이나 입계파괴가 일어나기 쉽다. 그 때문에 내크리프성을 유지하기 위해서는 오히려 어느 정도 결정립이 큰 쪽이 좋다. 또한 상기의 여러 가지 방법으로 입내의 크리프 변형저항을 높임과 동시에 입계를 강화하는 것이 바람직하다.

한편 작용응력이 직각인 입계가 파괴의 기점으로 되기 쉬운 것에 착목하여 1방향 응고법에 의해 이와 같은 입계를 없게 하거나, 더욱이 입계를 전혀 포함하지 않는 단결정으로 하여, 고온강도와 연성의 현저한 개선에 성공한, 소위 고성능 결정제어 합금이 최근의 제트엔진 블레이드(blade)에 사용되고 있다.

(4) 고온부식 환경

내열재료는 실제로는 여러 가지의 고온부식 환경 중에서 응력을 받기 때문에 부식의 영향에 의해 강도가 열화되기 쉽다. 대기 중에서 아무리 고강도라 하더라도 실용상은 문제가 될 수 있다. 그림 12.3에 Inconel751시료에 Na_2SO_4-NaCl계의 합성회(synthetic ashes)를 도포한 경우의 크리프 파단특성을 나타내었다. 이 합금은 고Ni로 Cr량이 비교적 낮기 때문에 저융점 S화합물에 의해 결정립계가 선택적

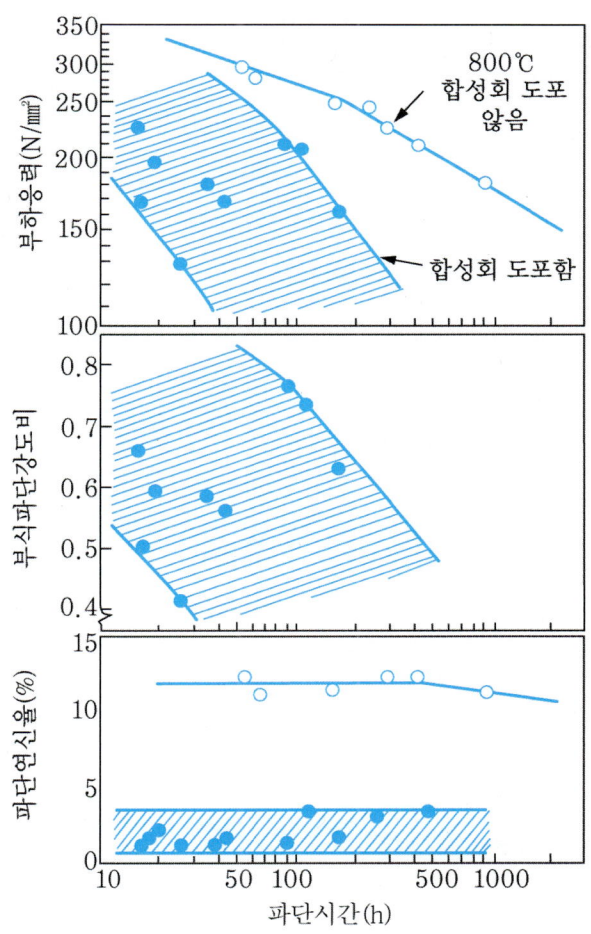

그림 12.3 Inconel751 시효재의 대기 중 및 고온부식환경 중(19%Na_2SO_4 -10%NaCl 합성회 도포)에서의 크리프 파단특성(800℃)

으로 침식되기 쉽고, 파단강도와 파단 연신율의 부식감수성이 크다. 고온강도의 환경열화 대책으로서는 여러 가지의 방식코팅(anti-corrosion coating)도 사용되고 있으나, 방식코팅의 효과에도 한계가 있기 때문에 재료자체의 환경강도에 대한 검토가 중요하다.

12.1.3 물리적 성질과 제조성

열팽창계수는 가열 냉각에 의한 변형이나 열응력의 관점에서 작은 쪽이, 열전도율은 온도 상승의 관점에서 큰 쪽이 바람직하다. 오스테나이트계 내열강은 페라이트계에 비하여 이 두 가지 점에서 불리하다. 밀도 또한 고속회전체용 재료에서는 특히 중요하여, 비강도(강도/밀도)가 큰 Al합금, Ti합금, 또는 복합 재료 등은 비교적 낮은 온도에서는 유용한 구조재료이다.

한편 Cr, Mo, W, Ta, Nb 등의 고융점의 내화합금은 초고온에서도 크리프파단강도가 높으나 밀도, 내산화성, 강공성 등의 면에서 실용화를 방해한다. 내열재료에서는 제조성, 양산성, 가격 등도 중요한 요소로 고합금일수록 이러한 점에서 불리하다.

12.2 페라이트계 및 마르텐사이트계 내열강

표 12.1은 현재 이용되고 내열강·내열합금의 대표적인 예를, 그리고 그림 12.4는 이들의 1,000h 크리프 파단강도와 온도와의 관계를 나타낸다. 탄소강도 450 ℃ 부근까지는 사용되나 450~600 ℃ 부근까지는 Cr을 주합금원소로 하고, Mo 등을 첨가하여 강화시킨 페라이트계 및 마르텐사이트계 내열강이 실용화되고 있다. Cr량이 많을수록 내산화성은 좋아지나(표 12.2), 크리프강도는 Cr량이 1~3 %와 9~12 %일 때 높고 4~8 %에서는 낮다.

표 12.1 현재 이용되고 있는 대표적인 내열강 및 내열합금의 화학조성

종 류		합금명	화 학 성 분 (%)										
			C	Cr	Ni	Co	Mo	W	V	Nb	Ti	Al	기 타
페라이트계 마르텐사이트계 내열강	저Cr	2.25Cr-1Mo	<0.15	2.25	-	-	1	-	-	-	-	-	-
		1Cr-Mo-V	0.3	1	-	-	1.3	-	0.25	-	-	-	-
		3.5Ni-Cr-Mo-V	<0.28	1.75	3.5	-	0.4	-	0.1	-	-	-	-
	12Cr	H46(SUH600)	0.15	11.5	-	-	0.45	-	0.3	0.25	-	-	N0.05
		SUH3	0.4	11.5	0.3	-	1	-	-	-	-	-	Si2.3
오스테나이트계 내열강	Cr-Ni	18-8Ti(Nb)(Mo)	<0.08	18	10	-	(2.5)	-	-	(0.8)	0.4	-	-
	Cr-Ni	HK40(SCH22)	0.4	25	20	-	-	-	-	-	-	-	-
	-Mn	21-4N(SUH35)	0.5	21	4	-	-	-	-	-	-	-	Mn9, N0.4
	Fe기	A-286(SUH660)	0.05	15	26	-	1.25	-	0.3	-	2.1	0.2	B0.003
		Incoloy901	0.05	13	43	-	6	-	-	-	2.8	0.2	-
		N-155(SUH661)	0.1	21	20	20	3	2.5	-	1	-	-	N0.15
초 내 열 합 금	Ni기	Nimonic80A	0.05	20	잔	<2	-	-	-	-	2.5	1.4	-
		Nimonic115	0.15	15	잔	15	4	-	-	-	4.0	5.0	B0.62, Zr0.05
		Inconel700	0.12	15	46	29	3.75	-	-	-	2.2	3.0	-
		Inconel751	0.05	15.5	잔	-	-	-	-	1	2.3	1.2	Fe7, Cu0.2
		Udimet700	0.08	15	잔	19	5	-	-	-	3.5	4.4	B0.03
		IN-100*	0.18	10	잔	15	3	-	1	-	4.7	5.5	B0.014, Zr0.06
		MAR-M246*	0.15	9	잔	10	2.5	10	-	-	1.5	5.5	B0.015, Ta1.5, Zr0.05
		Hastelloy X	0.10	22	잔	1.5	9	0.6	-	-	-	-	-
	Co기	X-40*	0.4	25	10	잔	-	8	-	4	-	-	-
		S-816	0.4	20	20	43	4	4	-	4	-	-	-

*표시는 주조합금, 화학성분은 공칭치를 표시함

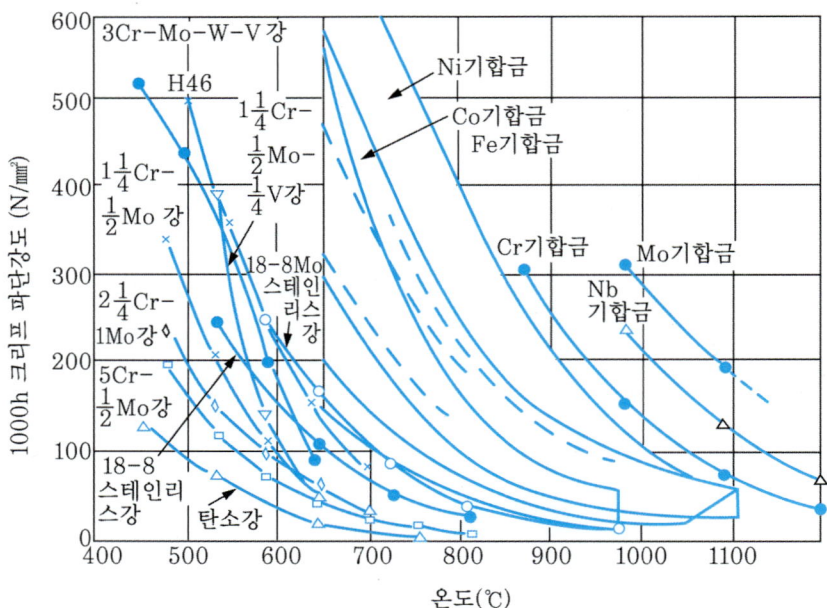

그림 12.4 각종 내열강 및 내열합금의 크리프 파단강도

12.2.1 보일러용 및 증기 터빈용 내열강

(1) 보일러용 내열강

보일러 강관에 예를 들면 이코노마이저(economizer), 급수관, 증발관 등의 저온부에는 탄소강(STB42, 52 등)과 1/2Mo강(STBA 13 등)이, 주증기관, 재열기관, 과열기관 등의 고온부에는 $2\frac{1}{4}$Cr-1Mo강(STBA24), 1Cr-1/2Mo강(STBA 22) 등의 Cr-Mo계 저합금강이 널리 이용되고 있다(그림 12.5).

그러나 최근 에너지 절약의 요청에 의해 증기조건의 고온고압화[예: 593 ℃, 31 MPa(316 kgf/cm²)]에 의한 열효율의 향상이 크게 요구되어, 고온부에는 이들보다 고성능이면서 18-8계 오스테나이트강에 대체할 수 있는 9Cr-1Mo-Nb-V강 등의 고 Cr-Mo강의 개발이 진행되고 있다.

(2) 증기터빈용 내열강

고온강도를 중요시하는 증기터빈의 고·중압 로터재로서는 1Cr-Mo-V강(표 12.1)이 널리 이용되어 왔으나 최근의 고효율 대형 발전플랜트에서는 12Cr-Mo-V-Nb-N

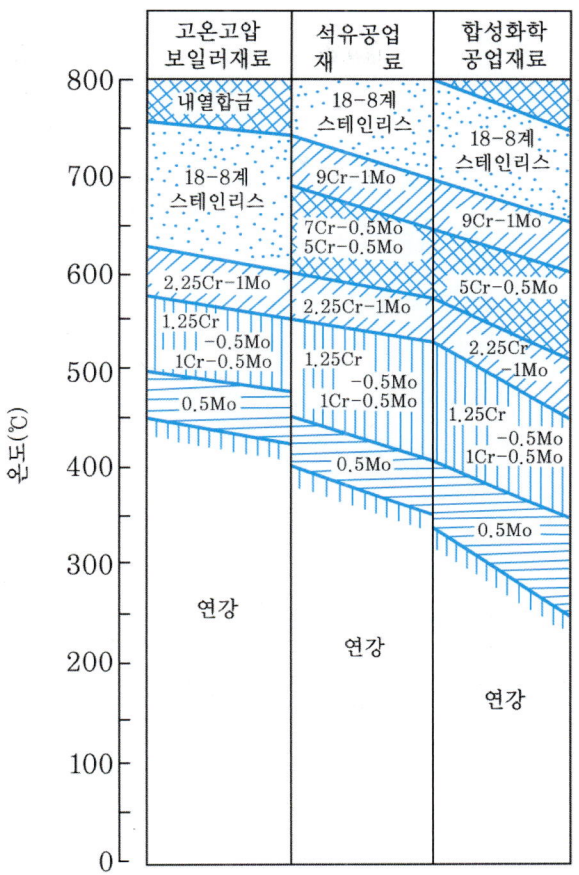

그림 12.5 각종용도에 있어서의 온도와 적용강종

강도 사용한다. 큰 원심력에 견딜 수 있는 항복 강도와 불안정파괴에 대한 파괴인성을 중요시하는 저압로터에는 3.5Ni-Cr-Mo-V강(표 12.1)이 일반적으로 사용된다. 이들 로터는 예부터 대형이지만 최근 일체화의 경향은 대형화에 더욱 박차를 가하고 있다. 전단면에 걸쳐 결함이나 불순물이 없이 기계적 성질이 균일하며 뛰어날 것이 요구되며, 고도의 제조기술을 발휘하여 제조되는 최고급의 대형 합금강 단조품이다.

한편, 증기터빈 가동블레이드에는 BCr계의 STS403, 410JI 등 외에 비교적 고온부에는 Mo, Y, Nb, W를 첨가하여 강화시킨 H46(SUH600), 422(SUH616) 등도 사용되고 있다(표 12.1). 고정 블레이드에는 12Cr강, 13Cr-Al강(STS405) 등을 이용한다.

이들 블레이드재에도 로터재와 마찬가지로 고도의 품질이 요구되어 특수 용해법이 채용되고 있다.

12.2.2 자동차 및 화학공업용 내열강

(1) 자동차용 내열강

자동차 등의 내연기관용 흡·배기 밸브재료로서는 12Cr-2Si-1Mo강 SUH3(표 12.1)가 가장 사용실적이 많다. 이 강은 고Cr, 고Si 때문에 내고온 부식성이 뛰어나며 적당량의 C과 Cr, Mo의 조합에 의해 고온강도와 내마모성이 우수하다. 이 외에 8Cr-1.3Si강 (SUH11)도 사용된다.

그 밖의 배기가스 계통에는 SUH409(11.5Cr-Ti강), STS410L(저C-12Cr강) 등의 저렴한 페라이트계로 이행되었다.

(2) 화학공업용 내열강

석유정제, 암모니아 합성 등의 화학 플랜트용에는 그림 12.5에 나타낸 바와 같이 400-500 ℃ 부근에서는 저Cr-Mo강을, 550-700 ℃에서는 중Cr-Mo강을 이용한다. 그러나 더욱 고온에서 뛰어난 내식성을 요구하는 경우에는 SUH 446(25Cr-N강) 등의 고Cr강도 사용된다. 고Cr강은 오스테나이트계에 비교하여 고온강도는 떨어지나 표 12.2와 같이 내산화성이 좋다. 한편 공업로용 내열부품에는 고Cr내열강(SUH409,

표 12.2 각종 내열강의 내산화성으로 판단한 최고 사용온도

종 류	온 도(℃)
1/2Mo강	500~550
1 Cr-1/2Mo강	550
$2\frac{1}{4}$Cr-1 Mo강	550~600
5Cr-1/2Mo강	600~650
13Cr강	700~750
18Cr강	800~900
28Cr강	1000~1100
18Cr-8Ni강	850~900
23Cr-13Ni강	1000~1100
25Cr-20Ni강	1100~1150

446 등)이나 내열주강(SCH1-3)이 Cr-Ni계와 더불어 이용된다. 또한 내열 주철도 용도가 넓다.

12.3 오스테나이트계 내열강

오스테나이트계 내열강은 18-8, 25-20 등의 Cr-Ni강이 거의 대부분이고, 일부에 Cr-Ni-Mn강도 사용된다. 약 600 ℃ 이상에서도 페라이트계, 마르텐사이트계보다 고온강도가 크며 가공성, 용접성, 내산화성도 우수하기 때문에 판, 관, 봉 등으로 많이 이용된다.

12.3.1 보일러용 내열강

대형 보일러의 과열기관, 재열기관 등의 고온부에는 18-8강(STS 304)에 Nb, Ti, Mo을 소량만큼 첨가한 18-8Nb강, 18-8Ti강, 18-8Mo강, 18-8TiNb강이 사용된다.

이들은 Ti, Nb 탄화물의 미세석출과 Mo의 고용에 의해 내크리프성이 높고 장기간에 걸쳐 조직이 안정되어 있다. 또한 장래의 증기조건의 고온·고압화에 대처하기 위해 보다 고급의 Incoloy 800H(NCF 800H) 등의 개량연구도 활발히 이루어지고 있다. 상기의 18-8계의 강은 보일러관용 이외에 열교환기, 화학장치, 열처리로 부품 등에도 광범위하게 이용된다.

12.3.2 자동차용 및 화학공업용 내열강

(1) 자동차용 내열강

자동차 엔진용 밸브로서는 Cr-Ni-Mn계의 21-4N(SUH 35, 36)이 대표적이다. SUH35(표 12.1)는 기본 강종이며 SUH 36은 S쾌삭강이다. 이 강종은 21Cr-4Ni - 9Mn-0.5C-0.4N의 조성을 가지며, 고Cr 때문에 고온 내식성이 뛰어나며, 고C·고N 때문에 고온의 강도와 내마모성이 좋으며, 또한 비교적 저렴하다.

이 외에 Cr-Ni계의 21-12N(SUH 37), 20-11P(SUH 38)도 쓰인다. 이들의 오스테나이트강은 보통 배기 밸브의 디스크(disc)부에 이용되며 스템부의 SUH3 등과 마찰압접한다. 장거리 트럭 등과 같은 고부하 디젤 기관에는 이외에 Inconel 751, Nimonic 80A 등의 Ni기 합금도 이용된다.

한편, 선박기관에서는 중유 연소회(ashs)에 대한 내식성이 중요하며, 약 2 %의 Si을 포함한 15Cr-14Ni-2.5W강의 SUH31이 예전부터 사용되고 있으며, SUH31의 개량형(I7Cr)이나 Ni기, Fe기의 초합금도 이용 되고 있다. 초합금 이외의 배기밸브에서는 육상용, 선박용을 불문하고 디스크면(disc face)의 내마모성과 내식성을 개선시키기 위해 Co기의 Stellite6, Ni-Cr합금 등의 덧살붙임 용접도 실시되고 있다.

(2) 화학 공업용 내열강

약 800 ℃ 이상에서 가열냉각을 되풀이하는 소결로, 열처리로 부품 등은 23 -13강(SUH309, STS309S), 25-20강(310, 310S), 16-35강(SUH330) 등을 사용조건에 따라 이용한다. Ni의 대량첨가는 스케일과 모재의 열팽창률의 차에 의한 스케일의 박리를 억제하기 때문에 상기의 강종은 내산화 한계온도가 높고(표 12.2) 또한 상당히 높은 강도를 갖는다. 더욱이 Ni은 내침탄성, 내질화성을 향상시키기 때문에 SUH330 등은 이 방면에서도 유리하다.

한편 1,000 ℃ 부근의 고온에서 부식성 분위기에 노출되는 개질로나 에틸렌 분해로의 반응관에는 HK40(25-20주강, SCH22 상당)의 원심주조관이 종래부터 표준 재료로서 상용되어 왔다. 이 강종은 여러 가지의 개량이 가해져서 금후로도 석유화학 공업용 내열강의 중심적 존재가 될 것이지만, 최근의 사용온도의 상승에 대응하여 내침탄성이나 강인성이 더욱 뛰어난 고Ni의 HP계 합금(SCH24 상당) 등도 사용되기 시작하였다.

12.4 초내열 합금(초합금 : super alloy)

Ni, Co를 각각 주성분으로 하거나, 또는 Fe가 주성분이라도 Ni, Cr의 합금 원소가 50 % 이상 포함되어 있는 내열합금을 초내열합금 또는 초합금이라고 한다. Fe기, Ni기, Co기로 분류되며, 주로 가스터빈의 발전과 더불어 개발된 강력합금이다. 고온강도는 이들 모두 해가 거듭될수록 높아지고 있으나, 현재로서는 Ni기 주조합금이 가장 강하다.

12.4.1 Fe기 초내열 합금

Fe에 약 15%의 Cr으로 고온 내식성을 부여하고, Ni을 25-40% 높여 γ소지의 안정화를 도모하며, 고용강화를 위한 Mo(및 W)과 γ'상 석출강화를 위한 Al, Ti 등을 첨가한 강석출형 합금과, Fe-Ni-Cr의 소지에 Mo, W, Nb 등에 의한 고용강화와 탄화물·질화물 석출강화를 이용한 약석출형 합금이 있어서 초합금 중 가장 널리 사용된다. 전자에는 A-286(SUH660), Incoloy901, Discaloy 등이, 후자에는 N-155(SUH661), G18B, S-590 등이 있다(표 12.1)

Fe기 초합금의 용도는 강석출형의 경우 제트엔진의 로터나 디스크, 고온볼트, 내열스프링, 고부하 엔진배기 밸브 등에, 약석출형은 육상용 가스터빈 블레이드재, 화학 플랜트 부품, 과급기 부품 등이다.

12.4.2 Ni기 초내열 합금

Fe를 거의 포함하지 않는 Ni+Co+Cr의 γ소지를 Mo(+W)으로 고용강화하고 Al, Ti, Nb, Ta 등을 다량으로 첨가하여 γ'상의 정합석출을 이용한 강석출형합금이 주

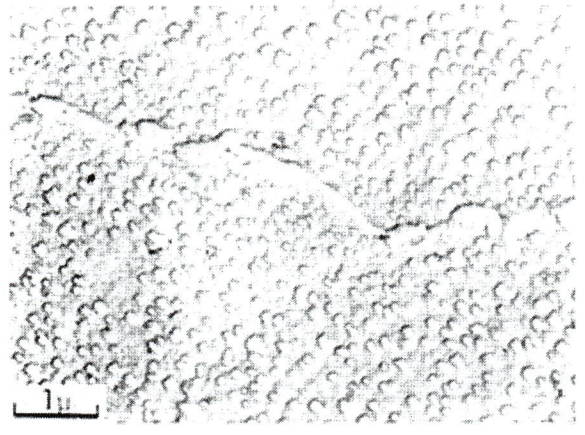

1,200℃ 수냉후 750℃-24h 시효

그림 12.6 Inconel751 중의 γ' 입자
(중앙의 두터운 석출물은 입계상의 탄화물)

체이고, 거기에 B이나 Zr를 미량 첨가하여 입계의 강화를 도모한 재료이다.

γ′상은 $Ni_3(Al, Ti)$ 내지 $Ni_3(Al, Ti, Nb, Ta)$의 조성을 갖는 금속간 화합물로, 소지 γ와 같은 FCC구조로 격자정수가 γ와 거의 같다. 이 때문에 γ′라고 불리운다. γ소지 전면에 매우 미세하게 석출(그림 12.6) 함과 동시에 소지와의 양호한 정합성 때문에 γ−γ′계면 에너지가 작아서 장시간에 걸쳐 응집 조대화되기 어려워 내크리프성에 크게 기여한다.

그림 12.7에 표시하는 바와 같이 고온강도는 (Al+Ti)량, 즉 γ′석출량에 의존하나, Al이나 Ti은 다량 첨가하면 열간가공성을 해친다. 역사적으로 보면 먼저 진공용해법의 진보와 그 후의 글라스(glass) 윤활에 의한 열간 압출법의 채용에 의해 Nimonic115, 120(Al+Ti : 8~9 %), Udimet700(7.9 %), Astroloy(7.9 %) 등의 강력단조합금이 생겨났다.

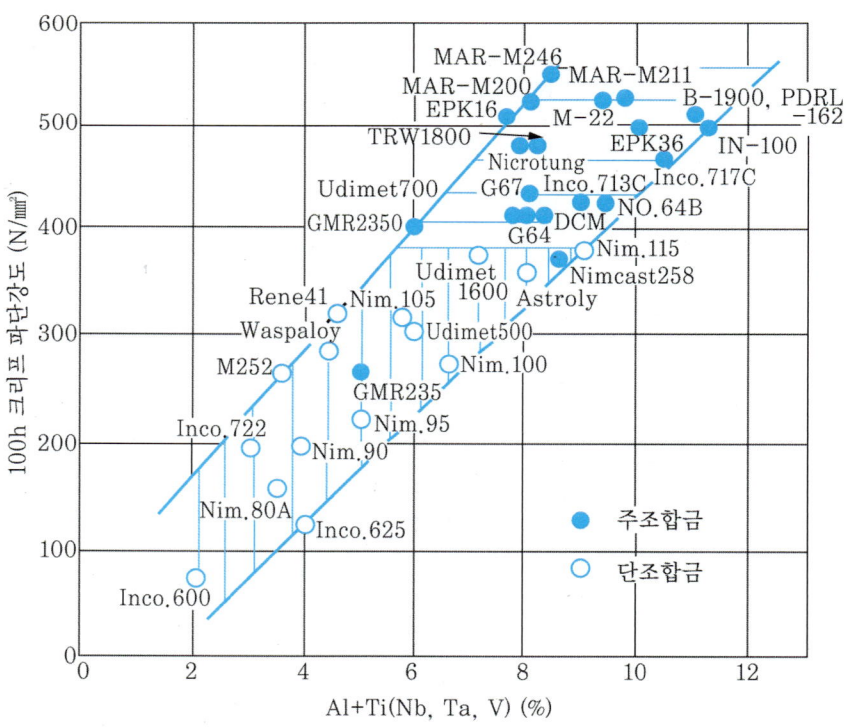

그림 12.7 Ni기 초합금의 크리프 파단강도와 Al+Ti(Nb, Ta)량의 관계(815℃)

한편 정밀주조법의 발전은 진공용해-정밀주조 프로세스의 채용을 가능하게 하여, 가공성의 제약을 받지 않고 Al, Ti 기타의 강화원소를 대폭 (10 %이상) 증가시킬 수 있게 되어 60 vol%의 γ'상을 포함한 IN-100, B-1900, MAR-M246 등의 더욱 강력한 주조합금이 차례로 개발되었다. 그림 12.8은 현재 가장 강력한 부류에 속하는 Ni기 주조 초합금의 크리프 파단강도의 예를 나타낸 것이다.

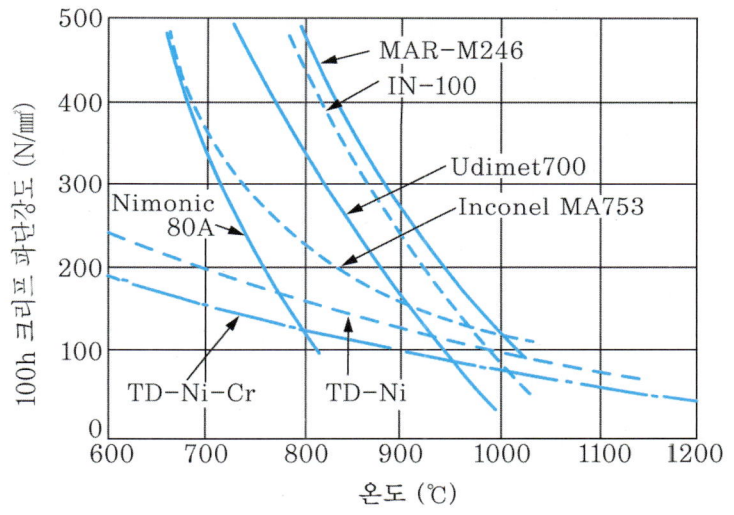

그림 12.8 분산강화형 내열합금의 크리프 파단강도

한편, 제트엔진의 연소기 관계에서는 성형성, 용접성, 내산화성이 뛰어난 박판용 합금이 필요하여, Hastelloy X(표 12.1) 등이 널리 이용되고 있다. 이 합금은 Mo과 소량의 W만의 고용강화형으로 상기 이외에도 용도가 넓다.

12.4.3 Co기 초내열 합금

Co에 약 20~25 %의 Cr에 의해 내산화·내식성을 개량하고, 약 10~20 %의 Ni에 의해 소지 γ를 안정화시킴과 동시에 거기에 W, Mo, Nb, Ti, B 등을 첨가하여 고용강화와 복탄화물의 석출강화에 의해 고용강도를 높이고 있다. 따라서 C량은 Ni기보다 많다.

X-40, S-816 등이 유명하며, 강화 원소를 더욱 증가시킨 X-45나 MAR-M계의 합금

도 있다. Co기 합금은 Ni기에 비하여 고온강도가 낮다(그림 12.4). 그러나 고온유화부식과 열피로에 강하며 용접성, 주조성(진공용해를 필요로 하지 않음)면에서도 Ni기보다도 뛰어나기 때문에 주로 정밀 주조품으로서 열충격을 받기 쉬운 터빈 노즐 등에 쓰인다.

12.4.4 분말야금과 고온내식 코팅

(1) 분말 야금법에 의한 초합금

앞에서 언급한 바와 같이 Al, Ti 등을 다량 첨가한 Ni기 초합금에서는 열간가공이 곤란하기 때문에 정밀주조법이 이용되고 있으나, 이와 같은 복잡한 조성을 갖는 고합금에서는 성분 편석이 생기기 쉽고, 결정립도의 조정이 곤란하기 때문에 화학조성으로부터 예측할 수 있는 고온특성이 얻어질 수 없는 경우가 있다. 진공용해한 초합금 용탕의 유동 중에 고압의 불활성 가스를 불어 붙이는 가스 분로법 등에 의해 만들어진 미분말을 이용하는 분말 야금법을 적용하면 성분편석의 경감과 조성의 균일화, 결정립도의 제어 등의 향상을 실현시킬 수 있다.

최근 비오염 분무법 등의 분말 제조기술과 HIP법(Hot Isostatic Press) 등의 고밀도화기술이 현저히 발전하였기 때문에 제트엔진의 디스크(disc)나 블레이드 등을 중심으로 분말 야금에 의한 소결합금이 이용되게 되었다.

한편, 시효처리(aging treatment)에 의해 γ' 등의 석출입자를 미세분산시켜 강화한 **석출강화형 초합금**에 대해서, 석출입자에 비해 고온장시간에 걸쳐 안정되고 성장조대화되기 어려운 금속산화물 등을 미세 분산상으로 이용한 소결복합재료가 **분산강화형 내열합금**이다. 소지합금의 분말과 0.01~0.1 μm의 금속산화물 등의 분산입자를 혼합하고 성형・열간 가공하여 만든다. 분산입자의 비율은 수 % 정도로 서멧(cermet)과는 반대이다. 예부터 TD-Ni, TD-Ni-Cr이 유명하며, 그림 12.8에 그 예를 나타낸 Inconel MA753은 Nimonic80A 상당의 소지에 Y_2O_3를 분산입자로 이용한 것으로, 특히 고온측에서 Y_2O_3에 의한 분산강화의 효과가 크다.

분산강화형 내열합금의 분야에서도 제조기술의 개선이 활발히 이루어지고 있는데, 예를 들면 고에너지・볼밀(ball mill) 중에서 합금분말과 분산입자의 파괴, 접합, 소성변형을 반복하면서 합금분말 복합체를 만드는 메커니컬 얼로이(mechanical alloy)법이 개발되어 MA6000E 등의 뛰어난 터빈 블레이드용 합금이 만들어지고 있다.

(2) 터빈 블레이드의 내식코팅

항공기 터빈의 가동 블레이드(moving blade) 등에 사용되는 Ni기 강력 초합금으로는 종래부터 강도와 내식성을 가능한 한 양립시키기 위해 성분 조성에 관한 배려가 이루어져 왔으나, 터빈 가동 블레이드와 같이 소위 극한상태에서 사용하는 합금에서는 양자를 양립시키는 것이 매우 어렵다. 예를 들면 내식성에 유효한 Cr도 고온강도의 면에서 너무 많지 않은 것이 좋다. 따라서 합금에서는 지금은 내식코팅이 불가결한 프로세스로서 일반화되어, 코팅의 양부가 전체의 수명을 좌우한다고 말할 수 있다. 당초는 Al, Cr, Cr-Al 등의 확산 도금법이 이용되었으나 최근에는 MCrAlY 합금 등의 전자빔 증착법이나 저압 플라즈마 용사법이 많다. 여기서 M은 Ni, Co 등으로 모재합금과 같은 주요 구성원소로서 주로 모재와 코팅층 간의 물리적 성질(열팽창률 등)의 연속성에 기여한다. Cr, Al은 보호성이 좋은 스케일을 만들며, Y (이트리움)은 스케일의 내박리성을 돕는 복합효과를 노리고 있다. 코팅용 합금의 조성도 최근 더욱 복잡하게 되어 가고 있다.

제13장

동과 그 합금

13.1 동(copper)의 제조법과 종류

13.1.1 동의 제조공정

동광석은 그 종류가 많지만 많이 이용되고 있는 것은 황동광(chalcopyrite: $CuFeS_2$)이다. 동광석으로부터 동을 만드는데는 2단의 조작으로 나뉘어져 있다. 먼저 용광로에서 광석을 용융한다. 동은 Cu_2S로 되어 FeS와 더불어 로의 밑에 고인다. 용광로에서 이렇게 만들어진 상태를 매트(matte)라 하며, 20~40 %의 동(Copper)성분을 포함하고 있다. 매트는 제철시의 선철에 상당하는 것이며 이것을 정련해서 동을 만든다. 이것이 제동작업에 상당한다.

(1) 전로정련

전로(converter)에서 매트를 용해하고, 그 속에 공기 또는 산소를 불어 넣어 산화반응을 일으킨다. 그렇게 하면, 먼저 FeS만의 산화가 일어나고 철분은 슬래그 중으로 옮겨진다. 다음에 Cu_2S의 유황이 산화되고 뒤에 용해상태의 동이 남는다. 이것이 조동(blister copper, crude copper)으로, 98~99.5 % 정도의 동을 포함해서 불순물이 많은 상태가 된다.

(2) 정동

조동을 반사로에서 정련하든가 또는 전해정련을 실시한다. 전해정련은 조동의 판을 양극으로 하고 동판을 음극으로 하여, 산성의 류산동용액 중에서 전기분해한다. 이것을 전해동이라고 하며, 이것을 다시 한 번 반사로에서 용해하여 더욱 불순물을 제거 하고 잉곳(ingot)으로 만든 것을 터프피치동(tough pitch copper)이라고 한다.

(3) 동의 가공

동의 가공은 열간과 냉간에서 행한다. 열간 가공은 보통 750~850 ℃에서 실시한다. 냉간가공 도중의 어닐링은 600~700 ℃에서 30분간 정도 행하면 좋다.

13.1.2 동의 성질과 용도

Cu는 전기와 열의 전도성이 Ag 다음으로 우수하여 전선, 전기부품, 전열재료로서 매우 중요하다. 이온화 경향은 Au, Pt, Ag 다음으로 작기 때문에 철강에 비해 훨씬 내식성이 훌륭하여 대기 중이나 담수에 잘 견딘다. 뿐만 아니라 시공성이나 내구성이 좋기 때문에 급수·급탕용 배관이나 열교환기 및 화학공업에 수요가 많다. Cu는 밀도가 8.96 g/cm³로 약간 크며 융점은 1,083 ℃이다. FCC구조이기 때문에 저온에서도 취성을 띠지 않고 또한 자성도 띠지 않는다. 기계적 성질은 표 13.1과 같으며 전연성(maleability and ductility), 드로잉(drawing) 가공성이 풍부하며 독특한 색깔을 띤다.

표 13.1 Cu의 기계적 성질

성 질	주 물	압 연 판	압연후 어닐링
인장강도(N/mm²)	140~200	340~360	220~250
내 력(N/mm²)	40~60	–	60
탄성한도(N/mm²)	–	130~150	40~60
연 신 율(%)	25~50	5	50~60
단면수축률(%)	40~70	8	40~60
경 도(HB)	30~55	65~75	35~40
탄성계수(N/mm²)	122,000		

(1) 터프피치동

그림 13.1에 순Cu의 전기 저항률(비저항)에 미치는 첨가원소(불순물)의 영향을 나타낸다. 이와 같이 Cu 중에 다른 원소가 고용되면 미량이라도 도전성이 현저하게 떨어진다. 터프피치동은 정련공정에서 0.03 %정도의 적은 산소를 남겨서 고용 불순물 원소를 산화물의 형태로 변화시켜 도전성을 향상시킨 것으로 전연성도 좋기 때문에 전선이나 전기부품 등에 널리 이용되므로 도전용 순Cu로서 가장 일반적인 것이다. 그러나 수소 또는 수분을 함유하는 분위기 중에서 가열하면 H가 침입하여 Cu_2O나 다른 산화물을 환원하여 발생된 수증기에 의해 입계균열이나 공공(vacancy)을 생성시키기 때문에 취약하게 된다. 이러한 수소취화는 용접 등에서 문제로 된다.

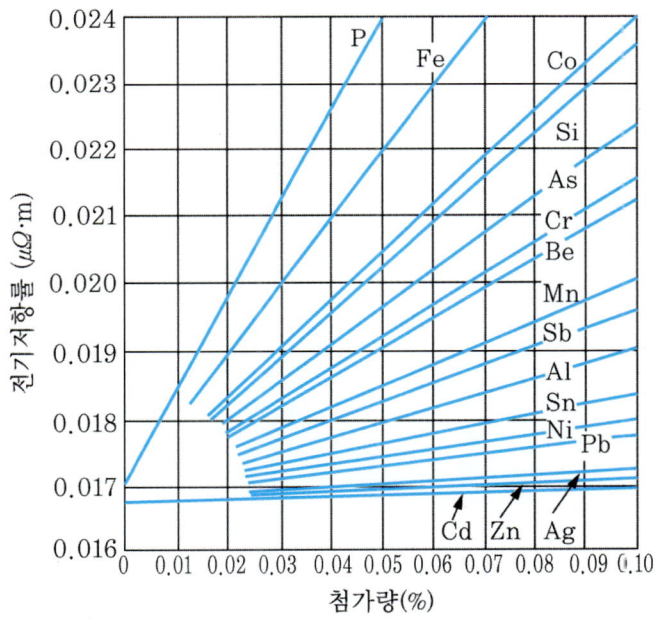

그림 13.1 Cu의 전기저항률에 미치는 첨가원소의 영향

(2) 인탈산동

정련의 최종공정에서 P를 첨가하여 탈산시킨 인탈산동은 저산소(<0.01 %) 때문에 수소취화를 일으키지 않는다. 그 때문에 용접성이 뛰어나고, 또한 가공성, 내식

성, 열전도성도 좋기 때문에 관, 판, 봉 등으로 가공하여 배관이나 냉동기, 열교환기, 건축용, 화학장치 등으로 이용되며 비도전용 순동의 대표적인 것이다. P가 조금 남아 있기 때문에 전기 전도성은 약간 떨어진다.

(3) 무산소동

무산소동은 보호가스 분위기 중 또는 진공 중에서 용해시킨 고순도 Cu(순도 99.996 %, 산소〈0.001 %)로써 모든 성능이 탁월하기 때문에 전자기기부품, 화학용품, 또는 드로잉(drawing)용으로 이용한다.

13.2 동합금의 평형상태도와 기계적 성질

그림 13.2에 나타낸 바와 같이 Cu는 Al에 비하여 일반적으로 합금원소의 고용한

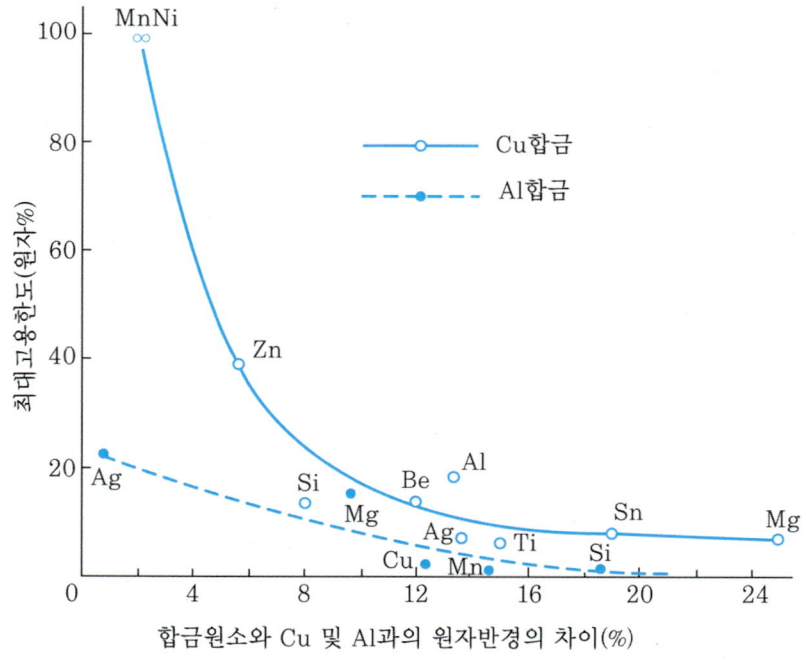

그림 13.2 Cu 및 Al합금 중 합금원소의 최대고용한도와 원자반경차이의 관계

도가 크다. 그림 13.3에 실용 Cu합금의 기초가 되는 2원계 평형상태도의 형태를 나타낸다. Cu-Ni계는 예외적으로 전율고용형이다. 황동형과 청동형에서는 α고용체의 성분 범위가 넓고, 실용 Cu합금으로서는 이들 형태의 고용체 합금이 널리 이용된다. 양자의 차이는 황동형에서는 β상이 상온까지 존재하기 때문에 실용합금은 α단상이든가, α+β 조직이 되며, 청동형에서는 공석변태가 있어서 β상이 저온에서 α+γ로 분해하기 때문에 이러한 공석변태를 담금질에 의해 저지하면 Al청동과 같이 열처리 효과가 기대될 수 있다. 또한 공정형과 황동 및 청동형의 일부에서는 α고용체의 고용한도 변화를 이용하여 시효경화하여 사용하는 합금이 있다. Cu-Be, Cu-P, Cu-Ti, Cu-Cr, Cu-Zr 등이 그 것이다. 그러나 사용량은 황동, 청동 등의 고용경화형 합금에 비하면 매우 적다.

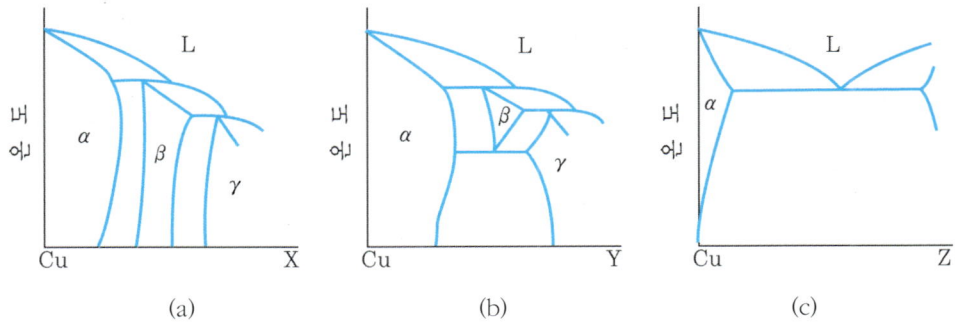

(a) 황동형 Cu-Zn, Cu-Ti, Cu-Cd 등
(b) 청동형 Cu-Sn, Cu-Si, Cu-Al, Cu-Be, Cu-In 등
(c) 공정형 Cu-Ag, Cu-P

그림 13.3 실용 Cu합금의 평형상태도 유형

다음은 그림 13.4에 대표적인 Cu합금의 상태도와 기계적 성질(어닐링재)의 관계를 나타낸다. 전율고용형의 Cu-Ni계에서는 Ni이 50 %부근, Cu-Zn(황동)계에서는 Zn이 40 %부근(Zn이 30 %에서 연신율 최고), Cu-Al(Al청동)계에서는 Al 수 %에서 인장강도가 높을 뿐만 아니라 연신율도 Cu에 비교하여 동등하든가 오히려 우수하다. Cu-Si합금의 α고용체도 같은 경향을 갖는다.

이와 같이 Cu를 기지로 하는 고용체 합금은 기계적 성질이 양호하고 또한 냉간

가공이 용이하며, 가공경화(work hardening)의 정도도 크다. 따라서 냉간가공용 합금으로서 적합하며, 가공과 어닐링을 적당히 조합시켜 조질하여 사용한다. 이에 대해 Cu-Sn(청동)계에서는 Sn의 고용에 의해 강도는 높아지나 연신율이 감소하기 때문에 냉간가공용으로서보다도 오히려 주조합금으로서 옛날부터 사용되어 왔다.

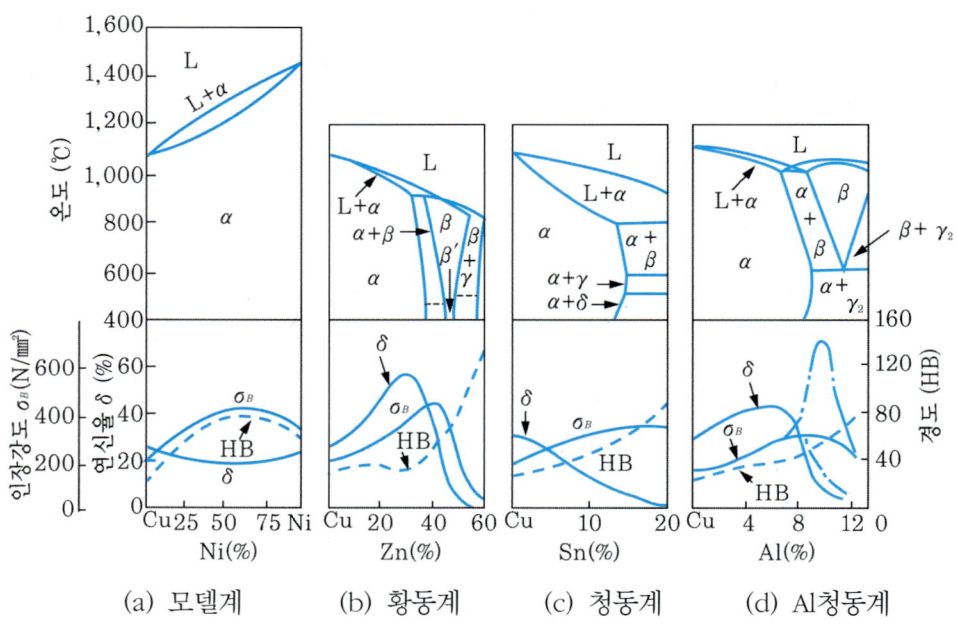

(a) 모넬계　　(b) 황동계　　(c) 청동계　　(d) Al청동계

그림 13.4 실용 Cu 합금의 평형상태도와 기계적 성질

13.3 황동 및 특수황동

13.3.1 황동의 성질

Cu-Zn계의 황동(brass)은 Cu합금 중 가장 잘 알려져 있는 것으로 대표적인 전신용(wrought) Cu합금이다.

(1) 기계적 성질

어닐링재의 기계적 성질과 Zn량의 관계는 이미(그림 13.4) 나타내었다. α단상인

Zn 30 %부근에서 연신율이 최고이고, α+β 조직인 Zn 40 %부근에서 인장강도는 최고값을 나타낸다.

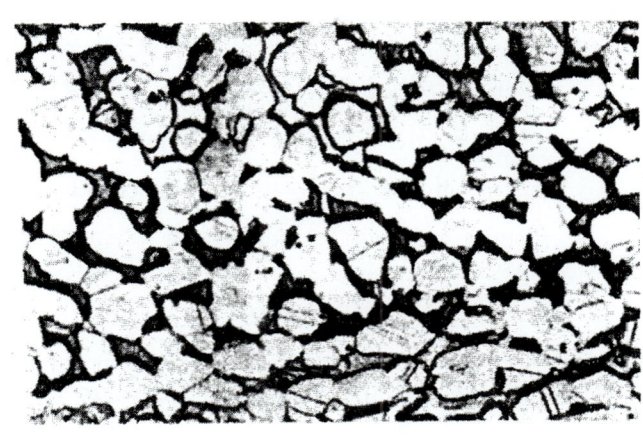

α상(백)+β상(흑)

그림 13.5 6-4 황동을 냉간가공 후 500 ℃에서 어닐링한 조직

그림 13.5는 Cu-40%Zn합금을 가공 후 500 ℃ 부근에서 어닐링한 조직으로 흰 부분은 α상(FCC), 검게 보이는 부분은 β상(BCC)이다. 두 가지 상의 분포상태에 따라 기계적 성질은 상당히 변화한다.

표 13.2에 대표적인 Cu-30%Zn 및 Cu-40%Zn 합금에 대해서 냉간 가공에 의한 기계적 성질의 변화를 나타내었다. 냉간가공에 의해 강도가 현저하게 상승한다.

표 13.2 황동판의 기계적 성질의 예

합 금 명	질별	기 호	인장강도 (N/mm^2)	연신율 (%)	경 도 (HV)
7-3 황동 (28.5~31.5% Zn)	O 1/2H H	C2600 P-O C2600 P-1/2H C2600 P-H	〉275 355~440 410~530	〉50 〉28 —	— 〉85 〉105
6-4 황동 (38~41% Zn)	O 1/2H H	C2600 P-O C2600 P-1/2H C2600 P-H	〉325 410~490 〉470	〉40 〉15 —	— 〉105 〉130

가공 후 300 ℃ 이상에서 어닐링하면 재결정하여 연화되지만, 200~300 ℃의 어닐링 온도에서 그림 13.6에 나타낸 바와 같이 변형 시효에 의해 강도가 더욱 상승하고 또한 높은 스프링 한계값이 얻어진다.

인청동(phosphor bronze), 양은(nickel silver) 등의 스프링 재료에서도 냉간가공 후 저온의 어닐링을 실시하여 매우 높은 강도와 스프링 한계값을 얻는다. 또한 냉간가공 후 저온 어닐링을 실시하여 내부응력을 경감시켜 놓으면, 가공부품의 사용 중 또는 저장 중의 시즌균열(season cracking, 자연균열)이라고 불리는 응력부식균열(stress corrosion cracking)을 방지하는 데 효과적이다.

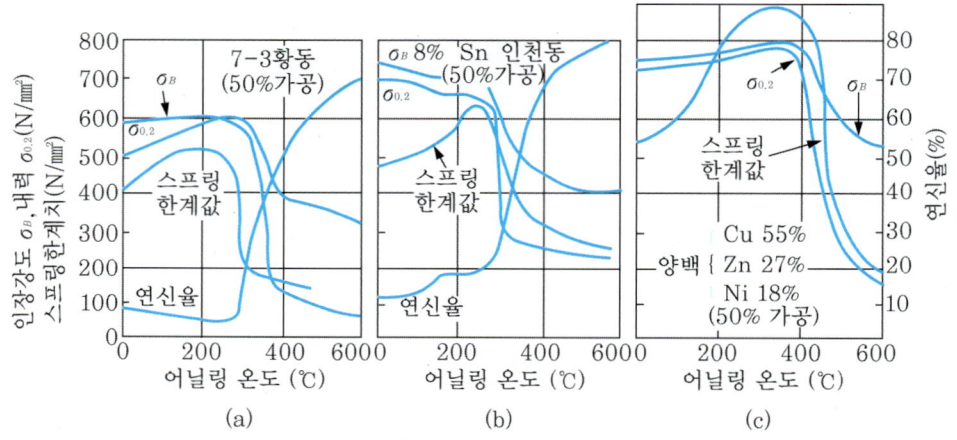

그림 13.6 동합금의 냉간가공 후 어닐링에 의한 기계적 성질의 변화

(2) 가공성과 주조성

황동은 일반적으로 전연성이나 가공성이 양호하여 냉간가공에 의해 경화되기 쉽다. 30%Zn합금은 열간가공성이 나쁘기 때문에 오로지 냉간가공만이 행하여진다. 한편 40%Zn합금에서는 β상의 영향으로 600 ℃ 부근에서의 열간가공성이 매우 좋기 때문에 열간 가공재로서 공급되며, 필요에 따라 냉간가공을 실시한다. 황동의 주조성은 그다지 나쁘지 않으나 내식성이 청동에 비하여 떨어지기 때문에 황동주물은 비교적 값이 싼 부품에 한하여 이용된다.

(3) 물리·화학적 성질

밀도는 Zn의 첨가에 의해 약간 떨어지는 정도이고, 전기나 열의 전도율은 Cu에 비하여 많이 떨어지기 때문에 물리적 성질을 이용하는 용도는 별로 없다. 황동은 대기 중에서는 부식되기 어렵고 아름다운 표면을 유지한다. 그러나 산, 알칼리에 약하며, 해수에 대한 내식성도 Cu합금으로서는 나쁜 편이다. 또한 해수나 Cl^-을 포함한 물속에서는 Zn만이 녹아 나와 표면에 Cu가 남는 탈아연현상(dezincification)이 있기 때문에 내식용으로서는 부적합하다.

13.3.2 황동의 종류와 용도

(1) Cu~(5~20)% Zn합금

단동(red brass)이라고 불리우며 황금색을 나타내기 때문에 건축이나 장식용, 박막재료로 이용된다. 기계적 성질은 Cu와 별로 변함이 없기 때문에 기계부품으로서는 별로 사용되지 않는다.

(2) Cu~(25~35)% Zn합금

소위 7-3황동이다. Zn의 고용에 의해 강도가 증가되며 또한 전연성이 풍부하여 냉간단조(cold forging)성이나 전조(rolling)성이 좋다. 각종 형상으로 가공하여 기계·전기부품에 이용된다. 또한 디프 드로잉(deep drawing)성도 좋기 때문에 라디에이타(radiator) 탱크, 전구용 재료로 이용범위가 넓다. 디프 드로잉성은 결정립도에 따라 크게 영향을 받기 때문에 냉간가공 후 어닐링 조건을 적당히 선정할 필요가 있다.

(3) Cu~(35~45)% Zn합금

소위 6-4황동(4-6황동이라고도 함)이다. 7-3황동에 비하여 Zn이 많기 때문에 가격이 저렴하며, 강도가 높고 또한 열간 가공성이나 절삭성도 양호하기 때문에 성질과 제조면에서 유리하여 황동 중 가장 용도가 넓다. 판금가공용, 기계·전기부품, 단조부품 등에 이용된다.

13.3.3 특수황동

황동의 강도, 내식성, 절삭성 등을 개선할 목적으로 각종의 합금원소를 첨가한 것이 특수황동(special brass)이다. 특수황동은 조직적으로는 황동과 큰 차이가 없으나 합금원소의 종류와 양에 따라 α상과 β상의 양적 비율이 변화하기 때문에 이들 합금원소를 첨가하는 것이 Zn량을 증감시키는 것과 동등한 효과를 갖는다. 합금원소 1 %를 첨가하는 것이 Zn x% 증감한 것과 동등한 효과를 가질 때 이 x를 그 합금원소의 아연당량(Zinc equivalent)이라고 하며, 대략 그 값은 Si=10, Al=6, Sn=Mg=2, Pb=Cd=1, Fe=0.9, Mn=0.5, Ni=-1.3이다. 즉 예를 들면, Al 1 %를 첨가한다고 하는 것은 Zn을 6 %증가시키는 것과 동등하여, 이 관계를 이용해서 조직이나 성질의 변화를 추정할 수 있다.

(1) 고력황동(Cu-Zn-Mn계)

고력황동(high tension brass)은 6-4황동에 0.3~3 %의 Mn 외에 약 1 %이하의 Al, Fe, Ni, Sn 등을 첨가하여 강도와 내식성을 개선한 합금으로 특히 탁월한 강도와 내식성을 필요로 하는 부품에 이용된다.

황동에 대한 합금원소의 효용은 ① Mn, Fe는 강도를 증가시키고 조직을 미세화한다. ② Al은 강도를 현저하게 증가시키고 내식성을 개선시킨다. 그러나 가공성과 주조성을 열화시킨다. ③ Sn은 내식성과 주조성을 개선시킨다. 그러나 2 %를 초과하면 전연성이 나쁘게 된다. ④ Ni은 내식성과 고온강도를 증진시킨다. ⑤ Pb는 절삭성을 개선시킨다.

고력황동봉의 기계적 성질은 합금 원소량이 적은 것(일반봉)에서 인장강도 490 N/mm^{2}이상, 연신율 15 %이상, 합금원소가 많은 것에서 인장강도 540 N/mm^2, 연신율 12 %이상이다. 고력황동은 강도가 높고 열간 단조성이나 내식성이 좋기 때문에 선박용 프로펠러 축, 펌프 축 등에 이용된다. 주물은 선박용 프로펠러로서 중요하다.

(2) 쾌삭황동(Cu-Zn-Pb계)

쾌삭황동(free cutting brass)은 Pb를 0.6~3.7 %첨가한 황동으로, Pb가 미립상태로 존재하여 절삭성이 2배 정도 향상되고, 판이나 일정한 형태로 두드려서 조형되는 성질도 뛰어나다. 기계적 성질은 다소 떨어지나 자동공작기계에 의해 양산되는 볼트, 너트, 나사, 치차, 시계, 카메라 부품 등에 적합하다.

(3) 네이벌 황동(Cu-Zn-Sn계)

네이벌 황동(naval brass)은 6-4황동에 Sn을 0.5-1.5 %첨가한 합금으로, 내식성 특히 내해수성이 뛰어나며 Sn의 효과로 해수 중에서의 탈아연현상이 일어나기 어렵다. Sn은 주조성을 향상시키지만 전연성을 해치기 때문에 전신재에서는 1.5 %이하로 규정되어 있다. 이 합금은 판재의 경우 복수기와 선박의 해수 취입구용에, 그리고 봉재는 선박용 부품 등에 이용된다.

(4) 양백(Cu-Zn-Ni계)

양백(양은, nickel silver, German nickel)은 황동에 Ni을 10~20 % 첨가한 합금으로, Ni의 첨가로 아름다운 은백색을 나타내고 내식성이 매우 좋다. 조직은 Cu-Zn-Ni의 유연한 3원 α고용체로 결정립이 미세하고 기계적 성질이 양호하다. 또한 전연성이나 디프 드로잉성도 양호하다. 기계재료로서 중요시되는 점은 냉간가공과 저온 어닐링에 의해 내력이나 인장강도가 높게 되어 내피로성이나 스프링 한계값이 매우 높아지는 것이다(그림 13.6). 그 때문에 비철 스프링 재료로서 뒤에 언급하는 인청동을 초월하는 특성을 갖는다. 특히 18 %정도의 높은 Ni양의 경질선재는 인장강도가 765 N/mm^{2}이상으로 스프링재료로서 적합하다.

양백의 용도는 판, 각종 스프링, 식기나 장식품, 의료용기 및 건축용에 이용된다. 봉재의 경우 나사, 볼트, 너트, 전기기기 부품에, 선재는 전기, 계측기용 스프링 등에 이용된다.

13.4 청동 및 특수청동

13.4.1 청동

청동이라고 불리우는 합금은 그 종류가 많지만, 보통의 청동(bronze)은 Cu-Sn계의 합금으로 Sn 30 %정도까지의 α혹은 $\alpha+\delta$의 범위가 사용되고 있다(그림 13.4).

(1) 기계적 성질

경도는 Sn이 약 14 %까지의 α상에서는 Sn%와 더불어 서서히 증가하고, 경도가 높은 δ상($Cu_{31}Sn_8$)이 나타나면 급격히 상승한다. 인장강도도 δ상의 석출에 의해 크게 된다. 한편 연신율은 Sn량이 10 %정도 이상 증가하면 급격히 저하한다.

(2) 가공성과 주조성

Sn이 10 %정도 이하의 α상 합금은 전연성이 풍부하고 소성가공이 쉽다. 그 때문에 이 범위의 합금은 전신용에도 이용된다. Sn량이 많아서 δ상이 석출하게 되면 소성가공이 곤란하기 때문에 Sn량이 많은 합금은 오로지 주물 재료로서 사용되고 있다. 황동은 전신용을 주로 하는 것에 대해서 주조성이 좋은 청동은 주물용 Cu합금의 대표적인 것이다.

(3) 물리·화학적 성질

전기·열의 전도율은 Sn량의 증가와 더불어 매우 감소하며, 그 정도는 황동보다도 현저하다. 청동은 Sn의 효과로 상온에서는 대기 중의 내식성이 매우 좋고, 또한 담수와 해수에 대해서도 황동보다 훨씬 내식성이 우수하기 때문에 이 방면의 용도가 매우 다양하다.

13.4.2 특수청동

(1) 인청동

인청동 (phosphor bronze)은 Sn 3-9 %의 청동에 소량의 P를 첨가하는 합금이다. P는 탈산력이 매우 강하고 용탕은 산화물이 제거되어 청정하게 되어서 기계적 성질이나 내식성이 향상된다. P의 함유량은 0.03~0.35 %로 탈산 때문에 이용한 P가 거의 합금 중에 남아 있지 않는 것과, P를 많이 남겨서 내마모성을 향상시킨 것이 있다.

그림 13.7은 Cu-P계의 평형상태도로 Sn이 들어가면 α상 중의 고용한도가 조금 저하한다. P는 원자반경이 매우 작기 때문에(Cu 1.28Å에 대해 P는 1.10Å) 조금만 고용되어도 고용경화의 정도가 크며, 또한 P량이 고용한도를 초과하면 Cu_3P에 의한 시효경화가 일어난다. 따라서 P량이 많을수록 강도나 경도, 내마모성 및 내피로

성이 크다.

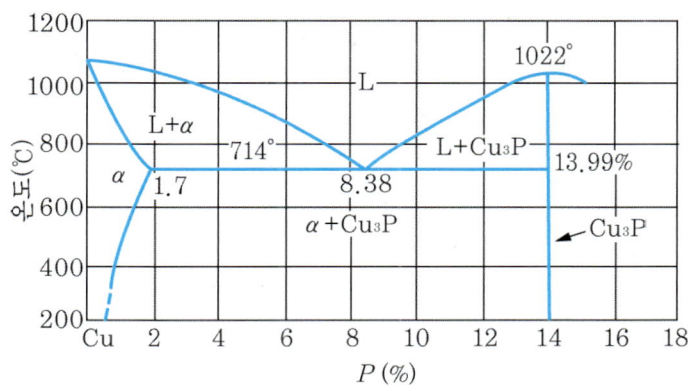

그림 13.7 Cu-P 계의 평형상태도

　인청동은 주물로서도 이용되지만 냉간가공에 의해 인장강도, 내력, 내피로성 등이 매우 향상되기 때문에 각종의 형상으로 가공되어 치차, 각종 습동부품, 다이어프램(diaphragm), 스프링 등에 사용된다. 특히 스프링용 인청동의 SH는 인장강도가 800 N/mm^2, 탄성한도가 700 N/mm^{2}로 되어 양백 등과 더불어 우수한 스프링재료이다. 냉간가공 후 250 ℃부근에서 어닐링처리를 하면 스프링 한계값도 매우 향상되어 계전기나 각종 전기·계측기용 스프링재료로서 이용된다. Pb를 첨가한 Pb쾌삭 인청동도 있다.

(2) 알루미늄 청동

　Cu에 Al을 7-12 %첨가한 Cu-Al합금을 알루미늄 청동(aluminum bronze)이라고 불리고 있으나 Sn은 들어가 있지 않다. Cu-Al계 평형상태도(그림 13.4)에 있어서 Al이 약 9 %까지의 α상의 범위에서는 유연하고 가공이 용이하지만 $\alpha + \gamma_2$상의 범위에 들어가면 가공이 곤란하게 된다. 이 합금의 특징은 Al 10 %전후의 합금을 서냉하면 조대한 γ_2상이 석출하여 취약하게 된다. 800 ℃부근에서 담금질하면 $\beta \rightleftarrows \alpha + \gamma_2$의 공석변태가 저지되어 강의 마르텐사이트와 닮은 침상의 β'상과 α상의 혼합조직이 되어, 그림 13.4(d)에 1점 쇄선으로 나타낸 바와 같이 기계적 성질이나 냉간가공성이 개선되는 것이다. 이 때문에 담금질을 실시하는 경우가 많다.

특수 Al청동(special aluminum bronze)이라고 불리는 것은 약 10 %의 Al외에 Fe, Ni, Mn을 소량 첨가한 것으로, 이들의 합금원소의 첨가에 의해 공석변태 점이 낮아져서 결정립이 미세하게 되기 때문에 담금질을 하지 않아도 Al청동에 뒤지지 않을 만큼 우수한 기계적 성질이 얻어진다. 냉각이 늦은 대형주물 등에는 특히 유리하다. 이 합금은 고력황동(Mn청동)에 뒤지지 않을 만큼 강력한 합금으로 내해수성, 내마모성도 뛰어나 Cu합금 중에서 가장 우수한 성질을 나타낸다.

그러나 주조성, 가공성, 용접성이 좋지 않기 때문에 사용량은 그다지 많지 않다. 고성능 내마모 Cu합금으로서 기계, 선박, 화학공업용의 치차, 베어링, 부시(bush), 습동링(sliding ring) 등에 사용된다. 주물은 선박용 프로펠러로서 중요하다.

13.5 고감쇄능 및 내열 동합금

13.5.1 고감쇄능 동합금

기계류의 소음공해는 큰 사회문제이므로 소음이나 진동을 흡수하는 내부감쇄능이 매우 높은 Cu-Mn계의 합금이 개발되어 실용화가 진행되고 있다. 이 합금은 40~75 %의 Mn을 포함하고 소량의 Al을 첨가하여 강도를 증가시키고, 열처리에 의해 최고의 감쇄능이 얻어진다. 진동감쇄의 이유는 미소쌍정경계에서 응력을 받으면 쌍정이 이동하고 그 결과 에너지를 소비하기 때문이다. 기계적 성질 및 내식성이 양호하고 가공이 용이한 것이 구조재료로서의 이용가치를 높이고 있다. 120 ℃이상에서는 감쇄효과가 감소하지만 냉각하면 원래의 상태로 돌아온다. 가스터빈 치차용 링, 공업용 미싱, 착암기, 섬유기계, 자동차부품 등의 용도개발이 진행되고 있다.

13.5.2 내열 동합금

금속재료의 고온강도를 높이기 위해서는 고온 범위까지 안정된 미세입자의 석출 또는 분산강화를 도모하거나, 냉간가공재의 재결정온도를 높여서 연화를 지연시키는 방법 등이 있다. Cu합금에 대해 말하면 순Cu가 갖는 양호한 전기, 열의 전도성을 저하시키지 않고, 상온에서의 기계적 성질을 될 수 있는 한 높은 온도까지 유지시키는 것이 옛날부터의 중요한 과제이다.

이 목적을 위해 먼저 Cu의 전기 전도도에 악영향을 미치지 않는 Ag, Cd, Ti 등의 원소를 소량 첨가하여, 고용경화성과 가공경화성을 향상시킴과 더불어 재결정온도를 상승시킨 Cu합금이 있다. 그림 13.8에 이들 합금의 가공재의 연화저항을 나타낸다.

예를 들면 대형 발전기에 이용되는 권선이나 정류자 등에는 연화온도를 300 ℃까지 올려서 크리프 강도를 높인 Ag를 포함한 동(Cu)을 이용하면, 은도조건이 완화되어 대폭적인 컴팩트 설계가 가능해진다. 전기전도도는 Cu의 70~90 %정도까지 떨어지나, 상온 및 고온의 경도가 높은 합금으로 Cr동과 Zr동이 있다. 이들은 약 1,000 ℃의 고온에서 용체화 처리(solid solution treatment) 후 시효처리를 실시하는 시효경화형 합금이다.

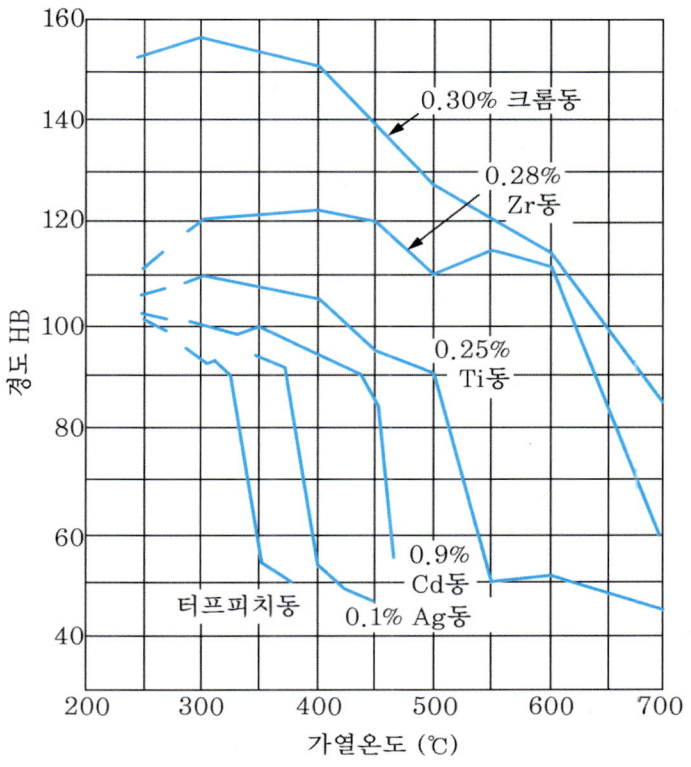

그림 13.8 각종 동합금의 냉간가공재의 가열에 의한 경도변화
(가공도 60%, 각 온도에서 30분간 가열)

Cr동은 400 ℃까지 고경도이고 내마모성이 좋기 때문에 스폿(spot)용접용 팁(tip)이나 고주파 용접용 컨덕터 롤(conductor roll) 등에 이용된다. Zr동은 Cr동에서 보이는 것과 같은 고온에서 연신율이 저하하는 현상이 없기 때문에 선재 등에 이용된다. 또한 양자의 특징을 갖는 Cu-Cr-Zr 합금은 양호한 내열성과 열전도성 때문에 연속주조용 수냉주형의 재료로서 기대되고 있다.

제 14 장

알루미늄과 마그네슘 및 그 합금

14.1 알루미늄의 제조법 및 그 성질

Al 및 Al합금은 경량구조용 재료로서 항공기, 자동차, 선박 등에 거의 절대적으로 필요한 재료이다. Al(aluminum)은 보크사이트(bauxite, $Al_2O_3 \cdot 2H_2O$)로부터 알루미나(Al_2O_3)를 정제하고, 이것을 용융염 전해법으로 전해하여 제조한다. Cu나 Fe에 비하여 정련이 어렵기 때문에 비교적 새로운 금속이다.

Al의 최대의 특징은 밀도가 2.7 g/cm³로 작기 때문에 Mg(1.74), Be(1.85)를 제외하면 실용의 경금속(light metal) 중에서도 가장 가볍다. 전기·열의 전도성도 Cu 다음으로 양호하다. FCC구조로 전연성과 수축성이 풍부하기 때문에 알루미늄박(포일, foil)으로 만들 수도 있다. 기계적 성질은 고순도 Al에서 인장강도가 약 40~50 N/mm², 가공경화 후도 100 N/mm² 정도이다.

Al은 Cu에 비하면 유연한 특성을 가지고 있으나 냉간가공에 의해 상당히 경화한다. 가공재는 200 ℃이상으로 가열하면 재결정에 의해 연화한다. 금속재료에 공통적인 사항이나 재결정 온도는 가공도가 작을수록 높게 된다(5.6.2항). 또한, 합금원소를 첨가하여 재결정온도를 높여 고온까지 내열성을 유지할 수도 있다.

Al의 또 한 가지 특징은 내식성이 매우 우수하다는 점이다. Al은 산소와의 친화력이 크기 때문에 공기나 담수 중에서 표면에 매우 치밀하고 견고한 산화피막(Al_2O_3)이 생겨 공기와의 접촉을 차단한다. 그 때문에 부동태화(10.2.1항)하여 우수한 내식성을 갖는다. 이러한 산화피막은 보통 두께가 100 Å 정도로, 투명하나 알루마이트(alumite)법 등의 양극산화(anodic oxidizing)를 실시하면 산화피막은 두껍게 되어 내구성이나 내마모성이 증가한다. 이와 같은 이유로 Al은 진한 질산이나 유기산에도 강하여 화학 공업방면에 널리 이용된다. 그러나 비산화성의 염산이나 황산 또는 알칼리에는 쉽게 침식된다. Al의 내식성은 순도에 의해서도 현저하게 영향을 받는다. 예를 들면 99.99 %Al의 염산 중에서의 용해량은 99.5 %Al의 약 1/1000 정도이다.

Al은 이상과 같은 많은 특징을 갖고 있기 때문에 판재는 화학공업용, 건축용, 전기·광학기기용과 가정용품 등에 이용되고, 선재는 고압송전용 케이블, 포일(박, foil)은 포장용 등에 이용된다. 사용량 측면에서 보면 디프 드로잉(deep drawing)성이 좋은 1100판 등이 가정용 기기류에 많이 사용된다.

14.2 알루미늄합금의 분류

Al합금은 전신용과 주물용으로 대별된다. 양자의 합금 모두 냉간가공에 의해 강도를 향상시키는 비열처리형과 시효처리에 의해 강도의 향상이 가능한 열처리형 합금이 있으며, 또한 용도면에서는 고력합금, 내식합금 그리고 내열합금 계통의 것이 있다.

Al 가공재(전신재)는 AA규격(Aluminum Association of America)의 기호에 준하여 4개의 숫자로 표시한다.

표 14.1은 Al합금의 분류표를 나타낸 것이다.

또한 질별 기호로서는 다음과 같은 문자가 사용된다.

F: 그대로, O: 어닐링 상태, H: 가공경화재
   (H1X, H2X, H3X 등으로 경화의 정도를 구분한다)

T: 시효경화재(T1: 열간가공후 자연시효, T4: 용체화처리 후 급냉시켜 자연시효, T6: 용체화처리 후 급냉시켜 인공시효, T8: 시효처리 전, 냉간가공 이외의 공정은 T6와 동일)

표 14.1 Al합금의 분류

가공(전신)용 합금	비열처리형합금	순 Al (1×××번 계) Al-Mn계 (3×××번 계) Al-Si계 (4×××번 계) Al-Mg계 (5×××번 계)
	열처리형합금	Al-Cu-Mg계 (2×××번 계) Al-Mg-Si계 (6×××번 계) Al-Zn-Mg계 (7×××번 계)
주물용 합금	비열처리형합금	Al-Si계 (Silumin) Al-Mg계 (Hydronalium)
	열처리형합금	Al-Cu계 (Lautal) Al-Si-Mg계 (Silumin, low ex)

14.3 알루미늄합금의 시효경화

그림 14.1에 시효경화형 합금의 기본인 Al-Cu계 평형상태도를 나타낸다. 항공기의 구조용 재료로서 중요한 두랄루민(duralumin)은 약 4 %의 Cu(및 Mg 등)를 포함한 Al합금이다. 그림에 있어서 Al-4%Cu 합금을 550 ℃부근까지 가열 후 급냉하면 시효경화의 항(4.3.7항)에서 설명한 것과 같이 Cu를 그대로 고용시킨 과포화 고용체가 얻어진다.

다음에 이것을 실온에서 장시간시효(질별기호 T4)하든가, 100~200 ℃에서 수시간 이상 시효(T6)하면 안정된 석출물 θ(CuAl$_2$)가 석출하는 과정으로 α소지 중에 GP존(zone)(4.3.7항)이라고 불리우는 Cu의 집합체, 또는 이것이 더욱 발달한 중간상 θ'가 미세분산된 상태로, 그림 14.2에 나타낸 것과 같이 현저하게 경화된다.

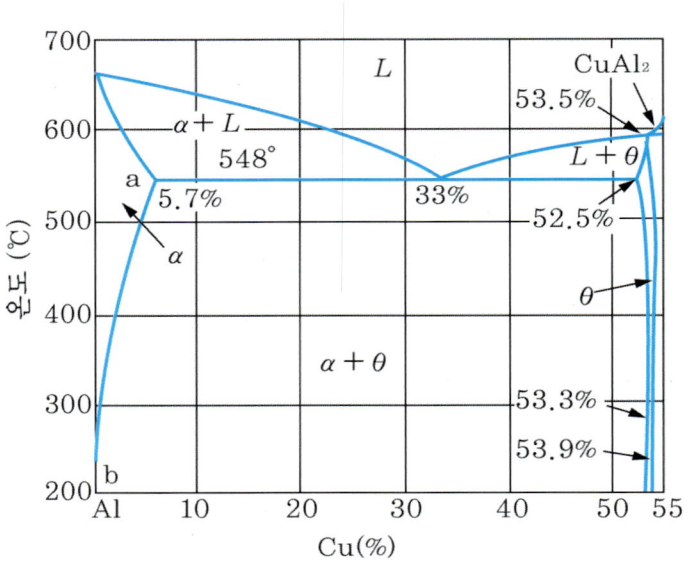

그림 14.1 Al-Cu계 평형상태도

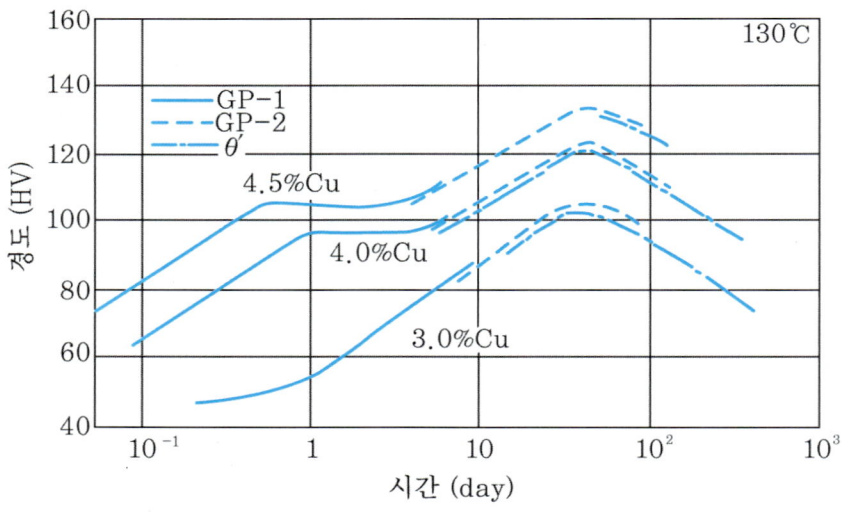

그림 14.2 Al-Cu합금의 시효에 의한 경도변화

그림 14.3은 Al-4%Cu합금을 용체화한 후, 130 ℃에서 10일간 시효한 후의 투과 전자현미경 조직으로, 작은 판상(길이 100~250 Å) 및 침상(화살표, 길이 약 0.1 μm) 으로 검게 보이는 것이 각각의 주위에 격자 변형(strain)을 동반한 GP zone과 θ'이다.

더욱 시효가 진행하여 모상과 부정합(incoherent)한 θ상이 생기면 강도는 저하하고 과시효(overaging) 상태로 된다. 실용합금에서는 자연시효(natural aging, 상온시효) 내지 150~200 ℃에서 5~20시간의 인공시효(artificial aging)가 채용된다. 용체화 온도는 대략 500 ℃ 정도이다. 또한 실용 시효경화형 Al합금은 Cu 외에 Zn, Mg, Si 등을 포함한 복잡한 조성을 가지며 $CuAl_2$, Al_2CuMg, Mg_2Si, $MgZn_2$, $Al_2Mg_3Zn_3$ 등의 석출과정에서의 GP zone 또는 중간상을 시효경화에 이용한다.

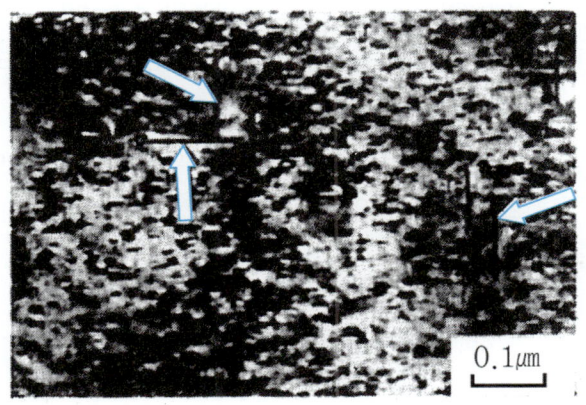

그림 14.3 Al-Cu4% 합금의 시효조직 GP-2와 θ'상(화살표)

14.4 전신용 알루미늄합금

전신용 알루미늄 합금에는 앞에서 언급한 바와 같이 열처리형과 비열처리형이 있다. 열처리형은 시효경화성이 있으며, 용체화-시효(기호 T, 담금질, 템퍼링도 포함)에 의해 고강도가 얻어진다. 고력합금은 여기에 해당한다. 비열처리형은 제조상태 그대로, 혹은 압연, 압출 등의 냉간 가공(H)에 의해 소정의 강도를 얻는다. 내식합금은 양쪽의 형에 속한다.

14.4.1 고력알루미늄합금

(1) Al-Cu계 및 Al-Cu-Mg계 합금(2000계열)

Al-4%Cu계에 1 % 이하의 Mg, Mn, Si을 첨가한 두랄루민(duralumin, 2017)은 시효에 의해 인장강도 400 N/mm^2, 내력 220 N/mm^{2}의 연강에 필적하는 강도를 갖출 수 있을 뿐만 아니라, 연강에 비하여 1/3 정도의 경량으로, 저온에서 취화가 일어나지 않는다. 두랄루민의 Mg을 0.6 %에서 1.5 %로 증가시켜 인장강도를 500 N/mm^2 정도까지 높인 것이 초두랄루민(2024)이다. 이들은 모두 항공기, 자동차 등 경량을 필요로 하는 분야에 이용된다. Cu를 포함하고 있어 내식성이 나쁘기 때문에 선박용에는 적합하지 않다.

이외에 Al-Cu-Mg계에 2 %의 Ni을 첨가하여 내열성을 높인 단조용 합금(2018, 2218)은 주물용 Y합금에 상당하여 내연기관의 실린더 헤드, 피스톤 등에 이용된다.

(2) Al-Zn-Mg합금(7000계열)

Zn 5~6 %, Mg 2~3 %로 소량의 Cu(1.2~2%)를 포함한 합금은 초초두랄루민(7075)로 불리어, 성형 후 시효처리를 하면 MgZn$_2$의 석출과정에서 현저하게 경화하여 600 N/mm^{2}에 이르는 높은 인장강도가 얻어져 Al합금 중 최고의 강도수준으로 된다. Zn량을 더욱 증가시키면(7178) 700 N/mm^2 정도의 인장강도가 되나 Zn과 Mg을 많이 포함하는 합금일수록 응력부식균열(10.4.2항)을 일으키기 쉽기 때문에 사용에 제약을 받는다. 적절한 열처리와 Cr, Zr 등의 미량첨가가 이의 방지에 효과적이다.

초초두랄루민 및 초두랄루민의 인장강도/밀도는 표 14.2와 같이 Ti합금을 제외하면 실용 경합금 중 최고의 값을 나타내며, 피로한도(그림 14.4)나 파괴인성도 뛰어나다. 그 때문에 이들 합금의 압출형재, 단조재, 판재, 관은 항공기의 중요구조 부재에, 판재는 외판에 많이 이용된다. 이 밖에 2124, 7050, 7475 등도 이용된다.

한편, Cu를 포함하지 않는 용접 구조용의 Al-Zn-Mg합금(7N01)은 양호한 열간압출성과 중정도의 강도를 가지며, 용접부의 강도가 높고 내식성도 매우 좋기 때문에 철도차량부품 등에 이용된다.

표 14.2 실용 경합금의 인장강도와 밀도

재 료	인장강도 σ_B (N/mm²)	밀 도 d (g/cm³)	σ_B/d
항공기용 강화목재	100	0.5	200
에렉트론(Mg합금)주물	200	1.8	111
에렉트론(Mg합금)판	250	1.8	139
두랄루민(D)판	400	2.8	143
초두랄루민(SD)판	470	2.8	168
초초두랄루민(ESD)판	560	2.8	200
티탄합금판	1,160	4.4	264

(3) 고력합금 클래드(Clad)판

두랄루민계 합금은 내식성이 떨어지고 해수나 염풍에 의해 강도가 떨어지기 쉽다. 그 때문에 항공기 외판 등에는 내식성이 좋은 순 Al 또는 내식합금의 판(외판)을 두랄루민판(내판)에 밀착시켜 열간압연 후 냉간 압연으로 끝낸 클래드판이 이용된다.

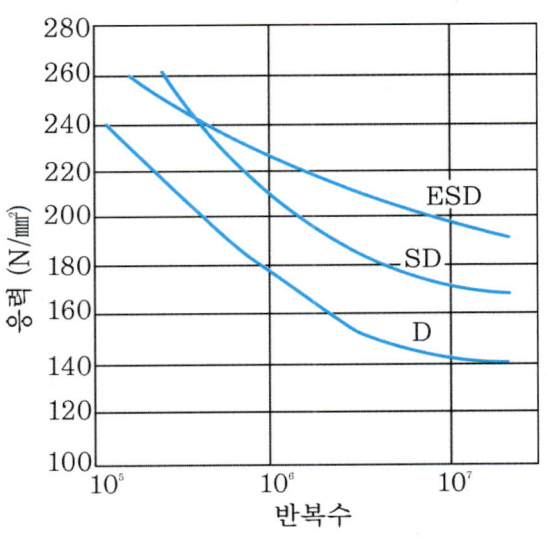

그림 14.4 두랄루민 합금의 피로한도

14.4.2 내식알루미늄합금

(1) Al-Mn계 합금(3000계열)

내식성에 유해한 Cu를 줄이고, Mn을 1~1.5 % 첨가한 합금(3003)은 순 Al과 같은 정도의 뛰어난 내식성과 성형성, 압축성을 갖고 있으며, 시효성이 없는 순 Al보다 높은 강도를 갖는 비교적 저렴한 합금이다. 음료용 캔, 자동차 라디에이터, 건축용 등에 이용한다. 소량의 Mg을 첨가하여 강도를 높인 3004도 같은 용도에 적합하다.

(2) Al-Mg계 합금(5000계열)

이 계열의 합금은 일반적으로 하이드로날륨(hydronalium)이라고 불리는데, 내식성 특히 내해수성이 뛰어나며 강도 또한 Al-Mn 계열보다 높다. 양극산화 피막성이나 용적성도 우수하기 때문에 내식용 합금으로 중요하며 건축물, 선박용 등의 수명이 긴 것에 이용한다. 일반적으로 비열처리형이지만 Mg량이 많을수록 강도가 높다.

Mg량에 의해 대략 3개의 그룹으로 나누어진다. Mg함량 1 % 전후의 성형, 디프드로잉(deep drawing) 가공용 합금(5005 등)은 강도를 별로 필요로 하지 않는 차량내장, 건축재, 장식용재 등에, 그리고 Mg함량 2~3 %의 중강도합금(5052, 5154 등)은 건축, 차량, 선박의 내·외장, 고급기물 등에 이용하며 특히 5052는 대표적인 합금이다.

한편 4~5 %의 Mg함량으로 용접구조용의 5083은 실용열처리합금 중 최고의 강도를 가지며, LNG용 탱크 등의 저온 구조재로서 실적이 많은 합금이다.

(3) Al-Mg-Si계 합금(6000계열)

Al-Mg계에 Si을 소량첨가하면 Mg_2Si의 석출과정에서 현저한 시효경화를 나타내는 열처리형 강력합금으로 되며, 그 때문에 내식성과 가공성이 좋다. 보통 Mg은 0.5~1.2 %, Si은 0.2~0.8 %이며, Mg와 Si량의 비율에 의해 시효경화성과 강도가 변화한다. Mg, Si량이 비교적 적은 6063합금은 압출성이 좋기 때문에 압출형재로서 건축용 샷시재로 매우 많이 이용되고, 차량의 창틀 등에도 이용된다. 전신용 Al합금 중 가장 사용량이 많은 합금이다. 압출온도에서의 용체화와 다이스 (dies) 출구에 있어서의 팬(fan)에 의한 강제냉각에 의해 합금원소를 충분히 고용시킨 후 시효처리를 실시하여 탁월한 기계적 성질을 얻고 있다. 한편, 소량의 Cu(0.15~0.4 %)를 첨가한 6061합금은 내력이 크기 때문에 철탑, 크레인 등의 구조재로 이용된다.

14.5 주물용 알루미늄합금

14.5.1 주조성에 영향을 미치는 요인

주물은 전신재처럼 소성가공성의 제약을 받지 않기 때문에 합금원소의 종류와 양을 전신재보다 많게 하여 주조성(castability)을 좋게 함과 아울러 내식성, 내열성, 내마모성 등의 특성을 높일 수가 있다. 주조성에 영향을 미치는 요인은 주로 3가지로 요약할 수 있다.

(1) 융점과 용탕의 산화

융점이 낮으면 용해가 용이하고 주형에 대한 요구도 엄격하지 않다. 용탕의 가스 흡수나 산화도 일반적으로 작다. 공정 혹은 이에 가까운 조성의 합금은 융점이 낮기 때문에 주물에 적합하다.

한편 융점은 비교적 낮아도 분위기 가스와 반응성이 강한 금속은 용해·주조가 어려워 특별한 대책이 필요하다. 실용금속 중에서도 Mg(융점 650 ℃)나 Al(660 ℃)은 이러한 예이다.

(2) 응고 수축

응고시 및 그 후의 수축이 작을수록 주형으로의 충만성이 좋기 때문에 치수 정밀도가 높아지고 고온균열의 염려가 없다. 주조응력도 작고 또한 라이저(riser)도 작게 해도 된다. 응고시의 수축은 Al, Cu, Mg, Zn과 같은 최밀구조(FCC 혹은 HCP 구조)의 금속에서는 일반적으로 크고 Sn, Sb, Bi와 같은 결정구조가 복잡한 금속에서는 작다.

특히 Bi나 Sb에서는 응고시 반대로 팽창이 일어난다. 합금의 경우에도 응고시에는 복잡한 결정구조를 갖는 상이나 비용적이 큰 상을 정출하기 때문에 응고수축이 작다. 예를 들면 Al-Si 합금에서는 Si량의 증가와 더불어 수축이 작아지고, 금속 Si를 초정으로써 정출하는 조성이 되면 수축은 매우 작게 되기 때문에 주물용으로 적합하다.

(3) 유동성

쇳물의 유동성은 얇은 두께나 복잡한 형상의 주물에서는 특히 중요하다. 유동성은 공업적으로는 어떤 일정 조건에서 둥그렇게 말린 가느다란 주형에 주입된 금속의 유동장(흘러들어간 길이)에 의해 판정한다. 일반적으로 유동장은 순금속, 공정합금, 금속간 화합물과 같이 일정한 융점을 갖는 경우는 길며, 응고구간이 넓은 합금의 경우는 짧다.

이상과 같이 공정이나 이에 가까운 조성의 합금은 융점이 낮고 유동성이 좋으며, 조직이 미세하고 기계적 성질이 우수한 것 등 주물로서 바람직한 조건을 갖추고 있다.

14.5.2 Al-Cu계의 합금주물

(1) Al-Cu 합금주물

Al-Cu합금은 그림 14.5에 나타낸 바와 같이 Cu%가 많게 되면 유동성이 좋게 되

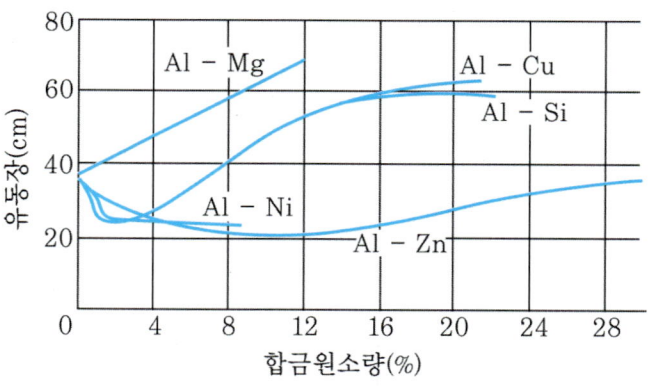

그림 14.5 Al합금의 유동성에 미치는 합금원소의 영향

고 응고 수축이 작게 된다. 따라서 Cu 8~12 %의 고Cu 합금은 얇은 살두께의 주물에 적합하고 열처리 없이 이용된다. 4~5 %Cu의 합금은 주조성은 다소 떨어지나 시효경화성이 크다. 최근 주목되고 초두랄루민계 고력합금의 금형 주물(premium quality castings)에서는 인장강도 450 N/mm², 내력 390 N/mm², 연신율 7 %라고 하는 Al합금 주물로서는 매우 우수한 성질을 가지고 있다.

(2) Al-Cu-Si 합금주물

Al-Cu 합금에 Si을 첨가한 시효성 합금(표 12.1)을 라우탈(Lautal)이라고 하며, Al-Cu 합금의 주조성을 Si에 의해 Al-Si 합금의 절삭성을 Cu에 의해 개선한 것이다. 주조성, 강도, 용접성이 우수하며 금형주물로서 매니폴드(manifold), 크랭크 케이스(crank case), 자동차 차축 부위의 부품에 많이 쓰인다.

(3) Al-Cu-Ni-Mg 합금주물

Al-Cu 합금에 소량의 Ni과 Mg을 첨가한 합금이 Y합금으로, 내열 Al합금의 대표적인 것이다. 라우탈 합금보다 고온강도가 높기 때문에 내연 기관의 피스톤이나 실린더 헤드 등에 가장 적합한 합금이다.

14.5.3 Al-Si계 합금주물

Al-Si계 합금은 유동성이 좋고(그림 14.5) 응고수축이 작으며, 주물 표면이 아름답기 때문에 대표적인 주물용 합금이다. 살 두께가 얇은 것이나 복잡한 형상의 주물에 적합하며, 금형에서도 고온균열이 생기지 않기 때문에 주로 근형주물이다. Al 중의 Si의 고용한도가 낮기 때문에 Si의 석출에 의한 시효경화는 공업적으로 이용될 수 없다.

(1) Al-Si 합금주물

단순한 Al-Si 합금이 실루민(silumin)이라고 불리어, Na에 의한 **개량처리**를 실시하여 사용되고 있다. 개량처리란 것은 주물의 결정립이나 조직을 미세하게 하기 위하여 행하는 방법으로서, ① 용탕의 핵형성을 촉진하는 첨가제를 가하거나, ② 용탕을 과냉시켜 핵형성을 용이하게 하거나, ③ 응고시에 초음파진동을 주는 등의 방법이 있다. Al-Si계 합금의 경우에는 용탕을 염소가스 등으로 충분히 탈수소 처리 후에 미량의 Na을 첨가 하든가, NaF 등의 플럭스로 용탕표면을 덮어주면 미세한 공정조직이 얻어지게 되어 기계적 성질과 편석의 개선, 열처리 효과 향상 등의 성질이 나타나게 된다. 그림 14.6은 사형주물(sand mold casting)에 있어서 개량처리의 효과를 나타낸 것으로, 개량합금은 조직이 미세하기 때문에 보통합금보다 기계적 성질이 매우 우수하다. 내식성도 Al-Cu 합금에 비해 우수하다. 실루민은 케이스 같은 부품이나 커버(cover)류 등의 살이 얇은 주물에 적합하다.

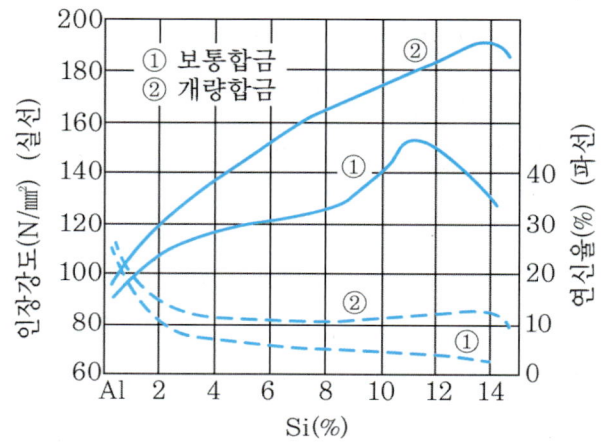

그림 14.6 Al-Si합금주물에서 기계적 성질의 개량처리 영향

한편, 현재 규격화는 되어 있지 않으나 주목되고 있는 합금으로 Si를 17~25 %함유한 Al합금이 있다. 이 합금은 나중에 언급하는 로우엑스(low ex) 등의 내열 합금과 비교하여 상온강도는 떨어지나, 고온강도는 오히려 탁월하며 내마모성도 좋고 열팽창이 작기 때문에 공냉기관의 실린더, 실린더 헤드, 피스톤 등에 이용되고 있다.

(2) Al-Si-Mg 및 Al-Si-Mg-Cu합금주물

앞에서 언급한 실루민은 주조성은 매우 좋으나 내력, 피로강도, 절삭성 등이 떨어지는 결점이 있다. 이 때문에 Si량을 낮추고 다른 원소를 첨가한 합금이 이용된다. 소량의 Mg을 첨가하여 시효성을 낸 열처리 합금이 γ-실루민(JIS AC 4A)이다.

이것보다 더욱 Si량을 낮추거나 또는 Cu를 소량 첨가시킨 유사한 합금이 있다(JIS AC 4C, AC 4D).

이들의 합금은 용체화·시효에 의해 경도를 증가시켜 고온강도도 높다. 또한 용접도 될 수 있기 때문에 크랭크 케이스, 미션 케이스, 기어박스 등의 엔진 부품이나 수냉 실린더 헤드(AC4D) 등에 이용된다.

(3) Al-Si-Cu 및 Al-Si-Cu-Ni-Mg 합금주물

Al-Si 합금인 실루민의 강도를 개선하기 위하여 Si량을 줄여서 약 3 %의 Cu를 첨가한 열처리 합금이 함강실루민(AC 4B)이다. 특성이나 용도는 γ-실루민과 거의 같다.

다음으로 Al-Si 합금에 Cu, Ni, Mg을 첨가한 내열합금(AC8A, AC8B)에 로우엑스(low ex, low expansion)가 있다. 이 합금은 열팽창계수가 작고 열전도율이 크며, 고온강도와 내마모성이 우수하기 때문에 자동차 엔진 등의 피스톤용 합금으로서 널리 사용되어 왔다.

상기의 Ni 함유 로우엑스에 대해서 미국 등에서는 경제성 면에서 Ni을 첨가하지 않고도 고온에서 탁월한 기계적 성질이 확보될 수 있는 것으로서 Ni이 없는 로우엑스가 규격화되어 사용되어 왔다. 일본에서도 비교적 새롭게 이에 상당하는 합금(JIS AC 8C)이 규정되었다. 이 합금의 Ni의 유무에 의한 차이는 200 ℃ 이상의 고온에서는 거의 인정되지 않는다.

14.5.4 Al-Mg계 합금주물

Al-Mg계 합금은 실용합금 중에 유동성이 가장 좋으며 고온균열도 발생하기 어려우나, 용탕이 산화되기 쉽기 때문에 주조성은 Al-Si계에 비하여 떨어져 복잡한 주물이나 내압주물에는 적당하지 않다. Al-Mg 합금의 특징은 해수 중에서의 내식성이 Al합금 중 가장 우수하여 이 때문에 선박용 또는 화학공업용 부품으로서 널리 사용된다.

이 계통의 합금은 하이드로날륨(hydronalium)이라고 하며, Mg 3~6 %의 것(AC7A)은 거의 α단상으로 주조한 상태 그대로 사용하나, Mg 10 %전후인 것(AC7B)은 용체화(담금질)를 실시하면 제2상이 고용하여, 인장강도가 300 N/mm^2

이상에도 도달한다(그림 14.7). 인공시효처리(템퍼링)는 이 합금의 생명인 내식성을 떨어뜨리기 때문에 실시하지 않는다.

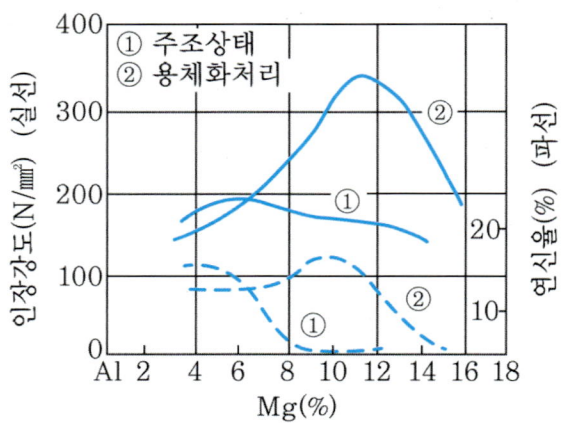

그림 14.7 Al-Mg합금의 기계적 성질

14.6 마그네슘 합금주물

Mg(magnesium)은 밀도가 1.74 g/cm^{3}로 Al(2.7)보다 작다. Mg합금은 Al합금보다 더욱 경량이며, 강도는 Al합금에 필적하며 열처리를 실시하면 더욱 강도가 높게 되기 때문에 단위질량당의 강도는 주물용 합금 중 최대로 된다. 절삭성도 매우 좋다. 따라서 경량화를 필요로 하는 항공기 엔진이나 광학기기 등의 부품에 이용된다. 융점이 낮기 때문에 용해주조는 용이하다. 용탕이 산화되기 쉽기 때문에 특별한 조작을 필요로 한다. 또한 식염수(해수), 산에 대한 내식성이 매우 나쁜 것이 큰 결점이다.

Mg의 내식성은 불순물에 의해 현저하게 나빠진다. Fe는 매우 미량으로도 내식성을 해치며, Mg 잉곳(ingot) 중에는 허용한도 이상의 Fe가 포함되기 쉽기 때문에 공업적으로 내식성이 좋은 합금을 만드는 것은 곤란하다.

Ni, Cu도 내식성에 나쁜 영향을 미치지만 잉곳 중의 함유량이 미량이기 때문에 영향은 비교적 작다. 최근에는 Mg 잉곳의 순도가 향상되어 내식성도 이전보다 좋아졌으나 Mg합금은 전신재, 주물을 막론하고 방식표면 처리를 실시하여 사용할 필요가 있다.

실용 Mg합금주물에는 Mg-Al-Zn계(KS Mg C 1~3)와 Mg-Al-Mn계(Mg C 5)가 옛날부터 있으며, 에렉트론(elektron)의 이름으로 잘 알려져 있다. 전자는 약 10 %까지의 Al과 약 3 %까지의 Zn을 포함하며, Mg측 고용체에 대한 Al 및 Zn의 고용한도 변화가 크기 때문에 시효경화성을 갖는 열처리 합금이다.

그러나 최근, 항공기의 획기적인 발전에 따라 Mg합금의 재질적 발전도 현저하며, Zr의 소량첨가에 의한 주조조직의 미세화(Zr의 접종효과), RE(희토루 원소)나 Th의 첨가에 의한 크리프 강도향상 등으로부터 Mg-Zn-Zr계(Mg C 6, 7)나 Mg-Zn-RE-Zr계(Mg C 8) 등의 고력, 내열합금주물이 만들어져 제트엔진의 구조용 재료 등에 이용된다. 표 14.3은 고력주물의 기계적 성질에 미치는 Zr 첨가의 효과를 나타낸 것으로, Zr을 첨가한 것(Mg C 7)에서는 용체화-인공시효(T6)에 의해 높은 강인성이 얻어진다.

표 14.3 고력Mg합금주물의 기계적 성질에 미치는 Zr첨가의 영향

화 학 성 분(%)		열 처 리	기계적 성질		
Zn	Zr		인장강도 (N/mm^2)	내 력 (N/mm^2)	연신율 (%)
6	—	주 조 상 태 용 체 화·시 효	172 206	69 155	5 1.5
6	0.8	주 조 상 태 용 체 화·시 효	268 318	137 199	10 10

14.7 다이캐스트

14.7.1 다이캐스트의 개요

다이캐스트(die castings)는 정밀가공한 합금공구강의 금형에 용융금속을 고압(Zn합금 7~35 MPa, Al합금 30~200 MPa)으로 매우 짧은 시간 동안(약 3/100~20/100 Sec) 압입하여 급랭응고시킨 주물이다. 따라서 보통의 주물브다 치수 정밀

도가 높고 주물 표면이 아름답다. 또한 살두께가 얇고(<5 mm), 냉각속도가 빠르며, 또한 가압주조이기 때문에 결정조직이 미세하며 강도가 높은 주물이 얻어진다. 그러나 다이캐스트의 강도는 질량효과가 있어서 살 두께가 두껍게 되면 강도가 떨어지기 쉽기 때문에 살 두께가 두꺼운(>6 mm) 것에는 부적당하다(그림 14.8).

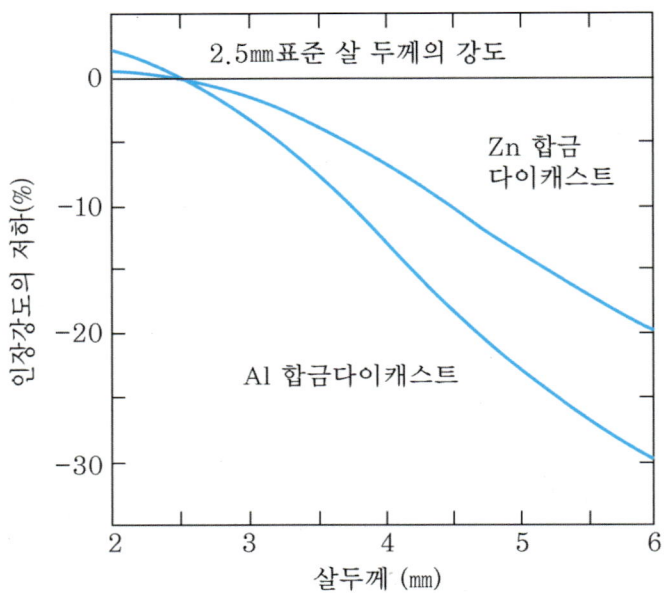

그림 14.8 다이캐스트의 인장강도에 미치는 살두께의 영향

다이캐스트용 합금에는 Al합금, Zn합금, Mg합금, Cu합금 등이 있으나 Al합금과 Zn합금이 대부분이다. 이들은 제각기 특징이 다르기 때문에 선택에 있어서는 각각의 특징을 잘 파악할 필요가 있다.

14.7.2 아연합금 다이캐스트

Zn(zinc)는 밀도 7.13 g/cm^3, 융점 419 ℃인 CPH 금속이다. 도금용으로 많이 이용되며, 고순도의 것은 판재로서 전지재료와 인쇄용 등에 쓰인다. 이에 대해서 Zn합금은 주로 다이캐스트용이다. Zn합금은 Al합금보다 강하고 주조성, 내압성과 절삭성도 양호하며, 전기도금이 용이한 것 등의 이점이 있기 때문에 다이캐스트용으로 적합하며, 기화기(carburetor), 연료펌프 등의 자동차 부품에 많이 사용되어 왔으나 자동차 경량화를 위해서는 불리하다. 그러나 기계기구, 전기통신기기, 건축물, 일용잡화 등의 작은 물품에 널리 이용된다. 내식성은 Al합금보다 떨어지기 때문에 내식성을 중요시하는 용도에는 도금 등의 표면처리를 실시한다.

다이캐스트용 Zn합금은 Zn-4%Al(ZDC 2) 합금이 주종을 이루고 그 밖에 Zn-4%Al-1%Cu 합금(Zn C 1) 등도 있다. Al은 4 %전후에서 가장 좋은 기계적 성질이 나타난다. 또한 그와 함께 Mg을 작은 양 만큼 첨가하는 것이 특징이다. 이들 Al을 함유한 Zn합금은 자마크(zamak)의 이름으로 알려져 있다.

(1) 치수변화

그림 14.9에 나타낸 평형상태로부터 알 수 있는 바와 같이 Zn-Al계에는 $\beta' \rightarrow \alpha + \beta$의 공석변태와 β 고용체측에 큰 고용한도 변화가 있다. 그러나 다이캐스트에 의한 급랭에서 이들의 상변화가 억제되기 때문에 주조 후 서서히 상변화를 일으켜 제품의 치수가 변화한다. 그러나 미량의 Mg을 첨가하면 시효가 정지하여 치수변화가 억제된다.

(2) 입계부식

미량의 Pb, Sn, Cd를 함유하면 습기를 포함한 대기 중에서 입계브식이 일어나며 취화가 일어나서 사용에 견딜 수 없게 된다. 따라서 원료 잉곳을 엄선하여 불순물의 혼입을 적극적으로 피해야 한다. 동시에 Mg의 첨가는 역시 입계부식의 방지에 매우 유리하다.

14.7.3 알루미늄합금 다이캐스트

Al합금은 경량인 것이 가장 큰 특징이며 Al합금 다이캐스트는 주로 이 특징을 이용한다. 또한 내식성이 좋으며 치수변화가 작다. 그 때문에 자동차의 케이스, 커버, 기화기, 연료펌프 등에 가장 많이 이용된다. 도전율이 크기 때문에 전기부품으로의 응용도 널리 이루어지고 있으며, 저온인성이 좋기 때문에 항공기, 냉동기로의 용도도 있다. 다이캐스트용 합금 중 가장 사용량이 많다.

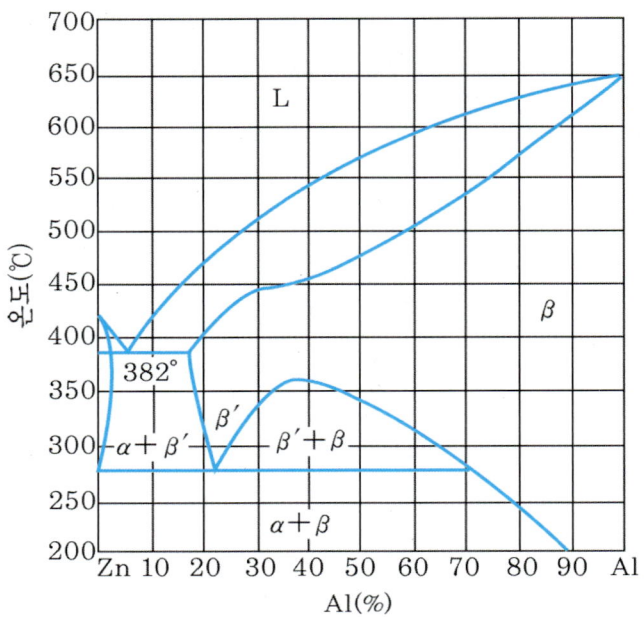

그림 14.9 Zn-Al계 평형상태도

알루미늄합금 다이캐스트로서 이용되는 것은 실루민계의 Al-12%Si합금 (ADC 1), 라우탈계의 Al-12%Si-3%Cu합금(ADC 10) 및 동(Cu) 함유 실루민계인 Al-11%Si-2%Cu합금(ADC 12) 등이다. 이 밖에 특수용도에는 하이드로날륨계의 Al-Mg합금이 있다. Al-Si-Mg합금도 이용된다.

다이캐스트용은 동일계통의 사형주물용보다 Si을 다량 포함하는 것이 특징이다. 이것은 얇은 살 두께, 복잡한 급랭주물인 다이캐스트에서는 유동성이 특히 중요하며 또한 Si은 고온균열을 억제시키기 때문에 주조 후 주물을 형에서 밀어내는 데 견딜 수 있도록 한다. 또한 급랭되어 조직이 미세하게 되어 불순물이 강도에 영향을 미치는 것이 작기 때문에 불순물의 허용량도 다른 주물용보다 높게 되어도 된다.

0.7~1 %의 Fe는 주물이 금형에 용착하는 경향을 줄이기 때문에 다이캐스트에는 필요한 성분으로 되어 있다. 용도는 Zn합금과 마찬가지로 자동차, 항공기, 광학, 전기, 사무기기, 가정용기기 등 다방면에 걸쳐 있다. 또한 Mg합금 다이캐스트도 수요가 증가하여 최근 규격화되었다.

제 15 장 특수목적용 재료

15.1 공구용 재료

금속의 절삭가공, 소성가공, 또는 계측 등의 목적으로 사용되는 공구 재료에는 ① 사용온도에 있어서 경도나 내마모성이 클 것 ② 열처리가 용이하여 변형이나 담금질균열 등의 발생이 적을 것, ③ 인성이 있어서 충격 또는 굽힘 하중 등에 충분히 견딜 것 등이 요구된다. 재질적으로는 공구강과 소결공구 재료로 크게 분류되며 공구강에는 탄소공구강, 합금공구강, 고속도공구강으로 분류된다.

15.1.1 탄소공구강

탄소공구강(carbon tool steel)은 C 0.6~1.5 %를 함유하는 고탄소강으로, 가격이 싸고 가공이 용이한 이점이 있으나 한편 담금질성이 작고, 수중담금질에 의한 변형이나 담금질균열이 발생될 위험도 많다. 또한 온도가 상승하면 변화되기 쉬운 결점도 있다(그림 15.1). 그 때문에 절삭조건이 가혹한 용도에는 적합하지 않다.

KS에는 표 15.1에 표시된 바와 같이 STC강종 및 STS, STD강종으로 규격화되어 있다. 탄소공구강에서 C는 탄소공구강의 성능을 결정하는 중요한 요소로 C%가 높을수록 내마모성은 좋으나 반면 인성의 저하는 피할 수 없다. 용도로서는 C% 가 높은 것은 바이트, 면도날, 줄 등의 절삭공구나 칼날 종류에, C%가 낮게 됨에 따라 밀링커터, 드릴, 치즐, 원형톱날 등 비교적 인성이 요구되는 것에 적합하다.

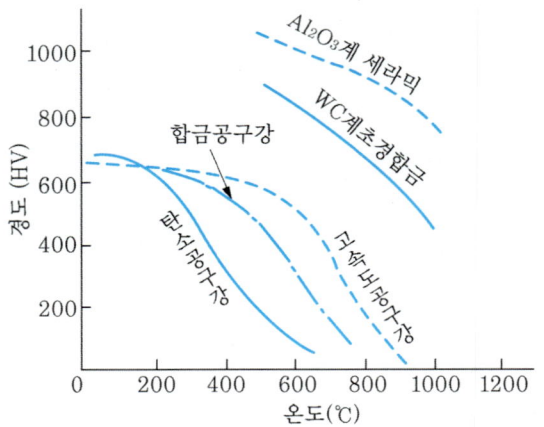

그림 15.1 각종 절삭용공구 재료의 고온연화 저항

표 15.1 탄소 및 합금공구강의 대표적인 예(KSO 3751, 3753)

종류		기호	화학 성분(%)					열처리온도(℃)		담금질·템퍼링 경도(HRC)	용도 예
			C	Cr	Mo	W	V	기타	담금질	템퍼링		
탄소공구강		STC3	1.05	—	—	—	—	—	790수냉	175공냉	≧63	핵소,지그,바이트
		STC5	0.85	—	—	—	—	—	790수냉	175공냉	≧59	프레스형,띠톱,각인
합금공구강	절삭공구용	STS2	1.05	0.75	—	1.25	<0.2	—	855유냉	175공냉	≧61	탭,드릴,커터
		STS51	0.8	0.35	—	—	—	Ni1.65	825유냉	175공냉	≧45	원형톱,띠톱
	내충격공구용	STS41	0.4	0.25	—	3.0	—	—	875유냉	175공냉	≧53	정,펀치,shearing날
		STS43	1.05	—	—	—	0.17	—	795수냉	175공냉	≧63	착암기용피스톤,다이스
	냉간금형용	STS31	1.0	1.0	—	1.25	—	Mn1.05	825유냉	175공냉	≧61	게이지,프레스형,나사절삭다이스
		STD11	1.5	12.0	1.0	—	0.35	—	1025공냉 1035공냉	200공냉 515공냉	≧58 ≧58	게이지,나사전조다이스,프레스형
	열간금형용	STD61	0.37	5.0	1.25	—	1.0	Si1.0	1025공냉	600공냉	≦53	프레스형,다이캐스트형,압출공구
		STD8	0.4	4.35	0.4	4.15	1.95	C4.15	1120공냉	650공냉	≦55	프레스형,압출공구,다이캐스트형
		STF4	0.55	0.85	0.35	—	<0.2	Ni1.65	850유냉	—	—	단조형(die block)프레스형,압출공구

* 화학성분, 열처리온도는 규격범위의 중앙 값을 나타낸다.

15.1.2 합금공구강

합금공구강은 앞에서 언급한 탄소공구강의 결점을 개량하고 나아가서 내마모성이나 불변형성(열처리 및 사용 중의 변형이 작을 것) 등의 특성을 부여할 목적으로 여러 가지 합금원소를 첨가한 것이다. 합금원소로는 보통 Cr, W, Mo, V과 같은 담금질성을 개선함과 더불어 경도가 높은 탄화물을 만드는 탄화물 형성원소가 선택되어진다. 첨가량은 특별한 경우를 제외하고는 5 %이하이다.

합금공구강의 종류는 많으나 표 15.1에 따라서 화학성분, 용도 등에 대해 간단히 설명하면 다음과 같다.

(1) 절삭공구용 합금강

절삭이 어려운 재료의 증가에 대비하고 생산능률의 향상을 위해 최근의 절삭공구는 다음에 설명하는 고속도 공구강과 초경합금이 전체의 약 90 %를 차지하고 있다. 절삭공구용 합금강으로서 절삭능력을 높이기 위해 W을 첨가하고, 담금질성 개선을 위한 소량의 Cr을 첨가한 일반절삭용의 고C-W-Cr강(STS 11, 2 등)이 있으며, C%를 약간 낮게 하고 소량의 Cr과 인성향상을 위해 Ni을 첨가하여 원형톱, 띠톱날 등에 사용하는 Cr-Ni강(STS 51) 등이 있다.

(2) 내충격공구용 합금공구강

치즐, 펀치, 착암기용의 피스톤 등의 내충격용공구에는 C%를 낮추고 인성을 높인 W-Cr강(STS41 등)과 고탄소강에 V만을 소량 첨가하고, Si, Mn, Cr%를 제한함으로써 담금질성을 작게 하여, 수중담금질에 의해 표면부만을 경화시키고, 내부는 인성이 높은 상태로 사용하는 C-V계의 강(STS43 등)이 있다. V는 강한 탈산력 때문에 결정립의 미세화에 매우 효과적이다. 따라서 공구내부의 인성을 높임과 동시에 V 탄화물에 의해 표면의 내마모성도 향상시킨다.

(3) 냉간금형용 합금 공구강

게이지, 인발다이스, 전조용의 다이스나 롤러 등과 같이 내마모성과 열처리에 따른 변형이나 사용 중 치수의 경시변화가 작아야 하는 공구에 사용한다. C-W-Cr-Mn강(STS3, 31 등)은 Mn 약 1 %의 첨가에 의해 유중담금질로 충분하고 열처리 변형이 작기 때문에 불변형강(non-deforming steel)이라고 불린다. 고C-고Cr강(STD1, 11)은 내마모성이 높을 뿐만 아니라 공랭으로 담금질이 충분히 깊게 되기 때문에 변형이 작다. 경시변형은 심냉처리(sub zero treatment)를 실시하면 작아지게 된다.

(4) 열간금형용 합금공구강

프레스형, 압출다이스나 맨드럴(mandrel) 등의 압출공구, 단조형, 다이캐스트형 등의 고온의 성형가공에 쓰이는 공구강으로 이들의 공구로서는 내열·내마모성, 내열피로성(반복 가열과 냉각에 의한 표면균열의 발생이 작을 것), 인성 등이 특히 요구된다. 종래에는 STD61, 62 등이 많이 사용되어 왔다.

이들은 내열피로성을 좋게 하기 위하여 C를 0.32~0.42 %로 낮게 하고, Cr에 의한 담금질성과 내산화성, W, Mo, V에 의한 내마모성을 부여하고 있다. 대형의 것은 공랭경화(air hardening)하고, 이들 원소의 탄화물 석출경화(precipitation hardening)에 의해 고속도강에 버금가는 고온내마모성을 갖추고 있다.

15.1.3 공구강의 열처리

공구강은 탄소함량이 많고 합금량도 많으며 열전도성이 나쁘기 때문에 가열은 서서히 행하지 않으면 균열이 발생할 위험이 크다. 또한 담금질성이 좋으며, 고온에서부터 서냉시켜도 담금질이 되는 자경성(self hardening)이 있는 것이 많기 때문에 단조 후에는 충분히 서냉시켜 균열발생을 방지하도록 한다.

(1) 탄화물의 구상화 열처리

단조를 끝낸 공구강은 조직의 균질화와 결정립계에 그물 모양으로 석출되는 Fe_3C에 의한 취화현상을 완화시키기 위한 목적으로, 담금질하기 전에 반드시 구상화 어닐링처리를 실시한다. 공구강의 절삭능력, 내마모성, 인성, 담금질불변형성은 모두 탄화물이 미세하고 또한 균일하게 분포되어 있을 때 가장 양호하고, 담금질상태에서 결정립계에 탄화물이 그물모양으로 존재하면 취약하게 되며 내마모성도 좋지 않게 된다.

보통은 A_{C1} 변태점 바로 위의 온도에서 적당시간 유지 후에 서냉시킨다. 일반적인 탄소 및 합금 공구강의 경우에는 730~800 ℃, 고C-고Cr 다이스강(STD11 등)에서는 830~880 ℃를 표준으로 한다. 가열에 의해 강중의 탄화물(탄소강의 경우에는 Fe_3C)은 일부가 오스테나이트 중에 고용되나, 남아 있는 탄화물은 표면에너지의 관계로부터 구상으로 된다. 이것을 서냉하면 오스테나이트 중의 고용탄소가 이들 구상탄화물의 주위에 석출하며, 페라이트 기지에 구상탄화물이 균일하게 미세분포된 조직이 얻어진다.

어닐링 처리나, 담금질처리에 있어 가열시에는 산화나 탈탄을 방지하기 위해 분위기로나 진공로를 이용하며, 열전도가 좋지 않은 고합금강이나 대형공구에서는 고온의 로 중에 넣기 전에 예열을 실시하는 것이 바람직하다.

(2) 담금질

탄소공구강은 과열에 민감하여 결정립의 조대화 등을 일으키기 쉽기 때문에 과열을 피해 담금질온도를 최저온도(760-800 ℃)로 가열하는 것이 최고의 성능을 얻는 비결이지만, 합금공구강은 보통 최고 담금질 경도를 얻을 수 있는 온도에서 담금질하면 된다. 담금질이 완전하게 되고 담금질균열이나 변형을 작게 하기 위해서는 담금질온도에서 S곡선의 코(550 ℃부근)까지를 충분히 급랭하고, Ms점(약 250 ℃) 이하는 천천히 급랭하면 좋다. 냉각은 강의 담금질성이나 살두께에 따라 염수, 냉수, 기름, 공기(공랭)를 이용한다. 담금질변형을 방지하는 데는 냉각액에 삽입하는 방법을 연구하거나, 또는 *Ms*점의 약간 위의 온도에서 교정하든가, 템퍼링시에 프레스로 눌러서 굽힘을 교정하는 방법도 있다. 마르퀜칭(marquenching)도 균열과 변형을 방지하는 데 유효하다.

공구강은 일반적으로 고탄소강이기 때문에 잔류오스테나이트를 발생하기 쉽다. 그 때문에 게이지와 베어링 등의 합금강이나 고속도강에서는 **심냉처리**에 의해 내마모성이나 절삭성능을 향상시키고 또한 사용 중 치수의 경년변화를 방지할 수 있다.

(3) 템퍼링

담금질 후에는 가능한 한 빨리 템퍼링을 실시한다. 템퍼링은 특히 인성을 요구하는 띠톱 등의 절삭공구(400-450 ℃)나 열간금형(550-650 ℃)은 고온에서, 그 외는 150-200 ℃에서 행한다.

15.1.4 고속도 공구강

고속도 공구강(high speed steel)은 고C-고Cr강을 용융개시 온도 바로 아래에서 담금질 후 고온으로 템퍼링함으로써 매우 높은 경도와 고온 내구성을 얻을 수 있게 된 절삭용 합금공구강이다. 바이트, 드릴, 탭, 엔드밀, 브로치(broach), 리머(reamer) 치차절삭공구 등 각종의 절삭공구로서 광범위한 용도를 갖고 있다. 표 15.2는 고속도 공구강의 대표적인 예를 나타낸 것이다.

18-4-1형(0.8%C, 18%W, 4%Cr, 1%V)이 표준조성으로 되어 왔으나, 거기에 Co(<11 %)를 첨가한 것은 고속도절삭이나 난삭재의 절삭에 매우 적합하다. 그러나 이들 W계 공구강의 W량을 줄이고 Mo을 첨가한 Mo계 공구강은 W계에 비하여 인성이 높고 담금질온도가 낮기 때문에 열처리가 용이하며, 또한 비교적 저렴하기 때문에 현재로는 W계에 비하여 사용비율이 훨씬 높다.

또한 최근 항공기공업 등에서 내열합금, PH스테인리스강, 마르에이징강(maraging steel), Ti 합금 등 각종 난삭재의 증가와 더불어 여기에 적합한 고성능의 공구강으로서 미국에서는 최고경도 $H_{RC}70$에 이르는 고C-고Co의 Mo계 고속도강, AISI M40시리즈가 개발되었다.

한편 냉간단조법의 보급은 SKH51 등을 중심으로 하는 고속도강의 고급냉간 금형으로의 응용을 촉진시키고, 더욱 고인성인 소위 저합금 고속도강이 금형전용 강종으로서 보급이 진행되고 있다.

표 15.2 고속도공구강의 대표 례(KSD3522)

종류		기호	화학성분(%)						열처리온도(℃)		담금질·템퍼링경도(H_{RC})	용도
			C	Cr	Mo	W	V	Co	담금질	템퍼링		
W계	W계	SKH2	0.78	4.15	—	18.0	1.0	—	1270유냉	565공냉	>63	일반절삭용
Mo계	Mo계	SKH51	0.85	4.15	5.0	6.1	1.9	—	1220유냉	555공냉	>63	인성을 필요로 하는 일반절삭용
		SKH58	1.0	4.0	8.7	1.8	1.95	—	1200유냉	555공냉	>64	
	Mo-Co계	SKH57	1.27	4.15	3.5	10.0	3.35	10	1230유냉	565공냉	>65	비교적 인성을 필요로 하는 고속중절삭용
		SKH59	1.07	4.0	9.5	1.55	1.15	8.0	1190유냉	550공냉	>65	

* 담금질은 2~3회 반복한다. 화학성분, 열처리온도는 규격범위의 중앙값을 나타낸다.

15.1.5 고속도강의 열처리

(1) 어닐링

고속도강은 열전도와 열간가공성이 나쁘기 때문에 충분히 예열을 실시한 후 900~1,150 ℃에서 신중하게 단조나 압연 등의 단련을 실시한다. 단련에 의해 탄화물이 균일하고 미세하게 분포하여 인성과 절삭성능이 향상된다. 단련성형비는 6 이상으로 규정되어 있다. 단련 후 800~900 ℃의 로 중에서 1~2시간 가열하여 서냉 (20 ℃/h)하든가, 등온변태를 이용하여 약 750 ℃의 로에 장입하고 4~5시간 유지 후 공랭한다. 단련 후 어닐링이 불충분한 것은 담금질 후 결정립이 크게 성장하여 취약하게 된다.

(2) 담금질

고속도강은 화학성분에 따라 1,200~1,300 ℃에서 오일담금질하고 Ms점 부근을 공랭한다. 담금질가열은 산화와 탈탄을 방지하기 위해 염욕(salt bath)로에서 1~2분의 단시간으로 실시한다. 담금질온도가 높기 때문에 W, Mo, Cr, V를 주체로 하는 특수 복탄화물은 일부가 오스테나이트 중에 고용하고, 일부는 조립상태로 남는다. 이 때문에 담금질 조직은 그림 15.2와 같이 입상의 미고용탄화물과 20~30 %에 이르는 다량의 잔류 오스테나이트를 포함한 마르텐사이트이다.

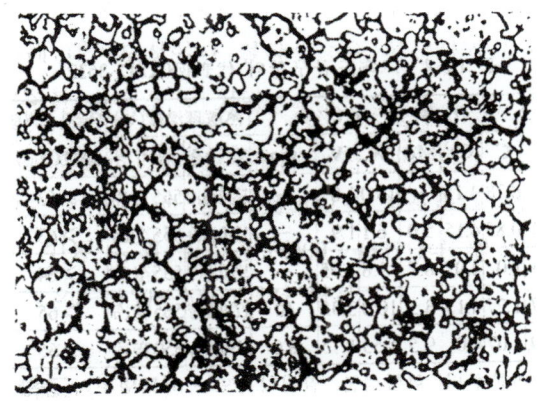

그림 15.2 18-4-1형 고속도강의 담금질조직

(3) 템퍼링

템퍼링은 530-630 ℃에서 2~3회 반복하여 행한다. 템퍼링에 의해 마르텐사이트 부분은 그림 15.3에서 나타낸 바와 같이 600 ℃부근에서 2차경화(7.1.5항)를 일으킨다. 한편 잔류 오스테나이트 부분은 고합금이기 때문에 저온의 베이나이트 단계에서는 분해되지 않고, 600 °C부근의 펄라이트 단계에서 템퍼링되면 잔류 오스테나이트로부터 탄화물을 미세 석출하여 경화되고 동시에 Ms점이 상승된다. 그 때문에 템퍼링 온도에서 공랭 중에 잔류 오스테나이트가 마르텐사이트로 되어 현저하게 경화된다. 고속도강을 담금질 후 600 ℃부근에서 템퍼링 할 때, 그림 15.4와 같은 현저한 경화는 앞에서 언급한 경화작용이 중복해서 일어나는 것이다. 담금질 후 잔류 오스테나이트를 다량 포함한 고합금강도 이와 유사한 템퍼링 과정을 밟는다.

앞에서 언급한 열처리 과정에서 석출된 다량의 탄화물은 어떤 것이나 W, Mo, Cr, V을 포함한 특수복탄화물로서 매우 미세하게 분포되어, 사용 중 고온이 되어도 응집 성장하기 어렵기 때문에 연화저항이 크다(그림 15.1). 고급인 고속도강 중에 포함된 Co는 오스테나이트 소지 중에 고용하여 용융개시 온도를 높임과 동시에 소지 중에 탄화물의 고용한도를 증가시킨다. 따라서 템퍼링에 의해 석출하는 탄화물

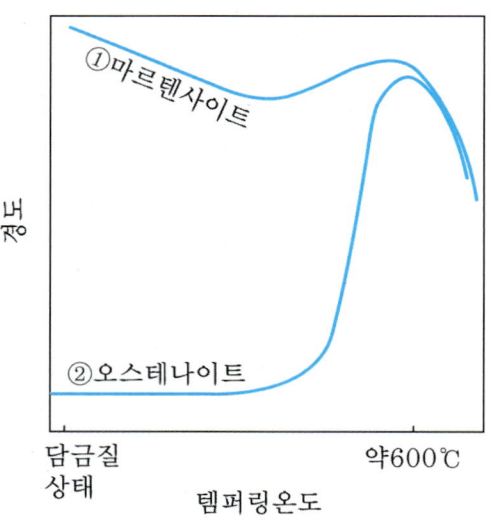

그림 15.3 고속도강(마르텐사이트+잔류 오스테나이트)을 템퍼링했을 때의 경도변화

량을 증대시키고, 또한 그 응집 성장을 느리게 하는 효과가 있다. 그 때문에 Co를 다량 포함한 고속도강에서는 담금질했을 때의 경도가 잔류 오스테나이트의 증가에 의해 떨어지게 되나 템퍼링 후의 경도는 오히려 높게 된다.

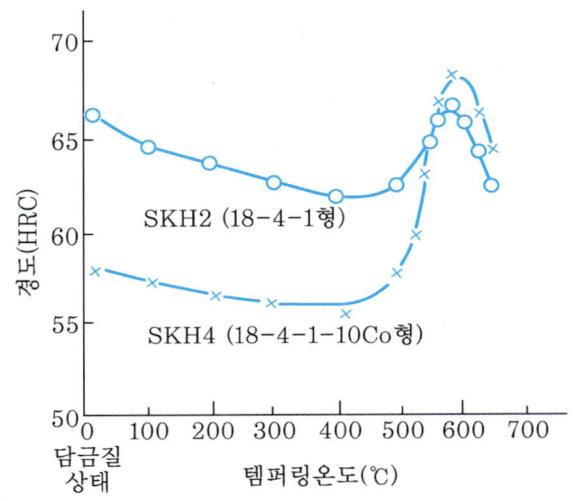

그림 15.4 고속도강의 템퍼링에 의한 상온경도의 변화

15.1.6 초경합금 및 서멧 공구재료

고속도강은 마르텐사이트 소지 중에 W이나 기타의 경도가 높은 복탄화물을 열처리에 의해 미세분산시켜 연화저항을 높인 것이지만 탄화물의 양을 더욱 증가시켜 될 수 있으면 거의 전부 탄화물만의 공구가 만들어지면 내마모성은 더욱 향상된다. 그러나 이와 같은 고융점인 재료는 보통의 용융법으로는 만들어질 수 없다. 초경합금이나 서멧(cermet) 재료는 탄화물이나 알루미나 등의 경질입자를 소량의 금속을 결합상으로 하여 소결하여 만든 복합재료이다.

(1) 초경합금

고융점 금속의 탄화물 분말을 소결(sintering)해서 만들어진 초경합금은 절삭이 어려운 재료의 절삭공구재료이다. WC-Co계가 주로 이용되고 절삭공구 외에 인발용 다이스나 기타의 내마모공구에 널리 이용된다. WC분말에 결합상으로서 3~2 %의 Co분말을 가하여 혼합한 후 압축성형 후 소결한다. 고속도강보다도 취약하나

Co량이 많을수록 인성이 좋아진다.

HIP(Hot Isostatic Press, 열간정수압) 소결을 적용하면 치밀화가 촉진되어 인성이 향상된다. WC입자를 초미립(<0.5 μm)으로 한 초미립초경합금도 널리 이용된다.

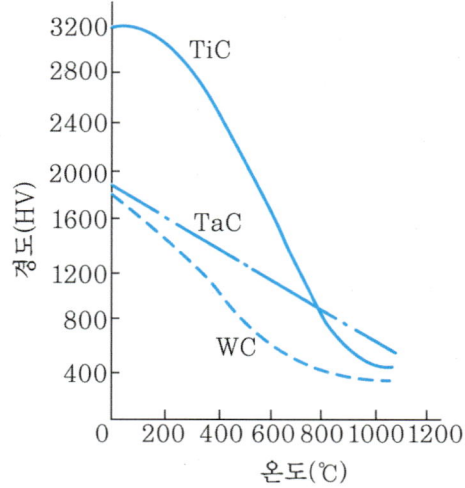

그림 15.5 초경합금에 이용되는 탄화물의 고온경도

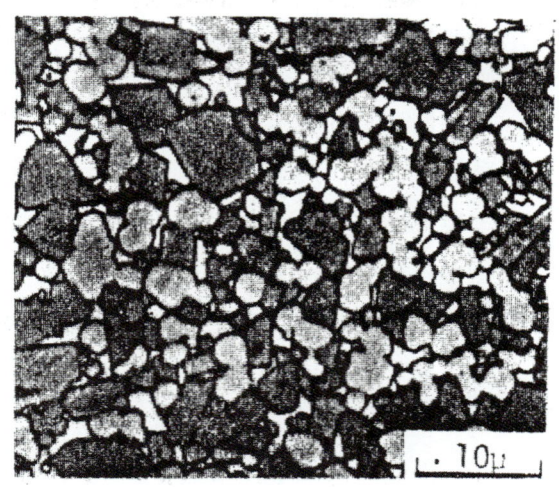

WC(회색의 각상입자) 57 %, TaC(둥근입자) 27 %, Co(나머지 백색부분) 16 %

그림 15.6 WC-TaC-Co계의 초경합금조직

그러나 이러한 WC-Co계는 강인성은 좋으나 고속절삭에서 날끝온도가 상승되기 쉽고 마모가 빠르다. 그림 15.5에 나타낸 바와 같이 고온경도가 높은 TiC나 TaC를 적당량 첨가한 WC-TiC-Co계, WC-TaC-Co계, WC-TiC-TaC-Co계는 이러한 결점이 개선되어 고속의 절삭에 적합하다. 그림 15.6은 WC-TaC-Co계 초경합금의 조직을 나타낸 것이다.

(2) 코티드(coated) 초경합금공구

최근 초경합금 팁(tip)의 표면에 CVD법(Chemical Vapor Deposition: 화학증착법)에 의해 TiC, TiN, TiCN 등의 경질화합물을 다층으로 코팅한 소위 코티드 초경팁이 압도적으로 보급되고 있다. 그림 15.7은 TiC와 TiN을 코팅한 초경합금의 단면조직이다. 효과로서는 내마모성의 향상, 마찰계수의 감소에 의한 날끝 발열량의 저감이다. 또한 TiC, TiN 표면에 뛰어난 화학안정성을 갖는 Al_2O_3를 코팅하는 방법이나, 고속도강에 대해 개발된 PVD법(Physical Vapor Deposition: 물리증착법)을 적용하여 낮은 온도에서 TiN을 코팅하는 기술이 보급되어 성능향상에 크게 기여하고 있다.

그림 15.7 CVD다층 코팅을 실시한 초경합금(150배$\times \frac{5}{12}$)

(3) 서멧 공구재료

세라믹과 금속으로 구성된 내열소결체를 서멧(cermet)이라고 부르며, ceramics와 metal의 두 가지의 특성을 살린 것이다. 앞에서 언급한 WC계의 초경합금도 서멧형

재료이지만 역사적인 흐름상 별개로 취급되고 있다. 이 재료는 그 구성성분으로 인해 초경합금과 세라믹공구재료의 중간적인 성질을 갖고 있다.

WC보다 융점이 높고 내마모성이 뛰어난 TiC에 소량의 Ni과 Mo을 혼합시킨 TiC-Ni-Mo계로부터 서멧의 실용화가 시작되었으나, 이것은 인성부족과 공구 날 끝의 열손상 때문에 고속의 끝마무리 절삭용에 한정되어 있었다. 그러나 최근에는 TiN을 첨가하여 이 결점을 개선한 TiC-TiN-Ni-Mo계가 개발되어, 서멧 공구는 크게 발전되어 현재 시판되고 있는 서멧은 거의 전부 TiN(또는 거기에 WC와 TaC)을 포함하고 있다.

15.1.7 세라믹형 공구재료

절삭공구형 세라믹으로서는 오래 전부터 순수한 Al_2O_3계가 있으나 그림 15.1과 같은 탁월한 고온경도를 갖는 반면 취약하여 실용화되지 못했다. 그 후 인성개선을 위한 화학조성 및 고밀도화 기술의 발전으로 현재 Al_2O_3-TiC계, Al_2O_3-ZrO_2계 등이 개발되어 있다.

세라믹형 재료로서는 이외에 CBN(Cubic Boron Nitride: 입방정 질화보론) 및 다이아몬드 초고압 소결체가 최근 주목되고 있다. CBN은 절삭 중 날끝이 Fe와 반응을 하지 않기 때문에 담금질된 강, 칠드 주물(chilled casting), 내열합금 등의 절삭에 유리하다.

다이아몬드 소결체는 Fe와 반응을 하기 때문에 강의 절삭보다는 난삭비철합금, 플라스틱, 초경합금 등의 절삭에 매우 유리하다. 금후, 절삭용 세라믹형 공구재료에서는 인성의 개선이 해결되어야 할 연구과제이다. 한편 연삭용으로서는 앞에서 언급한 세라믹재료가 연삭 숫돌재료로서 예부터 이용되고 있다.

15.2 베어링 재료

15.2.1 베어링 재료의 조건

베어링 재료는 동력의 전달을 수행하는 회전축을 지지하는 베어링에 이용되는 재료로서, 다음과 같은 여러 가지 조건을 갖추고 있을 필요가 있다.
① 베어링에 작용하는 하중을 견디기 위해 충분한 경도와 내압력을 가질 것
② 적당한 점성을 갖고 있어 축에 잘 어울릴 것
③ 마찰계수가 작을 것
④ 마찰열의 발산을 위해 열전도율이 양호할 것
⑤ 공작이 용이할 것
⑥ 윤활제 등에 의해 부식되지 않을 것

베어링은 회전축과의 접촉방식에 의해 미끄럼 베어링(sliding bearing)과 구름 베어링(rolling bearing)으로 크게 구별된다. 미끄럼 베어링용 재료로서는 Cu계 합금과 화이트메탈(white metal)이 주로 사용되고 그 외에 소결 베어링 합금도 사용된다.

구름 베어링용 재료로서는 주로 고탄소 Cr강이 이용된다. 표 15.3은 미끄럼 베어링용 비철합금의 예를 나타낸 것이다.

표 15.3 베어링용 비철합금의 례(KSD 6003, 6004)

종류		기호	화학성분 (%)						용도
			Sn	Pb	Sb	Cu	Al	Ni	
화이트메탈	Sn기	WM2	bal.	—	9	6	—	—	고속고하중용
	Pb기	WM7	12	bal.	14	⟨1	—	—	중속중하중용
연청동(lead bronze) 동·연합금		LBC4*	8	15	—	76	—	⟨1	중고속중하중용
		KM1	⟨1	40	—	bal.	—	⟨2	고속고하중용
		KM3	⟨1	30	—	bal.	—	⟨2	고속고하중용
알루미늄합금		AJ2*	7.5	—	—	2.5	bal.	⟨1.5	고속고하중용

*표시는 JIS기호, 화학성분은 규격범위의 중앙값을 표시

15.2.2 화이트메탈

화이트메탈(KSD 6003-1966)에는 Sn기의 Sn-Sb-Cu계와 Pb기의 Pb-Sn-Sb계가 있다. 전자는 발명자의 이름을 따서 배빗메탈(Babbit metal)로 통용되고 있다.

이것은 Sn을 주성분으로 한 연한 공정(eutectic) 소지 중에 경한 Cu_6Sn_5가 점상으로 분포되어 있어 내하중성과 내마모성은 이들 경한 석출물이, 내소착성과 어울림

성은 연한 소지가 담당하고 있다. 열전도성이나 내식성, 주조성도 양호하기 때문에 베어링 성능으로 탁월하여 고속고하중 베어링용 합금으로써 중요하며 내연기관, 발전기, 터빈 등에 이용된다. 또한 최근, 미량의 Cr, Be 등을 첨가한 강화 화이트메탈이 주조 후 급랭하지 않아도 균일 미세한 조직이 얻어질 수 있기 때문에 선박 디젤기관 등의 대형베어링으로 이용된다.

한편, 후자인 Pb기는 Pb가 마찰 계수를 줄이는 효과를 가지며 가격이 저렴하지만 내마모성이 떨어지기 때문에 중속중하중용으로 널리 이용된다. 이들 합금은 어느 것이나 연강, 청동 등의 받침금속(back metal)에 원심주조 등으로 얇게 접착하고, 2중구조로 해서 내하중성을 높여 사용한다.

15.2.3 연청동과 동·연합금

연청동(lead bronze) 주물은 Sn6~11 %의 청동에 Pb를 4~22 %가한 합금(LBC 2-5)으로써 베어링용 청동이라고 불리며 일반적으로 기계나 차량 등의 중·고속용으로 널리 이용된다. Pb는 합금 중에 고용되지 않고 결정립계나 수지(dendrite) 사이에 존재하여 Cu합금에 부족하기 쉬운 친화성을 부여한다. 그 때문에 Pb량이 많은 것일수록 고속용으로 적합하나, Pb가 많으면 경도가 낮게 되기 때문에 고하중용에는 적합하지 않다.

한편, 더욱 고속고하중용인 켈밋(Kelmet)이라고 불리는 동(Cu)·연(Pb)합금주물 (KM 1~4)이 있다. 23~42 %의 Pb를 포함하며, 연강 받침금속 내에 주입하여 만들거나 분말야금 제품으로서도 널리 이용된다. 즉 한쪽 면에 Cu도금을 실시한 연강판 위에 일정 두께로 위의 합금분말을 올려놓고 압연소결(예비소결-압연-소결-재압연)한 것을 베어링 형상으로 프레스 성형하여 사용한다. 소결재는 박리가 일어나기 어렵고 열전도율이 높을 뿐만 아니라 내소착성이 좋기 때문에 자동차, 항공기 등의 고속고하중용에 적합하다.

15.2.4 베어링용 알루미늄합금

베어링용 Al합금 주물도 종류가 많으나 Al-Sn계가 베어링 성능이 좋으며 일반적이다. JIS합금(AJl, 2)는 7~12 %의 Sn과 Cu, Ni을 포함하며, 그림 15.8과 같이 고강도로서 고하중 디젤기관 등에 이용된다.

Al합금은 열팽창계수가 큰 것이 결점이지만 온도의 상승을 억제하고 또한 강의 받침금속에 잘 밀착되면 문제는 없다. 또한 이상 설명한 베어링용 합금 중 Cu합금과 Al합금에서는 강도와 내마모성이 높은 반면 친화성과 내소착성이 떨어지기 때문에 이것을 보완하기 위해 Pb-Sn계(P10), Pb-Sn-Cu계(P8) 등의 합금을 표면에 20~60 μm의 두께로 전기도금을 실시한 소위 표면층을 붙인 3층 베어링이 많이 이용되고 있다. Pb는 친화성과 내소착성, Sn은 내식성과 친화성, Cu는 내피로성을 담당한다.

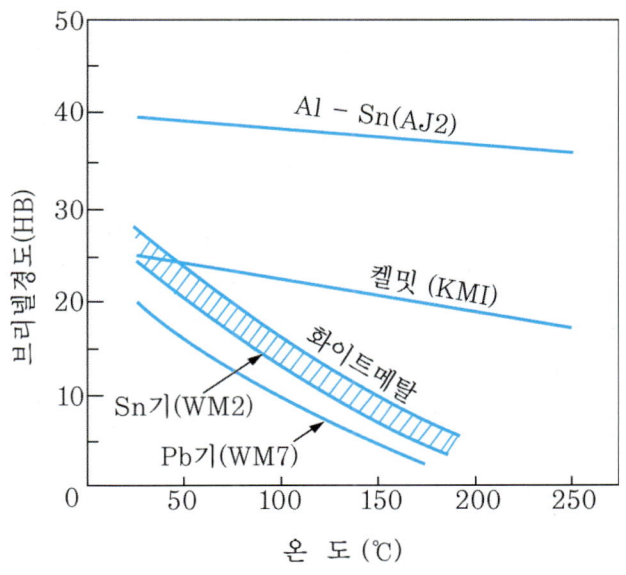

그림 15.8 각종 베어링합금의 온도에 따른 경도변화

15.2.5 함유 베어링

함유베어링(oilless bearing, 오일리스 베어링)은 기공을 제어하는 기술에 의해 10~30 %의 기공을 남긴 소결(sintering), 부시(bush)로서 여기에 윤활유를 침투시켜 무급유상태로 사용한다. 급유하기 어려운 장소나 윤활유에 의한 오염을 피해야 하는 장소 등에 이용될 수 있으며 가전·사무기기·자동차 등에 이용된다.

JIS(B1581)에는 Fe계와 Cu계가 있다. Fe계에는 표 6.1에 나타낸 기계 부품용과 거의 유사한 조성의 Fe-C, Fe-C-Cu합금 외에 Fe-Cu-Pb합금 등이 있다. Cu계에는 Cu-Sn, Cu-Sn-Pb합금이 있다. Cu계 베어링에서는 허용하중이 Fe계에 비해 떨어지나 상대축이 비경화재인 경우에 좋으며, 베어링과 축간격이 크게 되어도 된다.

제 16 장

신소재

　최근의 전자산업은 비약적인 발전을 이룩하고 있으며, 더불어 항공·우주산업, 해양개발산업, 새로운 석유대체 에너지 산업 등은 태동기에 있다고 할 수 있다. 이러한 각종 산업의 발전을 이룩하기 위해서는 이를 뒷받침할 수 있는 신소재의 등장이 기대되고, 이에 부응하여 고기능성의 각종 신소재의 개발이 활발히 전개되고 있다. 이러한 신소재는 기존의 금속재료, 무기재료, 유기재료로부터 그 기능이나 성능을 기술혁신을 통해 보다 고도로 향상시킨 것들이며, 현재 실용화가 가장 많이 이루어지고 있는 신소재의 예를 들면 복합재료, 파인세라믹, 엔지니어링 플라스틱과 금속계로서 비정질 합금, 형상기억합금 등을 들 수 있다. 여기서는 이들 재료들에 대한 제조법과 성능상의 특징을 설명한다.

16.1 복합재료

16.1.1 개요

　단일한 소재로는 여러 가지의 특성을 동시에 만족시킬 수 없는 경우라도 2종류 이상의 소재를 복합시킴으로써 소재 상호간에 약점을 보완 하고 강점을 살릴 수 있는 소재를 창제할 수 있다.

복합재료(composite materials)는 보통 모재가 되는 소재인 매트릭스(matrix)와 그 중에 분산 또는 규칙적으로 배열되는 섬유소재로 구성된다.

복합재료의 성질은 섬유재의 성질과 그 체적률에 의해 일반적으로 다음과 같이 결정된다. 예를 들면 복합재의 강도를 생각하면, 모재의 파단 강도를 σ_m, 강화 섬유재의 파단응력을 σ_f, 모재의 체적 함유율을 V_m, 섬유의 함유율을 $V_f = (1 - V_m)$ 이라 하면 복합재의 강도 σ_c는,

$$\sigma_c = \sigma_m \cdot V_m + \sigma_f \cdot V_f \tag{16.1}$$

로 근사시킬 수 있다. 이것을 복합칙이라 부르며 따라서 요구되는 강도 특성을 갖는 복합재료의 설계가 가능하다. 매트릭스 중에 분산되는 강화재의 형태에 따라 복합재료는 다음과 같이 분류된다.

① 분산강화복합재료
② 입자강화 복합재료
③ 섬유강화 복합재료

또한 매트릭스의 재질에 의해 분류하면, 섬유 강화재의 경우 다음과 같이 분류할 수 있다.

① 섬유강화 플라스틱(Fiber Reinforced Plastics: FRP)
② 섬유강화 금속(Fiber Reinforced Metals: FRM)
③ 섬유강화 세라믹(Fiber Reinforced Ceramics: FRC)
④ 섬유강화 고무(Fiber Reinforced Rubbers: FRR)

이 중에서 가장 실용화가 많이 이루어지고 있는 것은 FRP이며, 고온 구조물용 재료로서 최근 들어 주목 받고 있는 것으로는 FRM이다.

16.1.2 섬유강화 플라스틱(FRP)

(1) 종류

섬유강화 플라스틱(FRP)의 종류는 매우 다양하다. 예를 들면 매트릭스의 종류에

따라 **열가소성 플라스틱계**(FRTP)와 **열경화성계**로 대별될 수 있다. 전자는 매트릭스로서 폴리염화비닐(polyvinyl chloride)을 비롯한 열가소성 수지를 이용하는 데 비해서 후자는 불포화 폴리에스테르(polyester)나 에폭시(epoxy) 등의 열경화성 수지를 이용한다. 현재로는 후자가 주류를 이루고 있으며 일반적으로 FRP라 하면 후자를 지칭한다.

한편 강화재의 종류도 다양하여 대표적인 것으로서는 글라스(glass) 섬유를 이용하는 **글라스 섬유강화 플라스틱**(GFRP 또는 GRP)과 탄소섬유를 이용하는 **카본 섬유강화 플라스틱**(CFRP 또는 CRP)이 있다. 또한 이 외에도 SiC나 Al_2O_3 등의 고강도 섬유를 이용하는 FRP가 차례로 개발되고 있다. 표 16.1은 여러 가지 강화섬유재료의 특성을 비교한 것이며, FRP 중 섬유의 체적률이 같은 경우는 섬유의 강도가 높은 것일수록 FRP의 강도도 높아진다. 또한 최근에는 탄소섬유+글라스섬유와 같이 2종류 이상의 강화섬유를 조합시켜 복합효과를 기대하는 하이브리드재(hybrid materials)라고 불리는 섬유재료도 개발되어 있다.

표 16.1 FRP용 각종 강화섬유재의 여러 가지 특성

강화섬유	밀 도 (g/cm^3)	직 경 (μm)	인장강도 ($\times 10^3$N/mm^2)	종탄성계수 ($\times 10^3$N/mm^2)
글 라 스	2.48~2.54	10	2.43~2.45	75.5~87.3
탄 소 (C)	1.66~1.87	6~9	2.06~3.40	190~392
보 론 (B)	2.6	100	3.43	392
SiC	2.5~3.4	10~100	2.45~3.24	177~441
Al2O3	2.5~4.0	3~250	0.98~2.45	98.1~451
SiO2	2.2	0.8~10	0.69~6.37	68.7
방향족계(아라미드)	1.39~1.45	12	2.55~3.04	63.6~131

(2) 제조법

FRP를 제조하기 위한 원료로서 ① 강화섬유, ② 매트릭스용 수지, ③ 기타가 필요하다. GRP를 예를 들면 강화섬유로서는 직경 10~25 μm 정도의 글라스 섬유를 사용하며, 이것을 평직(plain weave)이나 주자직(satin weaves)으로 하거나 단섬유를 200본 정도로 묶어(strand, '스트랜드'라고 함) 이것을 다시 평행하게 60본씩 늘어놓은 것(roving, '로빙'이라 함)을 기본단위로 하여 여러 가지 형태의 크로스

나 매트로 한다. 이들의 대표적인 것으로서는 로빙크로스(로빙을 평직한 것), 초프드 스트랜드(chopped strand, 로빙을 3~25 mm의 길이로 절단한 것), 초프드 스트랜드 매트(mat, 로빙을 25~50 mm의 길이로 절단하여 바인더(binder)로 결합시킨 것) 등이 있다.

한편, 매트릭스용 수지로서는 불포화 폴리에스테르나, 이들보다도 한 층 내식성이 양호하고 고강도가 얻어질 수 있는 에폭시, 내열성 및 난연성이 높은 페놀(phenol) 등도 사용량이 증가하고 있다.

FRP의 원료로서는 상기의 2종류 외에 경화촉매나 충진제가 있다. 이 중 경화촉매는 사용하는 수지의 종류에 따라 다르며 그 자체가 반응하여 고화되는 경화제나 각 반응을 촉진시키는 촉진조제까지 여러 종류가 있다.

FRP는 이들 원료를 성형·경화시키는 방법에 의해 제조되며, 성형법도 그 종류가 대단히 많다. 중요한 성형법을 들면, 먼저 손작업에 의한 방법으로서는 핸드레이업(hand lay up)이나 스프레이업(spray up) 등이, 기계작업에 의한 방법에는 프레스(press)에 의한 압축성형법(preform matched die, cold press법 등), 레진 인젝션법(resin injection), 필라멘트 와인딩법(filament winding) 및 인발법(drawing) 등이 있다. 이들 모든 제조법의 기본은 동일하며 글라스 섬유와 액체 상태의 수지를 조합시켜 공기를 개제시키지 않고 수지를 고화시킨다.

여기서 글라스 섬유와 수지를 어떻게 균일하게 혼합시킬 것인가('함침'이라고 함)가 FRP의 특성에 대해 중요한 영향을 미친다. 함침(impregnation)은 그 정도에 의해 2 단계가 있으며, 스트랜드(strand)의 주위에 수지가 옮겨가는 웨트스루(wet through)와 다음으로 스트랜드를 구성하고 있는 각 섬유의 주위로까지 수지가 침투하는 웨트아웃(wet out)으로 구별된다.

FRP의 제조에 있어서는 함침의 방법과 속도 및 수지의 경화속도 등이 가장 중요한 점이다.

(3) 성질과 용도

FRP는 금속재료를 비롯한 단일 재료와 비교하여 여러 가지 특성을 갖고 있다. 먼저 GRP의 중요한 특징을 열거하면 다음과 같다.

① 가볍고도 강도가 높다[비강도(인장강도/밀도)가 높다].

② 내식성과 내약품성이 우수하다.
③ 전기절연성이 높다.
④ 단열성이 있다.
⑤ 투광성을 부여할 수 있다.
⑥ 전파를 통과시킨다.
⑦ 성형성이 우수하며 프레스 성형이나 다른 재료와 복합시킨 일체성형도 가능하다.
⑧ 접착에 의한 FRP제품 간의 조립이 용이하게 될 수 있다.

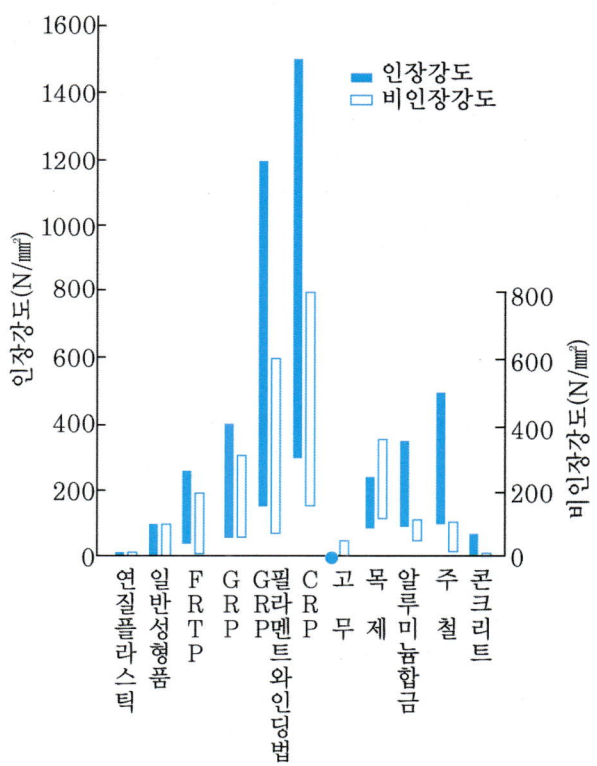

그림 16.1 각종 구조재료의 인장강도와 비강도

이 중에서 특히 중요한 것은 ①의 비강도가 높다는 것이며, 이에 의해 FRP가 대표적인 경량 구조재로의 지위를 확립하고 있다. 또한 FRP는 강화재의 종류나 체적률 및 섬유의 형태나 적층방법 등을 변화시킴으로써 기계적 성질을 상당히 자유롭게 조정할 수 있기 때문에 용도에 따라서 소재의 기능을 살린 재료설계가 가능하다는 것도 큰 매력적인 부분이다.

그림 16.1은 인장강도와 비강도를 각종 구조재료에 대해 비교한 것이며, 두 가지 강도 모두가 GRP나 CRP 쪽이 다른 재료에 비해 높은 것, 또한 같은 GRP라도 제조법에 따라 강도차가 있는 것을 알 수 있다.

또한 그림 16.2는 GRP에 있어서 강화섬유의 구성방법에 의해 인장강도의 방향성을 나타낸 것이다. 이와 같이 FRP는 섬유방향과 응력방향이 이루는 각도에 의해 기계적 성질이 변화하는(이방성) 것이 보통이며, 필라멘트 와인딩법 등과 같이 특수한 제조법에서는 이와 같은 방향성이 더욱 현저하게 나타난다. 그러나 FRP의 방향성은 섬유의 적층방법 조절 등에 의해 자유로이 조절하는 것이 가능하며, 현재로는 이와 같은 이방성을 활용하여 구조체의 설계도 시도되고 있다.

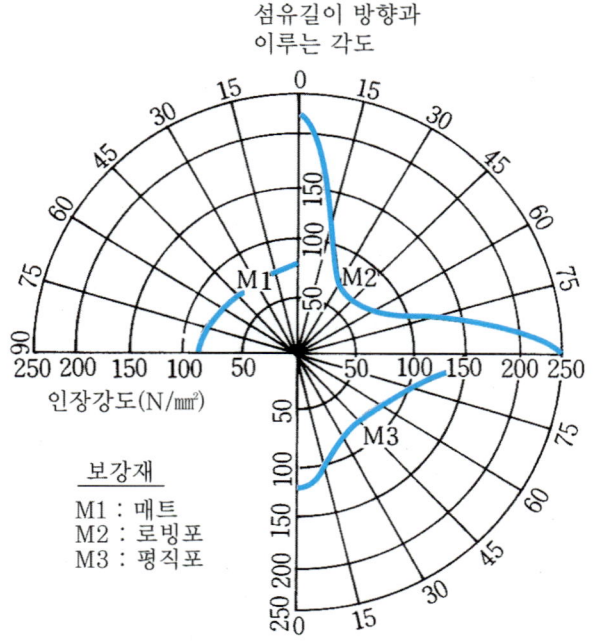

그림 16.2 인장강도의 방향성

한편 GRP는 다음과 같은 단점이 있다.
① 탄성계수가 낮고 비탄성율(탄성계수/밀도)도 별로 높지 않다.
② 표면경도가 낮고 표면손상을 받기 쉽다.
③ 내열성이 낮고 가연성이다.
④ 적층재의 전단강도가 낮고 불안정하다.

GRP는 이상과 같은 특징을 이용하여 폭넓은 범위에 걸쳐 응용되고 있다. GRP의 응용예를 들면 다음과 같다.
① 건축자재관계 : 욕조, 정화조, 물저장탱크, 각종 배관 등
② 조선분야 : 소형요트, 고속모터보트, 어선(100톤 정도 이하) 등
③ 자동차, 차량 : 자동차 바디, 철도차량의 전두부 등
④ 항공・우주관계 : 여객기 객실 내장 등
⑤ 전기・전자부품 : 레이더 돔, 파라볼라 안테나, 전자기기의 하우징 등
⑥ 잡화, 기타

한편, CRP는 GRP보다 전반적으로 고강도를 갖고 있는 것 외에도 다음과 같은 GRP에 없는 장점을 갖고 있다.
① 비강도와 비탄성률이 아주 높다.
② 피로강도 특성이 우수하다.
③ GRP보다도 내크리프성이 아주 높다.
④ 내마모성이 높다.
⑤ 전기전도성이 있다.
⑥ 진동의 감쇄능이 높다.
⑦ 열에 의한 신축이 적다.
⑧ X선을 통과시킨다.
⑨ 금속과 같은 수준의 전파 차폐성(shielding)이 있다.

이에 비해 CRP의 약점으로서는 탄소섬유가 저연성으로 인해 취성파괴를 일으키기 쉬운 것과 내충격성이 낮은 것 등이 대표적이다. 그러나 최근에는 아라미드 섬유와의 복합화에 의해 이와 같은 문제는 극복하기에 이르렀다.

표 16.2 CRP의 특징과 응용 례

특 징	응 용 례
고 비 강 도 고 탄 성 율	항공우주기기, 자동차, 섬유기계, 플라이휠(flywheel), 스포츠 레저용품(테니스라켓, 골프 글러브, 낚싯대)
고 온 강 도	터빈엔진부품, 로켓부품, 항공기용 브레이크 디스크(brake disk)
내 식 성	화학플랜트, 집진전극
내 마 모 성	베어링, 습동부
진 동 감 쇄 성	자동차용 구동축(drive shaft), 자동차용 판스프링, 악기, 오디오기기
X 선 투 과 성	의료용 X선 베드, X선 건판 카세트

이상과 같은 각각의 우수한 특성을 활용하는 CRP는 표 16.2에 표시 한 것과 같은 넓은 용도로서 고강도 부재 및 고기능 재료로서 활용되고 있다. 그 중 장래성이 제일 높은 것으로는 항공우주기기에 응용되는 것이다. B-767 여객기를 예로 들어 CRP를 주체로 하는 복합재료의 용도를 그림 16.3에 표시한다. GRP 는 현재 스포일러(spoiler)나 러더(rudder) 및 객실바닥판 등의 2차 구조재료로서 주로 사용되고, 사용량도 기체 중량의 약 3 %에 지나지 않는다. 그러나 현재 설계단계의 항공기에서는 전중량의 40~60 %정도가 복합재료로 이용될 전망이고, 가까운 장래에는 복합재료의 항공기가 출현할 가능성도 높다.

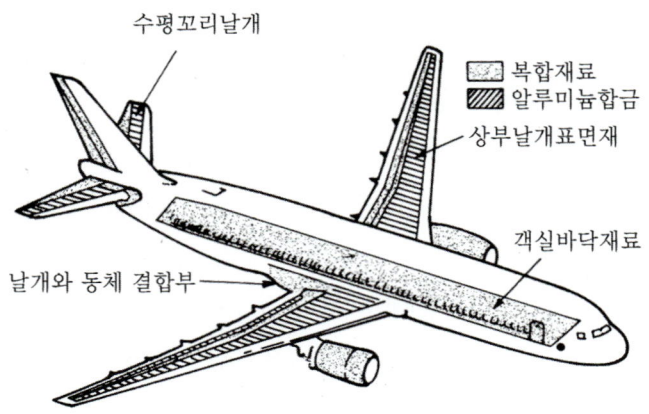

그림 16.3 B-767기에 있어서 복합재료의 응용

16.1.3 섬유강화 금속(FRM)

(1) 종류

FRM의 종류도 FRP의 경우와 같이 많은 종류의 강화섬유와 금속 매트릭스가 조합되는 것에 따라 매우 다양하다. FRM에서 대표적인 강화섬유와 매트릭스재의 조합사례를 표 16.3에 나타내고 있다. 매트릭스재로서 Al과 Mg과 같은 저융점 금속 및 이들의 합금을 사용하는 경우에는 비교적 많은 종류의 강화섬유와 복합화가 가능한 반면, 사용상한온도는 300~400 ℃정도 이하로 한정되어진다. 한편, 약 1,000 ℃이상의 고온역에서 고온강도특성을 중시하는 경우에는 융점이 높고 또 내열성이 우수한 초합금과 고융점 금속 등이 매트릭스재로서 불가결하다.

표 16.3 FRM에 사용되는 대표적인 강화섬유와 매트릭스의 조합사례

매트릭스 섬유	Al	Ti	Mg	Cu	Pb	내열강	초합금	고융점 금속
Al_2O_3	O			O	O			O
B	O	O	O					
C	O		O	O	O			
SiC	O	O						
글라스	O				O			
W				O		O	O	
Mo						O	O	
Ta						O		
스테인리스강	O							

그러나 이 경우에는 복합화가 가능한 강화섬유는 현단계에서는 W와 Mo 등의 금속섬유에 한정되어진다. 강화섬유로서는 종래에는 화학증착(CVD)법 (B, SiC 등의 섬유용)과 용융방사법(Al_2O_3, 유리 등의 섬유용), 선인발에 의한 기계가공법(W, 스테인리스강 등의 섬유용) 등의 제법에 의한 연속섬유(장섬유)가 주체지만, 최근에는 석출법에 의해 생산한 Al_2O_3, SiC, Si_3N_4 등의 세라믹의 위스커(whisker, 침상의 단결정)와 비연속섬유(단섬유)로서 이용되는 것이 시험되고 있다. 또한 금속섬유는 세라믹섬유에 비해 밀도는 크지만 인성이 높고 강도의 편차가 작은 것이 특징이다.

(2) 제조법

FRM의 제조법에도 강화섬유와 매트릭스의 조합에 따라 여러 방법이 있다. 그 중에 중요한 것을 제조온도가 높은 것부터 열거하면 다음과 같다.

(a) 주조법(용침법, 고압주조법 등) : C/Al 계, SiC/Al계 등

(b) 확산접합법(분말야금법, hot press법, 플라즈마 스프레이/hot press법 등) : B/Al계, Al_2O_3/Al계, Al_2O_3/Cu계 등

(c) 전착법 : C/Cu계, C/Ni계 등

이 중 주조법에서는 섬유와 매트릭스와의 밀도차가 크면 섬유의 분포가 고르지 않게 되기 때문에 밀도차가 작은 재료를 조합하는 것이 중요하다. 따라서 장래 우주공간의 공장에서 FRM을 제조하게 될 경우 이와 같은 문제를 해소하고 자유로운 조합에 의한 이 방법에 의해 만들어 질 것으로 기대된다. 또한 FRM은 일반적으로 2차 가공성이 낮기 때문에 확산접합의 일종인 압연롤러법과 압출법 등에 의해 각각 평판과 이형재(중공환봉, H형, T형 등)가 제조된다. 어느 제조법의 경우에도 고온에서 사용 중에 확산을 억제하기 위한 전처리로서 섬유에 CVD와 물리증착(PVD)법 등의 표면처리를 시행하는 것이 많다.

(3) 성질과 용도

FRM은 매트릭스로 금속을 이용하기 때문에 FRP에 비해 금속 특유의 성질을 함께 갖고 있는 것이 큰 특징의 하나이다. FRM의 주요 장점을 열거하면 다음과 같다.

① FRP에 비해 일반적으로 역학적 특성이 우수하다.
② 내크리프성 등의 고온강도 특성이 우수하다.
③ 표면은 금속의 탄성률, 강도 및 경도를 갖기 때문에 FRP보다도 표면손상을 받기 어렵다.
④ 전기 및 열의 전도체이다.
⑤ 금속가공과 성형(프레스, 압출, 인발 등)이 가능하다.
⑥ 확산접합이 가능하다.
⑦ 열처리가 가능하다.

한편 FRM의 단점은 다음과 같다.

① 일반적으로 성형에는 고온고압이 필요하기 때문에 FRP보다 성형법이 어렵다.

② 섬유와 매트릭스의 젖음성을 좋게 하기 위해 표면처리가 필요하다. 표면처리가 불량한 경우에는 섬유/매트릭스계면의 박리에 의해 강도저하가 발생하기 쉽다.
③ 용접이 어렵다.
④ 섬유와 매트릭스의 접착의 양부를 평가하는 것이 어렵다.
⑤ 밀도가 큰 것은 경량구조재에 적합하지 않다.

이와 같은 특징에 따라 FRM의 용도로서는 약 400 ℃ 이하에서의 경량내열구조재와 약 1,000 ℃ 이상에서의 내열구조재로 대별될 수 있다.

전자는 매트릭스에 Al과 Mg 등의 경량금속 및 이들의 합금을 이용한 FRM 이 주체이고, 그림 16.4에 표시한 비내력(내력/밀도)과 온도의 관계로부터 잘 알 수 있는 듯이, 재래의 합금과 FRP 등에 비해 내열성의 면에서 상당히 우수하다. 이 때문에 B/Al계 FRM 등이 우주왕복선의 동체 일부와 항공기 부품으로서 사용된 실적이 있다. 한편 후자는 초합금과 고융점합금 등을 매트릭스재에 이용한 것으로서 밀도가 크기 때문에 경량구조재에서는 적합하지 않다. 이 때문에 예를 들면 제트엔진의 고온부재 등과 같은 내열세라믹과 경합할 수 있는 용도의 적용이 고려되고 있다.

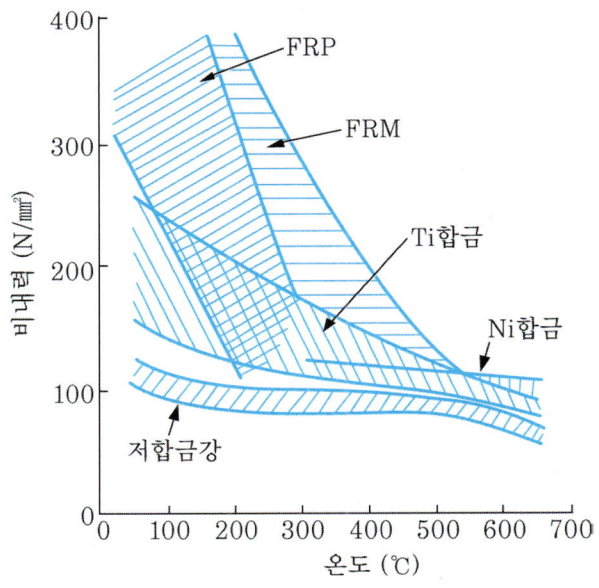

그림 16.4 각종 구조재료의 비강도와 온도와의 관계

그러나 응용실적은 아직 거의 없고 실용화에 관해서는 이후에 기대되는 바가 크다. 현재 응용되고 있는 복합재료의 예를 우주왕복선의 부위별 사용소재로 그림 16.5에 나타내었다.

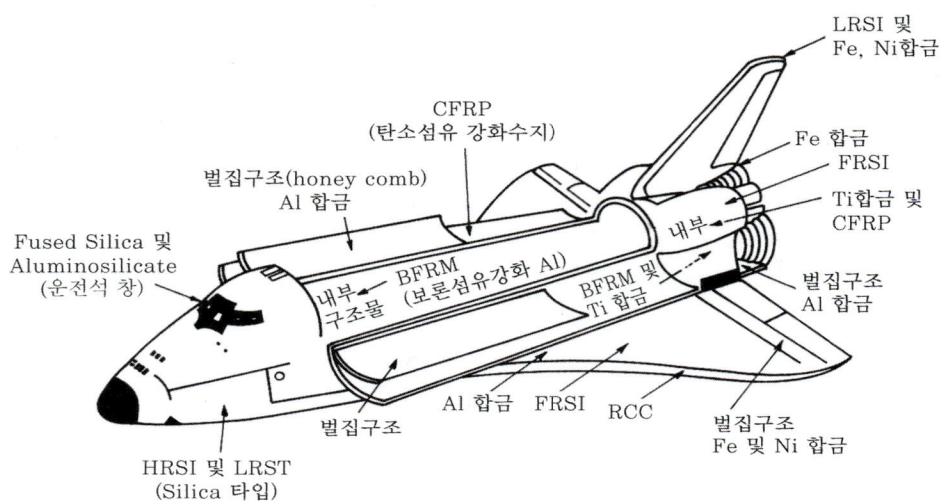

(RCC: Reinforced Carbon-Carbon, LRSI: Low temperature Reusable Surface Insulation, HRSI: High temperature Reusable Surface, FRSI: Felt Reusable Surface Insulation)

그림 16.5 우주왕복선의 부위별 사용소재

16.2 세라믹

16.2.1 개요

인간과 세라믹과의 관계는 멀리 석기시대부터 이어져 왔으며, 오늘날의 세라믹의 원형이라고 할 수 있는 토기와 도자기 등과 같이 소결(sintering)해서 만들어진 것은 수천년의 역사를 가지고 있다. 그러나 이들은 천연에서 출토한 원료의 정제과정만으로 만들어져 식기나 용기 또는 장식품과 생활 필수품으로서 주로 이용되어 왔다. 현재의 세라믹은 인공적으로 합성하고 고순도로 만들어진 원료를 고도의 소결기술에 의해 제조하는 것이 가능하게 되어 소위 뉴세라믹(또는 파인세라믹)으로서 전자공학, 항공우주공학, 원자력공학 등의 첨단적 과학기술을 지탱하는 기반적 재료로 변신하고 있다. 또한 이러한 세라믹은 금속, 플라스틱에 버금가는 3대 재료의 하나로 열거되기까지 성장하기에 이르렀다.

세라믹은 일반적으로 비금속 무기질 고체재료로 정의된다. 그리고 세라믹은 금속에서의 원자결합(금속결합)과는 달리 이온결합이나 공유결합으로 되어 있는 특수한 원자결합을 하고 있다(3.3절).

대부분의 세라믹은 이온결합과 공유결합의 양쪽 성질을 모두 가지고 있으나, 일반적으로 알루미나(Al_2O_3), 지르코니아(ZrO_2)와 같은 산화물계 세라믹은 이온 결합성이 강하고, 탄화규소(SiC)나 질화알루미늄(AlN) 등과 같은 비산화물계 세라믹은 공유결합성이 강하다.

이온결합이나 공유결합은 금속결합에 비하여 원자 간의 결합력이 매우 강하고, 그 때문에 매우 경도가 높은 반면 취약한 세라믹 최대의 특징이 이와 같은 독특한 원자결합 방식에서 비롯된다. 또한 고융점으로 내열성이 뛰어난 점, 전기나 열의 전도성이 작은 점 등 세라믹에서 공통적으로 나타나는 성질도 마찬가지로 상기한 원자결합 방식으로 설명될 수 있다.

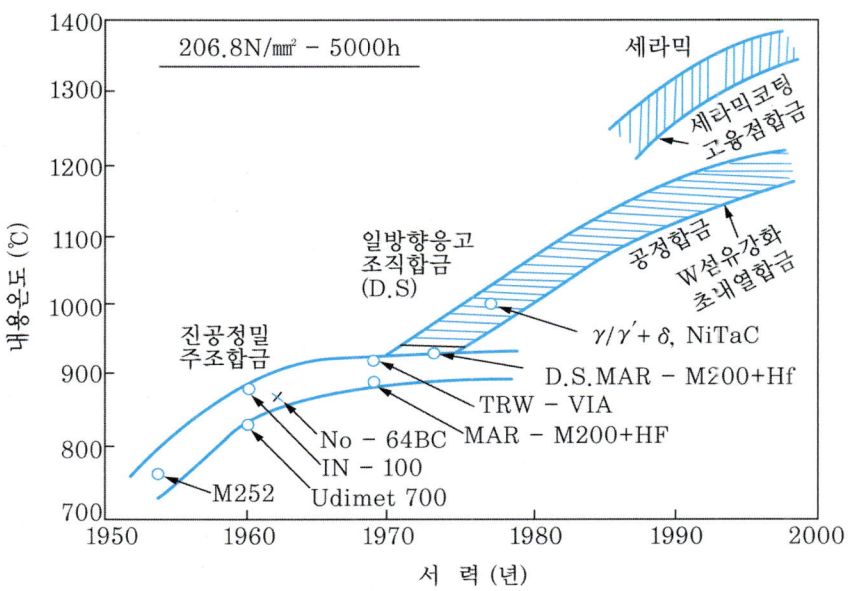

그림 16.6 터빈용 내열재료의 개발동향

세라믹이 갖는 성질 중에서 현재 가장 주목되고 있는 것은 내열성일 것이다. 내열재료의 용도 중에서 온도-응력조건이 가장 가혹하다고 알려진 제트엔진의 블레이드용 재료를 예로 들어 그 개발동향을 그림 16.6에 나타낸다. 이 그림으로부터 알 수 있는 바와 같이 터빈블레이드용 재료의 내용온도(useful temperature)는 최근 더욱 상승하고 있으며, 이와 같은 가혹한 조건을 만족시키기 위해 고온강도가 보다 높은 Ni기 초합금의 개발 및 일방향 응고합금이나 단결정합금 등의 개발이 활발히 진행되고 있다. 그러나 금속재료를 사용하는 한계 내용온도는 약 1,200 ℃ 정도가 한도이며, 그 이상의 온도에서는 더욱 내열성이 탁월한 세라믹의 독무대가 될 공산이 크다.

이와 같이 세라믹은 장래의 내열구조재료로서 매우 크게 기대되고 있으나, 한편으로는 세라믹의 본질적인 약점인 취성을 어떻게 극복하느냐 하는 문제도 남아 있다.

16.2.2 세라믹의 종류

뉴세라믹은 주기율표상 모든 원소를 원료로 이용할 수 있는 큰 특징이 있다. 이 때문에 여러 개의 구성원소의 조합이나 첨가원소량의 조절 등에 의해 고경도, 내열성, 내식성 등의 세라믹 고유의 탁월한 성질은 물론이고, 전기적 및 전자기적 특성, 광학적 특성 등에 관해서도 매우 뛰어난 성능을 갖는 것이 지금까지 개발되어 왔다. 또한 더욱 독특한 세라믹이 가까운 장래에 개발될 가능성도 충분히 있다.

표 16.4는 고강도 내열재료로서 현재 주목되고 있는 각종 세라믹을 주기율표의 분류에 따라 정리한 것이다. 이들은 먼저 산화물계와 비산화물계로 크게 분류되며, 비산화물계는 또한 탄화물계, 질화물계, 붕화물계, 규화물계 및 다이아몬드나 흑연과 같은 탄소(C)계로 분류할 수 있다. 융점은 일반적으로 탄화물계(C를 포함)가 가장 높고, 이어서 질화물, 붕화물, 산화물 순으로 되지만 이 모두가 금속에 비교하면 훨씬 고융점이다. 이 중에서 내열구조용 세라믹으로서 유망시되는 것은 비산화물계의 탄화규소(SiC), 질화규소(Si_3N_4), 다이아몬드 또는 흑연(C), 및 산화물계의 알루미나(Al_2O_3)와 지르코니아(ZrO_2) 등이다. 이 중에서 비산화물계 쪽이 일반적으로 내열성이 탁월하다.

순수한 ZrO_2 또한 1,170 ℃에서 단사정⇌정방정의 상전이를 일으켜, 이에 따른 체적변화(약 4.6 %)에 의해 균열이 발생되기 쉽다. 따라서 이것을 방지하기 위해 MgO나 Y_2O_3 등을 소량 첨가하여 안정화를 노린 부분안정화 지르코니아(partial stabilized zirconia, PSZ)가 현재 주목을 받고 있다.

표 16.4 여러 가지 고강도 내열 세라믹

주기율 표·족	원 소	산화물	탄화물	질화물	붕화물	규화물
IIa	Be, Mg, Ca	BeO, MgO, CaO		$BeSiN_2$		
IIIa	Y, La, Eu, Gd	Y_2O_3, La_2O_3, Eu_2O_3, Gd_2O_3	LaC		LaB_6, EuB_6	$LaSi_2$, $EuSi_2$
IVa	Ti, Zr, Hf	TiO_2, ZrO_2, HfO_2	TiC, ZrC Ti_3SiC	TiN, ZrN Ti_2AlN	TiB_2, ZrB_2	
Va	V, Nb, Ta		VC, NbC, TaC	VN, NbN TaN		
VIa	Cr, Mo, W	Cr_2O_3	Cr_3C_2, Mo_2C WC	CrN		$CrSi_2$, $MoSi_2$, WSi_2
IIIb	B, Al	Al_2O_3	B_4C	BN, AlN	(B_4C, BN)	
IVb	Si	SiO_2	SiC	Si_3N_4		
	기 타	ThO_2, UO_2	UC, C	Si-Al-O-N		

16.2.3 세라믹의 제조법

세라믹은 원료분말을 성형·소결하여 만드는 것으로 금속재료와는 다른 독특한 제조기술이 필요하게 된다. 특히 세라믹이 갖는 성질의 대부분이 이 제조공정에서 결정되기 때문에 제조기술은 세라믹개발에 있어서 가장 중요한 위치를 차지한다. 그림 16.7은 파인세라믹의 일반적인 제조공정의 흐름도이다.

이 중에서 특히 중요한 것은 원료합성기술, 성형·소결기술 및 가공기술이며, 오늘날 세라믹이 널리 사용하게 된 것은 이들 혁신기술에 의해 가능하게 되었다.

신뢰성이 높은 세라믹을 만들기 위해서는 먼저 품질이 좋은 원료분말이 필요하다. 원료분말로서 요구되는 품질로서는 고순도, 미립, 균질 및 소결성이 높을 것 등이며 무엇보다 Fe, Ca, Al 등의 금속 불순물이나 유리된 C와 O를 저감시키는 것이 신뢰성 향상을 위해 바람직한 것이다. 또한 원료분말의 미립화는 세라믹 제품의 파괴기점으로 되는 결함(기공, 균열 등)의 크기를 감소시키는데 매우 효과적인데, 고강도 세라믹으로서는 불가결한 요소이다.

성형기술에 관해서는 제품의 크기, 형상 등에 따라 여러 가지 방법이 실용화되고 있으나 기본적으로는 그림 16.7에 나타낸 바와 같이 주입성형, 가소성형 및 가압성형의 3종류로 분류할 수 있다. 주입성형법은 원료분말을 물에 분산시켜 석고와 같이 물기를 흡수할 수 있는 형에 주입하여 고형화시키는 재래의 성형법이다. 이 방법은 가격이 저렴한 것에 비해서는 균질이며 비교적 고밀도의 성형체를 얻을 수 있는 것이 가능한데 대표적인 방법으로서 슬립캐스트(slip cast)법이 있다.

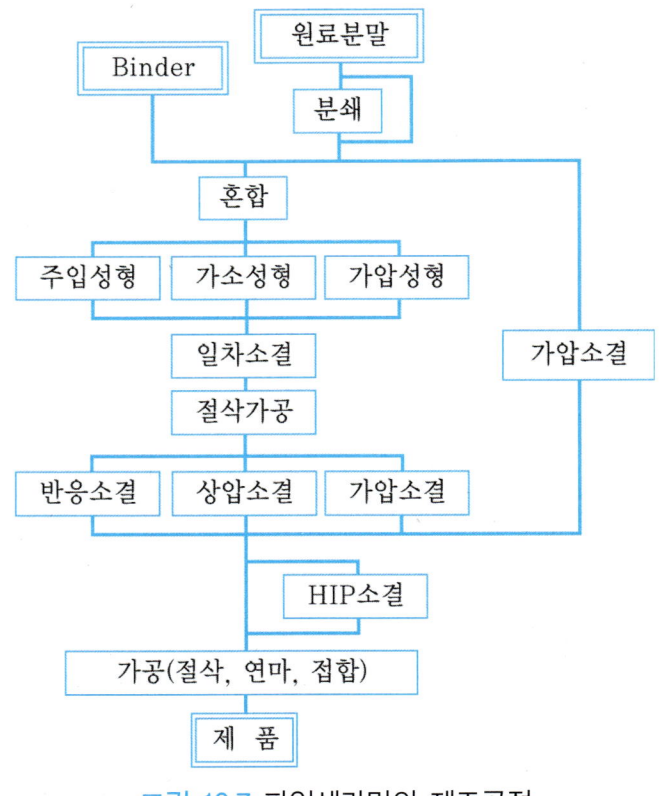

그림 16.7 파인세라믹의 제조공정

가소성형법은 원리적으로는 플라스틱의 성형과 마찬가지이며, 원료분말에 가소성 수지를 주체로 하는 바인더를 혼합·가열하여 유동성을 높여서 금형에 압축하여 밀어 넣어 성형한다. 이의 구체적 방법으로는 사출성형, 압출성형, 압축성형 등이 있다. 이 중에서 특히 사출성형법은 균질성이 뛰어날 뿐만 아니라 소결 후 치수 정밀도가 높고, 또한 복잡한 형상을 가진 제품의 대량생산에도 적합하다. 터빈 로터나 블레이드 등의 고강도 세라믹의 성형법으로서 가장 주목을 받고 있는 것 중의 하나이다.

가압성형법은 원료를 가압하여 성형시키는 방법으로 1축프레스, 냉간 정수압프레스(cold isostatic press, CIP), 핫프레스(hot press, HP), 열간 정수압프레스(hot isostatic press, HIP) 등의 방법이 있다. 이중에서 가장 유망시되는 것은 CIP이다. 대량생산성은 낮지만 등방적으로 가압이 될 수 있기 때문에 1축성의 가압에 비하여 균일성이 높고 소결시의 수축에도 방향성이 없다. 또한 복잡한 형상의 대형부품 성형도 가능하다.

한편, 소결기술 또한 세라믹의 종류에 따라 여러 가지의 방법이 개발되고 있다. 그 대표적인 특징은 표 16.5에 나타낸 바와 같으나 기본적으로는 반응소결, 상압소결, 가압소결(hot press, HIP)로 분류할 수 있다.

Al_2O_3나 ZrO_2와 같은 산화물계 세라믹은 일반적으로 소결성이 좋기 때문에 상압소결법에 의해 충분한 소결이 달성될 수 있다. 이에 대해서 SiC나 Si_3N_4 등의 비산화물계 세라믹은 공유결합성이 강하기 때문에 소결성이 나쁘며('난소결성'이라고 함), 따라서 탄화나 질화 등의 화학반응을 이용한 반응소결법을 이용하든가 혹은 Al_2O_3, MgO, Y_2O_3 등의 소결촉진제('소결조제'라고 함)를 원료분말 중에 적당량 첨가하여 상압소결법 또는 가압소결법에 의해 소결체를 얻고 있다.

따라서 비산화물계 세라믹에서는 여러 가지 소결방법의 선택에 따라 특성값이 다르게 나타날 수 있기 때문에, 예를 들면 반응소결(RS) Si_3N_4나 상압소결 Si_3N_4 등과 같이 물질 이름 앞에 소결방법을 부기하는 것이 일반적인 예이다. 표 16.6은 세 종류의 소결방법에 의해 제조된 Si_3N_4의 여러 가지 특성을 비교한 것이다.

표 16.5 세라믹의 대표적인 소결방법과 특징

종 류	제 조 방 법	특 징
반응소결	화학반응을 이용하여 소결체를 합성	치수정밀도가 양호, 복잡한 형상이 가능, 기공이 잔존하기 때문에 강도가 낮음. 비산화물계 세라믹 제조용
포스트 반응소결	반응소결에 MgO 또는 Y_2O_3 등의 소결 조제를 작용시켜 치밀화를 도모함	반응소결의 경우보다 치밀하게 되어 강도가 향상된다.
상압소결	공기중 또는 제어분위기 중에서 성형체를 무가압소결	가격이 저렴, 복잡한 형상이 가능. 치수정밀도가 낮음. 저강도, 산화물계 세라믹 제조용
Hot Press	mold 중에서 1축가압을 실시하면서 가열	치밀성이 높고 고특성이 얻어지기 쉽다. 치수와 형상에 제약이 있다. 생산성이 낮음. 소결이 어려운 세라믹에 적합
Hot Iso-static Press(HIP)	고압의 가스 중에서 등방적으로 가압하면서 가열	소결체 중의 결함제거에 유효함. 고특성이 얻어지기 쉬움. 고가 소결이 어려운 세라믹에 적합
초고압 Hot Press	고온 초고압력하에서 소결	소결 조제를 첨가하지 않고도 다이아몬드, BN 등의 소결이 어려운 세라믹의 치밀화 소결이 가능. 소형제품에 한정.

표 16.6 여러 가지 소결법에 의한 Si_3N_4의 특성

특 성 소결법	밀 도 (g/cm^3)	굽힘강도(실온) (N/mm^2)	굽힘강도(1200℃) (N/mm^2)	탄성계수 ($\times 10^3$N/mm^2)	열전도율 (w/m℃)
반응 소결	2.70	290	290	240	—
상압 소결	3.20	830	700	270	14
Hot Press	3.27	980	880	310	29

세라믹 소결체는 일반적으로 가공이 어려운 재료이기 때문에 소결의 단계에서 제품의 치수, 형상을 마무리 가공을 하여 2차가공을 될 수 있는 한 피하는 것이 바람직하다. 그러나 건조시나 소결시 수축이나 변형 등에 의해 현상태에서는 2차가공을 피할 수 없으며, 그 때문에 세라믹의 가공기술도 또한 중요하다. 현재 세라믹의 제조비용 중 가공비용이 매우 높다. 절삭 등의 기계가공에 있어서는 다이아몬드 공

구의 사용이 현재로서는 주류를 이루고 있으나, 차츰 레이저나 전자빔, 초음파 등에 의한 비접촉 가공방법이 도입되는 단계에 있다. 또한 SiC 등과 같이 도전성이 있는 세라믹에 대해서는 방전가공이 적용될 수 있기 때문에, 가공성을 중요시하여 SiC첨가에 의해 도전성을 갖게 한 Si_3N_4의 개발도 시도되고 있다.

세라믹을 구조재료로서 사용할 경우, 세라믹 단독으로 사용될 수 있는 용도는 매우 적고, 보통은 금속과 조합시켜 기능을 발휘하는 경우가 많다. 따라서 조합기술의 하나로서 접합이 불가결하게 된다. 접합방법은 삽입금속을 사용한 브레이징법이 연구 개발 중에 있으며, 이 방법에 있어 접합계면의 야금학적 현상과 잔류응력에 관해 많은 연구가 진행되고 있다.

16.2.4 세라믹의 성질과 용도

(1) 성질

세라믹의 성질은 기본적으로는 구성원소의 종류와 화합물의 결정구조에 의해 지배적으로 영향을 받게 되나, 현실적으로는 원료나 제조공정에 의해 영향을 받는 경우가 많다. 이것은 세라믹이 갖는 성질이 재료의 미세구조나 성분의 미시적인 분포상황 등과 밀접하게 관련되어 있기 때문이며, 특히 미량불순물의 입계편석이 세라믹의 성질에 지대한 영향을 미친다는 것이 잘 알려져 있다.

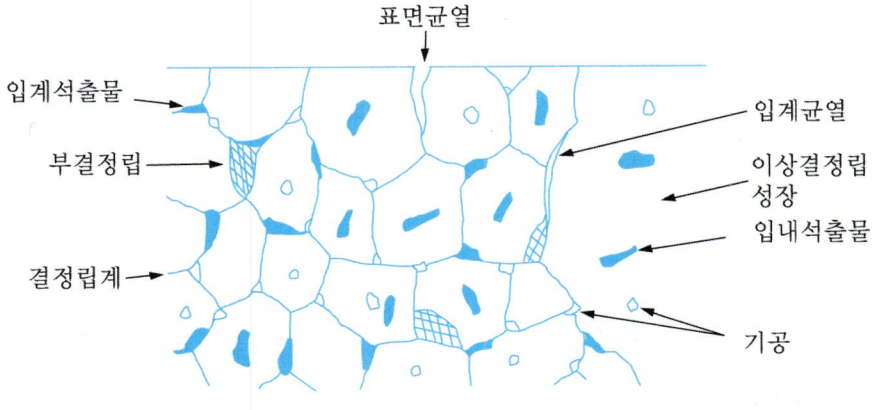

그림 16.8 세라믹의 일반적인 구조모델

그림 16.8은 세라믹의 일반적인 미세구조 모델이다. 이와 같은 구조는 대략 다결정 금속재료의 현미경 조직과 유사하나, 세라믹에는 기공이나 입계균열 등의 내재적인 결함이 제조단계에서 상당히 다량 도입되어 있는 것, 또한 원료분말 중에 첨가물로서 혼입된 성분이 편석하여 부결정립을 형성하거나 입계에 글라스(glass)상이라 불리는 액상을 생기게 하기 쉬운 것 등의 특징이 있다. 이와 같은 미세구조에 의해 큰 영향을 받는 성질로서는 기계적 성질을 비롯하여, 전기적 성질, 자기적 성질, 광학적 성질 등이 있으며, 한편 미세 구조의 영향을 받기 어려운 성질 중 특히 중요한 강도, 내열성, 내식성에 대해 설명하고자 한다.

1) 강도특성

일반적으로 세라믹의 강도는 미세구조를 비롯한 재료본래의 내부구조에 의존하는 고유요인과, 가공조건이나 사용조건 등과 같이 외부로부터 연유하는 외부요인의 양쪽으로부터 영향을 받는다. 이들 두 요인의 구체적인 예를 열거하면 다음과 같다.

표 16.7 세라믹의 강도에 영향을 미치는 요인

고 유 요 인	외 부 요 인
• 원자의 결합 상태 • 결정구조 • 구성상과 그 존재 상태 • 결정입경과 그 형상 • 기공의 크기, 량, 분포상태 • 결정립계 • 화학조성 • 구성상(phase) • 결합강도	• 표면성상(변질층, 거칠기) • 가공손상(변형, 균열) • 형상 • 거시적인 응력조건 • 온도 • 환경

실온부근의 온도영역에서 강도를 향상시키기 위한 첫번째의 필요조건은 결정립의 미세화이다. 세라믹의 미립화는 내재적인 균열의 크기를 감소시킬 뿐만 아니라 균열진전에 대해 장애물이 되는 결정입계의 면적을 증가시키는 효과도 함께 갖는다. 강도향상을 위한 두번째의 필요조건은 기공의 밀도(기공율)의 저감이다. 세라믹의 강도는 기공율의 감소에 따라 지수함수적으로 향상되는 것이 알려져 있다.

16.2.1항에서 기술한 바와 같이 세라믹은 이온결합성이나 공유결합성이 강하기 때문에 원자간의 결합력에 기인한 이론강도는 원래 높다. 그러나 실제로는 이론강도의 1/100 정도의 낮은 응력에서 파괴되고 있으며, 파괴강도로 비교하면 고장력강보다도 오히려 낮다. 이것은 세라믹의 표면 또는 내부에 존재하는 균열의 선단부분에 응력집중이 생겨 이것이 취성파괴의 기점으로 되기 때문이며, 이 경우의 파괴강도 σ_f는 그리피스(Griffith)의 식에 의해 다음과 같이 나타낼 수 있다.

$$\sigma_f = \sqrt{2E\gamma_s/\pi C} \tag{16.1}$$

여기서 $2C$: 불안정 전파를 일으키는 한계균열길이,
γ_s : 균열면의 표면에너지, E : Young율

따라서 세라믹의 파괴응력을 높여 강도를 향상시키기 위해서는 결정립의 미세화에 의해 균열크기를 감소시키는 것이 필요하다.

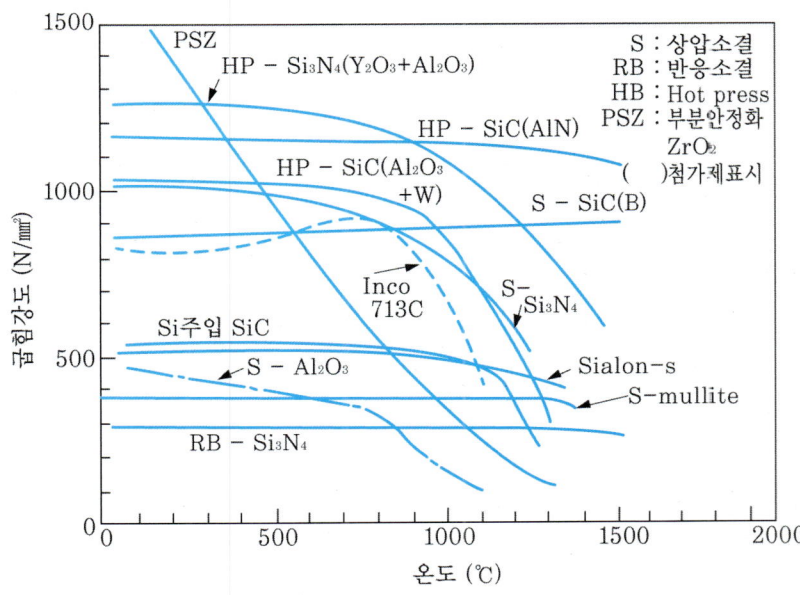

그림 16.9 대표적인 세라믹 강도의 온도 의존성

2) 내열성(고온강도)

세라믹의 고온강도 또한 표 16.7에 나타낸 여러 가지 요인의 영향을 받는다. 세

라믹이 충분히 높은 고온강도를 유지하기 위해서는 공유결합성이 강한 고순도 화합물로, 소결체의 밀도가 이론값에 가깝고, 결정립 크기가 미세하고 균일하며, 입계상의 내열성이 높을 것이 요구된다.

그림 16.9는 대표적인 내열세라믹의 굽힘강도의 온도 의존성을 비교한 것이다. 앞에서 언급한 조건을 만족하는 내열 세라믹으로서는 Al_2O_3나 PSZ 등의 산화물계보다도 SiC나 Si_3N_4 등과 같은 비산화물계 쪽이 유망하며, 또한 핫프레스(hot press)와 같은 치밀화 소결을 시행하는 것이 고온강도를 높이는데 유리하다는 것을 알 수 있다.

그러나 비산화물 세라믹은 소결이 어렵고, 사용하는 소결조제에 따라서는 입계에 생성된 글라스(glass) 상이 고온강도를 현저하게 해칠 가능성도 있기 때문에 소결방법과 더불어 소결조제의 종류나 량에도 주의를 기울일 필요가 있다.

3) 내식성

먼저 산 및 알칼리 용액에 대한 내식성에 대해 생각한다. BeO, MgO, ThO_2 등의 염기성 산화물은 일반적으로 알칼리 용액에는 강하지만 산에는 침식되기 쉽다. 한편 SiO_2, SiC, B_4C, Si_3N_4 등의 산성 산화물이나 화합물은 산에는 강하지만 알칼리 용액에는 침식된다. 또한 Al_2O_3, ZrO_2, Cr_2O_3 등은 이들 양쪽의 중간적인 거동을 나타낸다. 그러나 이들에 첨가물이 가해지면 내식성은 큰 영향을 받아서, 먼저 첨가원소의 입계편석에 의해 입계침식을 유발하기 쉬운 위험성이 생긴다.

다음으로 산화분위기 중(공기, 산소 등)에서의 고온산화에 대해 생각한다. Al_2O_3를 비롯한 ThO_2 등의 산화물은 열역학적으로 매우 안정하기 때문에 산화분위기 중에서는 양호한 내산화성을 나타내며, 융점 부근까지 거의 영향을 받지 않는다. 이에 대해 비산화물계 세라믹은 원래 고온의 산화 분위기 중에서 산화물이 표면에 생기기 때문에 보호 산화피막에 의해 산화가 억제될 것인가, 어떤가는 고온에서 적용성을 결정짓는 중요한 점이다. SiC나 Si_3N_4 등은 고온산화에 의해 SiO_2의 안정된 보호피막을 형성하기 쉽기 때문에 Si를 포함하지 않은 세라믹보다도 내산화성은 상당히 높고, 예를 들면 SiC의 내산화온도(내산화성의 견지에서 사용 상한온도)는 약 1,600 ℃의 고온이다. 그러나 첨가물이 편재하면 국부산화를 조장하여 강도열화를 초래할 위험이 있다. 또한 열사이클을 받으면 보호피막의 열화가 촉진되기 때문에 내산화온도는 등온산화의 경우에 비하여 저하하는 것이 보통이다. 또한 수증기의 존재도 내산화성에 나쁜 영향을 줄 수 있다는 것이 알려져 있다.

가스터빈이나 디젤기관 등의 고온구조재료로서 세라믹을 사용하는 경우, 연소가스 중이나 연소회(ash) 중에서의 탁월한 내식성이 요구된다.

이들의 열기관에 있어서 주 연소생성물인 Na_2SO_4나 Na_2CO_2 등의 알칼리 용융염 중에서는 SiC나 Si_3N_4보다도 Al_2O_3나 ZrO_2 등의 고순도 산화물 세라믹 쪽이 일반적으로 내식성이 양호하다. 또한 NaOH나 KOH 등의 용융염 중에서도 Al_2O_3나 ZrO_2는 어느 정도 견딜 수 있으나, SiC와 Si_3N_4는 완전히 분해되어 버린다. 한편 불소 F나 염소 Cl 등의 할로겐 및 할로겐화물은 부식성이 강하며 대다수의 세라믹이 부식되어 버린다. 이 중 부식성이 가장 강한 것은 F와 그 화합물(HF)이며, 이들에 의해 침식되기 어려운 세라믹으로서는 흑연이나 BN 등이 있을 뿐이다.

이상, 세라믹의 내식성이라고 해도 환경조건은 매우 다양하며, 여러 가지 부식환경 중에서 세라믹의 내식성이 체계적으로 평가되는 단계에는 아직 도달해 있지 않다. 세라믹의 내식성을 생각할 경우에는 ① 주성분에 의해 지배되는 본질적인 것, ② 첨가물에 기인한 것, ③ 제조공정의 특수성에서 유래한 것, 등 이 가운데서 어떤 것이 결정적인 요인으로 되어 있는가를 고찰하는 것은 매우 중요한 사항이다

(2) 용도

1) 기능재료로서의 용도

세라믹은 전기·전자·자기·광학 등의 여러 가지 특성이 탁월한 것이 많으며, 매우 넓은 범위에 걸쳐 고기능재료로서 널리 사용되고 있다. 여기서는 전기특성과 광학특성을 예로 들어 세라믹응용의 일례를 설명하고자 한다.

먼저 전기특성에 관해서는 세라믹의 종류나 첨가물의 조정에 의해 절연성, 유전성, 반도(semiconductive)성, 도전성 등의 광범위한 특성을 이용할 수 있다. 예를 들면 Al_2O_3는 절연성이 높기 때문에 전자 관련분야에 있어서 대표적인 절연재이며 IC기판, 반도체 패키지, 애자, 점화플러그 등 많은 용도에 사용되고 있다.

유전성을 갖는 세라믹으로서는 티탄산·바륨($BaTiO_3$)이나 티탄산·스트론튬($SrTiO_3$) 등이 있으며, 반도체 콘덴서나 적층콘덴서 등의 세라믹 콘덴서로서 자동차, 카메라, VTR, OA기기 등에 조립품으로 응용되어 생산량이 매년 착실히 증가하

고 있다. 이 중에서 특히 $SrTiO_3$는 초전도성도 함께 갖고 있다는 것이 알려져 있다.

한편, 반도성을 갖는 세라믹의 대표적인 기능은 서미스터(thermistor)와 배리스터(varistor)이다. 서미스터란 온도에 대해서 비저항이 지수함수적으로 변화하는 것이며, 여기에는 온도상승에 대해서 비저항이 작아지는 부특성의 NTC(Negative Temperature Coefficient)와, 반대로 크게 되는 PTC(Positive Temperature Coefficient)가 있다.

NTC서미스터에는 Mn-Co-Ni-Fe계의 스피넬(spinel)형 산화물이 주로 이용되며 냉장고, 에어컨, 디지털체온계, 전자조리기, 자동차 배기가스 온도검지기 등 광범위한 온도센서로써 사용되고 있다. 한편 PTC서미스터용 재료로서는 $BaTiO_3$계 반도체 세라믹이 대표적인 것으로 약 300 ℃ 이하에서 사용된다. 이 세라믹은 비저항 값이 일정한 온도를 경계로 해서 급격히 변화하기 때문에, 용도는 NTC와는 달리 예를 들면 과전류 보호, 정온히터, 컬러텔레비전의 소자용 소자로서 이용되고 있다.

또한 배리스터(varistor)란 전압의 변화에 대해서 비저항이 비직선적으로 변화하는 것을 말하며, 저전압에서는 절연성이 높으나 고전압이 되면 양도성으로 된다. 세라믹배리스터로서는 SiC와 ZnO계(Bi_2O_3 등을 첨가함)가 주류를 이루고 있으며, 현재로는 후자가 주류를 이루고 있다. 이들은 송배전회선이나 전화회선 등 기기의 피뢰(lightning arrestor)용, 자동차에 있어서 마이크로컴퓨터의 오작동방지를 위한 기기의 노이즈(noise)발생 방지용 등 많은 전기·전자기기에 사용되고 있다.

또한 반도체 세라믹이 갖고 있는 특성 중 특정의 가스 농도에 대응하여 저항값이 크게 변화하는 성질을 이용하여 여러 가지의 가스센서로서의 용도도 많다. 예를 들면 도시가스를 대상으로 한 세라믹 가스센서로서는 SnO_2계, ZnO계, Fe_2O_3계 등이 있으며, 가스 누설의 검지기나 방지장치에 이용되고 있다. 한편 산소센서로서는 TiO_2계 등이 있다. 또한 산소센서로서는 이 외에도 이온전도성의 고체전해질 세라믹인 ZrO_2계(Y_2O_3첨가)가 유명하다.

도전성을 갖는 세라믹으로서는 SiC가 특히 유명하며, 노(furnace)용 발열체에 많이 이용되고 있다. 또한 이 외에도 $MoSi_2$나 $LaCrO_3$ 등이 있으며, 연료 전지용 전극 등에 이용되고 있다.

한편, 세라믹이 갖는 독특한 광학특성이 주목을 받고 있으며, 비교적 역사는 짧으나 여러 가지 용도 개발이 진행되고 있다. 표 16.8은 세라믹이 갖는 구체적인 광학특성과 그 응용례를 나타낸 것이다. 이 중 현재 가장 각광을 받고 있는 것은 광통신용 광파이버(fiber) 일 것이다. 이것은 주로 석영계 글라스세라믹이 갖는 높은 도광성을 이용한 것이며, 종래의 금속선보다도 경량일 뿐만 아니라 전송손실이 매우 작고, 또한 전자유도의 영향을 받지 않는 등 많은 장점을 갖고 있다.

표 16.8 세라믹의 기본적인 광학특성과 응용례

광학특성	내 용	응 용 례
투 광 성	빛을 투과한다.	내열적외선 투과창, 반사방지막, 광파이버, 광파이버센서
도 광 성	특정의 경로로 빛을 전파한다	
흡 광 성	특정한 파장의 빛을 흡수한다	디스플레이, 착색안경, 광스위치, 램프·브라운관의 형광체 응용, 고체레이저 등
발 광 성	빛을 발한다.	

이 때문에 광파이버는 INS(고도정보시스템), VAN(부가가치통신망), CAPTAIN (문자도형정보 네트워크) 등 최신의 고도 정보처리시스템에 불가결한 존재로 되어 있다.

2) 구조재료로서의 용도

세라믹은 그 탁월한 강도(고경도), 내열성, 내식성 등에 의해 구조재료로서의 용도도 매우 많다. 구조용 세라믹으로서 현재 가장 많이 이용되고 있는 것은 앞에서 언급한 Al_2O_3, ZrO_2(PSZ), Si_3N_4, SiC의 4종류가 있다. 이들의 여러 가지 특성을 표 16.9에 나타내고 있으나, 각각의 특성을 이용하여 다음과 같은 용도에 사용되고 있다.

표 16.9 대표적인 구조용 세라믹의 특성

특성 재료	밀 도 (g/cm³)	굽힘강도 (실온) (N/mm²)	굽힘강도 (1200℃) (N/mm²)	종탄성계수 (×10³N/mm²)	열팽창계수 (20~1000℃) (×10⁻⁶/℃)	열전도율 (W/m·℃)
상압소결 Al_2O_3	3.98	340	—	390	8.5	25
상압소결 PSZ	6.05	1,170	—	200	10.0	1.9
상압소결 Si_3N_4	3.20	830	700	270	3.0	14
상압소결 SiC	3.15	340	370	400	4.8	90

먼저 Al_2O_3는 산화물계 세라믹 중에서 고강도의 부류에 속하여 상압소결에 의해 대형의 제품도 비교적 용이하게 제작할 수 있으며, 공구, 금형, 공작기계 부품, 각종 습동부품, 베어링, 밸브, 노즐 등 경도나 내마모성이 요구되는 구조부재로서 가장 많이 이용되고 있다. 그러나 비산화물계 세라믹에 비해 고온강도가 매우 낮을 뿐만 아니라 내열충격성도 작기 때문에 고온구조재료로서의 유용성은 별로 없다.

ZrO_2 세라믹 중 구조재료로서 이용되고 있는 것은 PSZ이다. PSZ 중에는 실온에서의 굽힘강도가 1,000 N/mm^{2}이상에 달하여 세라믹 중에서 최고의 강인성을 갖는 것도 있다. 용도로서는 Al_2O_3와 마찬가지로 다이스, 지그, 바이트 등의 내마모성 부품에 사용되는 경우가 많다. 또한 열팽창률이 주철에 가까우며, 열전도율이 작다는 특성을 이용하여 단열 디젤엔진부품 등으로서의 적용도 시도되고 있다. 그러나 PSZ도 또한 고온에서의 강도저하가 현저하게 나타나기 때문에 고온구조재로서 사용될 수 있는 온도는 약 1,000 ℃이하로 한정된다.

여기서 ZrO_2는 상술한 바와 같이 단열성이 높기 때문에 이것을 내열합금표면코팅을 하면 탁월한 열차폐 효과를 기대할 수 있다. 이와 같은 목적으로 개발된 코팅은 열차폐 코팅(thermal barrier coating, TBC)이라 불리어져 가스터빈이나 제트엔진 부품으로의 응용이 진전되고 있으며, 일부는 이미 실용화되고 있다. 그림 16.10은 가스터빈 블레이드(냉각 블레이드)에 있어서 TBC의 원리를 나타내었으나 표층

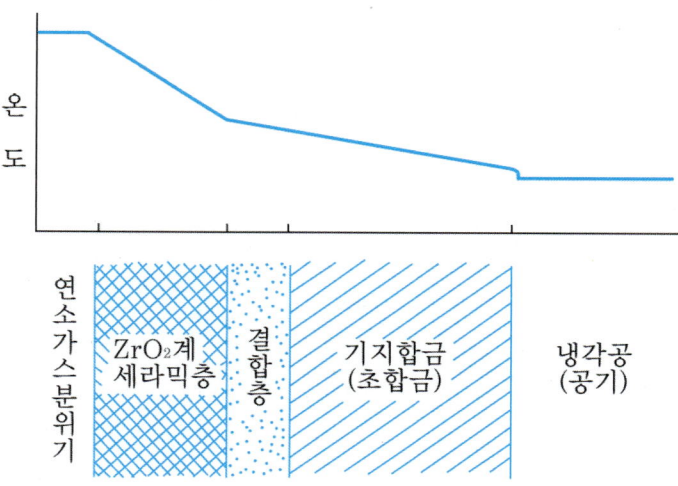

그림 16.10 열차폐 코팅원리(가스터빈 냉각 블레이드)

의 ZrO_2계(Y_2O_3를 10~20 %정도 첨가하여 안정화를 도모함) 세라믹층의 높은 열차폐 효과에 의해 TBC가 없는 경우에 비하여 기지합금(초합금)의 온도를 약 100 ℃ 이상 저감시킬 수가 있다.

ZrO_2계 세라믹층은 플라즈마(plasma) 용사나 화학증착(CVD)(8.2항) 등의 코팅법에 의해 형성되며, 기지합금과의 밀착성을 높이기 위해서 중간에 결합층을 생성시키는 것이 필요하다. 결합재로서는 현재 기지합금과 표층 세라믹의 중간 정도의 열팽창률을 가지며, 내식성과 내산화성이 탁월한 MCrAlY합금(M: Ni 또는 Co)이 가장 유력한 후보로 되어 있다. 이와 같이 합금이 갖는 높은 강인성과 세라믹이 갖는 높은 단열성, 내열성의 조합에 의한 복합재료적인 이용은 취성재료인 세라믹의 용도를 확대시키는데 효과적이다.

한편, 비산화물계인 Si_3N_4와 SiC는 산화물계 세라믹에 비하여 내열성이 뛰어날 뿐만 아니라, 밀도가 작고 경량화가 될 수 있기 때문에 1,000 ℃ 정도 이상의 고온구조재료로서 이들의 상압소결재가 기대되고 있다. Si_3N_4와 SiC의 특성을 비교하면 전자 쪽이 내열성이 약간 떨어지지만 내열충격성은 뛰어나기 때문에 디젤엔진, 터보차저 로터, 베어링 등 약 1,200 ℃ 이하에서의 내열용도에는 오히려 전자 쪽이 많은 실적을 갖고 있다.

이에 대해서 후자의 경우에는, 특히 B 또는 B_4C 등의 소결조제를 이용하여 상압 소결을 실시하면 1,500 ℃ 정도까지 강도저하가 생기기 않기 때문에 가스터빈 연소기와 같은 고온에서의 용도에 적합하다. 그러나 Si_3N_4와 SiC 양쪽 모두 인성이 높지 않기 때문에 가스터빈의 가동블레이드와 같은 동적인 고부하를 받는 부품에 적용하기 위해서는 인성을 더욱 향상시킬 필요가 있다.

3) 생체재료로서의 용도

세라믹의 독특한 용도의 한 분야로서, 인공뼈나 치관, 치근 등에 생체재료의 적용이 있다. 뼈나 이(tooth) 등 경한 조직의 복구에는 STS316 스테인리스강, Co-Cr합금, Ti합금 등과 같은 생체 내에서 부식되기 어려운 금속재료, 또는 규소수지나 고밀도 폴리에틸렌 등과 같이 생체내에서 비교적 안정한 유기고분자 재료가 주로 이용되어 왔으나, 이들은 생체조직과 친화성이 좋다고 할 수 없었다. 이에 대해서 세라믹은 일반적으로 내식성이 양호할 뿐만 아니라 생체조직과 친화성이 좋고, 일부 세라믹에는 생체

뼈와 결합하여 서서히 일체화하는 것도 있다는 것이 발견되고 있다.

생체재료로서 지금까지 응용이 검토되고 있는 세라믹(바이오세라믹)을 열거하면, 치관용으로서는 K_2O-MgF_2-MgO-SiO_2계, CaO-Al_2O_3-P_2O_5계 및 MgO-CaO-SiO_2-P_2O_5계 등의 결정화 글라스(glass)가, 한편 치근이나 인공뼈로 이용되는 임플랜트(implant)용으로서는 생체조직과 반응하지 않는 Al_2O_3, PSZ, TiO_2 및 MgO-Al_2O_3-TiO_2-SiO_2계 결정화 글라스와, 생체조직과 반응하는 수산아퍼타이트 $[Ca_{10}(PO_4)_6(OH)_2]$, Na_2O-CaO-SiO_2-P_2O_5계 바이오글라스 등이 있다. 이 중에서 생체조직과 반응을 일으키는 데는 인체와의 공통성분인 Ca가 반드시 포함되어 있으며, 수산아퍼타이트는 뼈의 주요 구성물질이기 때문에 이것과 뼈의 화학결합성은 매우 양호하다.

이들의 바이오세라믹은 역사가 아직 짧고 응용실적도 충분하지 않으나 임상응용이 현재 착실히 진행되고 있어서 금후 꾸준히 보급되리라 기대된다.

16.3 엔지니어링 플라스틱

16.3.1 개요

플라스틱(plastic)이란 폴리에틸렌(polyethylene), 폴리프로필렌(polypropylene), PVC(polyvinyl chloride) 등과 같이 값싸고 성형하기 쉬우며 대량생산이 가능한 것을 말하며, 일반가정용품, 공업용부품, 구조재, 전기절연재 등 금속을 대신하는 재료로 사용되어 왔다.

종래의 플라스틱은 대개가 열에 약하고 무르든가, 잘 부러지기 쉬운 재료로 생각되지만 엔지니어링 플라스틱(engineering plastic)은 금속처럼 단단하여 내열성이 우수하고 충격에도 강하면서 성형이 쉽고 가벼운 재료로서 금속을 대체 할 수 있는 새로운 경량재료로서 각광을 받고 있다. 철의 비중이 7.8, 알루미늄이 2.7에 비해 엔지니어링 플라스틱은 1.0~1.5이므로 자동차의 경량화를 위한 신소재일 뿐만 아니라 TV수상기 등의 가전기구, VTR을 비롯한 전자기기 등에 이용이 더욱 확대되고 있다. 최근에는 체인, 기어, 브레이크 등을 제외하고는 모두 엔지니어링 플라스틱을 사용한 총무게 13 kg짜리 경량 자전거가 개발되기도 하였다. 그림 16.11은 세계의 플라스틱과 금속재료의 소비실태를 나타낸 것이다.

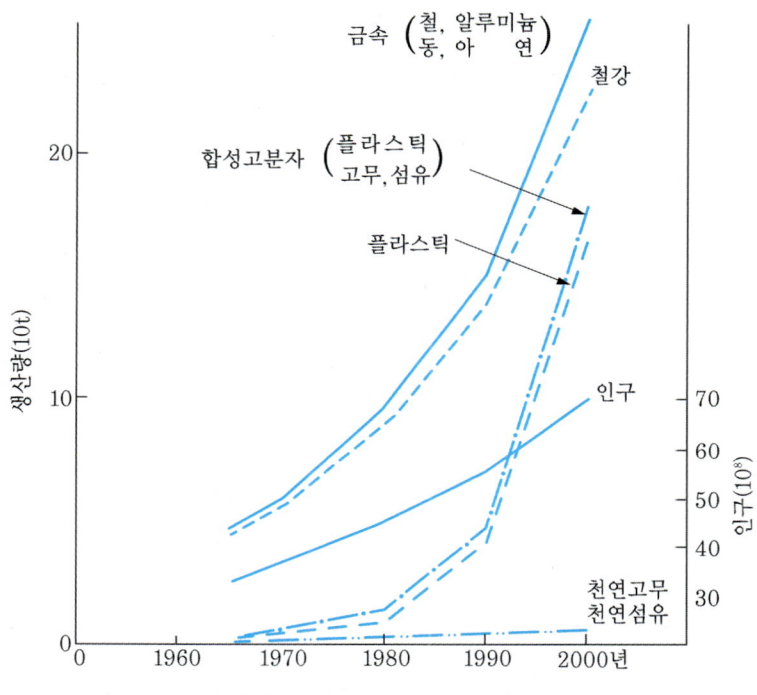

그림 16.11 세계의 플라스틱 및 금속재료의 소비실태

16.3.2 플라스틱의 미세구조

고분자 플라스틱의 결합특성을 보면 긴 사슬 모양의 분자를 이루고 있는 원자들 간에는 강한 공유결합을 하고 있지만, 분자사슬과 분자사슬 사이에는 약한 반데르발스(Van der Waals) 결합을 하고 있다. 이러한 플라스틱의 특이한 구조가 금속이나 세라믹 등 다른 재료와는 다른 여러 가지 특성을 나타낸다. 고분자는 탄소(C)원자와 수소(H), 산소(O), 질소(N), 불소(F), 실리콘(Si), 황(S), 염소(Cl)와 같은 원소들 간의 결합으로 이루어져 있으며, 이들 총 8개의 원소들만을 가지고도 수천 가지의 서로 다른 플라스틱을 만들 수도 있다.

메탄가스(CH_4)를 보면 1개의 탄소와 4개의 수소가 공유결합을 하고 있으며, 에탄가스(C_2H_6)는 CH_4에 비해 탄소 1개와 수소 2개가 더 많다. 이런 식으로 탄소와 수소의 수가 증가하여 프로판(C_3H_8), 부탄(C_4H_6), 파라핀($C_{18}H_{38}$)…순으로 계속해서 분자체인이 길어지고 분자량이 증가하게 됨에 따라 기체, 액체를 거쳐 점점 고체의 특성을 갖게 되는데, $C_{100}H_{202}$가 되면 플라스틱의 특성에 가까워지기 시작한다. 계속해서 CH_2 그룹의 수가 점점 증가하면 강도나 인성이 증가하고 그리하여 백만개 이상의 CH_2가 결합을 하게 되면 폴리에틸렌(polyethylene)이라고 불리는 플라스틱이 된다.

폴리에틸렌은 그림 16.12(a)와 같은 기본단위인 단량체(monomer) 에틸렌들이 중합(polymerization)하여 길게 연결되어 이루어진 고분자 화합물이다. 그리고 실제구조는 16.12(b)에서 보는 바와 같이 탄소원자 사슬이 일직선상으로 길게 연결된 것이 아니라 109°의 각도를 두고 교차하고 있다. 만일 그림 16.12(a)의 그림에서 4개의 H 중 한 개의 H 대신 Cl이 결합하면 PVC(polyvinyl chloride)가 되며, 이것들은 Side group이라 하며 H나 Cl 이외에도 여러 가지 종류가 있다. 이 side group의 크기나 분자구조의 복잡성 그리고 배열방법에 따라 고분자의 특성이 크게 달라지게 된다.

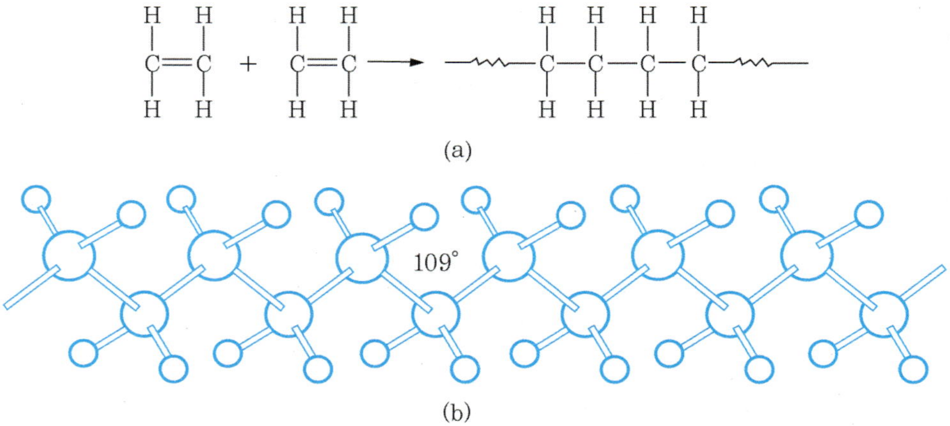

그림 16.12 폴리에틸렌의 중합구조

이 밖에도 cross-linking(가교결합)이라 해서 사슬과 사슬사이를 아예 결합시켜 버리면 고분자 사슬들이 서로 미끌어지지 못하므로 기계적 강도가 크게 증가하게 된다. 플라스틱은 아니지만 천연고무(poly isoprene)에 5 %정도의 황(sulfur)을 첨가한 황화고무(vulcanized rubber)는 잘 늘어나지 않고 매우 질기며 강한 강도를 갖게 되는데, 이것은 고무의 경우 잡아 늘리면 구부러지고 꼬여져 있던 사슬들이 펴지게 되는 데 비해 황화고무는 첨가된 황에 의해 그림 16.13처럼 사슬 간에 cross-linking이 되어 있으므로 펴지지 못하기 때문이다. 높은 온도에서 이러한 cross-linking이 일어나게 되면 점점 단단해지는데 이러한 성질을 갖는 수지를 **열경화성 플라스틱**(thermosetting plastic)이라 하며, 반대로 온도가 올라가도 cross-linking이 일어나지 않고 물러지는 수지를 **열가소성 플라스틱**(thermoplastic plastic)이라고 한다.

열가소성을 갖는 이유는 고분자들을 구성하는 분자체인들 간에 온도에 민감한 약한 반데르발스(Van der Waals)력이 작용하기 때문이다. 즉 저온에서는 이러한 분자 간의 작용력 때문에 딱딱하지만 온도가 올라가면 결합력이 약화되므로 작은 힘으로도 체인 간에 서로 미끄러질 수 있으므로 물러지게 된다.

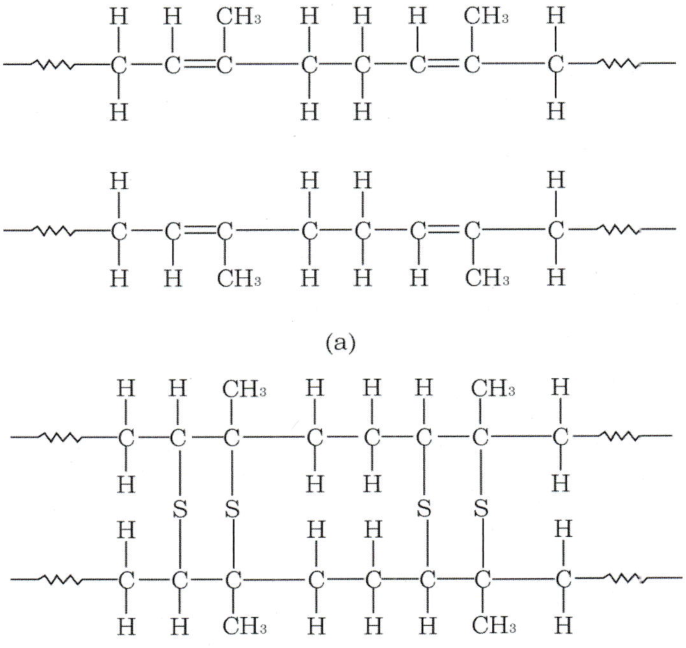

(a)

(b)

그림 16.13 황화고무의 가교결합(cross-linking)

16.3.3 엔지니어링 플라스틱의 종류

엔지니어링 플라스틱의 역사는 1958년 미국의 듀풍사가 철에 대한 도전으로서 종래의 플라스틱에 없는 기계적 성질을 갖는 폴리에스테러(polyester)를 개발하여 공업용으로 사용한 것이 그 시초가 되었다. 오늘날 5대 엔지니어링 플라스틱으로는 폴리아미드(polyamide), 폴리에스테러(polyester), 폴리카보네이트(polycarbonate), PBT(poly butylene terephthalate), 변성 PPO(poly phenylene oxide) 등이 있다.

(1) 폴리아미드

폴리아미드(polyamide)는 나일론(nylon)이란 이름으로 가장 널리 알려진 합성재료이다. 주로 섬유형태로 많이 사용되어 왔지만 인장강도 및 피로강도, 충격저항 등이 좋기 때문에 엔지니어링 플라스틱으로서도 중요한 위치를 차지하고 있다. 기계적 특성들이 좋은 이유는 고분자 구조가 선형이므로 높은 결정성을 가지고 있기 때문이다. 그리고 내마모성, 내화학약품성, 윤활성도 우수하므로 자동차의 기어와 베어링과 같은 일반 기계부품, 전선피복 등 전기관계 부품 등에 사용되고 있다. 단점은 상대적으로 많은 수분을 흡수하여 부피의 변화를 일으킨다는 점이다.

호모폴리머(homopolymer, 단일중합체) 형태, 코폴리머(copolymer, 공중합체) 형태 등 다양한 종류가 개발되었으며, 유리섬유로 강화시키면 인장강도가 3만 psi까지 증가하고 MoS_2를 첨가하면 내마모성, 마찰특성 그리고 기계적 강도가 개선된다.

(2) 폴리카보네이트

폴리카보네이트(polycarbonate)는 플라스틱 중에서 가장 질기며 경도가 높은 플라스틱 중의 하나이고 강도 및 견고성도 좋다. 또 높은 탄성계수를 가지고 있어 크리프특성도 좋으며 높은 전기저항, 낮은 수분 흡수성을 갖는다. 단점으로는 용매에 대한 저항이 낮고 응력을 받고 있는 상태에서 화학 용액에 노출되면 균열이 일어날 수 있다는 점이다. 하지만 투명성, 내열성, 충격강도 등이 좋아 카메라 몸체, 조명기구, 헬멧, 볼트, 나사 등에 사용되고 있다. 90 %이상 백색광(white light)을 통과시키므로 좋은 유약(blazing) 재료가 되며, 기계적 충격에 대한 저항성이 안전유리의 30배 이상이나 된다.

(3) PPO

PPO(poly phenylene oxide)는 높은 상온강도, 탄성계수, 치수 안정성 그리고 낮은 크리프율을 가지고 있으며, 선형 열팽창계수가 열가소성 플라스틱 가운데 가장 낮은 재료 중의 하나로 알려져 있고, 전기 저항성도 좋아 온수 파이프, 미니 컴퓨터의 외장, 자동차의 커넥터, 의료용 기기 등에 이용된다.

(4) 폴리에스테러

폴리에스테러(polyester)는 거의 유리섬유강화 플라스틱에 이용된다. 내열성, 윤활성, 내피로성, 인장 및 굽힘강도 등이 좋으며 금속에 가까운 감촉 등을 가지고 있어서 VTR, 에어컨 등과 같은 각종 전기제품의 부품, 도어 핸들 등 자동차 부품 등에 사용된다.

(5) PBT

PBT(poly butylene terephthalate)는 내열, 내약품성, 강도 등이 좋아 모터부품, 각종 기어, 플러그나 소켓 등 전기부품, 사무기기 부품, 시계나 카메라 부품에 사용되고 있다.

그 밖에도 최근에는 높은 온도에서 기계적 강도와 화학적 안정성이 좋은 super polymer라고 불리우는 플라스틱들이 개발되었는데 polyimide, polysulfone, polyphenylene sulfide, polyacryl sulfone, 그리고 aromatic polyester 등이 바로 그러한 것들이다. 이들은 높은 고온 저항성 이외에도 높은 탄성계수와 강도 그리고 용매, 기름, 부식액에 대한 우수한 저항성을 갖지만 대신 제조하기 어렵다는 단점이 있다. 따라서 가격이 비싸므로 주로 우주항공분야나 핵에너지 분야이만 사용이 한정되고 있다.

(6) 플라스틱 합금

플라스틱도 금속처럼 서로 섞어서 합금을 만들 수가 있다. 이를 플라스틱 합금(plastic alloy)이라고 하며 폴리블렌드(poly blend)라고도 하는데, 주로 PVC, ABS (acrylonitrile-butadiene-styrene), polycarbonate 등과 다른 플라스틱을 혼합하여 제조한다. 예를 들면 PVC/acrylic, ABS/polysulfon, ABS/polyurethane, ABS/polycarbonate, PVC/CPE(chlorinated poly ethylene), PPO/polystyrene, nylon/polystyrene 등이 있는데 별도로 사용했을 때보다 가격면에서나 여러 가지 특성이 크게 개선된다. 그런데 섞는다고 해서 분자들 간에 화학적 결합을 하는 것이 아니라 단지 기계적으로 혼합되는 것으로 copolymer나 terpolymer와는 다르다. 금속의 합금과의 차이점은 금속합금의 경우 기계·물리적 특성에 영향을 주기에 충분한 양만이 필요하므로 첨가량에 다양한 변화가 있지만 플라스틱 합금은 특별한 경우를 제외하고 대개 적어도 한 성분이 25 %이상은 첨가되어야 하며 대략 50:50에 가까운 범위로 섞는다는 점이다. 서로 잘 동화되지 않는 플라스틱들을 혼합하는 새로운 기술로서 IPNs(interpenetrating polymer networks)라고 불리는 혼합 기술이 개발되었다. 가격이나 성능면에서 상당한 이점이 있다. 이 IPNs 재료는 두 종류 이상의 서로 다른 고분자상이 서로 꼬여있는 구조를 하고 있는데 각각의 구성 성분들의 고유한 특성을 잃지 않아서 개개의 특성들을 동시에 갖는다.

이와 같이 앞으로의 연구개발 방향은 이제까지처럼 전혀 새로운 재료의 합성에 주력하는 것보다는 기존의 플라스틱들을 서로 혼합함으로써 새로운 플라스틱을 개발하고자 하는 방향으로 나아가고 있다.

16.4 아모퍼스 합금

16.4.1 개요

금속이나 합금은 원자가 규칙적으로 배열된 소위 결정질의 상태가 에너지적으로 안정하기 때문에 보통은 결정체로서 이용된다. 이 때문에 종래의 금속재료의 연구개발에 있어서는 결정체가 주 대상이 되어 왔으며, 예를 들면 고강도합금 개발의 기본 개념으로는 결정립이나 조직의 미세화에 중점이 놓여졌다. 아모퍼스 합금(amorphous alloy)은 이와 같은 결정체가 갖는 원자의 장주기 규칙성을 완전히 잃어버린 상태의 비정질 합금이며, 원자구조가 글라스의 그것과 유사하기 때문에 유리질 금속 또는 금속유리라고도 불리어진다.

아모퍼스 금속과 결정질 합금의 원자구조를 비교하면 그림 16.14와 같은 모형으로 나타낼 수 있다. 이와 같이 아모퍼스 합금의 원자구조는 결정질 합금에 있어서의 규칙적 구조와는 달리 원자가 불규칙적으로 배열된 틈새가 많은 구조로 되어 있다. 이와 같은 구조를 조밀랜덤(close-packed random) 충진구조라고 한다. 따라서 아모퍼스 합금의 원자구조는 방위(orientation)에 따라 원자배열의 조밀성이 달라지거나, 전위나 결정입계 등의 여러 가지 격자결함이 형성되기 쉬운 결정질 합금에 비교하여 미시적으로는 불균일하나 거시적으로는 오히려 균일하며 등방적이라고 볼 수 있다.

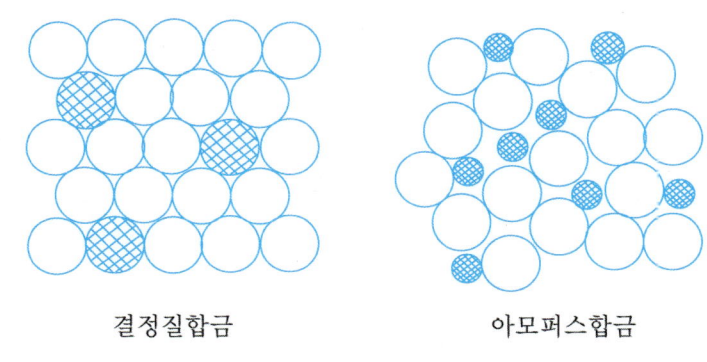

결정질합금　　　　　아모퍼스합금

그림 16.14 아모퍼스 합금과 결정질 합금의 원자구조의 비교

아모퍼스 합금은 보통 용융상태로부터 결정화하지 않고 고체화하는 온도(이것을 '글라스 천이온도'라고 함) 이하로 매우 급속히 냉각함으로써 얻어진다. 예를 들면, 순금속을 아모퍼스화하기 위해서는 약 10^{10} ℃/S이상의 초급랭이 필요하며 이것은 사실상 불가능하다. 이에 대해서 합금의 경우에는 10^5-10^6 ℃/S정도의 냉각속도로 아모퍼스로 되는 것이 많으며 특히 공정조성의 합금에서는 비교적 느린 냉각속도에서도 아모퍼스화가 가능하다. 단, 모든 합금이 아모퍼스화하는 것은 아니라, 아모퍼스화가 될지의 여부는 합금의 종류나 조성에 크게 의존한다. 아모퍼스로 되기 쉬운 것은 금속과 금속의 조합보다는 금속과 반금속의 조합인 경우로, 특히 반금속 원소로서 B, C, P, Si, Ge 등이 합금화되어 있는 경우가 가장 효과적이다.

16.4.2 아모퍼스 합금의 제조법

아모퍼스 합금의 제조방법으로서는 기본적으로 다음의 3종류의 방법이 현재 채용되고 있다.
(1) 화학적 또는 전기 화학적 방법
(2) 기상으로부터의 급랭법
(3) 액상으로부터의 급랭법

이 중에서 (1)의 방법은 화학반응(화학도금)이나 전기화학반응(전해도금)을 이용하는 방법이며 역사적으로 가장 오래된 방법이다. 그러나 적용가능한 합금이 Ni-B, Ni-P, Co-P 등 일부의 합금계에 한정되어 있을 뿐만 아니라 조성의 제어가 곤란한 점, 불순물이 혼입되기 쉬운 점 등의 이유로 현재는 일부에 국한되어 있다. (2)는 진공증착이나 이온 스패터링(ion spattering) 등에 의해 튀어나온 원자를 기판상에 부착시켜 초급랭으로 고체화시키는 것으로, 10^8 ℃/S정도의 큰 냉각속도가 얻어지는 반면 아모퍼스의 성장속도는 늦다. 그러나 최근에는 고속화가 도모되어 비교적 단시간에 두께 수 mm의 아모퍼스 시료의 제조가 가능하게 되었다. (3)의 액체 급랭법은 현재 가장 많이 이용되고 있는 방법으로, 오늘날 아모퍼스의 발달은 액체 급랭법에 의한 제조기술의 발전에 힘입은 바 크다. 예를 들면 박편(sheet piece), 리본, 세선(thin wire) 등의 제조법으로서 각각 다음과 같은 방법이 개발되어 있다.

① 박편의 제조법 : 이것은 합금의 용융적(molten drop)을 동(Cu)제의 냉각 블록(block)에 부딪혀 급랭하는 방법으로, 이 경우에는 10^7~10^8 ℃/S정도의 큰 냉각속도가 얻어지는 반면, 소형의 박편으로밖에 제조할 수 없기 때문에 실험용 시료의 제작에는 적합하지만 실용성은 낮다.

② 리본 제조법 : 이것은 고속회전하는 열전도성이 좋은 원통의 내면이나 롤러의 표면에 용융합금을 노즐로부터 불어 붙여서 연속적으로 리본 형상의 얇은 띠를 얻는 방법으로, 원통내면을 이용하는 것을 원심급랭법, 롤러를 이용하는 것을 롤법이라고 한다.

아모퍼스 합금 리본의 각종 제조방법의 원리를 그림 16.15에 나타낸다. 원심급랭법은 비교적 큰 냉각속도가 얻어지지만 기술적으로 상당히 어려운 문제가 있고, 또한 원통에 접하는 쪽과 반대쪽에서는 표면 및 내부의 성상이 달라지는 등의 결점도 있다. 한편, 롤법은 냉각속도는 원심급랭법만큼 빠르지 않으나 단순한 장치로도 쉽게 긴 리본을 얻는 것이 가능하며, 현재로는 두께 30 μm, 폭 200 mm정도의 아모퍼스 합금 리본을 수십 m/s의 속도로 대량생산할 수가 있다. 여기에는 사용하는 롤의 수에 의해 단롤법과 쌍롤법이 있으나 공업적으로는 단롤법이 주류를 이루고 있다.

③ 세선의 제조법 : 이의 대표적인 것은 원심급랭법과 같은 원리에 의해 고속회전 원통 내에 채워진 냉각수 중에 용융합금을 노즐로부터 분출시켜 원형단면의 세선(thin wire)을 얻는 방법(회전액중법)이다. 현재 이 방법에 의해 직경 100~150 μm의 아모퍼스 합금 세선을 수 km의 길이로 대량생산할 수 있게 되었다.

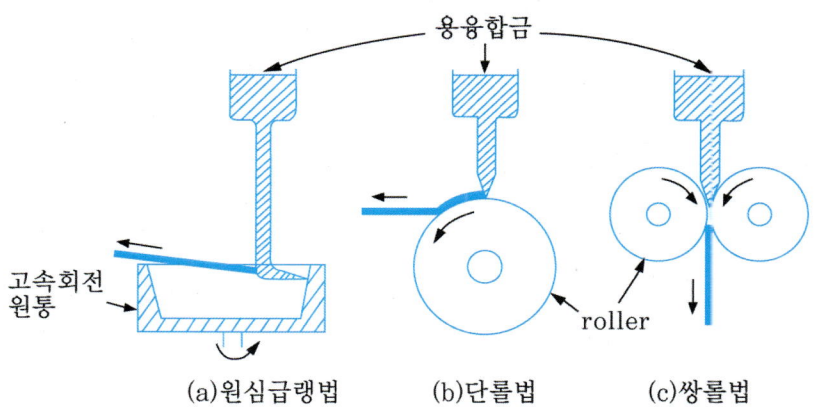

그림 16.15 아모퍼스 합금 리본의 제조방법 원리

16.4.3 아모퍼스 합금의 성질과 용도

(1) 성질

아모퍼스 합금은 금속광택, 강도, 연성, 전도성, 자성 등 보통의 결정질 합금이 갖고 있는 여러 가지 성질을 갖고 있을 뿐만 아니라 비정질 특유의 원자구조에 의해 여러 가지 흥미로운 특성을 나타낸다. 그 중 제 1의 특징은 뛰어난 기계적 성질이다. 표 16.10에 주요한 아모퍼스 합금에 대한 실온에 있어서의 여러 가지 기계적 성질을 나타낸다. 이로부터 알 수 있는 바와 같이 아모퍼스 합금의 인장강도는 Fe계 합금에서 3 GPa이상으로 높고, 일부에는 4 GPa에 달하는 것도 있다. 또한 Co계와 Ni계의 합금에서도 각각 3 GPa, 2.7 GPa정도의 고강도를 나타낸다. 이들 값은 고장력강을 비롯한 현재 이용되는 고강도 합금의 최고값에 비하여 훨씬 높은 값이다.

또한 아모퍼스 합금은 고강도 합금 공통의 숙명인 취성을 나타내지 않고, 상당히 고인성을 갖는 것이 큰 특징이다. 또한 아모퍼스 합금은 가공경화성도 나타나지 않고, 완전탄성체에 가까운 변형거동을 나타내는 점이나 종탄성 계수값이 결정질 합금에 비하여 20~30 %정도 낮은 것 등 특이한 강도 특성을 나타낸다.

표 16.10 주요한 아모퍼스 합금의 기계적 성질과 결정화 온도

합 금	경도 (Hv)	인장강도 (N/mm^2)	종탄성계수 (N/mm^2)	연신율 (%)	인장강도/종탄성계수	결정화온도 (℃)
$Pd_{80}Si_{20}$	325	1.33×10^3	66.6×10^3	0.11	0.02	380
$Fd_{73}Fe_7Si_{20}$	410	1.86×10^3	—	0.1	—	—
$Cu_{60}Zr_{40}$	540	1.96×10^3	74.5×10^3	0.1	0.026	480
$Co_{75}Si_{15}B_{10}$	910	3.00×10^3	88.2×10^3	0.20	0.034	490
$Ni_{75}Si_8B_{17}$	858	2.65×10^3	78.4×10^3	0.14	0.034	460
$Fe_{78}Si_{10}B_{12}$	910	3.33×10^3	118×10^3	0.3	0.028	500
$Fe_{80}P_{13}C_7$	760	3.04×10^3	112×10^3	0.03	0.025	420
$Fe_{72}Ni_8P_{13}C_7$	680	2.65×10^3	—	0.1	—	410
$Fe_{60}Ni_{20}P_{13}C_7$	660	2.45×10^3	—	0.1	—	390
$Fe_{72}Cr_8P_{13}C_7$	850	3.77×10^3	—	0.05	—	440

※합금조성의 첨자는 원자 %(at.%)를 나타냄

아모퍼스 합금의 제 2의 특징은 뛰어난 화학적 안정성이다. 아모퍼스 합금은 본질적으로 결정질 합금보다도 화학적으로 활성이며, 보통은 매우 급속히 부식이 진행된다. 그러나 여기에 일정 농도 이상의 Cr을 첨가하면 내식은 현저하게 개선되어 산성, 중성, 알칼리성의 모든 용액 중에서 스테인리스강보다도 훨씬 뛰어난 내식성을 띠게 된다. 그림 16.16은 그 일례를 나타낸 것으로, 30 ℃의 1 Normal NaCl용액 중에서 부식속도의 Cr의존성을 아모퍼스 $FeCrP_{13}C_7$ 합금과 결정질 Fe-Cr합금을 비교한 것이다.

이와 같이 아모퍼스 합금에 Cr을 8 at.%정도 이상 첨가하면 부식은 사실상 일어나지 않게 되며, 그 때문에 스테인리스강 등에서 심각한 문제로 되고 있는 공식(pitting corrosion)이나 틈부식(crevice corrosion)(10.2, 10.4절)은 전혀 일어나지 않게 된다. 이와 같이 특이한 내식성은 비정질의 결정구조에 기인한다. 즉 기지합

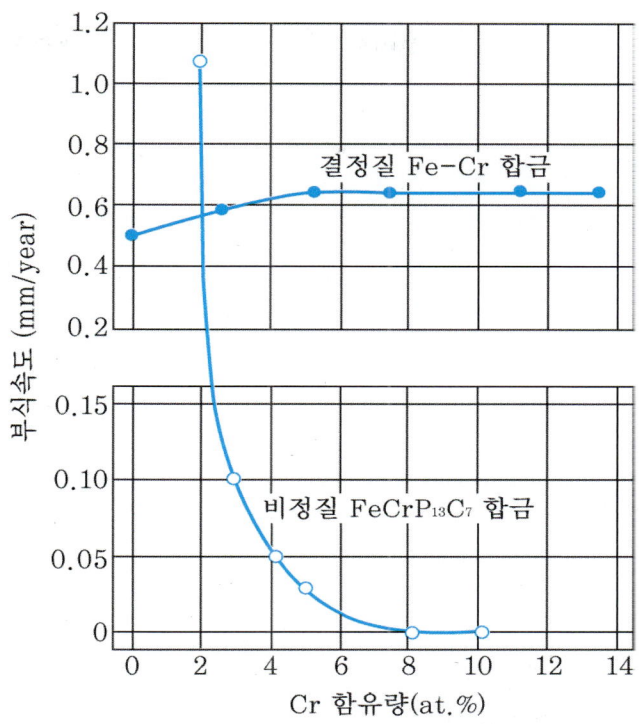

그림 16.16 아모퍼스 $FeCrP_{13}C_7$ 합금과 결정질 Fe-Cr 합금의 1 Normal NaCl 용액 중의 부식속도에 미치는 Cr의 영향

금의 높은 화학적 균일성 때문에 균질한 부동태 피막이 형성되기 쉬운 점, 나아가 피막이 파괴된 경우라도 합금자체의 반응성 때문에 신속한 Cr농축이 합금 표면에서 일어나 부동태 피막이 급속히 재형성(재부동태화)하기 때문이라고 생각되고 있다.

아모퍼스 합금이 갖는 흥미있는 성질로서는 이 외에도 자성, 인바(invar), 엘린바(elinvar) 특성, 초전도특성, 초음파특성, 내방사손상, 수소흡장 특성, 촉매성능 등 매우 많으며, 이 모든 면에서도 기존의 결정질 합금과 동등하거나 그 이상의 특성을 갖는다는 것이 알려지고 있다.

한편, 비정질상태는 준 평형상태이기 때문에 아모퍼스 합금은 열적으로 매우 불안정하므로 가열에 의해 쉽게 결정화하여 그 특성을 잃어버리고 만다. 주된 아모퍼스 합금의 결정화 온도는 표 16.10에 나타낸 바와 같으나, 약 650 ℃ 이상에서 고온 재료로서 사용될 수 있는 아모퍼스 합금은 현 시점에서는 아직 나타나지 않았다.

또한 일부의 Fe계 합금에서는 결정화 온도 이하라 해도 시효에 의해 취화현상을 일으키는 경우가 있으며, 그 때문에 결정화 온도가 높은 아모퍼스 합금이 금후 개발되지 않는 한 사용온도는 상당히 저온측에 한정된다고 볼 수 밖에 없다.

아모퍼스 합금이 갖는 또 하나의 약점은 초급랭에 의한 제조가 불가결하기 때문에 제품의 크기와 형상이 리본이나 세선 등과 같은 소형의 것에 한정되어, 대형의 벌크(bulk)재가 제조될 수 없는 것이다. 이 문제를 해결하기 위해 현재 두 갈래의 접근이 생각되고 있다. 제 1은 아모퍼스 분말을 만들어 이것을 소결하여 벌크재로 하는 방법이며, 제 2는 박막인 아모퍼스 합금을 소결해서 벌크재로 하는 박막야금이라고 불리는 방법이다. 그러나 이들의 소결제조기술은 현재로서는 시작단계일 뿐으로 금후의 기술진전에 기대하는 바가 크다.

(2) 용도

위에서 설명한 바와 같이 결정화 온도나 크기와 형상 면에서 제약이 따르기 때문에 아모퍼스 합금은 고온 구조재료로서는 적합하지 않으며, 오히려 그 특징적인 기능을 활용한 저온영역에서의 기능재료로서의 적용이 많은 분야에서 시도되고 있다. 표 16.11은 아모퍼스 합금의 주요한 특성과 용도에 대해 나타낸 것이다. 이 중에서

표 16.11 아모퍼스 합금의 특성과 응용례

특 성	적용성	용 도
고 강 도 특 성	→	로프와이어, 타이어 심재, 콘크리트 강화재료, 바이트, 스프링재료, 변형률 센서 등
내 식 성	→	자기헤드, 자기카메라, 메모리 재료 등
	→	전극재료, 화학장치부품, 의료기기, 유정화 필터
연 자 성	→	자기헤드, 자기차폐, 변압기, 레귤레이터(regulator), 모터, 스위치, 자계센서, 누전경보기, 8밀리 VTR 등
응력·자기효과	→	초음파 진동자, 트랜스듀서(transducer), 좌표 독취장치, 상(frost)센서, 수압검출기, 인바, 엘린바 등
열 팽 창 특 성	→	바이메탈, 스프링, 정밀기기 등
기 타	→	초전도재료, 수소흡장재료, 반도체, 촉매재료, 납땜재료, 가스센서 등

특히 주목되는 것은 자성을 이용한 용도가 많아서, 예를 들면 고투자율, 저히스테리시스 손실, 저와전류 손실 및 고주파 특성 등에서 뛰어난 Fe계 아모퍼스 합금을 자심재료에 이용함으로써 종래의 규소강판에 비하여 철손을 1/4 이하로 경감시킬 수 있음이 알려져 있다. 또한 자기헤드 재료로서는 자기특성과 내마모성이 탁월한 Co계 아모퍼스 합금이 실용화되어 있다.

16.5 형상기억합금

16.5.1 형상기억 효과

대개의 합금은 탄성한도 이상의 응력을 받아서 소성변형하면 그 후 가열이나 냉각을 하여도 결코 원래의 형상으로 돌아가지 않는다. 그러나 어떤 종류의 합금에서는 고온에서 가리켜 준 형상을 합금 자신이 언제까지나 기억하고 있어서, 저온영역에서 큰 변형을 주어도 일정온도 이상으로 재가열하면 순간적으로 원래의 형상으로 되돌아가는 특이한 현상을 보인다. 이것을 **형상기억 효과**(shape memory effect)라고 하며, 이와 같은 특성을 갖는 합금이 **형상기억합금**(shape memory alloy)이다.

형상기억 효과는 무확산 마르텐사이트 변태거동과 밀접하게 관련되어 있음이 알려지고 있다. 보통의 마르텐사이트 변태에 있어서는 냉각시의 마르텐사이트 변태개시온도(M_s)와 가열시의 마르텐사이트의 역변태개시온도(A_s) 사이에는 큰 차이가 있으며, 예를 들면 Fe-Ni합금의 변태온도 히스테리시스(A_s-M_s)는 400 ℃ 이상에 이른다. 이것은 상당히 다량의 자유에너지가 축적되기까지 과냉하지 않으면 마르텐사이트 변태는 일어 날 수 없기 때문이다. 그런데 일부의 합금에서는 마르텐사이트 변태의 구동력이 되는 자유에너지 차가 매우 작기 때문에 변태온도 히스테리시스가 20 ℃ 정도 이하로 작은 것이나 나아가서는 거의 가역적인 것도 있다. 이와 같이 독특한 마르텐사이트 변태를 **열탄성형 마르텐사이트 변태**라고 하여 보통의 마르텐사이트 변태와 구별하고 있다.

따라서 형상기억 효과라고 하는 것은 열탄성형 마르텐사이트 변태로 생긴 저온상(마르텐사이트)이 변형을 받은 후 재가열에 의해 고온상으로 역변태할 때 일어나는 현상이라고 볼 수 있다. 그림 16.17은 이와 같은 형상기억 효과의 개념도이다. 여기서 중요한 것은 마르텐사이트 상의 변형에 있어서는 전위운동에 의한 슬립변형은 관여하지 않는다는 것이다. 슬립변형이 생긴 경우에는 형상기억합금이라고 해도 형상이 완전하게 복원될 수 없다.

그러나 형상합금에서는 슬립변형보다도 마르텐사이트상의 계면이나 마르텐사이트 내의 쌍정계면의 이동 등에 의한 변형이 쉽게 일어나는 것이 알려져, 이와 같이 특수한 변형기구가 우선적으로 일어나는 것이 형상기억 합금의 특징이다. 즉 쌍정변형에서는 슬립과 같이 원자들 간의 결합이 끊어지지 않고 원자들의 쌍정면을 경계로 전체위치가 그대로 이동하게 되어, 이 상태에서 변형을 일으킨 후 변태점 이상으로 온도를 올리면 다시 오스테나이트 구조로 바뀌면서 변형 전의 원래 상태로 빠르게 되돌아간다.

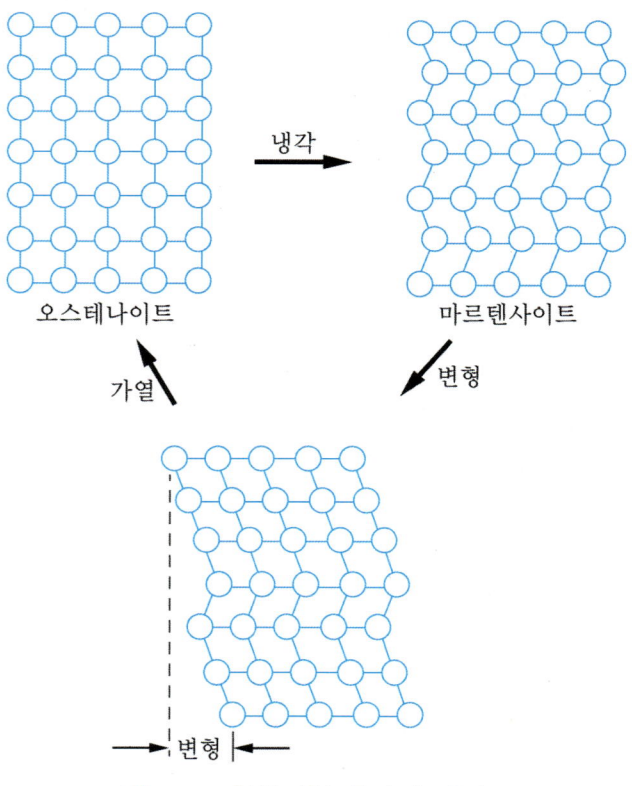

그림 16.17 형상기억 효과의 개념도

여기서 일반적인 상변태에서는 새로운 상이 형성될 때 원자들의 확산과 재배열에 의해 핵 생성과 성장이 일어나므로 시간이 걸리지만, 형상기억합금에서의 변태는 무확산 변태(diffusionless transformation)이기 때문에 원자들 간의 결합이 끊어지는 일이 없이 구성원자들의 상대적인 위치가 그대로 유지되면서 격자 전체가 이동해 버리므로 아주 빠른 시간 내에 상변환이 일어나 버리는 것이다. 따라서 형상기억합금에 있어서의 마르텐사이트상은 강의 담금질에 의해 생기는 마르텐사이트처럼 경도가 높지 않다.

16.5.2 형상기억합금의 종류

이미 설명한 바와 같이 형상기억합금은 반드시 열탄성형 마르텐사이트 변태를 일으키는 합금이며, 나아가 고온상의 결정구조가 규칙격자일 것, 저온의 마르텐사이트상이 단사정이나 삼사정과 같이 대칭성이 낮은 결정구조를 가질 것 등 몇 개의 공통된 특징이 있다. 따라서 이와 같은 조건을 만족시키는 합금계를 계통적으로 조사해 가면 새로운 형상기억합금이 다수 발견될 가능성이 높다. 현재까지 개발된 형상기억합금은 이미 20종류 이상에 이른다. 표 16.12는 주요한 형상기억합금의 조성과 변태온도를 나타낸다.

이 중에서 현재 가장 대표적인 것은 Ti-Ni합금과 Cu-Zn-Al합금의 2종류로, 각각 니티놀(Nitinol)과 베타로이(β-lloy)라는 이름으로 실용화되고 있다. 전자는 열처리 온도를 광범위하게 선택할 수 있고, 냉각속도에 관계없이 형상기억효과가 나타나기 쉬운 특징이 있다. 또한 시효경화성을 갖고 있는 점, 냉간가공성이나 내식성이 뛰어난 점 등의 이유로 인해 현재 가장 응용개발이 발전해 있다. 그러나 유일한 결점은 소재가 매우 비싸다는 점이다. 이에 대해서 후자는 소재가 저렴하고 제조도 용이하나 그 반면 장시간 반복 사용시에 피로에 의한 입계파괴나 형상의 기억상실 등의 문제가 일어나기 쉬워 특성면에서 Ti-Ni합금에 크게 못 미친다.

또한 Cu-Al-Ni합금은 합금성분을 소량 조정함으로써 변태온도를 크게 변화시키는 것이 가능하여 실용재로서 유망한 것으로 사료된다. 이외에도 Fe-Mn-Si이나 Fe-Ni-Co 등의 Fe기 합금에서도 형상기억 효과를 나타내는 것이 최근 발견되고 있다.

표 16.12 각종 형상기억합금의 조성과 변태온도

합 금 계	조 성	$M_s(℃)$	$A_s(℃)$
Ti-Ni	Ti-50Ni(at%)	601	78
	Ti-51Ni(at%)	-30	-12
Ti-Ni-Cu	Ti-20Ni-30Cu(at%)	80	85
Ti-Ni-Fe	Ti-47Ni-3Fe(at%)	-90	-72
Cu-Zn	Cu-39.8Zn(wt%)	-120	—
Cu-Zn-Al	Cu-27.5Zn-4.5Al(wt%)	-105	—
	Cu-13.5Zn-8Al(wt%)	146	—
Cu-Al-Ni	Cu-14.5Al-4.4Ni(wt%)	-140	-109
	Cu-14.1Al-4.2Ni(wt%)	2.5	20
Cu-Au-Zn	Au-21Cu-49Zn(at%)	-153	—
	Au-29Cu-45Zn(at%)	57	—
Cu-Sn	Cu-15.3Sn(at%)	-41	—
Ni-Al	Ni-36.6Al(at%)	60±5	—
Ag-Cd	Ag-45.0Cd(at%)	-74	-80
Au-Cd	Au-47.5Cd(at%)	58	74
In-Tl	In-21Tl(at%)	60	65
In-Cd	In-4.4Cd(at%)	40	50

16.5.3 형상기억합금의 응용례

형상기억합금은 위에서 설명한 바와 같은 특징적인 효과를 이용하여, 지금까지 다방면으로 응용이 시도되고 있다. 형상기억합금의 이용법을 기능별로 분류하면 다음과 같다.

(1) 비가역적 이용법

- 형상회복만의 이용
- 형상회복과 형상 회복력의 이용

(2) 가역적 이용법

- 되풀이 형상회복의 이용
- 액추에이터(actuator)로서의 이용
- 에너지변환 재료로서의 이용

(1)에 대해서는 비교적 쉽게 응용할 수 있어서 이용실적이 상당히 많지만, (2)에 대해서는 성능이나 신뢰성 등의 면에서 아직 많은 문제가 남아 있다.

표 16.13 형상기억합금의 응용례

분 야	구체적인 사용례
우주개발 기기	월면(moon surface) 안테나 인공위성용 안테나
전자기기	집적회로의 배선
온도제어 장치	서모스탯(thermostat) 난방용 라디에이터 밸브(radiator valve) 자동차용 팬 클러치(fan clutch) 화재경보기
체결용 기계기구	파이프 이음부 체결 핀 커넥터(connector) 클램프(clamp)
의료용 기구	인공심장 밸브 인공신장용 마이크로 펌프 혈전방지 필터 뇌동맥류 수술용 V형 클립 척추교정 봉 치열교정 링 정형외과용 골접속부품
에너지기기	고체열 엔진

표 16.13은 여러 가지 분야에서의 형상기억합금의 구체적인 응용례이다. 이중 최초로 보고된 것은 월면 안테나의 이용일 것이다. Ti-Ni합금에 의한 월면 안테나 제작의 개략을 그림 16.18에 보인다. 먼저 모상의 니티놀 와이어(Nitinol wire)를 이용하여 지상에서 안테나를 조립한 후 M_f 이하로 냉각하여 연질의 마르텐사이트 상태에서 안테나를 쭈그린다(b). 이와 같이 작게 하면 좁은 우주선 내에도 무리없이 적재할 수가 있게 된다. 이것을 월면으로 운반하여 설치하면 태양열에 의해 역변태가 생기기 때문에, 차례로 형상이 회복되어 안테나가 복원되게 된다(c, d). 이것은 앞에서 설명한 (1)의 형상회복기능만을 이용한 사례이나, 용도에 따라서는 형상회

복시에 상당히 큰 힘의 발생을 필요로 하는 것도 있다. 그 대표적인 일례가 파이프 이음부나 체결 핀 등의 체결용 기계 기구이다. 형상기억합금은 일반적으로 형상회복시에 큰 힘을 발생하기 때문에 이와 같은 용도에는 매우 적합하며 많은 응용분야가 기대되고 있다.

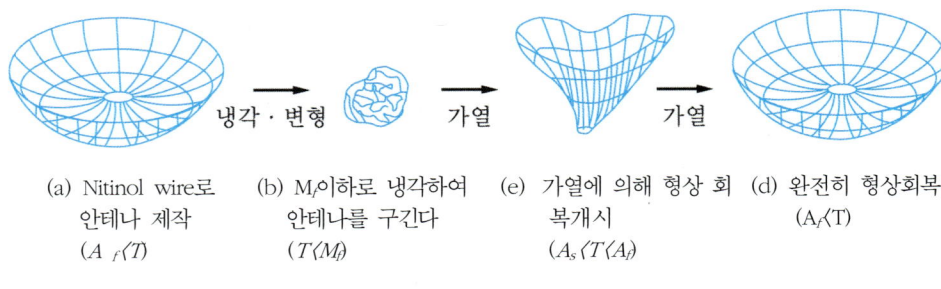

(a) Nitinol wire로 안테나 제작 ($A_f \langle T$)
(b) M_f이하로 냉각하여 안테나를 구긴다 ($T \langle M_f$)
(e) 가열에 의해 형상 회복개시 ($A_s \langle T \langle A_f$)
(d) 완전히 형상회복 ($A_f \langle T$)

그림 16.18 월면 안테나 제작의 개략도

한편 앞에서 설명한 (2)의 되풀이 형상회복기능을 이용하는 대표적인 용도로서는 인공심장 밸브를 비롯하여 각종 의료기기가 있다. 이 중 인공신장용 마이크로 펌프와 같은 것도 개발되어 있다. 이들의 경우에는 되풀이 동작이 장시간 안정적으로

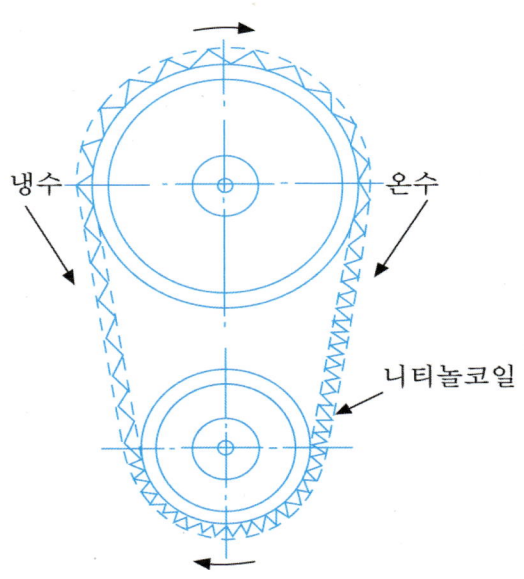

그림 16.19 온수 엔진 작동원리

지속될 수 있는 것이 필수조건이 되기 때문에 되풀이 특성이 더욱 훌륭하고 내식성도 양호한 Ti-Ni합금이 현재 거의 독점적으로 사용되고 있다.

또한 고체 열 엔진은 문자 그대로 뜨거운 물을 부으면 회전하는 엔진으로, 그 작동원리의 일례를 그림 16.19에 나타낸다. 고온에서 코일 형상을 기억시킨 니티놀 와이어를 대·소 두 개의 풀리(pulley)에 걸어 좌우의 와이어에 각각 냉수와 온수를 가한다. 온수에 의해 가열된 와이어 부분에서는 원래의 코일 형상으로 돌아가면서 급격한 수축이 일어나면서 상하 풀리의 토크차에 의해 시계방향의 회전이 생긴다. 최근에는 이 원리를 이용하여 더욱 큰 출력의 엔진 개발이 진행되고 있다.

색인

1/2Mo강 / 268
17-4 PH강 / 238
17-7 PH스테인리스강 / 176, 238
18-8 스테인리스강재 / 208
18-8스테인리스강 / 235
2.25Ni강 / 208
2상 스테인리스강 / 239
2차경화 / 320
3점굽힘 시험편 / 102
475 ℃ brittleness / 235
475 ℃ 취성 / 235
6-4 황동 / 285
6-4황동 / 287
7-3 황동 / 285
7-3황동 / 287

(A)

A1 변태 / 152
Al탈산 / 208
Al합금 주물 / 305
AA규격 / 296
abrasive wear / 125
ABS / 361
acoustic emission / 105
acrylonitrile-butadiene-styrene / 361
actuator / 372
adhesive wear / 125
age hardening / 79
aging / 79, 86
aging treatment / 276
air hardening / 316
aircraft carriers / 9
Al / 274, 277, 288, 295
Al 가공재 / 296
Al-Mg 합금 / 208
Al_2O_3 / 185, 189, 341, 354
allotropic transformation / 53
alloy / 55
alloy steel / 143
AlN / 147, 341
alumi-killed steel / 147
aluminized steel / 230
aluminum / 295
Aluminum Association of America / 296
aluminum bronze / 291
alumite / 296
Al합금 / 231, 240, 295
Al합금 다이캐스트 / 311
amorphous alloy / 362
anchoring / 78
anisotropy / 210
annealing / 160
anodic oxidizing / 296
anodic reaction / 225
anti-corrosion coating / 266
API / 27
API 강재 / 33
artificial aging / 299
ash / 351
ashs / 272
ASTM / 92
Astroloy / 274
attractive force / 67
ausforming / 82, 174
ausforming steel / 82
ausroll / 175
austemper / 172
austempering / 257
austenite / 81, 152
Autonomous underwater vehicle / 19

AUV / 19

(B)

B / 274
Babbit metal / 325
back metal / 326
bainite / 166
ball mill / 276
Barge mounted plant / 20
base / 55
base phase / 76
BaTiO₃ / 351
bauxite / 295
bay / 165
BCC / 53
BCC재료 / 89
beilby layer / 124
Bi / 304
black heart / 259
black heart malleable cast iron / 259
blade / 264
blast furnace / 146
blister copper / 279
block / 252
blue brittleness / 132
BMP / 20
body centered cubic lattice / 53
boron / 215
brass / 284
Brinell hardness / 94
brittleness fracture / 83
bronze / 289
built up edge / 219, 221
bulk carrier / 1
Burgers vector / 74
bush / 151, 292, 327
B강 / 215

(C)

Ca 쾌삭강 / 222
calorizing / 230
carbon steel / 143
carbon tool steel / 313

carburetor / 311
carburizing / 178
carrier gas / 184
cast iron / 143
cast steel / 159
castability / 303
cathodic reaction / 225
CBN / 324
CCT곡선 / 167
cementation / 116, 230
cementite / 152
Ceq / 37
cermet / 276, 323
CFRP / 331
CH4 / 357
chalcopyrite: CuFeS2 / 279
Charpy / 97
Charpy absorbed energy / 204
Chemical Vapor Deposition / 184, 323
chilled casting / 260, 324
chipping / 186
chromizing / 230
CIP / 345
cleavage / 85
close-packed random / 363
Co-Cr합금 / 355
CO₂레이저빔 / 187
cold drawing / 77
cold forging / 209, 287
cold isostatic press / 345
cold press법 / 332
cold working / 136
compact tension specimen / 102
compacted / 257
compacted graphite cast iron / 258
composite materials / 49, 330
conductor roll / 294
container ship / 2
continuous casting / 145, 149
continuous cooling transformation diagram / 167
controlled rolling / 195
converter / 279

copolymer / 360
copper / 279
copper wire / 135
corrosion / 225
corrosive wear / 125
corvettes / 10
Cottrell / 120
Cottrell effect / 76
covalent bond / 51
cover / 306
Co계 아모퍼스 합금 / 369
Co기 / 272, 276
Co기 초내열 합금 / 275
CPH / 53
Cr / 271, 277
Cr-Mo강 / 81, 168, 214, 215
Cr-Mo계 저합금강 / 268
Cr-Ni계 스테인리스강 / 233
Cr₂O₃ / 189
Crack Free강 / 203
crack-extension force / 100
Crane vessels / 15
crank case / 305
creep / 137, 263
creep fracture / 84
creep limit / 139
creep rate / 137
crevice corrosion / 366
critical shearing stress / 70
cross-linking / 358
CRP / 331, 335
crude copper / 279
crude oil tankers / 4
cruise ship / 8
cruisers / 9
crystal habit / 170
Cr강 / 215
Cr계 스테인리스강 / 233
Cr농축 / 367
Cr당량 / 235
Cr량 / 235, 266
Cr의 양 / 263
CTOD시험 / 45
CT시험편 / 102

Cu / 280, 327
Cu-Ni계 / 283
Cu-Sn계의 합금 / 289
Cu-Zn-Al합금 / 371
Cu-Zn계 / 284
Cubic Boron Nitride / 324
cubic system / 52
cupola / 243
CVD / 338, 355
CVD법 / 184, 323
CV흑연 주철 / 257

(D)

deep drawing / 287, 296, 302
delayed cracking / 36
depolarization / 227
destroyers / 9
dezincification / 287
diaphragm / 291
die castings / 309
diffusionless transformation / 371
DIN / 92
disc face / 272
dislocation / 73
drawing / 280, 282, 332
dregs / 125
Drill ship / 13
dry corrosion / 225
dry corrosive wear / 127
ductile cast iron / 255
ductile fracture / 84
ductile roll / 256
ductility / 65, 131
duralumin / 81, 297, 300

(E)

elektron / 309
economizer / 268
EGW / 41
elastic energy release rate / 100
elastic modulus / 64
elastic strain energy / 74
elastic-plastic fracture toughness / 103
electro gas welding / 41

electron beam / 183
elongation / 81, 90, 93
engineering plastic / 356
epitaxial 성장 / 186
epoxy / 331
ESR / 150
eutectic / 58, 325
eutectic reaction / 58

(F)

face centered cubic lattice / 53
failure / 65
fatigue / 106
fatigue fracture / 84
fatigue limit / 107
FCAW / 41
FCC / 53
FCC구조 / 280, 295
FCC재료 / 89
Fe / 288
Fe-C계 평형상태도 / 143
Fe$_3$C / 55, 152, 166, 243
FeN / 180
ferrite / 152
Fe계 아모퍼스 합금 / 369
Fe기 초내열 합금 / 273
fiber / 353
Fiber Reinforced Ceramics / 330
Fiber Reinforced Metals / 330
Fiber Reinforced Plastics / 330
Fiber Reinforced Rubbers / 330
fiberous fracture / 85
filament winding / 332
fine pearlite / 157
Fixed production platforms / 16
flake / 148
Floating production storage and offloading vessel / 17
flux / 147
flux cored arc welding / 41
forging / 259
FPSO 선박 / 17
fracture mechanics / 98
fracture resistance curve / 103

fracture toughness / 98
FRC / 330
free cutting brass / 288
free cutting steel / 117
fretting / 116
frigates / 10
FRM / 330, 337
FRP / 330
FRR / 330
FRTP / 331
fused salt / 263

(G)

galvanizing / 230
gas metal arc welding / 41
gas tungsten arc welding / 41
general corrosion / 239
German nickel / 289
GFRP / 331
GMAW / 41
GP zone / 298, 299
GP대 / 80
GP존 / 297
grain boundary / 120
granular fracture / 85
gray cast iron / 243
Griffith / 98, 349
Griffith이론 / 100
GRP / 331, 335, 336
GTAW / 41
Guinier-Preston zone / 80

(H)

Hall-Petch / 78
hand lay up / 332
hardness / 94
HAZ / 202
HCP / 53
HCP 구조 / 303
Heat Affected Zone / 202
heat treatment / 159
hexagonal close packed lattice / 53
hexagonal system / 52

high speed steel / 318
high tension brass / 288
HIP / 322, 345
HIP법 / 276
HIP소결 / 152
homopolymer / 360
Hot Isostatic Press / 276, 322
hot isostatic press / 345
hot press / 345, 350
hot press법 / 338
hot working / 136
HP / 345
HT / 194
hull structural steel / 29
hybrid materials / 331
hydrogen bond / 51
hydrogen cracking / 36
hydronalium / 302, 307
H강 / 214

(I)
ice braker / 12
IC기관, / 351
Impact test / 96
implant / 356
impregnation / 332
incoherent / 299
Incoloy 800H / 271
Inconel 751 / 272
ingot / 144, 280
inoculation / 254
inter-granular fracture / 84
intergranular corrosion / 242
intermetallic compound / 55, 62
intermolecular force / 51
interpenetrating polymer networks / 362
interrupted quenching / 171
intersection slip / 120
ion beam / 183
ion plating / 186
ion spattering / 364
ionic bond / 50
IPNs / 362

iso-form / 176
isothermal transformation / 164
isothermal transformation diagram / 165
isothermal transformation heat treatment / 171
Izod / 97

(J)
Jack-ups / 13
JIS / 92
Jominy curve / 214

(K)
Kelmet / 326
key hole / 115
killed steel / 89, 145
KS / 92

(L)
lamellar tear / 38, 212
lamellar tearing / 35
lamination / 35
landing craft / 12
laser beam / 183
lattice constant / 53
lattice strain / 55
Lautal / 305
lead bronze / 326
light metal / 295
lightning arrestor / 352
liquefied natural gas / 6
Liquefied petroleum gas / 6
liquidus / 56
LNG / 5, 6, 207, 208
LNG용 탱크 / 302
local corrosion / 239
low cycle fatigue / 120
low ex / 306, 307
low expansion / 307
low temperature brittleness / 87
lower yield point / 64
LPG / 6
LPG선 / 5

Lüders line / 68

(M)
machinability / 218
magnesium / 308
maleability and ductility / 280
malleability / 65, 131
manifold / 305
maraging / 82
maraging steel / 82, 318
marquenching / 317
martensite / 79, 158, 170
matrix / 330
matte / 279
MCMV / 11
mechanical alloy / 277
mechanical properties / 92
Meehanite cast iron / 254
Mega float / 20
melting iron / 147
metal spraying / 188
metallic bond / 50
Mg / 308
Mg합금 / 308
Mg합금 다이캐스트 / 312
micro-Vickers hardness / 95
mild steel / 64
mine counter measure vessels / 11
Mn / 288
Mn-Cr강 / 215
Mn-Si계 / 195, 206
Mn강 / 215
Mn량 / 221
Mn청동 / 292
Mo / 275
Mo 절약강 / 215
MOB / 20
Mobile offshore base / 20
monoclinic system / 52
monomer / 358
monotectic / 59
moon surface / 373
moving blade / 277

(N)

natural aging / 299
naval brass / 289
Negative Temperature Coefficient / 352
Ni / 272, 288
Ni-Cr-Mo 강 / 167, 168
Ni-Cr-Mo강 / 215
Ni-Cr강 / 215
Ni-Cr합금 / 272
nickel silver / 286, 289
Nimonic 80A / 272
Nimonic115 / 274
Nitinol / 371
Nitinol wire / 373
nitriding / 178
Ni강 / 207
Ni기 / 276, 277
Ni기 초내열 합금 / 273
Ni기 합금 / 272
Ni당량 / 235
Ni량 / 235, 239
Ni합금 / 231
nodular cast iron, nodular graphite cast iron / 255
non-deforming steel / 316
non-destructive inspection / 111
non-propagation crack / 111
normalizing / 75, 143, 159
nose / 165
notch / 87
notch brittleness / 90
notch sensitivity / 114
NTC서미스터 / 352
nylon / 360

(O)

offshore patrol vessel / 11
oil hole / 115
oilless bearing / 327
OPV / 11
ordered lattice / 55
orientation / 70, 110, 363
orthorhombic system / 52

overaging / 81, 299

(P)

P / 281, 290
partial stabilized zirconia / 343
passive state / 228
Pb / 288, 327
Pb 쾌삭강 / 221
PBT / 361
Pb기 / 325
Pb입자 / 221
pearlite / 152
perfect crystal / 75
peritectic / 58
PH15-7 Mo강 / 238
phase diagram / 56
phenol / 332
phosphor bronze / 286, 290
Physical Vapor Deposition / 186, 323
PH스테인리스강 / 81, 238, 318
pile up / 77
Pipe laying barges/ vessels / 18
pitting / 126
pitting corrosion / 239, 241, 366
plasma / 183
plastic / 356
plastic alloy / 361
plastic deformation / 64
Platform supply vessels / 18
polarization / 227
poly blend / 361
poly butylene terephthalate / 361
poly isoprene / 358
poly phenylene oxide / 361
polyamide / 360
polycarbonate / 360, 361
polyester / 331, 360, 361
polyethylene / 356, 358
polymerization / 358
polypropylene / 356
polyvinyl chloride / 331, 356, 358
Positive Temperature Coefficient / 352

PPO / 361
precipitation hardening / 80, 316
preform matched die / 332
premium quality castings / 305
primary crystal / 58
proof stress / 65, 93
proportional limit / 63
PSV / 18
PSZ / 343, 354
PTC서미스터용 재료 / 352
PVC / 356, 358, 361
PVD / 338
PVD법 / 186, 323
P량 / 290

(Q)

quenching / 86, 144, 162
Q-T 처리 / 195
Q-T조질재 / 217

(R)

radiator / 287
recovery / 132, 263
recrystallization / 133
red brass / 287
red brittleness / 132
reduction area / 93
refining / 147
Remotely operated vehicle / 19
repulsive force / 67
resin injection / 332
rhombohedral system / 52
rimmed steel / 89, 144
ro-ro carriers / 4
Rockwell hardness / 94
roller housing / 150
rolling / 287
rolling bearing / 325
ROV / 19
rudder / 336
R곡선법 / 103

(S)

S-N 곡선 / 121

SAE / 92
salt bath / 178, 319
sand mold casting / 306
SAW / 41
Sb / 304
SCC / 239, 240
Schaeffler diagram / 235
schiebung / 170
season cracking / 286
segregation / 145
self fluxing alloy / 189
self hardening / 316
self hardening steel / 215
semi-killed steel / 145
Semi-submersible drilling unit / 15
semiconductive / 351
shape factor / 113
shape memory alloy / 369
shape memory effect / 369
shearing / 73
sheet piece / 364
sheradizing / 230
shield metal arc welding, / 41
shielding / 335
Shore hardness / 95
shot peening / 77, 116
shrinkage cavity / 145
Shuttle tanker / 18
Si_3N_4 / 355
SiC / 341, 355
side group / 358
silumin / 305
sintering / 321, 327, 340
sliding bearing / 325
sliding ring / 292
slip / 54, 131
slip cast / 344
SMAW / 41
SMA재 / 208
Sn / 288, 289, 290, 327
Sn기 / 325
solid solubility / 55
solid solution / 55
solid solution treatment / 293

solidus / 56
solution strengthening / 76
sorbite / 256
spattering / 187
SPA재 / 208
special aluminum bronze / 292
special brass / 288
spinel / 352
spoiler / 336
spray up / 332
spraying material / 188
$SrTiO_3$ / 351
SS400 / 191
SS재 / 191, 193
stacking fault / 76
steel / 143
Stellite6 / 272
stern frame / 150
strain / 298
strain aging / 78, 122
strain field / 74
strain hardening / 66
strain induced transformation / 176
stress concentration factor / 113
stress corrosion cracking / 239, 240, 286
stress intensity factor / 99, 101
striation / 109
STS316 스테인리스강 / 355
sub zero treatment / 316
submarines / 11
submerged arc welding / 41
sulfide / 263
super alloy / 272
super lattice / 55, 61
super polymer / 361
surface fatigue / 125
surface relief / 171
SWS재 / 192, 193
synthetic ashes / 265
S곡선 / 165
S쾌삭강 / 271
S화합물 / 265

(T)
TBC / 354
Te / 221
tellurium / 221
tempering / 81, 144, 163
temper brittleness / 164
Tension leg platform / 16
tetragonal system / 52
thermal barrier coating / 354
thermal refining / 162
thermistor / 352
thermo-mechanical controlled process / 37, 197
thermomechanical treatment / 75, 172
thermoplastic / 359
thermosetting plastic / 359
thermostat / 373
thin wire / 364
Ti / 274
Ti-Ni합금 / 371, 373, 375
TiC / 185
TiC 피복처리 / 185
time-temperature-transformation diagram / 165
TiN / 185, 203
Ti합금 / 231, 355
TLP / 16
TMCP / 37, 197
TMCP 기술 / 30
TMCP강 / 197
TMCP형 고장력강 / 37
tool steel / 164
tough pitch copper / 280
toughness / 86, 96, 159
trans-granular fracture / 84
transformation latent heat / 170
transgranular cracking / 240
transition temperature / 87
triclinic system / 52
troostite / 168
TTT곡선 / 165
twin / 70

(U)

Udimet700 / 274
ULCC / 5
Ultra large crude carrier / 5
umklappung / 170
unit cell / 53
upper yield point / 64, 78
useful temperature / 342

(V)

V / 315
vacancy / 263, 281
vacuum degassing / 148
Van der Waals / 51, 357, 359
vanadium attack / 263
varistor / 352
vermicular / 257
vermicular graphite cast iron / 258
Very large crude carrier / 5
Very large floating structure / 20
Vickers hardness / 95
viscous grain boundry / 84
VLCC / 5
VLFS / 20
vulcanized rubber / 359

(W)

W / 275
warship / 9
water quenching / 157
wear / 125
wet corrosion / 225
whisker / 75, 337
white cast iron / 243
white light / 360
white metal / 325
work hardening / 66, 75, 76, 284
wrought / 284

(Y)

Y / 277
yield point / 64
yield ratio / 94
yielding / 64

Y합금 / 305

(Z)

zamak / 311
zinc / 310
Zinc equivalent / 288
Zn / 310
Zn량 / 284
Zn의 고용 / 287
zone / 297
Zr / 274
ZrO_2 / 189, 341, 354

[가]

가공경화 / 66, 75, 76, 132, 207, 284
가공경화 현상 / 116
가공경화성 / 293, 366
가공경화재 / 296
가공률 / 75
가공열처리 / 75, 172
가공유기변태 / 176
가교결합 / 358
가단 / 259
가단주철 / 258
가동 블레이드 / 277
가소성 수지 / 345
가소성형법 / 345
가속산화 / 262, 263
가스 메탈아크용접 / 41
가스센서 / 352
가스터빈 / 354
가스터빈 블레이드 / 263, 354
가스터빈 블레이드재 / 273
가스텅스텐 아크용접 / 41
가압성형법 / 345
가압소결 / 345
간격부식 / 240, 241
감쇄능 / 252
강 / 143
강도설계 / 92
강산화성 / 232
강석출형 합금 / 273
강의 변태 / 157
강인주철 / 245, 253, 254
강인화 / 172
강재의 탄소당량 / 202
강화기구 / 71
강화섬유 / 331, 337
강화섬유재료 / 331
강화재 / 330
개량처리 / 305
객실바닥판 / 336
건축용 샤시재 / 303
격자 변형 / 298
격자정수 / 53
결정격자 / 52

결정립 미세화 / 78
결정립경의 영향 / 205
결정립계 / 120
결정립내 균열 / 240
결정립도 / 205
결정립의 미세화 / 195, 348, 349
결정방위 / 70
결정상 / 85
결정성장 / 134
결정입도 / 78
결정질 합금 / 362
결정화 글라스 / 356
결정화 온도 / 367
결함재료 / 248
경금속 / 295
경년변화 / 317
경도 / 94
경도시험 / 94
경량구조용 재료 / 295
경량내열구조재 / 339
경시변형 / 316
경시변화 / 315
경질크롬도금 / 117
경화촉매 / 332
고Cr강 / 235, 270
고Cr내열강 / 270
고Cr페라이트 / 235
고Ni 내식강 / 241
고·중압 로터재 / 268
고감쇄능 동합금 / 292
고강도 내열재료 / 342
고강도 부재 / 336
고기능 재료 / 336
고기능성 표면 창제 기술 / 188
고기능재료 / 351
고내식성 페라이트 스테인리스강 / 241
고내후성 강 / 208
고력 Ti합금 / 240
고력강 / 240
고력알루미늄합금 / 300
고력합금 / 299
고력합금 클래드(Clad)판 / 301
고력황동 / 288, 292

고력황동봉 / 288
고로 / 146
고분자 사슬 / 358
고분자 플라스틱 / 357
고분자 화합물 / 358
고상선 / 56
고성능 결정제어 합금 / 264
고속도 공구강 / 315, 318
고속도강 / 317, 319
고압주조법 / 338
고온 구조물용 재료 / 330
고온 내식성 / 261
고온강도 / 131, 263, 270, 272, 276, 292, 349
고온경도 / 324
고온구조재 / 354
고온구조재료 / 351, 355
고온균열 / 36, 303, 305
고온내마모성 / 316
고온내식 코팅 / 276
고온볼트 / 273
고온부식 / 265
고온부재 / 261
고온산화 / 225, 261, 350
고온유화(sulfide) 부식 / 263
고온유화부식 / 276
고용강화 / 76, 195, 263, 273, 275
고용경화 / 290
고용경화성 / 293
고용도 / 55
고용원소 / 76
고용원자 / 76
고용체 / 55
고용체 합금 / 283
고용한도 / 290
고융점 금속 / 337
고장력강 / 29, 94, 193, 194
고정 블레이드 / 269
고정식 생산 플랫폼 / 16
고주파 담금질 / 116, 180, 183, 210
고주파 용접용 컨덕터 롤 / 294
고착작용 / 78
고체열 엔진 / 373, 375
고체전해질 세라믹 / 352

고탄소강 / 313
공공 / 281
공구강 / 164, 313
공구강의 열처리 / 316
공구수명 / 218
공구용 재료 / 49, 313
공랭경화 / 316
공석(eutectoid) 반응 / 62
공석강 / 155, 157
공석변태 / 152, 291
공석탄소강 / 154
공식 / 239, 240, 241, 366
공업용 순철 / 143
공유결합 / 51, 341, 357
공유결합성 / 349
공작기계 / 254
공작기계의 베드 / 252
공정 / 58, 325
공정도 / 246
공정반응 / 58
공정조성 / 363
공정조직 / 306
공정탄소량 / 246
공정형 평형상태도 / 57
공중합체 / 360
과공석강 / 155
과공정 주철 / 246
과급기 부품 / 273
과시효 / 81, 299
과열기관 / 268, 271
과포화 고용체 / 297
광통신용 광파이버 / 353
괴상(compacted) 흑연 / 257
교량 / 200
교차 슬립 / 120
구름 베어링 / 325
구름마찰 / 123
구상탄화물 / 317
구상화 어닐링처리 / 316
구상화어닐링 / 220
구상화저지원소 / 257
구상흑연주철 / 245, 252, 255
구성 날끝 / 219, 221
구조용 세라믹 / 353

구조용 재료 / 309
구조재 / 303
구조재료 / 353
구축함 / 9
구형·원통형 압력용기 / 198
구형압력용기 / 202
국부부식 / 231, 239
국부전지 / 235
군함 / 9
규칙격자 / 55, 61
균열감수성 / 202
균열개구형 / 99
균열의 진전력 / 100
균열전파방향 / 111
그래비티 용접법 / 41
그리피스 / 349
극연주철 / 244
극저 C-Mn강 / 203
글라스 섬유강화 플라스틱 / 331
글라스 천이온도 / 363
글라스(glass) 섬유 / 331
글라스(glass)상 / 348
글로우 방전 / 187
금속 압연용 롤러 / 260
금속간 화합물 / 55, 62, 140, 235, 274
금속강화 / 75
금속결합 / 50
금속섬유 / 337
금속용사법 / 230
금속유리 / 362
금속의 피로 / 106
금속재료 / 329
금형 주물 / 305
금형재료 / 258
금형주물 / 305
급수관 / 268
급전변태 / 170
기계구조용 탄소강 / 209
기계구조용 합금강 / 214
기계적 마멸 / 125, 127
기계적 성질 / 92
기능재료 / 368
기어박스 / 307

기지금속결정 / 55
기체질화 / 179, 182
기화기 / 311

[나]
나일론 / 360
난소결성 / 345
내SCC성 / 242
내고온 부식성 / 270
내력 / 65, 93
내마모공구 / 321
내마모부품 / 252
내마모성 / 256, 313
내방사손상 / 367
내부감쇄능 / 292
내부균열 / 35
내산화 한계온도 / 272
내산화성 / 262, 350
내산화온도 / 350
내소착성 / 327
내식성 / 231, 286, 307, 371
내식알루미늄합금 / 302
내식용 용사피각 재료 / 189
내식재료 / 49
내식주철 / 253
내식코팅 / 263, 277
내약품성 / 333
내연기관 / 254, 255, 326
내열 Al합금 / 305
내열 동합금 / 292
내열 주철 / 271
내열 합금 / 306
내열강 / 266
내열구조재 / 339
내열금속 재료 / 261
내열성 / 349
내열세라믹 / 339
내열소결체 / 323
내열스프링 / 273
내열재료 / 49, 261, 266
내열재료의 사용수명 / 264
내열주강 / 271
내열피로성 / 316
내열합금 / 266, 272, 307, 318

내열합금표면코팅 / 354
내용온도 / 342
내질화성 / 272
내충격성 / 335
내충격용공구 / 315
내치핑(chipping)성 / 186
내침탄성 / 272
내크리프성 / 263, 264, 335, 338
내해수성 / 289, 302
내화학약품성 / 360
내화합금 / 266
내후성 / 194, 208
내후성 강 / 208
냉각 블레이드 / 354
냉각속도 / 249
냉간 정수압프레스 / 345
냉간가공 / 136, 207, 295
냉간가공성 / 371
냉간단조 / 209, 287
냉간단조법 / 318
냉간인발 / 77
냉간인발률 / 77
네이벌 황동 / 289
노듈러 주철 / 255
노멀라이징 / 75, 143, 159, 208, 212
노멀라이징재 / 206, 213
노외정련법 / 148
노치 / 87
노치 감수성 / 114
노치감도 / 200
노치감도 계수 / 114
노치감수성 / 256
노치계수 / 113
노치작용 / 250
노치취성 / 89
노치효과 / 112, 212
뉴세라믹 / 340
니티놀 / 371
니티놀 와이어 / 373, 375

[다]

다공질재료 / 151
다이아몬드 소결체 / 324
다이아몬드 초고압 소결체 / 324

다이어프램 / 291
다이캐스트 / 309
다이캐스트용 합금 / 311
다층 피복 열처리 / 185
단강품 / 150
단결정 / 140, 264
단결정선 / 140
단계 담금질 / 171
단동 / 287
단량체 / 358
단련 / 319
단련방향 / 210
단련성형비 / 319
단면 수축률 / 93
단사정 / 371
단사정계 / 52
단섬유 / 337
단열 디젤엔진부품 / 354
단위포 / 53
단일중합체 / 360
단조 / 136, 259
단조강 / 118
단조섬유 / 118
단조품 / 150
담금질 / 86, 144, 162
담금질·템퍼링 생략강 / 210
담금질균열 / 313
담금질변형 / 317
담금질불변형성 / 316
담금질성 / 216
대형 컨테이너선 / 31
대형베어링 / 326
대형치차 / 183
덕타일 롤 / 256
덕타일 주철 / 255
덧살붙임 용접 / 272
도광성 / 353
동 / 279
동(Cu)·연(Pb)합금 / 326
동광석 / 279
동마찰 / 123
동선 / 135
동소변태 / 53
동적 회복 / 263

두랄루민 / 81, 297, 300
두랄루민계 합금 / 301
드로잉 / 280, 282
드릴 쉽 / 13
등온변태 / 164
등온변태 열처리 / 171
등온변태선도 / 165
등온산화 / 351
디스크 / 273, 276
디스크면 / 272
디프 드로잉 / 287, 296, 302
디프 드로잉성 / 289

[라]

라디에이타(radiator) 탱크 / 287
라디에이터 / 302
라멜라테어 / 38, 212
라멜라테어강 / 38
라멜라테어링 / 35, 36
라미네이션 / 35
라우탈 / 305
러더 / 336
레이저 / 347
레이저 코팅법 / 187
레이저빔 / 183
레진 인젝선법 / 332
로-로선 / 4
로우엑스 / 306, 307
로크웰 경도 / 94
로터 / 273
롤(roll) 마무리 가공 / 116
롤러 하우징 / 150
류더스선 / 68
림드강 / 89, 144

[마]

마르에이징 / 82
마르에이징강 / 81, 176, 318
마르퀜칭 / 317
마르텐사이트 / 79, 164, 170, 319
마르텐사이트 변태 / 79, 170
마르텐사이트 조직 / 158, 162, 234, 235
마르텐사이트(martensite) 변태 / 158

마르텐사이트계 스테인리스강 / 234
마멸 / 125
마멸량 / 125, 127, 129
마멸분 / 125
마멸시험 / 130
마찰 / 123
마찰계수 / 124, 128
마찰력 / 124
마찰속도 / 127
마찰저항 / 218
매니폴드 / 305
매트 / 279
매트릭스 / 330
매트릭스용 수지 / 331, 332
매트릭스재 / 337
메커니컬 얼로이 / 276
메탄가스 / 357
면내전단형 / 99
면심입방격자 / 53
면외전단형 / 99
모상 / 76
무기재료 / 329
무산소동 / 282
무인자율잠수정 / 19
무확산 마르텐사이트 변태 / 369
무확산 변태 / 170, 371
물리증착법 / 323
미고용탄화물 / 319
미국석유협회 규격 / 27
미끄럼 마멸 / 129
미끄럼 마찰력 / 125
미끄럼 베어링 / 325
미끄럼마찰 / 123
미량불순물 / 347
미립화 효과 / 206
미세 펄라이트 / 157, 168
미세균질화 / 159
미션 케이스 / 307
미소 경도 / 95
미소쌍정경계 / 292
미하나이트 주철 / 254
밀착강도 / 188

[바]

바나디움 어택 / 263
바이오글라스 / 356
바이오세라믹 / 356
바일비 층 / 124
박막형성기술 / 185
반 잠수식 시추장치 / 15
반데르발스 / 357, 359
반도(semiconductive)성 / 351
반도성 / 352
반도체 세라믹 / 352
반도체 패키지 / 351
반발력 / 67
반복속도 / 118
반복하중 / 110
반응소결 / 345
받침금속 / 326
발전기 / 326
발전플랜트 / 268
방사선 / 105
방식코팅 / 266
방식표면 처리 / 308
방위 / 110, 363
방전가공 / 347
방향성 / 118
배기 밸브 / 271
배리스터 / 352
배빗메탈 / 325
백색광 / 360
백선 / 243, 250
백선주물 / 259
백선화 / 254, 255
백점 / 148
백주철 / 243
밸브 / 182, 253
버거스 벡터 / 74
버미큘러 주철 / 258
벌레모양(vermicular) 흑연 / 257
베어링 재료 / 125, 324
베어링 합금 / 125
베어링용 알루미늄합금 / 326
베어링용 청동 / 326
베이 / 165
베이나이트 / 166, 173

베이나이트 변태 / 175
베이나이트 조직 / 257
베타로이 / 371
벽개파면 / 85
변태응력 / 171
변태잠열 / 170
변형률 / 55
변형속도 의존성 / 91
변형시효 / 78, 122
변형에너지 / 133
변형율장 / 74
보일러 강관 / 268
보크사이트 / 295
보통강 / 143
보통주철 / 245, 253
복극 / 227
복수기 / 289
복평형상태도 / 245
복합 쾌삭강 / 222
복합재료 / 49, 248, 329
볼밀 / 276
부결정립 / 348
부동태 / 228
부동태 피막 / 231, 367
부동태화 / 229, 231, 232, 296
부동태화 환경 / 231
부동태화성 / 239
부분안정화 지르코니아 / 343
부시 / 292, 327
부식 / 225, 231
부식감수성 / 266
부식경향 / 227
부식마멸 / 125
부식성 연소생성물 / 262
부식피로 / 119
부정합 / 299
부하속도 / 91
분극 / 227
분말야금 / 276
분말야금법 / 338
분산강화 / 292
분산강화복합재료 / 330
분산강화형 내열합금 / 276
분쇄기 부품 / 260

분자간력 / 51
불꽃경화 / 116
불변형강 / 316
불포화 폴리에스테르 / 331, 332
브레이징법 / 347
브레이크용 부품 / 252
브리넬 경도 / 94
블레이드 / 276, 345
비금속 개재물 / 117
비금속개재물 / 35
비내력 / 339
비례한도 / 63
비연속섬유 / 337
비열처리형 / 296
비정질 합금 / 362
비정질상태 / 367
비조질 고장력강 / 210
비조질강 / 195, 210
비커스 경도 / 95
비틀림 피로시험 / 121
비파괴검사 / 105, 111

[사]
사방정계 / 52
사형주물 / 306
산소센서 / 352
산화 스케일 / 261
산화마멸 / 125, 127
산화물계 세라믹 / 354
산화물층 / 261
산화속도 / 261, 262
산화의 포물선 법칙 / 262
산화피막 / 231, 296
살물선 / 1
삼방정계 / 52
삼사정 / 371
삼사정계 / 52
상륙함 / 12
상압소결 / 345, 354
상온시효 / 299
상태도 / 56
상항복점 / 64, 78
생체재료 / 355
샤르피 / 97

샤르피 충격시험 / 97
샤르피 충격흡수에너지 / 33
샤르피 흡수 에너지 / 204
섀플러 조직도 / 235, 236
서멧 / 276, 323
서모스탯 / 373
서미스터 / 352
서브머지드 아크용접 / 41
석영계 글라스세라믹 / 353
석출강화 / 195, 210, 263, 273, 275
석출강화형 초합금 / 276
석출경화 / 79, 80, 316
석출경화형 스테인리스강 / 238
석출물 / 297
선급협회 규격 / 27
선박 / 200
선박용 복수기 파이프 / 239
선박용 축 / 150
선박의 내외장 / 302
선박의 해수 취입구 / 289
선철 / 147
선체구조용 강재 / 29
선체제작공정 / 39
섬유강화 고무 / 330
섬유강화 금속 / 330, 337
섬유강화 복합재료 / 330
섬유강화 세라믹 / 330
섬유강화 플라스틱 / 330
섬유상 파괴 / 85
섬유상 파면 / 85
섬유소재 / 330
섬유재료 / 331
성분편석 / 276
성형기술 / 344
세라다이징 / 230
세라믹 / 340, 341
세라믹 소결체 / 346
세라믹 재료 / 187
세라믹 콘덴서 / 351
세라믹배리스터 / 352
세라믹의 강도 / 348
세라믹재료 / 324
세립화 / 198, 210
세립화의 효과 / 205

세미킬드강 / 145
셔틀 탱커 / 18
소결 / 321, 327
소결 베어링 합금 / 325
소결공구 재료 / 313
소결단조 / 152
소결로 / 272
소결방법 / 345
소결복합재료 / 276
소결재료 / 152
소결조제 / 345
소결촉진제 / 345
소결품 / 151
소결합금 / 276
소르바이트 / 256
소성 / 340
소성변형 / 64
소성변형기구 / 71
소성변형률 / 73
소성유동 / 252
소해정 / 11
쇼어 경도 / 95
숏 피닝 / 77, 116
수도관 / 253
수산아퍼타이트 / 356
수소 침식 / 263
수소결합 / 51
수소취화 / 281
수소흡장 특성 / 367
수축공 / 145
순간변형 / 137
순양함 / 9
스턴프레임 / 150
스테인리스강 / 231, 233
스테인리스강의 내식성 / 231
스테인리스강의 부식 / 239
스트라이에이션(striation) / 109
스패터링 / 187
스포일러 / 336
스폿(spot)용접용 팁(tip) / 294
스프레이업 / 332
스프링 / 291
스프링 재료 / 49, 286
스프링 한계값 / 286

스프링재료 / 289
스피넬(spinel)형 / 352
슬래그 / 147
슬립 / 54, 131
슬립면 / 69
슬립방향 / 69
슬립변형 / 68, 70, 370
슬립선 / 69
슬립캐스트 / 344
습동링 / 292
습동변태 / 170
시멘타이트 / 55, 152, 154, 227, 243
시멘테이션 / 116, 230
시즌균열 / 286
시효 / 79, 86, 368
시효경화 / 34, 79, 283, 290, 297, 302
시효경화곡선 / 80
시효경화성 / 309, 371
시효경화재 / 297
시효경화형 Al합금 / 299
시효경화형 합금 / 293, 297
시효성 / 147
시효처리 / 276, 293, 296, 300
신소재 / 329
실루민 / 305
실린더 / 306
실린더 블록 / 252, 258
실린더 헤드 / 300, 305, 306, 307
심냉처리 / 316, 317
쌍극자 상호작용 / 51
쌍정 / 70
쌍정변형 / 70, 370

[아]

아공석강 / 155
아모퍼스 합금 / 362
아연당량 / 288
아연도금 / 230
아열간가공 / 174
아이소 폼 / 176
아이조드 / 97
아이조드 충격시험 / 98
안전률 / 25
안정오스테나이트 / 173

안정평형도 / 245
알루마이트 / 296
알루미나 / 189, 295, 341
알루미나이즈드강 / 230
알루미늄 단결정 / 117
알루미늄 청동 / 291
알루미킬드강 / 147
압력용기 / 199, 200, 201
압연 / 136
압연강재 / 211
압연롤러법 / 338
압연방향 / 210, 211
압연효과 / 136
압입하중 / 94
압입흔적 직경 / 94
압축강도 / 249
압축부재 / 250
압축성형법 / 332
압축파단 변형 / 249
압출법 / 338
압출형재 / 303
애자 / 351
액상선 / 56
액체 급냉법 / 364
액체 헬륨 / 208
액체질소 관계 / 208
액추에이터 / 372
액화천연가스 / 6
약산화성 / 231
약석출형 합금 / 273
약탈산강 / 150
양극 생성물 / 226
양극반응 / 225
양극산화 / 296
양극산화 피막성 / 302
양백 / 289
양은 / 286, 289
어닐링 / 160
어닐링 상태 / 296
얼음분쇄선 / 12
에너지변환 재료 / 372
에너지해방율 / 100
에렉트론 / 309
에폭시 / 331

엔지니어링 플라스틱 / 356, 360
엔진배기 밸브 / 273
엘린바(elinvar) 특성 / 367
연강 / 29, 64
연료 전지용 전극 / 352
연료펌프 / 311
연삭 숫돌재료 / 324
연삭마멸 / 125
연성 / 65, 159
연성금속 / 86
연성파괴 / 84
연소기 / 275
연소생성물 / 351
연소회 / 272, 351
연속냉각변태선도 / 167
연속주조 / 145
연속주조법 / 149
연신율 / 81, 90, 93
연안경비함 / 11
연질화 / 179
연질화 처리 / 179
연청동 / 326
연화 / 132, 292
열가소성 수지 / 331
열가소성 플라스틱 / 359
열가소성 플라스틱계 / 331
열간 압출법 / 274
열간 정수가압소결 / 152
열간가공 / 136
열간가공성 / 239, 286
열간단련재 / 210
열간단조 / 116
열간압연강재 / 193
열간압연재 / 210
열간정수압 / 322
열경화성 수지 / 331
열경화성 플라스틱 / 359
열경화성계 / 331
열교환기 / 271, 280
열교환기용 파이프 / 239
열전도율 / 266
열차폐 코팅 / 354
열차폐 효과 / 354, 355
열처리 / 159, 205

열처리 합금 / 309
열처리로 / 271, 272
열탄성형 마르텐사이트 변태 / 369
열팽창계수 / 266, 307
열피로 / 276
염소이온 / 231
염욕 / 178, 319
염욕연질화 / 179
염욕질화 / 179
염화물 환경 / 241
영구 변형률 / 93
오스롤 / 175
오스롤 템퍼 / 175
오스테나이트 / 81, 152, 164, 167, 170
오스테나이트 내열강 / 263
오스테나이트·페라이트계 스테인리스강 / 239
오스테나이트계 / 89, 94, 233
오스테나이트계 내열강 / 271
오스테나이트계 스테인리스강 / 235, 239
오스테나이트변태 / 153
오스테나이트의 조립화 / 203
오스테나이트화 원소 / 235
오스템퍼 / 172
오스템퍼링 / 257
오스포밍 / 81, 174
오스포밍강 / 81
오일담금질 / 319
오일리스 베어링 / 327
온도센서 / 352
완전결정 / 75
완전탄성체 / 366
용사법 / 188
용사재료 / 188
용선 / 147
용융마멸 / 125
용융염 / 263
용융염 전해법 / 295
용융취화작용 / 221
용접구조용 압연강재 / 192
용접균열 / 202
용접부 노치인성 / 45

용접부결함 / 36
용접열영향부 / 202
용착마멸 / 125
용체화 온도 / 299
용체화 처리 / 293
용체화·시효 / 299
용체화·인공시효 / 309
용체화처리 / 297
용침법 / 338
용탕 / 303, 306, 307
용해산소 / 227
용해주조 / 308
운송기체 / 184
원격 작동차량 / 19
원료분말 / 343
원자 공공 / 263
원자로 압력 용기 / 150
원자로용 재료 / 49
원자배열 / 52
월면 안테나 / 373
위스커 / 75, 337
유공 / 115
유기재료 / 329
유동성 / 304
유동장 / 304
유리섬유 / 360
유리섬유강화 플라스틱 / 361
유리질 금속 / 362
유조선 / 4
유화 / 263
유황 쾌삭강 / 221
육방정 / 54
육방정계 / 52
윤활 / 129
윤활마멸 / 129
음극반응 / 225
음료용 캔 / 302
음향 / 105
응고 수축 / 303, 305
응력-변형률 곡선 / 63, 248
응력강도계수 / 101
응력부식균열 / 239, 240, 286, 300
응력집중계수 / 113
응력확대계수 / 99, 101

응착마멸 / 125
이방성 / 117, 210, 213, 334
이산화물 피막 / 229
이온 스패터링 / 364
이온 플레이팅 / 186
이온결합 / 50, 341
이온결합성 / 349
이온빔 / 183
이온질화 / 179
이온화열 / 231
이중슬립 / 121
이코노마이저 / 268
이트륨 / 277
인공시효 / 299
인공신장용 마이크로 펌프 / 373, 374
인공심장 밸브 / 373, 374
인공위성용 안테나 / 373
인력 / 67
인발법 / 332
인성 / 86, 96, 159
인성열화 / 34
인장강도 / 93
인장강도의 방향성 / 334
인장시험 / 92
인장압축 / 121
인장잔류응력 / 240
인청동 / 286, 289, 290
인탈산동 / 281
일렉트로 가스용접 / 41
일렉트로 슬래그 재용해법(ESR) / 150
임계 전단응력 / 70
임플랜트 / 356
입계균열 / 281, 348
입계부식 / 84, 238, 241, 242, 311
입계슬립 / 264
입계침식 / 350
입계파괴 / 84, 264, 371
입계편석 / 347
입내파괴 / 84
입방정 / 54
입방정 질화보론 / 324
입방정계 / 52
입상파괴 / 85
입자강화 복합재료 / 330

잉곳 / 144, 280

[자]

자경강 / 215
자경성 / 316
자기확산계수 / 263
자동차 블록 / 252
자력선 / 105
자마크 / 311
자성 / 369
자성재료 / 49
자연균열 / 286
자연시효 / 297, 299
자용성 합금 / 189
잔류 오스테나이트 / 164, 320
잔류응력 / 129
잠수함 / 11
재결정 / 133, 295
재결정 어닐링 / 136
재결정온도 / 134, 293
재료결함 / 117
재료시험규격 / 92
재배열 / 263
재부동태화 / 367
재열기관 / 268, 271
잭업 / 13
저Cr-Mo강 / 270
저Cr페라이트 / 235
저사이클피로 / 120
저수소계 용접봉 / 45
저압 플라즈마 용사법 / 277
저압로터 / 269
저온 구조재 / 302
저온균열 / 36
저온균열 감수성 / 37
저온액화가스 / 207
저온용 Al킬드강 / 207, 208
저온용강 / 204, 207
저온인성 / 192, 204
저온취성 / 87
저장 탱크 / 208
저장설비 / 207
저주파 유도 / 243
저탄소강 / 145, 209

저합금강 / 176
적열취성 / 132
적층결함 / 76
전구용 재료 / 287
전기 도금법 / 230
전기로 / 147
전기저항률 / 281
전기적 방식법 / 230
전기전도도 / 55
전기화학열 / 231
전기화학적 부식 / 240
전단 / 73
전단(shearing) 파면 / 85
전단강도 / 124
전단변형저항 / 218
전단응력 / 124
전단조 크랭크축 / 117
전로 / 147, 279
전면부식 / 239
전성 / 65
전신용 / 296
전신용 알루미늄 합금 / 299
전신용(wrought) Cu합금 / 284
전신재 / 296
전연성 / 131, 280, 289
전열재료 / 280
전위 / 73
전위군의 소멸 / 263
전위밀도 / 75
전위운동 / 73, 370
전위의 집적 / 77
전율고용형 / 283
전율고용형 평형상태도 / 56
전자기기부품 / 282
전자빔 / 183, 347
전자빔 증착법 / 277
전조 / 287
전지재료 / 310
전착법 / 338
전파 차폐성 / 335
전해도금 / 364
전해동 / 280
전해정련 / 280
절삭 크랭크축 / 117

절삭공구 / 314, 318
절삭공구용 합금강 / 315
절삭공구재료 / 321
절삭능력 / 316
절삭성 / 218
절삭성 개선효과 / 221
절삭성능 / 317
절삭유 / 252
절삭저항 / 218
절삭칩 / 219
절연재 / 351
점성유동 / 252
점성입계 / 84
점화플러그 / 351
접종 / 254
접종주철 / 254, 255
접촉압력 / 127
정련 / 147
정류균열 / 111
정방정계 / 52
정벽면 / 170
정보처리시스템 / 353
정상 크리프 / 138
정수압프레스 / 345
정지마찰 / 123
제강 / 147
제선 / 146
제어압연 / 195, 208
제지용 롤러 / 260
제트엔진 / 273, 275, 276, 309, 354
제트엔진 블레이드 / 264
조대결정립 / 117
조동 / 279
조미니 곡선 / 214
조밀랜덤(close-packed random) 충진구조 / 363
조밀육방격자 / 53
조밀육방정계 / 89
조선 용접기술 / 41
조질 / 195
조질강 / 94, 195, 198
조질재 / 213
조질처리 / 162, 209
종탄성 계수값 / 366

주강 / 151, 159
주강품 / 150
주물용 / 296
주물용 알루미늄합금 / 303
주물용 합금 / 305
주입성형법 / 344
주조법 / 338
주조성 / 251, 256, 286, 288, 303
주조용 금형용 재료 / 252
주조조직의 미세화 / 309
주조합금 / 284
주증기관 / 268
주철 / 143, 243
주철의 성장 / 253
주철의 흑연 / 117
준안정 오스테나이트 / 166, 173, 176, 238
준안정평형도 / 245
중Cr-Mo강 / 270
중고 탄소강 / 209
중단 담금질 / 171
중심부 편석 / 35
중합 / 358
증기터빈 가동블레이드 / 269
증기터빈선 / 7
증발관 / 268
지르코니아 / 189, 341
진공 아크 재용해법(VAR) / 150
진공 증착법 / 186
진공 탈가스 / 147
진공 탈가스처리 / 150
진동감쇠 / 292
진동부품 / 252
진동흡수성 / 256, 258
진접촉면적 / 124
질량효과 / 183, 310
질산용액 / 229
질화 / 116, 178, 183, 263
질화강 / 178
질화물 / 140
질화법 / 178
질화알루미늄 / 341

[차]
차량의 창틀 / 303
차륜 / 260
차축 / 150
천연고무 / 358
천이온도 / 87, 204
철강부식 기구 / 225
철강재료 / 143
철도차량부품 / 300
철의 녹 / 226
철탑 / 303
청동 / 131, 283, 289, 290
청열취성 / 132
체심입방격자 / 53
체심입방계 / 89
초강력강 / 81
초경공구 / 185
초경합금 / 151, 185, 315, 321
초경합금 팁(tip)의 / 323
초내열 합금 / 272
초대형 부유식 구조물 / 20
초두랄루민 / 300, 305
초미립초경합금 / 322
초석 페라이트 / 154
초음파 / 105, 347
초음파진동 / 305
초음파탐상법 / 105
초음파특성 / 367
초저온용 재료 / 208
초전도 현상 / 207
초전도성 / 352
초전도특성 / 367
초정 / 58
초초두랄루민 / 300
초쾌삭강 / 223
초합금 / 272, 276, 277, 337
촉매성능 / 367
최밀구조 / 303
축류 / 183, 214
충격시험 / 96
충격인성 / 34
충격치 / 87
충격특성 / 204
충진제 / 332

취성 / 86
취성파괴 / 36, 45, 83, 84, 193, 335, 349
취화현상 / 316, 368
층상조직 / 154
치수변화 / 311
치수효과 / 115
치차 / 150, 180, 183
치차류 / 214
치환형 / 55
칠드 주물 / 259, 260, 324
침·탈탄 / 263
침상의 단결정 / 337
침식 / 296
침입형 / 55
침탄 / 116, 180, 182, 183
침탄담금질 / 178
침탄량 / 178
침탄법 / 178
침탄용강 / 209
침탄층 / 178

[카]
카본 섬유강화 플라스틱 / 331
칼로라이징 / 230
커넥팅로드 / 210
커버 / 306, 311
컨테이너선 / 2
케미컬(chemical) 선박 / 5
케이스 / 306, 311
켈밋 / 326
코 / 165
코르배트함 / 10
코트렐 효과 / 76
코티드 초경팁 / 323
코폴리머 / 360
콤팩트 인장시험편 / 102
쾌삭강 / 117, 218, 221
쾌삭황동 / 288
큐폴라 / 243
크랭크 케이스 / 305, 307
크랭크축 / 150, 182, 210
크레인 / 303
크레인선박 / 15

크로마이징 / 230
크로시아 / 189
크루즈선 / 8
크리프 / 137
크리프 강도 / 139, 309
크리프 곡선 / 138
크리프 변형저항 / 264
크리프 속도 / 137
크리프 시험 / 140
크리프 제한응력 / 141
크리프 파단강도 / 266, 275
크리프 한도 / 141
크리프(creep) 강도 / 263
크리프변형 / 138
크리프저항 / 140
크리프파괴 / 84
크리프한도 / 139
클래드판 / 301
키홀 / 115
킬드강 / 89, 144

[타]

타프드라이드법 / 179
탄성계수 / 64, 201, 213
탄성변형 / 67
탄성설계 방식 / 201
탄성한도 / 63
탄소강 / 143
탄소강 주강품 / 151
탄소강의 흡수 에너지 / 204
탄소공구강 / 313
탄소당량 / 198
탄소당량식 / 37
탄소성파괴인성 / 103
탄소원자 사슬 / 358
탄소포화도 / 246, 249
탄화규소 / 341
탄화물 / 140
탈산 정련 / 254
탈산제 / 145, 147
탈수소 처리 / 306
탈아연현상 / 287, 289
탈탄층 / 116
터빈 / 326

터빈 로터 / 345
터빈 블레이드 / 235
터빈 블레이드용 합금 / 277
터빈로터 / 150
터빈의 케이싱 / 150
터프피치동 / 280, 281
텐션 래그 플랫폼 / 16
텔루륨 / 221
템퍼링 / 81, 144, 162, 317, 318, 320
템퍼링처리 / 178, 257
템퍼마르텐사이트 / 173
템퍼취성 / 164, 215
트랜스미션 부품 / 182
트루스타이트 / 168
특수 Al청동 / 292
특수강 / 143
특수청동 / 290
특수황동 / 288
틈부식 / 366
티탄산·바륨(BaTiO3) / 351
티탄산·스트론튬 / 351
팁(tip) / 294

[파]

파괴강도 / 349
파괴역학 / 98
파괴인성 / 98, 100, 269, 300
파괴인성 평가 / 100
파괴인성시험 / 98
파면 / 85
파손 / 65
파이프부설 바지 / 18
파인세라믹 / 340
펄라이트 / 152, 154, 173, 244
펄라이트 변태 / 168
펄라이트 주철 / 244, 247
펌프 축 / 288
페놀 / 332
페라이트 / 152, 227
페라이트 주철 / 244
페라이트계 / 233
페라이트계 내열강 / 263
페라이트계 스테인리스강 / 234
편상흑연 / 244, 249, 250, 251, 252, 254

편석 / 117, 145, 348
편정 / 59
편정반응 / 60
편정형 평형상태도 / 59
평면굽힘 / 121
평형상태도 / 55
포석(peritectoic) 반응 / 62
포정 / 58
포정반응 / 59
포정형 평형상태도 / 58
포화질소 / 179
포화탄소량 / 246
폴리블렌드 / 351
폴리아미드 / 350
폴리에스테르 / 360, 361
폴리에틸렌 / 356, 358
폴리염화비닐 / 331
폴리카보네이트 / 360
폴리프로필렌 / 356
표면 경화처리기술 / 183
표면 담금질 / 116
표면개질법 / 183
표면경화 / 77, 177
표면경화강 / 209, 215
표면경화처리 / 182
표면기복 / 170
표면담금질 / 181
표면상태 / 116
표면처리 / 116
표면피로 / 125, 126
표준조직 / 155
프레팅 / 116
프로펠러 / 288, 292
프로펠러 축 / 288
프리기트함 / 10
플라스틱 / 356
플라스틱 합금 / 361
플라즈마 / 183
플라즈마 스프레이 / 338
플라즈마(plasma) 용사 / 355
플라즈마(plasma) 용사장치 / 188
플랜저 / 182
플랜트 / 208
플랫폼 공급선박 / 18

플럭스 / 147
플럭스 코어드 아크용접 / 41
피로강도 / 112, 200, 256
피로균열 / 23, 36, 109, 110
피로균열 전파속도 / 108
피로시험 / 106, 121
피로시험기 / 121, 122
피로파괴 / 83, 84, 120
피로파면 / 109
피로한도 / 107, 112, 117, 121, 300
피로한도비 / 112
피뢰(lightning arrestor)용 / 352
피복(coating) 처리 / 177
피복아크용접법 / 41
피삭성 / 256
피스톤 / 300, 305, 306
피스톤용 합금 / 307
피팅 / 126
피팅(pitting) 마멸 / 129
핀류 / 183
필라멘트 와인딩법 / 332, 334
필릿(fillet)용접 / 212

[하]

하이드로날륨 / 302, 307
하이브리드재 / 331
하이텐 / 194
하항복점 / 64
할로겐 / 351
할로겐화물 / 351
함강실루민 / 307
함유(oil-contained)베어링 / 151
함유베어링 / 327
함침 / 332
합금 / 55
합금강 / 143
합금강 조질재 / 218
합금공구강 / 315, 318
합금원소의 영향 / 204
합성회 / 265
핫프레스 / 345, 350
항공·우주산업 / 329
항공기 터빈 / 277
항공기공업 / 318

항공기용 제트엔진 / 263
항공기운반선 / 9
항공우주기기 / 336
항복 / 64
항복비 / 94
항복점 / 64, 93
항복현상 / 67, 89
해상공항 메가 플로트 / 20
해양개발산업 / 329
해양구조물 / 20, 33
해양구조물 설계 기술 / 27
해양구조물 용접기술 / 44
해양구조용 강 / 35
해양구조용 강재 / 29, 32, 37
해양박람회장 / 20
해양플랜트 / 12
해양플랜트 장치 / 13
해양플랜트 프레임 구조 / 23
핸드레이업 / 332
허용응력 / 25
형상계수 / 113
형상기억 효과 / 369, 371
형상기억합금 / 369
형상의 기억상실 / 371
형상회복기능 / 373
호모폴리머 / 360
화염 담금질 / 180, 210
화이트메탈 / 325
화재경보기 / 373
화학 플랜트 / 270
화학 플랜트 부품 / 273
화학도금 / 364
화학용품 / 282
화학장치 / 271
화학적 기상 석출(Chemical Vapor Deposition) / 184
화학증착 / 355
화학증착법 / 323
확산접합법 / 338
환경열화 / 266
황동 / 283, 284, 290
황동광 / 279
황동주물 / 286
황화고무 / 359

회복 / 133, 263
회분 / 262
회전굽힘 / 121
회전굽힘 피로한도 / 250
회주철 / 243, 253
후판 압연 롤러 / 150
흑심 / 259
흑심가단주철 / 258, 259
흑연 / 244, 251
흑연구상화제 / 257
흑연량 / 252
흑연주철 / 258
흑연화 / 243
흡·배기 밸브재료 / 270

β-lloy / 371
σ취성 / 235
δ상의 석출 / 290
γ-실루민 / 306

저자약력

김종도(Kim, Jong-Do, 金鍾道)
- ▶ 한국해양대학교 기관공학과 졸업
- ▶ 국비유학생 선발시험 합격(일본정부 문부성, 석사 및 박사 전과정)
- ▶ Osaka University(Japan) 생산과학공학 고온공학(레이저공학)코스 공학석사 및 공학박사
- ▶ 정부 대학소부장 사업(용접 소재 및 공정분야) 전국 총괄대학 책임교수
- ▶ 국토해양부 중앙건설기술심의위원회 위원
- ▶ 부산광역시 대중소기업 동반성장협의회 위원장(기계, 조선분야)
- ▶ 현대로템(주) 기술자문위원
- ▶ 산업부 기술표준원 소재나노표준팀 ISO/TC44(용접 및 공정분야) 전문위원
- ▶ 국제핵융합로(ITER) 공동개발사업 자문단(한국연구재단)
- ▶ 대한용접·접합학회 회장
- ▶ 한국정밀공학회 레이저가공컨소시엄 회장
- ▶ 대한기계학회 부회장
- ▶ (현) 국립한국해양대학교 기관시스템공학부 교수
  - 대한용접·접합학회 명예회장
  - 대한기계학회 감사, 평의원, 해군본부 자문위원단 단장
  - 한국레이저가공학회 고문, 한국마린엔지니어링학회 평의원
  - 한국산업기술평가관리원(Keit) 외부기술평가위원
  - 한국연구재단 기술평가위원
  - 고용노동부 한국산업인력공단 기술사 국가기술자격 출제위원
  - 국방부 군무원 채용시험 문제검증 및 출제위원
  - 부산광역시 원자력안전대책위원회 위원
  - 부산광역시 과학기술진흥위원회 위원
  - 산업부 지정 "용접·접합소부장지원센터", 레이저응용기술지원센터 소장
- ▶ 대표저서 및 역서
  - 산학연 실무자를 위한 '최신 레이저용접 적용기술', 홍릉과학출판사
  - 레이저 가공의 실무II $-CO_2$ 및 파이버 레이저 가공의 핵심기술-, GS인터비전
  - 레이저 기술을 활용한 '금속·비금속 3D프린팅 및 제조', 홍릉과학출판사
  - 고출력 레이저를 이용한 '산업계 응용기술', GS인터비전
  - 파괴 및 비파괴 손상진단, 도서출판 홍릉

김영식(Kim, Young-Sik, 金永植)
- ▶ 한국해양대학교 졸업
- ▶ 동경공업대학 재료공학 공학박사
- ▶ 한국해양대학교 교수
- ▶ 대한용접학회 회장, 한국박용기관학회 회장, 한국해양공학회 부회장 역임
- ▶ (현) 한국해양대학교 명예교수
  - 한국과학기술정보연구원(KISTI) 전문연구위원

조선해양소재공학

정가 29,000원

2015년 3월 10일 1쇄 발행
2019년 3월 11일 2쇄 발행
2024년 9월 2일 3쇄 발행

| 印 | 공 저 : 김종도·김영식
발행인 : 박 중 열
인쇄처 : 효 성 문 화 사
발행처 : 다 솜 출 판 사
부산광역시 중구 대청로 135번길 10-1
TEL. (051) 462 − 7207~8
FAX. (051) 465 − 0646
등록번호 : 제2001-000001호(1994년 4월 22일) |

ISBN 978-89-5562-417-5 93550

이 책의 무단복제를 금함.